21世纪化学精编教材·化学基础课系列

无机化学

（上册）

主　编　张兴晶　常立民
副主编　黄艳菊　张伟娜　吴　蕾
俞鹏飞　张　凤

图书在版编目 (CIP) 数据

无机化学．上册 / 张兴晶，常立民主编．—北京：北京大学出版社，2016.10
（21 世纪化学精编教材・化学基础课系列）
ISBN 978-7-301-27579-5

Ⅰ.①无… Ⅱ.①张… ②常… Ⅲ.①无机化学—高等学校—教材 Ⅳ.① O61

中国版本图书馆 CIP 数据核字 (2016) 第 225937 号

书　　名	无机化学（上册） WUJI HUAXUE
著作责任者	张兴晶　常立民　主编
责任编辑	郑月娥
标准书号	ISBN 978-7-301-27579-5
出版发行	北京大学出版社
地　　址	北京市海淀区成府路 205 号　100871
网　　址	http://www.pup.cn　新浪官方微博：@ 北京大学出版社
电　　话	邮购部 62752015　发行部 62750672　编辑部 62767347
电子信箱	zye@pup.pku.edu.cn
印 刷 者	北京大学印刷厂
经 销 者	新华书店
	787 毫米 × 1092 毫米　16 开本　19 印张　480 千字 2016 年 10 月第 1 版　2016 年 10 月第 1 次印刷
定　　价	48.00 元

内 容 提 要

全书共23章，分上、下两册出版。上册12章，讲述化学基本原理，包括气体、溶液和固体、化学热力学初步和化学动力学基础、化学平衡、酸碱电离平衡、沉淀溶解平衡、氧化还原反应、原子结构与元素周期律、分子结构、晶体结构和配位化合物等内容。下册11章，讲述元素化学中最重要的知识内容，包括碱金属和碱土金属、硼族元素、碳族元素、氮族元素、氧族元素、卤素、铜族和锌族、铬族和锰族、铁系元素和铂系元素、钛族和钒族、镧系元素和锕系元素等。本书章节主题鲜明，内容翔实丰富，既有理论阐述，又有实际应用举例。本书每章配有适量的习题，附有习题答案与提示，以便于教师教学和学生自学。

本书可作为高等师范院校及综合性大学化学专业、应用化学专业的教材，亦可作为化学、化学工程技术人员的参考书。

为了方便教师多媒体教学，作者提供与教材配套的相关内容的电子资源，需要者请电子邮件联系 xjzhang128@163.com。

前　言

目前，我国的高等教育改革已经进入一个关键阶段。教育部、财政部《关于实施高等学校本科教学质量与教学改革工程的意见》〔教高 2007 年 1 号〕和教育部《关于进一步深化本科教学改革全面提高教学质量的若干意见》〔教高 2007 年 2 号〕，为我国高等教育改革进一步指明了方向，教育部高等学校化学类专业教学指导委员会的《高等学校化学类专业指导性专业规范》(以下简称《规范》)为高等化学教育改革提出了规范，培养高素质复合型应用人才为社会服务已经成为高等院校的必然选择。因此，本书以 21 世纪对化学人才的知识和能力结构的要求为依据，结合化学和应用化学专业的培养目标，寻求"无机化学"课程的最佳编排体系和适应的教学内容编写而成。

无机化学是化学类本科生的第一门化学基础课。无机化学课的一个重要特点是，它既要完成无机化学学科本身丰富的教学内容，又承担着为后续课程作好必要准备的特殊任务。因此，本课程的教学任务和目的为：

(1) 教会学生初步掌握元素周期律、化学热力学、物质结构、化学平衡以及基础电化学等基本理论。

(2) 培养学生运用上述原理去掌握有关无机化学中元素和化合物的基本知识，并具有对一般无机化学问题进行理论分析和计算的能力。

(3) 为今后学习后续课程和新理论、新实验技术打下必要的无机化学基础。

本书由吉林师范大学张兴晶老师编写第 1、12、21～23 章、附录、习题答案并负责统稿，吉林师范大学张伟娜老师编写第 2、3、11 章，长安大学吴蕾老师编写第 4、5、10 章，通化师范学院黄艳菊老师编写第 6～8 章，长安大学俞鹏飞老师编写第 9 章，北华大学朱国巍老师编写第 13～15 章，哈尔滨师范学院张凤老师编写第 12、16～21 章，吉林师范大学常立民教授指导了全书的编写工作，并对全书进行了审阅。本书的出版也得到了北京大学出版社的大力支持，我们在此表示诚挚的谢意。

本书在编写中，参考了诸多的相关书籍和国内外资料，在此对有关作者表示谢意。

本书内容虽然经过各编者多次讨论、审阅、修改，但限于编者的水平，不妥之处仍然会存在，诚恳希望广大同行和读者给予批评指正。

编　者

2016 年 3 月

目　　录

第1章 绪 论

世界是由物质组成的，整个物质世界从微观物质到宏观物质，从无生命到有生命体，从自然界到人类社会都处于永恒的运动中。人类的思维实际上也是物质生物运动的结果。一切自然科学都是以客观存在的物质世界作为考察和研究的对象。化学就是物质变化的自然科学分支。无机化学是化学领域中发展最早的一个分支。

1.1 无机化学的定义与内涵

无机化学是研究无机物质的组成、结构、反应、性质、应用的科学，它是化学科学中历史最悠久的分支学科。无机物质是指除碳氢化合物等有机物外，所有的化学元素和它们的化合物。

无机化学的研究对象繁多，涉及元素周期表中的所有元素，无机化学从分子、团簇、纳米、介观、体相等多层次、多尺度上研究物质的组成和结构以及物质的反应与组装，探索物质的性质和功能，它涉及物质存在的气、液、固、等离子体等各种相态，具有研究对象和反应复杂、涉及结构和相态多样以及构效关系敏感等特点。

无机化学学科在自身的发展中不断与其他学科交叉和融合，形成了以传统基础学科为依托，面向材料和生命科学的发展态势，其学科内涵大为拓展。我国无机化学学科还紧密结合特有资源优势和国家重大需求，产生了一批有特色的分支学科。无机化学学科目前已形成了配位化学及分子材料和器件、固体化学及功能材料、生物无机化学、有机金属化学、团簇化学、无机纳米材料及器件、稀土化学及功能材料、核化学和放射化学、物理无机化学等分支学科。随着化学科学和相关学科的发展，无机化学与其他化学分支学科的界限将会日益模糊，无机化学与物理科学、材料科学、生命科学和信息科学等学科的交叉将更加活跃，从而将形成更多的重要交叉学科分支。

1.2 无机化学的发展状况

1.2.1 无机化学的发展回顾

远在炼丹术之前无机化学已经成为人们所面临的课题，许多化学反应有意识或无意识地被人们用于制备日常生活中所需要的物品。公元前6000年，中国原始人即知烧黏土制陶器，并逐渐发展为彩陶、白陶、釉陶和瓷器。公元前5000年左右，人类发现天然铜性质坚韧，用作器具不易破损。后又观察到铜矿石如孔雀石（碱式碳酸铜）与燃烧的木炭接触而被分解为氧化铜，进而被还原为金属铜，经过反复观察和试验，掌握了木炭还原铜矿石的炼铜技术。以后又陆续掌握炼锡、炼锌、炼镍等技术。公元前2世纪，中国发现铁能与铜化合物溶液反应产生铜，这个反应成为后来生产铜的方法之一。

在公元前17世纪的殷商时代即知食盐($NaCl$)是调味品,苦盐($MgCl_2$)味苦。公元前5世纪,已有琉璃(聚硅酸盐)器皿。公元7世纪,中国即有焰硝(硝酸钾)、硫黄和木炭做成火药的记载。明朝宋应星在1637年刊行的《天工开物》中详细记载了中国古代手工业技术,其中有陶瓷器、铜、钢铁、食盐、烟硝、石灰、红矾、黄矾等几十种无机物的生产过程。由此可见,在化学科学建立前,人类已经掌握了大量无机化学的知识和技术。

公元1世纪初期在中国出现炼丹术,炼丹术就是企图将丹砂(HgS)之类药剂变成黄金,并炼制出长生不老之丹的方术。古代的炼丹术是化学科学的先驱。公元2世纪,中国炼丹家魏伯阳著有《周易参同契》一书,这是世界上最古老的论述炼丹术的文献。公元4世纪,东晋葛洪著有《抱朴子》,这是一部炼丹术巨著。这两本书记载了60多种无机物和它们的许多变化。约在公元8世纪,欧洲炼丹术兴起,在他们的论文中描述了许多化学反应及实验操作,在研究中发展了蒸馏、升华、结晶和其他技术。后来欧洲的炼丹术逐渐演变为近代的化学科学。

17世纪,人们认识了H_2SO_4、HCl、HNO_3等强酸,也积累了更多的有关盐类及其反应的知识,并对其进行了系统的分类。尤其是一些化学家发表了酸碱结合生成盐的论述。英国人波义耳(R. Boyle)首先为酸碱下了明确的定义,并发明了指示剂。波义耳在化学方面进行过很多实验,如磷、氢的制备,金属在酸中的溶解以及硫、氢等的燃烧。他从实验结果阐述了元素和化合物的区别,提出元素是一种不能分出其他物质的物质。这些新概念和新观点,把化学这门科学的研究引上了正确的路线,对建立近代化学作出了卓越的贡献。

法国人拉瓦锡(A. Lavoisier)采用天平作为研究物质变化的重要工具,进行了硫、磷的燃烧,以及锡、汞等金属在空气中加热的定量实验,确立了物质的燃烧是氧化作用的正确概念,推翻了盛行百年之久的燃素说。拉瓦锡在大量定量实验的基础上,于1774年提出了质量守恒定律,即在化学变化中,物质的质量不变。1789年,在他所著的《化学概要》中,提出第一个化学元素分类表和新的化学命名法,并运用正确的定量观点,叙述当时的化学知识,从而奠定了近代化学的基础。

经过无数次的实验,通过严格的逻辑推导,1803年英国人道尔顿(J. Dalton)提出原子学说。科学的原子学说指导着化学走出了杂乱的、看不出内在联系的、仅属描述自然现象的阶段,进入了现代化学的新时代。道尔顿提出了世界上第一张原子量①表,使化学科学真正走上了定量阶段。

19世纪30年代,已知的元素已达60多种。俄国化学家门捷列夫(D. Mendeleev)研究了这些元素的性质,在1869年提出了元素周期律:元素的性质随着元素原子量的增加呈周期性的变化。这个定律揭示了化学元素的自然系统分类。元素周期表就是根据元素周期律将化学元素按周期和族类排列的,周期律对于无机化学的研究和应用起了极为重要的作用。

19世纪末瑞士人维尔纳(A. Werner)提出配位化合物概念,创立了配位化学理论。配位化学研究工作不仅极大地丰富和发展了无机化学,而且在分子化学、有机化学、催化作用等领域都占有重要地位。维尔纳是科学界公认的近代无机化学结构理论的奠基人。此后,无机化学研究重点放在无机化合物的提取、制备、化学性质及应用的宏观规律的建立上。第二次世界大战后,

① 原子量和分子量是过去化学中习惯使用的名词,是其质量的相对值,所以在国家标准GB 3100—86中给出确定的名称为相对原子质量和相对分子质量。在国内外的许多文献中仍在使用“原子量”和“分子量”。

原子能技术、计算机、通信技术等的发展大大推动了无机化学的发展。

现代无机化学始于化学键理论的建立和新的物理方法的发现，它们使无机化学的研究得以将物质的宏观性质和微观结构联系起来，对二茂铁的合成打破了传统有机物和无机物的界限，从而开始了无机化学的复兴。无机化学进入蓬勃发展时期，从此发现了很多新概念、新理论、新反应、新方法和新型结构的化合物。

1.2.2　无机化学的发展趋势与研究特点

当前无机化学的发展趋势主要是新型化合物的合成与应用，以及新研究领域的开辟和建立。因此，21世纪理论与计算方法的运用将大大加强理论和实验更加紧密的结合，同时各学科间的深入发展和学科间的相互渗透，形成许多学科的新的研究领域。例如，生物无机化学就是无机化学与生物学结合的边缘学科；固体无机化学是十分活跃的新兴学科；作为边缘学的配位化学日益与其他学科相互渗透交叉。

无机化学的研究特点是运用现代物理实验方法，例如，X射线、中子衍射、磁共振、光谱、质谱、色谱等方法，使无机化学的研究由宏观深入到微观，从而将元素及其化合物的性质和反应同结构联系起来，形成现代无机化学，即应用现代物理技术及微观结构的观点来研究和阐述化学元素及其所有无机化合物的组成、结构和反应的科学。

1.2.3　无机化学的未来展望

配位化学是在无机化学基础上发展起来的一门边缘学科。配位化学在现代化学中占有重要地位。配位化学是研究广义配体与广义中心原子相结合的分子或者超分子体系，包括单核配合物、多核配合物、簇合物、聚合物、超分子及其组装体等。配位化学的研究对象是配位化合物，它具有花样繁多的价键形式和空间结构，同时兼具有机物和无机物的特性和优点，从而为信息、能源、生物等高新技术的发展开拓了新的途径。我国配位化学研究已步入国际先进行列，研究水平大为提高。如① 新型配合物、簇合物、有机金属化合物和生物无机配合物，特别是配位超分子化合物的基础无机合成及其结构研究取得了丰硕的成果，丰富了配合物的内涵；② 开展了热力学、动力学和反应机理方面的研究，特别在溶液中离子萃取分离和均相催化等的应用方面取得了成果；③ 对结构的谱学研究及其分析方法以及配合物的结构和性质的基础研究水平大为提高；④ 随着高新技术的发展，具有光、电、热、磁的配合物特性和生物功能研究正在取得进展，它的很多成果还包含在其他不同学科的研究和化学教学中。

固体无机化学是跨越无机化学、固体物理、材料科学等学科的交叉领域，犹如一个以固体无机物的“结构”“物理性能”“化学反应性能”及材料为顶点的正四面体，是当前无机化学学科十分活跃的新兴分支科学。近年来，该领域不断发现具有特异性能及新结构的化合物，如，高温超导材料、纳米材料等。固体无机化学主要从固体无机化合物的制备和应用及室温和低热固相反应两大方面开展的基础性和应用基础性研究工作，取得了一批举世瞩目的研究成果，向信息、能源等各个应用领域提供了各种新材料。例如，在固体无机化合物的制备及应用方面，展开了对光学材料、多孔晶体材料、纳米相功能材料、无机膜敏感材料、电和磁功能材料等的研究。在室温和低热固相反应方面，进行了固相反应机理与合成、原子簇与非活性光学材料合成纳米材料的新方法、绿色化学等方面的研究。

生物无机化学研究生命体系内的金属离子、无机小分子和矿物的化合状态、结构和转化过程等的化学机制，阐明无机离子、分子和材料在生命过程中的功能和意义，发现和研究能够显示或调控生命过程的金属化合物探针，具有治疗、诊断和预防疾病的金属和无机药物，以仿生/生物启发的工业催化剂和智能材料，进而研究生命体系和无机自然环境的相互作用，并探索生物分子和生命体系的起源和进化规律。生物无机化学是无机化学和生命科学的交叉科学，在农业、环境、工业催化，特别是生物医学等领域有着巨大的应用前景。我国在① 金属离子及其配合物与生物大分子的作用；② 药物中的金属与抗癌活性配合物的作用机理；③ 稀土元素无机化学；④ 金属离子与细胞的作用；⑤ 金属蛋白与金属酶；⑥ 生物矿化；⑦ 环境生物无机化学等方面，进行了大量的研究工作。在短短的20年间，不仅做出了令人瞩目的成绩，而且培养了一批愿为科学献身的年轻人才。今后我国生物无机化学的发展将进入生物大分子更深层次的研究，将产生更具有国际水平的成果。

面对生命科学、材料科学、信息科学等其他科学迅速发展的挑战及人类对认识和改造自然提出的新要求，化学在不断地创造出新的物质来满足人们的物质文化生活，造福国家，造福人类。当前资源的有效开发利用、环境保护和治理、社会和经济的可持续发展、人口与健康，以及人类安全、高新材料的开发和应用等向我国的科学工作者提出了一系列重大的挑战性难题，迫切需要化学家在更高层次上进行化学的基础研究和应用研究，发现和创造出新的理论、方法和手段，并从学科自身发展和为国家目标服务两个方面不断提出新的思路和战略设想，以适应21世纪科学发展的需要。

在新世纪展望未来几年无机化学的发展和化学对人类生活的影响，我们充满信心，也倍感兴奋。化学是无限的，化学是至关重要的，它将帮助我们解决21世纪所面临的一系列问题，化学将迎来它的黄金时代！

第2章 气体、溶液和固体

在常温、常压状态下，物质可以气态、液态和固态三种不同的聚集状态存在，而且它们在一定的条件下可以互相转化。物质的三种状态，以气体的性质最为简单，液体的性质最为复杂，因此，到目前为止人们对液体的认识程度仍较差。

大量实验表明，物质存在状态的物理变化与化学变化相伴而生。对物质聚集状态内在规律的认识，不仅说明了许多物理现象，而且解决了众多化学问题。因此，在介绍化学知识之前，对物质存在的三种状态简要了解意义重大，对今后将学到的物质的化学行为能产生很大的影响。本章将主要介绍气体、液体和固体的相关物理性质，为进一步研究其化学行为打下坚实的基础。

2.1 气 体

与液体和固体相比，气体是一种较简单的聚集状态，它与人类的生活、生产和科学研究密切相关。在认识物质世界的历史长河中，科学家们首先对气体给予了特别的关注。人们发现，气体具有两个基本特性：扩散性和可压缩性。主要表现在：① 气体没有固定的体积和形状；② 不同的气体能以任意比例相互均匀地混合；③ 气体是最容易被压缩的一种聚集状态，气体的密度比液体和固体的密度小很多。

为研究方便，我们把密度很小的气体抽象成一种理想的模型——理想气体。本节将在理想气体状态方程的基础上，研究实际气体的状态方程和气体的扩散定律，重点讨论混合气体的分压定律。

2.1.1 理想气体的状态方程

理想气体是以实际气体为根据抽象而成的模型，实际中并不存在，只是为了使实际问题简化，而形成的一个标准。对实际问题的解决可以从这一标准出发，通过修正得以解决。它假设分子自身不占体积，只看成有质量的几何点，且分子间没有作用力，分子间及分子与器壁间的碰撞是完全弹性碰撞，无动能损失。将这样的气体称为理想气体。

高温低压下，实际气体分子间的距离相当大，气体分子自身的体积远远小于气体占有的体积，同时分子间的作用力极弱，此时的实际气体很接近理想气体，这种抽象具有实际意义。

经常用于描述气体性质的物理量有压强(p)、体积(V)、温度(T)和物质的量(n)。早在17～18世纪，科学家们就探索出了它们之间的变化规律，并提出了波义耳定律和查理-盖吕萨克定律。到1811年，意大利的物理学家阿伏加德罗(A. Avogadro)提出假设：在同温同压下同体积气体含有相同数目的分子，后来原子-分子论确立后，形成了阿伏加德罗定律。

波义耳定律认为：当 n 和 T 一定时，气体的 V 与 p 成反比，表示为

$$V \propto \frac{1}{p}$$

查理-盖吕萨克定律认为:当 n 和 p 一定时,气体的 V 与 T 成正比,表示为

$$V \propto T$$

阿伏加德罗定律认为:当 p 和 T 一定时,气体的 V 和 n 成正比,表示为

$$V \propto n$$

综合以上三个经验公式,可得

$$V \propto \frac{nT}{p}$$

实验测得其比例系数是 R,则

$$V = \frac{nRT}{p} \quad 或 \quad pV = nRT \tag{2-1}$$

上式即理想气体状态方程。

其变形公式:

$$p = \frac{n}{V}RT = cRT \tag{2-2}$$

$$pV = \frac{m}{M}RT \tag{2-3}$$

式中,p—气体的压力,单位为帕[斯卡](Pa);

V—体积,单位为立方米(m^3);

n—物质的量,单位为摩尔(mol);

T—热力学温度,单位为开[尔文](K);

R—摩尔气体常数。

实验测知,1 mol 气体在标准状况下的体积为 $22.414\times10^{-3}\ m^3$,当 $p=101325\ Pa=101.325\ kPa$,$V=22.414\times10^{-3}\ m^3$,$n=1\ mol$,$T=273.15\ K$ 时,则

$$\begin{aligned} R &= pV/nT \\ &= (101.325\times10^3 Pa\times22.414\times10^{-3}\ m^3)/(1\ mol\times273.15\ K) \\ &= 8.3144\ Pa\cdot m^3\cdot mol^{-1}\cdot K^{-1} \\ &= 8.3144\ J\cdot mol^{-1}\cdot K^{-1} \end{aligned}$$

实际工作中,当压力不太高、温度不太低的情况下,气体分子间的距离大,分子本身的体积和分子间的作用力均可忽略,气体的压力、体积、温度以及物质的量之间的关系可近似地用理想气体状态方程来描述。

【例 2-1】 一玻璃烧瓶可以耐压 3.04×10^5 Pa,在温度为 300 K 和压强为 1.013×10^5 Pa 时使其充满气体。问在什么温度时,烧瓶将炸裂?

解 依据题意可知 $V_1=V_2$, $n_1=n_2$

由理想气体状态方程 $pV=nRT$,可得 $\frac{p_1}{p_2}=\frac{T_1}{T_2}$

可得 $T_2=\frac{p_2T_1}{p_1}=\frac{3.04\times10^5 Pa\times300\ K}{1.013\times10^5 Pa}=900\ K$

当温度达到 900 K 以上时,烧瓶会炸裂。

【例 2-2】 27 ℃和 101 kPa 下，1.0 dm^3 某气体质量为 0.65 g，求它的摩尔质量。

解　由理想气体状态方程 $pV=nRT$，可得 $n=\frac{pV}{RT}$

同时　$n=\frac{m}{M}$

因此　$M=\frac{mRT}{pV}=\frac{0.65\times8.314\times300}{101\times10^3\times1.0\times10^{-3}}\text{g}\cdot\text{mol}^{-1}=16\ \text{g}\cdot\text{mol}^{-1}$

2.1.2　实际气体的状态方程

理想气体状态方程是一种理想的模型，仅在足够低的压力和较高的温度下才适合于真实气体。对某些真实气体(如 He、H_2、O_2、N_2 等)来说，在常温常压下能较好地符合理想气体状态方程；而对另一些气体[如 CO_2、$H_2O(g)$等]，将产生 1%～2%的偏差，甚至更大(图 2-1)，压力增大，偏差也增大。

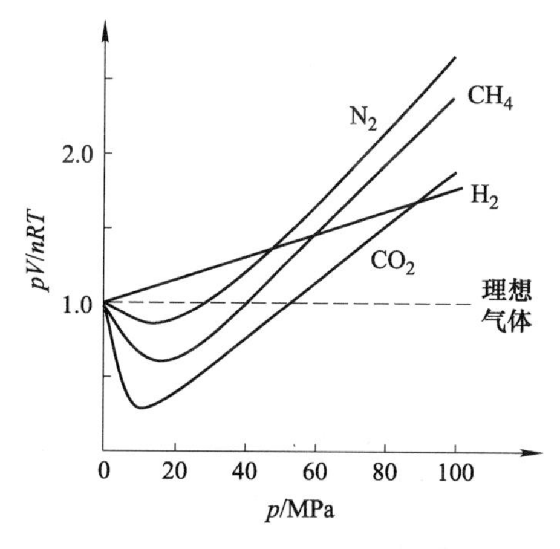

图 2-1　几种气体的 pV/nRT-p(200 K)

针对实际气体偏离理想气体状态方程的情况，人们提出了修正气体状态方程的问题。人们通过实验总结出 200 多个描述真实气体的状态方程，其中，荷兰物理学家范德华(J. D. van der Waals)于 1873 年提出的范德华方程最为著名，其表达式如下：

$$\left(p+a\frac{n^2}{V^2}\right)(V-nb)=nRT \tag{2-4}$$

上式既考虑了真实气体的体积，又考虑了真实气体分子间的相互作用力，对理想气体状态方程进行了两项修正。

第一项修正是考虑体积因素。由于气体分子是有体积的(其他分子不能进入的空间)，故扣除这一空间才是分子运动的自由空间，即理想气体的体积。设 1 mol 气体的自身体积为 b，则

$$V_{\text{理想}}=V-nb \tag{2-5}$$

第二项修正是对压力项进行修正，要考虑分子间力对压力的影响。当某一分子运动至器壁附近(发生碰撞)，由于分子间的吸引作用而减弱了对器壁的碰撞作用，使实测压力比按理想气体

推测出的压力要小,故应在实测压力的基础上加上由于分子间力而减小的压力才等于理想气体的压力。那么,如何定量地确定分子间力对压力的影响呢? 由于气体分子对器壁的碰撞是弹性的,碰撞产生的压力与气体的浓度 n/V 成正比;同样,分子间的吸引作用导致的压力减小也与 n/V成正比。所以压力校正项为 $a(n/V)^2$,即

$$p_{理想}=p_{实际}+a\left(\frac{n}{V}\right)^2 \tag{2-6}$$

式(2-5)、(2-6)中,a 是同分子间引力有关的常数,单位为 $Pa \cdot m^6 \cdot mol^{-2}$;$b$ 是同分子自身体积有关的常数,单位为 $m^3 \cdot mol^{-1}$。二者统称为范德华常数,均由实验确定。一些气体的范德华常数见表 2-1。

表 2-1 一些气体的范德华常数

气体	$a/(10^{-1}\ Pa \cdot m^6 \cdot mol^{-2})$	$b/(10^{-4}\ m^3 \cdot mol^{-1})$	气体	$a/(10^{-1}\ Pa \cdot m^6 \cdot mol^{-2})$	$b/(10^{-4}\ m^3 \cdot mol^{-1})$
He	0.03457	0.2370	NH_3	4.225	0.3707
H_2	0.2476	0.2661	C_2H_2	4.451	0.5140
Ar	1.363	0.3219	NO_2	5.354	0.4424
O_2	1.378	0.3183	H_2O	5.536	0.3049
N_2	1.408	0.3913	C_2H_6	5.562	0.6380
CO	1.510	0.3990	SO_2	6.803	0.5636
CH_4	2.283	0.4278	Cl_2	6.570	0.5620
CO_2	3.640	0.4267	C_2H_5OH	12.18	0.8407
HCl	3.716	0.4081			

显然,经过修正的气态方程即范德华方程比理想气体状态方程能够在更为广泛的温度和压强范围内得到应用。虽然它仍不是非常精确的计算公式,但计算结果已十分接近于实际情况。

2.1.3 混合气体的分压定律

由两种或两种以上的、相互之间不发生反应的气体混合在一起组成的体系称为混合气体,当分子本身的体积和它们相互间的作用力都忽略不计的情况下称为理想气体混合物,其中的每一种气体称为组分气体。例如,空气是混合气体,其中的 O_2、N_2、CO_2 等均为组分气体。

混合气体的物质的量表示为 n,组分气体 i 的物质的量表示为 n_i,则

$$n=\sum n_i$$

组分气体 i 的摩尔分数表示为 x_i,则

$$x_i=\frac{n_i}{n}$$

例如,3 mol H_2 和 1 mol N_2 组成的混合气体中,$x_{H_2}=\frac{n_{H_2}}{n}=\frac{3}{4}$;$x_{N_2}=\frac{n_{N_2}}{n}=\frac{1}{4}$。

混合气体所具有的压力称为总压，用 $p_{总}$ 表示。当组分气体 i 单独存在，且该组分气体占有与混合气体相同体积时所产生的压力，称为该组分气体的分压，用 p_i 表示。混合气体的体积称为总体积，用 $V_{总}$ 表示。当组分气体 i 单独存在，且该组分气体具有与混合气体相同压力时所占有的体积，称为该组分气体的分体积，用 V_i 表示。组分气体 i 的分体积 V_i 与混合气体的总体积 $V_{总}$ 之比 $\frac{V_i}{V_{总}}$，称为组分气体 i 的体积分数。

1801 年，英国科学家道尔顿(J. Dalton)通过实验观察提出：混合气体的总压等于混合气体中各组分气体的分压之和。这一经验定律被称为道尔顿分压定律，其数学表达式为

$$p_{总}=p_1+p_2+p_3+\cdots=\sum p_i \tag{2-7}$$

理想气体混合时，由于分子间无相互作用，故碰撞器壁产生的压强与独立存在时是相同的，即在混合气体中，组分气体是各自独立的。这就是分压定律的实质。

将道尔顿分压定律与理想气体状态方程结合，应有以下关系式：

$$p_{总}V_{总}=nRT \tag{2-8}$$

$$p_iV_{总}=n_iRT \tag{2-9}$$

$$p_{总}V_i=n_iRT \tag{2-10}$$

将式(2-9)除以式(2-8)，得

$$\frac{p_i}{p_{总}}=\frac{n_i}{n}=x_i,\quad 即\ p_i=p_{总}\cdot x_i \tag{2-11}$$

说明组分气体的分压等于总压与该组分气体的摩尔分数之积。

将式(2-10)除以式(2-8)，得

$$\frac{V_i}{V_{总}}=\frac{n_i}{n}=x_i,\quad 即\ p_i=p_{总}\cdot\frac{V_i}{V_{总}} \tag{2-12}$$

说明组分气体的分压等于总压与该组分气体的体积分数之积。

【例 2-3】 某温度下，将 2×10^5 Pa 的 O_2 3 dm^3 和 3×10^5 Pa 的 N_2 6 dm^3 充入 6 dm^3 真空容器中，求混合气体各组分的分压及总压。

解　O_2：$p_1=2\times10^5$ Pa，$V_1=3\ dm^3$，$V_2=6\ dm^3$

O_2 的分压 $p(O_2)=p_2=\frac{p_1V_1}{V_2}=\frac{2\times10^5\times3}{6}Pa=1\times10^5 Pa$

同理，N_2 的分压 $p(N_2)=3\times10^5$ Pa

混合气体的总压 $p_{总}=p(O_2)+p(N_2)=4\times10^5$ Pa

2.1.4　气体扩散定律

1831 年，英国物理学家格拉罕姆(Graham)指出，同温同压下某种气态物质的扩散速度与其密度的平方根成反比，这就是气体扩散定律。若以 u 表示扩散速度，ρ 表示密度，则有

$$u\propto\sqrt{\frac{1}{\rho}}$$

如果 A、B 两种气体的扩散速度和密度分别用 u_A、u_B 和 ρ_A、ρ_B 表示，由气体扩散定律得

$$\frac{u_A}{u_B}=\sqrt{\frac{\rho_B}{\rho_A}} \tag{2-13}$$

因为同温同压下，气体的密度 ρ 与其相对分子质量 M_r 成正比，所以式(2-13)可以写成

$$\frac{u_A}{u_B}=\sqrt{\frac{M_{r,B}}{M_{r,A}}} \tag{2-14}$$

即同温同压下，气体的扩散速度与其相对分子质量的平方根成反比。

【例 2-4】 50 cm^3 氧气通过多孔性隔膜扩散需 20 s，20 cm^3 另一种气体通过该膜扩散需 9.2 s，求这种气体的相对分子质量。

解 单位时间内气体扩散的体积是和扩散的速度成正比，因此

$$\frac{u_{O_2}}{u_x}=\frac{50/20}{20/9.2}=\sqrt{\frac{M_{r,x}}{M_{O_2}}}=\sqrt{\frac{M_{r,x}}{32}}$$

则 $$M_{r,x}=42$$

2.2 溶　　液

溶液即液体，其性质介于气态和固态之间，但是某些方面接近于气体，如，它有确定的体积、一定的流动性、一定的掺混性。某些方面甚至更多方面类似于固体，如，它有一定的表面张力、固定的凝固点和沸点，但是没有固定的外形和显著的膨胀性。

虽然科学家们对溶液进行了大量的研究工作，但至今对其结构的了解仍然很少，不如对气体和固体的结构了解得那么深入。本节将从其浓度的基本表示方法出发，对其蒸气压和非电解质稀溶液的依数性进行简单介绍。

2.2.1 溶液浓度表示法

溶液浓度的表示方法有很多种，有物质的量浓度、质量摩尔浓度、质量分数、摩尔分数等。

物质的量浓度，也称为摩尔浓度或体积摩尔浓度，它的定义是以溶质 B 的物质的量除以溶液的体积，用 c_B 表示，国际单位为 $mol \cdot m^{-3}$，常用单位为 $mol \cdot L^{-1}$，其表达式为

$$c_B=\frac{n_B}{V} \tag{2-15}$$

这种浓度的表示方法使用起来比较方便，唯一不足的就是其数值要随温度变化。

质量摩尔浓度，指溶质 B 的物质的量除以溶剂 A 的质量，用 b_B（或 m_B）表示，国际单位为 $mol \cdot kg^{-1}$，其表达式为

$$b_B=\frac{n_B}{m_A} \tag{2-16}$$

质量分数，指溶质 B 的质量与溶液的质量之比，用 w_B 表示，单位为 1，其表达式为

$$w_B=\frac{m_B}{m} \tag{2-17}$$

摩尔分数表示法，有溶质的摩尔分数和溶剂的摩尔分数之分。其中溶质 B 的物质的量 n_B 与溶液的总物质的量 n 之比，称为溶质的摩尔分数，用 x_B 表示；溶剂 A 的物质的量与溶液的总物质的量之比，称为溶剂的摩尔分数，用 x_A 表示。

$$x_B = \frac{n_B}{n} \tag{2-18}$$

溶质和溶剂的摩尔分数之和等于 1，即 $x_A + x_B = 1$。对于稀溶液，由于 $n_B \ll n_A$，则

$$x_B = \frac{n_B}{n} \approx \frac{n_B}{n_A}$$

对于稀的水溶液，则

$$x_B \approx \frac{n_B}{n_{水}}$$

例如，对于 1000 g 溶剂水，则

$$x_B \approx \frac{n_B}{\dfrac{1000\ \text{g}}{18\ \text{g} \cdot \text{mol}^{-1}}}$$

这时，n_B 在数值上等于 1000 g 溶剂水所含溶质的物质的量，即质量摩尔浓度 b_B，

$$x_B \approx \frac{b_B}{\dfrac{1000\ \text{g}}{18\ \text{g} \cdot \text{mol}^{-1}}} = \frac{b_B}{55.56}$$

令 $k' = \dfrac{1}{55.56}$，则

$$x_B \approx k' b_B \tag{2-19}$$

这是稀的水溶液中，x_B 与质量摩尔浓度 b_B 之间的数量关系。对于其他溶剂，不是 55.56，但仍是一个特定的数值。

2.2.2　饱和蒸气压

1. 纯溶剂的饱和蒸气压

将一杯水，置于敞口的容器中一段时间后，其体积将会减少，这是水分子由液态转化为气态的结果，这种液体变成蒸气的过程就是蒸发。同理，将纯溶剂置于密闭容器中，它也将蒸发。液面上方空间里，溶剂分子个数逐渐增加，从而密度增加，压力也增加。随着上方空间里溶剂分子个数的增加，分子凝聚回到液相的机会也增加。当密度达到一定数值时，凝聚的分子的个数和上方空间里溶剂分子的个数相等，即凝聚速度和蒸发速度相等时，体系就达到一种动态的平衡。

$$液体 \underset{凝聚}{\overset{蒸发}{\rightleftharpoons}} 气体$$

此时，蒸气密度和压力均不再改变，保持恒定。这个压力就称为该温度下溶剂的饱和蒸气压，用 p^* 表示。

溶剂的饱和蒸气压是液体的重要性质，它仅与液体的本质和温度有关，与液体的量和液面上方空间的体积无关。表 2-2 给出了不同温度下水的饱和蒸气压。

对同一溶剂液体，若温度越高，则液体中动能大的分子数目多，逸出液面的分子数目也相应

增多,蒸气压就越大;若温度越低,则蒸气压越低。如图 2-2 所示,蒸气压与温度的变化是一条曲线。从图中也不难看出,同一温度下,易挥发溶剂液体的蒸气压大。

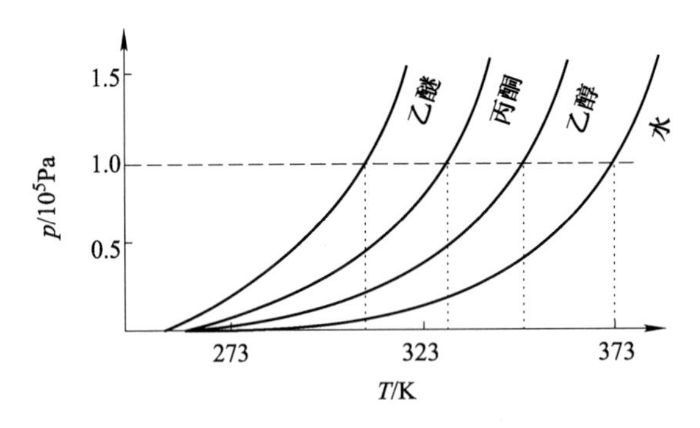

图 2-2 几种液体的蒸气压曲线

表 2-2 不同温度下水的饱和蒸气压

T/K	p^*/kPa	T/K	p^*/kPa
273	0.6106	333	19.9183
278	0.8719	343	35.1574
283	1.2279	353	47.3426
293	2.3385	363	70.1001
303	4.2423	373	101.3247
313	7.3754	423	476.0262

2. 溶液的饱和蒸气压

将难挥发非电解质溶入溶剂中形成稀溶液,则有部分溶液表面被这种溶质分子所占据,如图 2-3 所示。

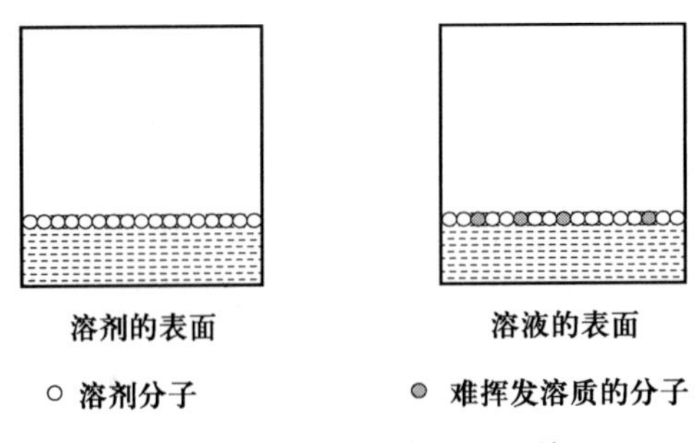

图 2-3 溶剂和溶液表面分子情况

于是,溶液中在单位时间内单位表面上蒸发的溶剂分子的数目要小于纯溶剂的。

当凝聚的分子数目与蒸发的分子数目相等时,即实现平衡,蒸气的密度及压力不会改变。这种平衡状态下的饱和蒸气压为 p,则有 $p<p^*$。

也就是说，在相同的温度下，溶液的饱和蒸气压低于纯溶剂的饱和蒸气压。法国物理学家拉乌尔(F. M. Raoult)在 1887 年研究含有非挥发性溶质的稀溶液的行为时发现了这一性质，并表述为：在一定温度下，稀溶液的饱和蒸气压 p 等于纯溶剂的饱和蒸气压 p^* 与溶剂的摩尔分数 x_A 之积，这就是著名的拉乌尔定律，其数学表达式为

$$p = p^* \cdot x_A \tag{2-20}$$

2.2.3　非电解质稀溶液的依数性

1. 蒸气压降低

用 Δp 表示稀溶液饱和蒸气压对于纯溶剂的下降值，则有

$$\begin{aligned}\Delta p &= p^* - p \\ &= p^* - p^* \cdot x_A \\ &= p^*(1 - x_A) \\ &= p^* \cdot x_B\end{aligned} \tag{2-21}$$

该式说明，难挥发非电解质稀溶液饱和蒸气压下降值 Δp 与溶质的摩尔分数 x_B 成正比。这是拉乌尔定律的另一种表述形式。

将 $x_B \approx k' b_B$ 代入上式，可得

$$\Delta p = p^* \cdot k' \cdot b_B$$

而一定温度下，p^* 为常数，可令 $p^* \cdot k' = k$，则

$$\Delta p = k \cdot b_B \tag{2-22}$$

该式说明，难挥发非电解质稀溶液饱和蒸气压下降值 Δp 与稀溶液的质量摩尔浓度 b_B 成正比。这是拉乌尔定律的又一种表述形式。

各种不同物质的稀溶液，其化学性质各不相同，这是显然的。但稀溶液的某些性质与溶质的种类无关，只与溶液浓度(溶质的质点数)相关，这类性质称为稀溶液的依数性。

2. 沸点升高和凝固点降低

前已述及，液体表面气化的现象称为蒸发，而液体表面和内部同时气化的现象称为沸腾，只有当液体的饱和蒸气压等于外界大气压时，液体的气化才能在表面和内部同时发生，也就是液体才能称之为沸腾。液体沸腾过程中的温度不变，此温度称为该液体的沸点。而液体凝固成固体(严格说是晶体)时的温度称为凝固点，在凝固点，液体和固体的饱和蒸气压相等，它们有如下平衡关系：

$$\text{固体} \underset{\text{凝固}}{\overset{\text{熔解}}{\rightleftharpoons}} \text{液体}$$

若 $p_{固} > p_{液}$，则平衡右移，固体熔解；若 $p_{固} < p_{液}$，则平衡左移，液体凝固。

物质的饱和蒸气压 p 对温度 T 作图，即得到物质饱和蒸气压图。图 2-4 是水、水溶液、冰体系的饱和蒸气压图。

从图中可以看出：

(1) 随着温度的升高，水、水溶液、冰的饱和蒸气压都升高。

(2) 其中冰的曲线斜率大，饱和蒸气压随温度变化显著。

(3) 同一温度，水溶液的饱和蒸气压低于水的饱和蒸气压。

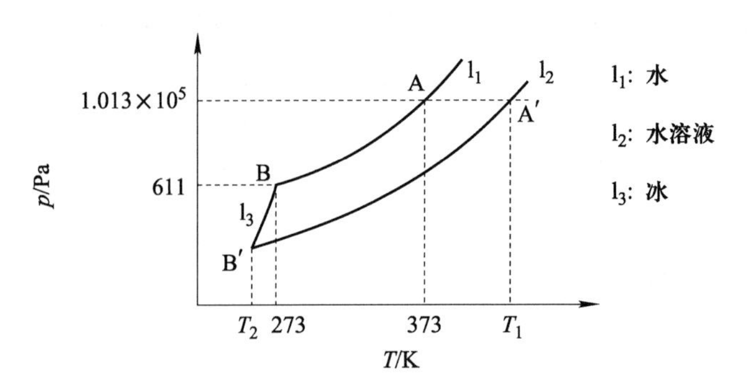

图 2-4 水、水溶液、冰体系的饱和蒸气压图

(4) 373 K 时,水的饱和蒸气压等于外界大气压,如图中 A 点,故水的沸点是 373 K。

(5) 373 K 时,水溶液的饱和蒸气压小于外界大气压,溶液未达到沸点。当温度升到 T_1 时(>373 K),溶液的饱和蒸气压才达到 1.013×10^5 Pa,溶液才沸腾。如图中 A′点,即 T_1 是水溶液的沸点,比纯水的沸点 373 K 高。

(6) 冰线和水线的交点 B 处,冰和水的饱和蒸气压相等,此点温度 $T=273$ K,$p\approx611$ Pa。273 K 是水的凝固点,亦称为冰点。

(7) 在 273 K 时,冰的饱和蒸气压高于水溶液的饱和蒸气压,即 $p_{冰}>p_{溶}$。当溶液和冰共存时,冰要熔解,或者说溶液此时尚未达到凝固点。

(8) 降温到 T_2(<273 K)时,冰线和水溶液线相交于 B′点,即 $p_{冰}=p_{溶}$时,水溶液才开始结冰,达到凝固点。溶液的凝固点降低,比纯溶剂低。

可见,由于溶液饱和蒸气压的降低,导致溶液沸点升高、凝固点降低。

(1) 沸点升高公式

用 ΔT_b 表示沸点升高值,

$$\Delta T_b=T_b-T_b^*$$

式中,T_b^* 为纯溶剂的沸点,T_b 为溶液的沸点。

ΔT_b 直接受 Δp 影响,$\Delta T_b\propto\Delta p$,而 $\Delta p=k\cdot b_B$,故 $\Delta T_b\propto b_B$。比例系数用 k_b 表示,则

$$\Delta T_b=k_b\cdot b_B \tag{2-23}$$

k_b 称为沸点升高常数,不同的溶剂 k_b 值不同(表 2-3)。最常见的溶剂是 H_2O,其 $k_b=0.512$ $K\cdot kg\cdot mol^{-1}$。即得出结论:溶液的沸点升高值与其质量摩尔浓度成正比。

(2) 凝固点降低公式

用 ΔT_f 表示凝固点降低值,

$$\Delta T_f=T_f^*-T_f$$

式中,T_f^* 为纯溶剂的凝固点,T_f为溶液的凝固点。

ΔT_f 也受 Δp 影响,$\Delta T_f\propto\Delta p$,而 $\Delta p=k\cdot b_B$,故 $\Delta T_b\propto b_B$。比例系数用 k_f 表示,则

$$\Delta T_f=k_f\cdot b_B \tag{2-24}$$

k_f 称为凝固点降低常数,不同的溶剂 k_f 值不同(表 2-3)。最常见的溶剂是 H_2O,其 $k_f=1.86$ $K\cdot kg\cdot mol^{-1}$。即得出结论:溶液的凝固点降低值与其质量摩尔浓度成正比。

表 2-3　常见溶剂的 T_b^*、k_b 和 T_f^*、k_f

溶剂	T_b^*/℃	k_b/(K·kg·mol^{-1})	T_f^*/℃	k_f/(K·kg·mol^{-1})
水	100	0.512	0.0	1.86
乙酸	118	2.93	17.0	3.90
苯	80	2.53	5.5	5.10
乙醇	78.4	1.22	−117.3	1.99
四氯化碳	76.7	5.03	−22.9	32.0
乙醚	34.7	2.02	−116.2	1.8
萘	218	5.80	80.0	6.9

实验室中常用稀溶液的依数性测定难挥发非电解质的相对分子质量。

【例 2-5】 将 3.35 g 葡萄糖溶于 50 g 水中，所得溶液的沸点比纯水的升高 0.192 K。求葡萄糖的相对分子质量。

解　由 $\Delta T_b = k_b \cdot b_B$ 和 $b_B = \dfrac{n_B}{m_A}$（注意 m_A 的单位是 g，计算时需转换成 kg），可得

$$\Delta T_b = \frac{k_b \cdot n_B}{m_A} = \frac{k_b \cdot \dfrac{m_B}{M_B}}{m_A}, \quad \text{整理后得 } M_B = \frac{k_b \cdot m_B}{\Delta T_b \cdot m_A}$$

代入数值计算可得 $M_B = \dfrac{k_b \cdot m_B}{\Delta T_b \cdot m_A} = \dfrac{0.512 \times 3.35}{0.192 \times 50 \times 10^{-3}}\ \text{g} \cdot \text{mol}^{-1} = 179\ \text{g} \cdot \text{mol}^{-1}$

所以葡萄糖的相对分子质量为 179。

3. 渗透压

在 U 形管中央放置一半透膜，在两侧分别注入等高度的水和糖水，这个半透膜只允许溶剂 H_2O 分子透过，而不允许溶质蔗糖分子透过。这样放置一段时间后，糖水液面升高，而水的液面降低，如图 2-5 所示。

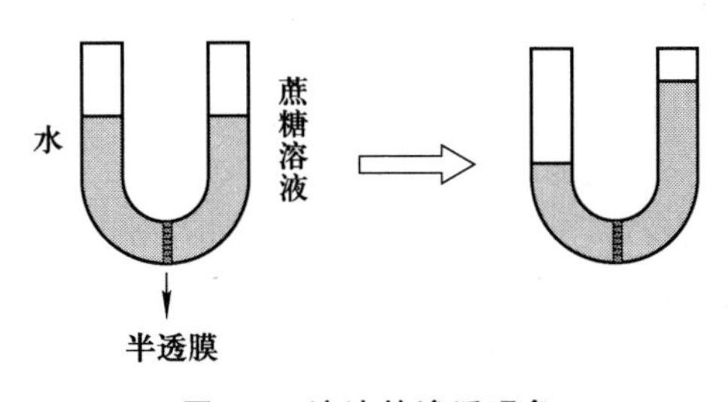

图 2-5　溶液的渗透现象

为什么会出现这种现象？主要是基于半透膜两侧可透过半透膜的 H_2O 分子的数目不相

等,故两侧静水压相等时,单位时间内,进入蔗糖溶液的 H_2O 分子(右行水分子)比从蔗糖溶液进入水中的 H_2O 分子(左行水分子)要多些。这种溶剂透过半透膜进入溶液的现象,称为渗透现象。

渗透现象发生以后,将引起下列变化:

(1) 水柱的高度降低,静压减小,使右行水分子数目减少;

(2) 蔗糖溶液柱升高,静压增大,使左行水分子数目增加;

(3) 蔗糖溶液变稀,半透膜右侧的 H_2O 分子的比例增加,亦使左行水分子数目增加。

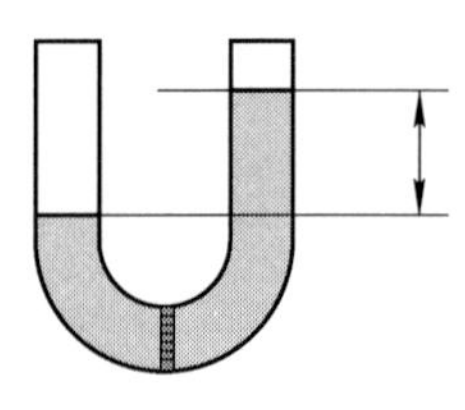

图 2-6 溶液的渗透压

当过程进行到一定程度时,右行和左行的水分子数目相等。于是水柱不再降低,同时,蔗糖溶液柱亦不再升高,达到平衡。这时液面高度差造成的静压,称为溶液的渗透压(图 2-6),用 Π 表示,单位为 Pa。

具有渗透压是溶液的依数性,它主要是由相界面上可发生转移的分子个数不同引起的。

1886 年荷兰人范特霍夫(J. H. van't Hoff)指出,稀溶液的渗透压与溶液的浓度和温度之间的关系同理想气体状态方程一致,即

$$\Pi V = nRT \tag{2-25}$$

或

$$\Pi = cRT \tag{2-26}$$

稀溶液中 $c \approx b$,所以

$$\Pi = bRT \tag{2-27}$$

式(2-26)说明,一定条件下,难挥发非电解质稀溶液的渗透压与溶液的浓度成正比,而与溶质的本性无关。

【例 2-6】 将 2.00 g 蔗糖溶于水,配成 50.0 mL 溶液,求溶液在 37 ℃时的渗透压。

解 蔗糖的摩尔质量为 342 $g \cdot mol^{-1}$,则

$$c = n/V = [2.00/(342 \times 0.050)] mol \cdot L^{-1} = 0.117 \ mol \cdot L^{-1}$$

$$\Pi = cRT = (0.117 \times 8.314 \times 310) \ kPa = 302 \ kPa$$

稀溶液的依数性的适用范围:

(1) 只适用于难挥发非电解质稀溶液,溶质有挥发性的溶液不能用依数性公式计算。

(2) 浓溶液虽然也有蒸气压下降、沸点升高和凝固点降低的现象,但定量关系不准确,不能用公式进行准确计算,计算结果仅供参考。

(3) 电解质溶液,仍有蒸气压下降、沸点升高、凝固点降低和具有渗透压等性质。但是只可以定性推理,而一般不用公式进行定量计算。

例如,NaCl 在水中解离成 Na^+ 和 Cl^-,$b_B = 1 \ mol \cdot kg^{-1}$ 时,质点浓度似乎是 2 $mol \cdot kg^{-1}$。而由于 Na^+ 和 Cl^- 之间的相互吸引,又使得发挥作用的质点浓度不足 2 $mol \cdot kg^{-1}$。定量关系不确切,所以不能用公式进行定量计算。

2.3 固 体

与液体和气体相比,固体是一个复杂的多体系统,它有比较固定的体积和形状,质地比较坚

硬。它的基态(即 $T=0$ K 时的状态)不仅是能量最低的状态,而且还是某种有序状态。一般来说,固体是宏观物体,一个物体要达到一定的大小才能被称为固体,但对这个大小没有明确的规定。除一些特殊的低温物理学的现象如超导现象、超液现象外,固体作为一个整体不显示量子力学的现象。

2.3.1　固体的分类及特性

科学家对固体的内部结构进行实验测定发现,不同固体内部结构不同,有的固体内部质点呈有规则的空间排列,这类固体被称为晶状固体,即晶体,如糖、盐等。有的固体内部结构无规则,被称为非晶状固体,即非晶体,如玻璃、石蜡等。还有一类固体是由大量结晶体或晶粒聚集而成,结晶体或晶粒本身有规则结构,但它们聚集成多晶固体时的排列方式是无规则的,这类固体称为准晶体。

自然界中绝大多数的固体都是晶体,只有极少数的非晶体存在。非晶体往往是在温度突然下降到液体的凝固点以下,而物质的质点来不及进行有规则的排列时形成的,例如玻璃、石蜡、沥青和炉渣等。非晶体的内部结构通常类似于液体内部结构,其聚集态是不稳定的,在一定条件下会逐渐结晶化。如,玻璃长时间阳光照射后会变得浑浊不透明,这就是晶化的结果。

固体有三种特性:其一,固体里的粒子紧紧相扣,不易进行运动。固体是固定在物质里一个特定的空间。当有外力对物质施加作用时,固体以上形态会被扭曲,引致永久性变形。其二,固体具有膨胀性和收缩性,即固体受热时会膨胀,遇冷时会收缩。其三,固体能够熔化,即固体达到熔点,会变为液态存在,其质量不改变。

但是,晶状固体和非晶状固体的特性又有所区别:① 完整的晶体有固定的几何外形,非晶体则没有。② 晶体有固定的熔点,非晶体却没有固定的熔点。非晶体被加热到一定温度后开始软化,流动性增加,最后变成液体,从软化到完全熔化,要经历一段较宽的温度范围。③ 晶体具有各向异性,即某些物理性质在不同的方向上表现不同。如石墨易沿层状结构方向断裂,石墨的层向导电能力高出竖向导电能力 10000 倍。非晶体则是各向同性的。

2.3.2　晶体的外形和七大晶系

已知晶体形态超过 40000 种,但它们都是按七种结晶模式发育生长的,即七大晶系。晶体是以三维方向发育的几何体,为了表示三维空间,分别用三、四根假想的轴通过晶体的长、宽、高中心,这几根轴的交角(称为晶轴夹角,表示为 α、β、γ)、长短(称为晶轴长度,表示为 a、b、c)不同而构成七种不同对称、不同外观的晶系模式:立方晶系(等轴晶系),四方晶系,正交晶系(斜方晶系),三方晶系,六方晶系,单斜晶系,三斜晶系,如图 2-7 所示。

自然界中的晶体以及人工制备的晶体,在外形上很少与图 2-7 所示的形状完全符合。通常当融化物凝固成晶体或固体物质从溶液中结晶出来时,得不到完整的晶体,有的生长不均衡,有的则发生歪曲或缺陷。然而,不管晶体外形生成得如何不规则,但对某一种物质的晶体来讲,晶面间所成的夹角总是不变的,因为晶系的晶轴间夹角是固定的。表 2-4 列出了七大晶系在晶轴长短和晶轴夹角方面的情况,这也是区分晶系的依据,我们只要测出晶面间夹角和晶轴的长短,就能准确地确定一种晶体所属的晶系。

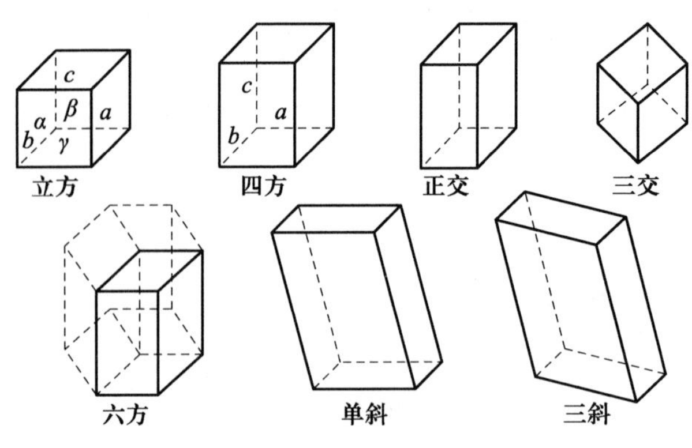

图 2-7 七种晶系

表 2-4 七大晶系的晶轴长短和晶轴夹角

晶系	晶轴长度	晶轴夹角	实例
立方	$a=b=c$	$\alpha=\beta=\gamma=90°$	Cu,NaCl
四方	$a=b\neq c$	$\alpha=\beta=\gamma=90°$	Sn,SnO_2
正交	$a\neq b\neq c$	$\alpha=\beta=\gamma=90°$	$HgCl_2$
单斜	$a\neq b\neq c$	$\alpha=\gamma=90°$, $\beta\neq 90°$	S,$KClO_3$
三斜	$a\neq b\neq c$	$\alpha\neq\beta\neq\gamma\neq 90°$	$CuSO_4\cdot 5H_2O$
六方	$a=b\neq c$	$\alpha=\beta=90°$, $\gamma=120°$	Mg,AgI
三方	$a=b=c$	$\alpha=\beta=\gamma\neq 90°$	Al_2O_3

2.3.3 晶体的内部结构

1. 晶格

晶体内部原子是按一定的几何规律排列的。为了便于理解,把原子看成一个球体,则金属晶体就是由这些小球有规律堆积而成的物体。为了形象地表示晶体中原子排列的规律,可以将原子简化成一个点,用假想的线将这些点连接起来,构成有明显规律性的空间格架。这种表示原子在晶体中排列规律的空间格架叫做晶格。晶格中的每个点称为结点,晶格中各种不同方位的原子面称为晶面。晶格是实际晶体所属点阵结构的代表,实际晶体虽有千万种,但就其点阵的形式而言,只有如图 2-8 所示的 14 种晶格。

图 2-8 中,符号 P 表示"不带心"的简单晶格,符号 I 表示"体心",符号"F"表示"面心",所以立方晶格有三种形式;符号 C 表示"底心";三方、六方和三斜都"不带心",它们都只有一种形式;符号 R 和 H 分别表示三方和六方点阵。

在简单立方晶格中,立方体每个顶角都有一个结点。在体心立方晶格中,除了这八个结点以外,在立方体中心还有一个结点。在面心立方晶格中,除了顶角的八个结点外,立方体六个面的中心都有结点。

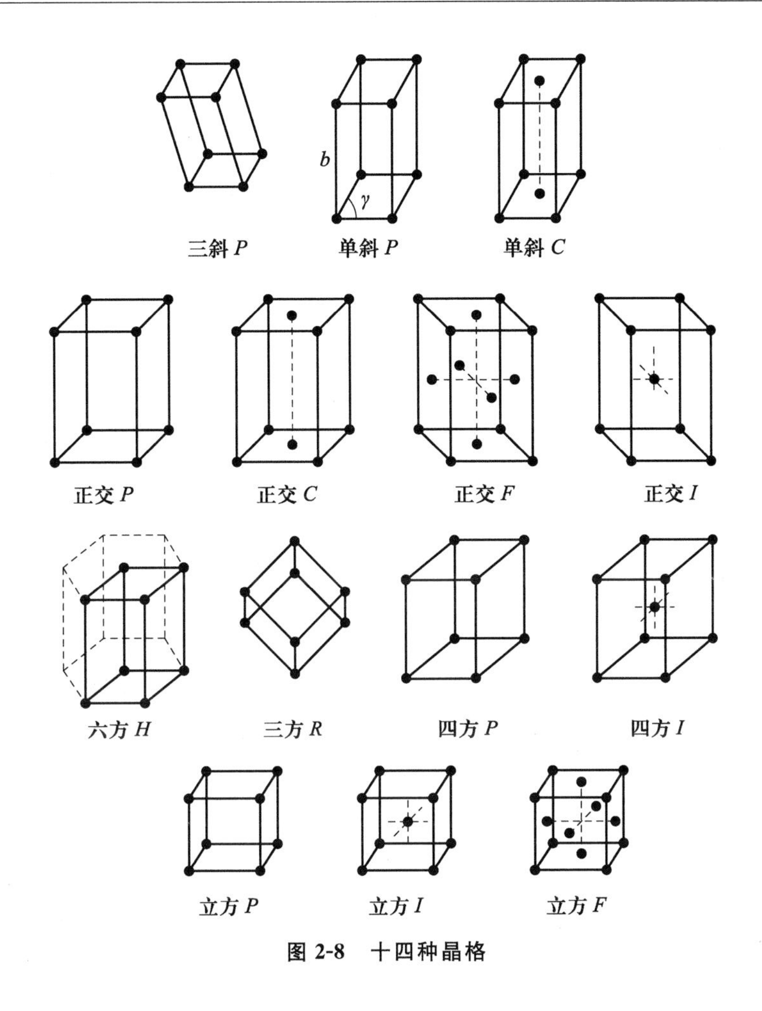

图 2-8　十四种晶格

2. 晶胞

晶胞是晶体的基本结构单位，客观地反映了晶体结构三维周期性的晶格，将晶体结构截分为一个个彼此互相并置而等同的平行六面体的基本单位，即为晶胞。因此，每个晶胞中各种质点的比应与晶体一致，另外晶胞在结构上的对称性也要和晶体一致。

图 2-9 给出了 CsCl 和 NaCl 晶体的晶胞图。在一个 CsCl 晶胞中 $Cs^+ : Cl^- = 1 : 1$，能代表晶体中的离子比。在一个 NaCl 晶胞中，在体心处有一个 Na^+，在十二条棱中央各有一个同时属于相邻的四个相同晶胞的 Na^+，所以晶胞中的 Na^+ 数为

$$1 + (1/4) \times 12 = 4(个)$$

八个顶点上各有一个同时属于相邻的八个相同晶胞的 Cl^-，六个面的中心上各有一个同时属于相邻的两个晶胞的。所以晶胞中 Cl^- 数为

$$(1/8) \times 8 + (1/2) \times 6 = 4(个)$$

因此一个 NaCl 晶胞的化学成分代表了 NaCl 晶体。

晶胞是晶体的代表，晶胞中存在着晶体中所具有的各种质点。通过晶胞判断晶体的点阵属于 14 种晶格的哪一种，首先要把晶胞中环境不同的质点分开来，观察它们各自的排列方式，如图

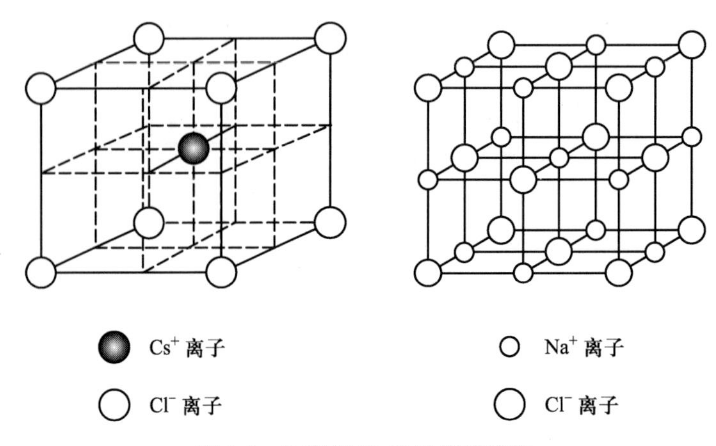

图 2-9 CsCl 和 NaCl 晶体的晶胞

2-10 所示。把 CsCl 晶胞分开后,我们清楚地看到 Cs^+ 和 Cl^- 各自排列成简单立方形式,因此 CsCl 属于简单立方格子。把 NaCl 晶胞分开后 Na^+ 和 Cl^- 各自排列成面心立方形式,因此 NaCl 属于面心立方格子。值得注意的是,不同的质点在晶胞中的化学环境不同,相同质点的化学环境也并不一定相同。在把晶胞中不同质点分开来观察和判断晶体点阵的类型时,需注意上述的问题。但同一晶胞不论可以分成几种化学环境不同的质点,每种质点所排列成的形式都是完全相同的。图 2-10 也说明了这一点,CsCl 晶胞正是由 Cs^+ 和 Cl^- 的简单立方格子在体心处相互穿插而成的;而 NaCl 晶胞是由 Na^+ 和 Cl^- 的面心立方格子在体心处相互穿插而成的。

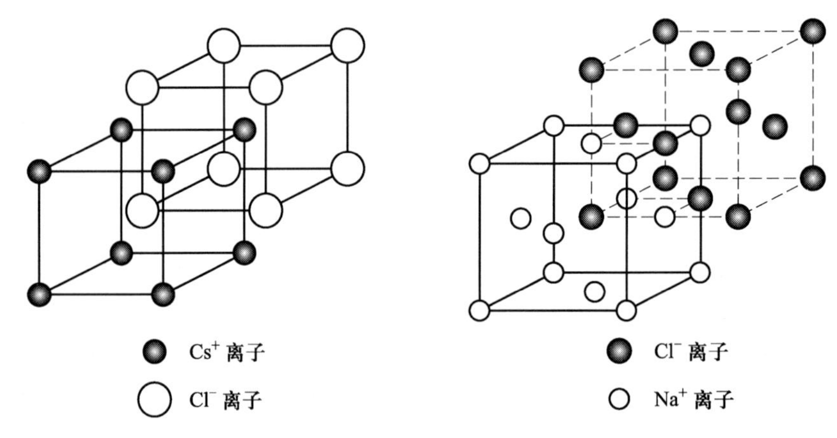

图 2-10 晶胞的构成

习 题

2-1 在容积为 10.0 L 的真空钢瓶中充入氯气,当温度计为 288 K 时,测得瓶内气体的压强为 1.01×10^7 Pa,试计算钢瓶内氯气的质量。

2-2 在 373 K 和 100 kPa 压强下,UF_6 的密度是多少?是 H_2 的多少倍?

2-3 在容积为 40.0 L 氧气钢瓶中充有 8.00 kg 的氧,温度为 25 ℃。

(1) 按理想气体状态方程计算钢瓶中氧的压力；

(2) 再根据范德华方程计算氧的压力；

(3) 确定两者的相对偏差。

2-4 不查表，确定在气体 H_2、N_2、CH_4、C_2H_6 和 C_8H_8 中，其范德华常数 b 最大的是哪一种气体？

2-5 比较 H_2、N_2、CH_4 和 NO_2 的范德华常数 a，预测分子间力最大的是哪一种气体。

2-6 有一个 3 dm^3 的容器，里面装有 16 g O_2 和 28 g N_2，求在温度为 300 K 时混合气体各组分的分压及总压。

2-7 将一定量的固体氯酸钾和二氧化锰混合物加热分解后，称得其质量减少了 0.480 g，同时测得用排水集气法收集起来的氧气的体积为 0.377 dm^3，此时的温度为 294 K，大气压强为 9.96×10^4 Pa，试计算氧气的相对分子质量。

2-8 某学生在实验室中用金属锌与盐酸反应制备氢气，所得到的氢气用排水法收集。温度为 18 ℃时，室内气压计为 753.8 mmHg，湿氢气体积为 0.567 L。用分子筛除去水分，得到干氢气，计算同温度、同压力下，干氢气的体积及氢气的物质的量。

2-9 将氨气和氯化氢气体同时从一根 120 cm 长的玻璃管两端分别向管内自由扩散。试问两气体在管中什么位置相遇而生成氯化铵白烟？

2-10 已知异戊烷 C_5H_{12} 的摩尔质量 $M=72.15\ g\cdot mol^{-1}$，在 20.3 ℃时蒸气压为 77.31 kPa。现将一难挥发性非电解质 0.0697 g 溶于 0.891 g 异戊烷中，测得该溶液的蒸气压降低了 2.32 kPa。

(1) 试求出异戊烷为溶剂时拉乌尔定律中的常数 K；

(2) 求加入的溶质的摩尔质量。

2-11 已知 293 K 时水的饱和蒸气压为 2.338 kPa，将 6.840 g 蔗糖($C_{12}H_{22}O_{11}$)溶于 100.0 g 水中，计算蔗糖溶液的质量摩尔浓度和蒸气压。

2-12 将 0.638 g 尿素溶于 250 g 水中，测得此溶液的凝固点降低值为 0.079 K，试求尿素的相对分子质量。

2-13 取 0.749 g 谷氨酸溶于 50.0 g 水中，测定凝固点降低为 0.188 ℃，试求谷氨酸的摩尔质量。

2-14 测得泪水的凝固点为 −0.52 ℃，求泪水在体温 37 ℃时的渗透压力。

2-15 下图是 NaCl 的一个晶胞，属于这个晶胞的 Cl^-(用○表示)和 Na^+(用●表示)各为多少个？

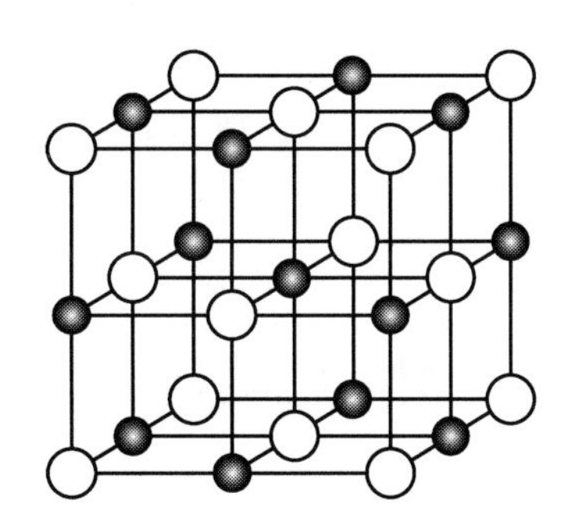

第3章　化学热力学初步

人们研究化学反应的目的，有两个方面。一是物质方面。例如，进行反应 $N_2 + 3H_2 = 2NH_3$，目的是制取氨；用硫粉处理汞 $S + Hg = HgS$，目的是消除单质汞，而不是制备 HgS。二是能量方面。例如，燃烧煤炭 $C + O_2 = CO_2$，目的是获得能量，不是制取 CO_2 和将煤炭处理掉。能量有多种形式，如机械能、热能、电磁能、辐射能、化学能、生物能和核能等。能量可以被储存和转化。热和功是能量传递的两种形式。研究热和其他形式能量相互转化之间关系的科学被称为热力学。

化学热力学正是从化学反应的能量出发，在研究提高热机效率的实践中发展起来的，研究化学反应的方向和进行程度的一门科学。其中心内容是19世纪建立起来的热力学第一、第二定律两个定律，这两个经验定律奠定了热力学的基础，使热力学成为研究热能和机械能以及其他形式的能量之间的转化规律的一门学科。20世纪初建立的热力学第三定律使得热力学臻于完善。

用热力学的理论和方法研究化学，则产生了化学热力学。化学热力学可以解决化学反应中的能量变化问题，同时可以解决化学反应进行的方向和进行的限度等问题。这些问题正是化学工作者极其关注的问题。

化学热力学在讨论物质的变化时，着眼于宏观性质的变化，不需涉及物质的微观结构，即可得到许多有用的结论。运用化学热力学方法研究化学问题时，只需知道研究对象的起始状态和最终状态，而无需知道变化过程的机理，即可对许多过程的一般规律加以探讨。这是化学热力学最成功的一面。应用化学热力学讨论变化过程，没有时间概念，因此不能解决变化进行的速度及其他和时间有关的问题。这又使得化学热力学的应用有一定的局限性。

化学热力学涉及的内容既广又深，在以后的物理化学课程中还要进一步深入研究，在本章中只介绍热力学第一定律中涉及的热、功和热力学能的相互转化过程中的基本概念、理论、方法和应用。

3.1　热力学常用术语

3.1.1　体系和环境

体系就是被研究的对象和它所占的那部分空间，它是由大量微观粒子（分子、原子和离子等）组成的宏观集合体。体系具有边界，这一边界可以是实际的界面，也可以是人为确定的用来划定研究对象的空间范围。

环境是体系之外与体系有一定联系的其他物质或空间，如容器壁、密封盖、砝码以及密封盖以外的空气等都是环境的组成部分。例如，研究烧杯中溶液的化学反应，则溶液是体系，烧杯和空气等是环境。容器中充满空气，研究其中的氧气，则氧气是体系，其他气体如氮气、二氧化碳及水蒸气等是环境，容器以及容器以外的一切也都可以认为是环境。

我们所说的环境经常指那些与体系之间有密切关系的部分。体系与环境之间的界面并不一定是实际的界面，因而可以设计一个假想的界面。按照体系和环境之间物质和能量的交换传递情况，可将体系分为三类：

(1) 敞开体系：体系与环境之间，既有物质交换，又有能量交换。

(2) 封闭体系：体系与环境之间，没有物质交换，但有能量交换，因此系统的质量是守恒的。这种体系是化学热力学主要研究的体系。

(3) 孤立体系：体系与环境之间，既没有物质交换，又没有能量交换。

例如，在一敞口杯中盛满热水，以热水为体系，则是一个敞开体系。降温过程中，体系向环境放热，有水分子不断变成水蒸气逸出。若加一个盖子，防止水蒸发，则避免了与环境的物质交换，于是得到一个封闭体系；若将杯子换成一个理想的保温瓶，杜绝能量交换，于是得到一个孤立体系。

3.1.2　状态和状态函数

由一系列表征体系性质的物理量所确定下来的体系的一种存在形式称为状态，状态是系统中所有宏观性质的综合表现。热力学系统是由大量微观粒子组成的集合体，其宏观性质有压力、体积、温度、密度、质量、黏度、物质的量等。我们把这些描述系统状态的物理量称为状态函数。在一定的条件下，系统的性质不再随时间而变化，其状态就是确定的，此时状态函数有确定值。当系统状态发生变化时状态函数的变化量与系统状态变化的途径无关。

例如，若研究的体系是某理想气体，其物质的量 $n=1$ mol，压强 $p=1.01325\times10^{5}$ Pa，体积 $V=22.4$ L，温度 $T=273$ K，则认为体系处于标准状况。这里的 n，p，V，T 就是体系的状态函数，理想气体的标准状况就是由这些状态函数确定下来的体系的一种状态。

状态函数的特点：

(1) 体系的状态一定，则各状态函数一定。体系的一个或几个状态函数发生了变化，则体系的状态发生变化。

(2) 体系状态发生变化时，各状态函数的改变量只与始态和终态有关，与变化的途径无关。例如下图所示的理想气体无论是由途径1直接从300 K升温至350 K，还是由途径2先从300 K降温至280 K再升温至350 K，其最终的温度差都是50 K，与变化的途径无关。

理想气体 $T=300$ K → 理想气体 $T=350$ K

理想气体 $T=300$ K → 理想气体 $T=280$ K → 理想气体 $T=350$ K

$$\Delta T_1 = 350\ \text{K} - 300\ \text{K} = 50\ \text{K}$$

$$\Delta T_2 = (350-280)\ \text{K} - (300-280)\ \text{K} = 50\ \text{K}$$

(3) 某些状态函数，如 n、V 等所表示的体系的性质有加和性，称为量度性质或广度性质；如 T、p 等所表示的体系的性质无加和性，称为强度性质。

3.1.3　过程和途径

体系的状态发生变化，从始态到终态，则称体系经历了一个热力学过程，简称过程。若体系在恒温条件下发生了状态变化,并且整个过程中始终保持这个温度,称体系的变化为“恒温过程”;而恒温变化与恒温过程不同,恒温变化只强调始态和终态的温度相同,而对过程中的温度不作任何要求。同样,“恒压过程”表示始态、终态的压力相等,并且过程中始终保持这个压力。恒压变化与恒压过程不同,它只强调始态与终态的压力相同,而对过程中的压力不作任何要求。“恒容过程”表示体系的始态与终态容积相同,过程中始终保持同样的容积。若体系变化时和环境之间无热量交换,则称之为“绝热过程”。若体系由始态出发,经过一系列变化,又回到原来状态,这种始态和终态相同的变化过程称为循环过程。而完成一个热力学过程,可以采取多种不同的方式,每一种具体方式都可称为一种途径。例如,某理想气体经历一个过程,该过程可以经由许多不同的途径来完成(图 3-1)。p_1、T_1、V_1 等描述始态时体系的性质,$p_2(=p_1)$、T_2、V_2 等描述终态时体系的性质,途径Ⅰ保持压力不变,环境给体系加热,系统膨胀对环境做功;加热和膨胀需要经历一定时间一步一步进行,这就是过程;从始态到终态的全过程就称为途径Ⅰ。途径Ⅱ的情形也可照此理解。

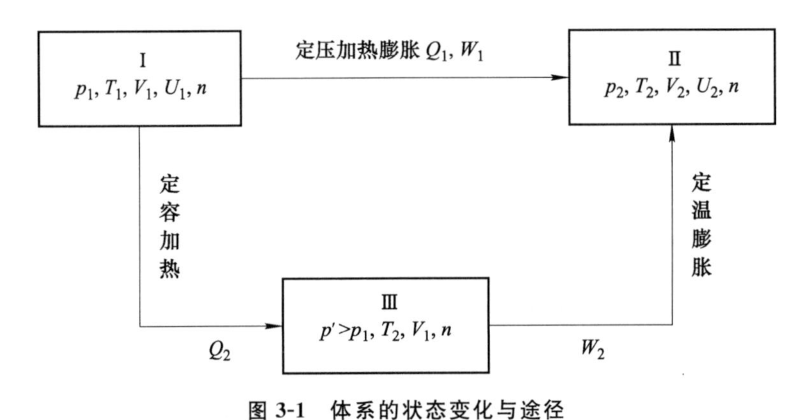

图 3-1 体系的状态变化与途径

总之,过程着重于始态和终态,而途径着重于具体方式。状态函数的改变量,取决于始态和终态,与经历的途径无关。

3.1.4 体积功

在热力学过程中,体系反抗外压发生体积变化时,会产生体积功。因为液体和固体在变化过程中体积变化较小,因此体积功的讨论经常是对气体而言的。例如在一截面积为 S 的圆柱形筒内,用活塞将气体密封,如图 3-2 所示。

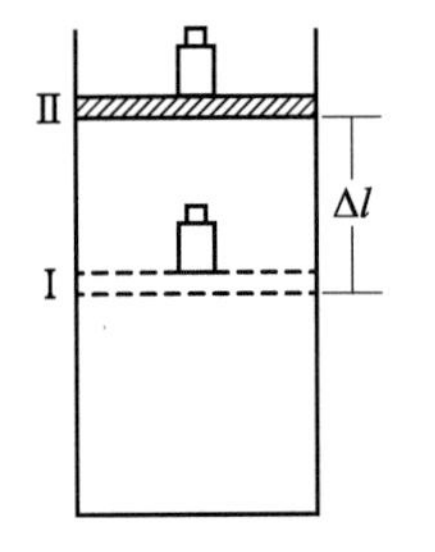

图 3-2 体积功示意图

若忽略活塞自身的质量及其与筒壁间的摩擦力,以活塞上放置的砝码在活塞上面造成的压强代表外压。膨胀过程中,气体将活塞从Ⅰ位移动到Ⅱ位,移动距离为 Δl。按照传统的功的定义,体系对环境的功为

$$W = F \cdot \Delta l = \frac{F}{S} \cdot \Delta l \cdot S \tag{3-1}$$

式中,$\frac{F}{S}$是外压 p;$\Delta l \cdot S$ 是体积,它等于气体膨胀过程的 ΔV。所以,功表示为

$$W = p\Delta V \tag{3-2}$$

这种功称为体积功，以 $W_{体}$ 表示。我们研究的过程与途径，若不加以特别说明，可以认为只有体积功，即 $W=W_{体}$。

3.1.5　热力学能

热力学能(也称内能)是体系内部能量的总和，用符号 U 表示，单位为 J 或 kJ。它包括分子或原子的动能、势能、核能、电子的动能以及一些尚未研究的能量。

由于体系内部质点的运动及相互作用很复杂，因而热力学能的绝对值无法测知。但它是体系自身的属性，体系在一定状态下，其热力学能有一定的数值。因此，热力学能是状态函数，仅与系统的状态有关。其改变量(ΔU)只取决于体系的始终态，与体系变化过程的具体途径无关，即

$$\Delta U = U_{终} - U_{始} \tag{3-3}$$

理想气体是最简单的体系，可以认为理想气体的热力学能只是温度的函数，T 一定，则 U 一定。即 $\Delta T=0$，则 $\Delta U=0$。

3.1.6　相

系统中物理性质和化学性质完全相同而与其他部分有明确界面分隔开来的任何均匀部分叫做相。只含一个相的系统叫做均相系统或单相系统。例如，NaCl 水溶液、碘酒、天然气、金刚石等。相可以由纯物质或均匀混合物组成。相可以是气、液、固等不同形式的聚集状态。系统内可能有两个或多个相，相与相之间有界面分开，这种系统叫做非均相系统或多相系统。例如，一杯水中浮有几块冰，水面上还有水蒸气和空气的混合气体，这是一个三相系统。又如，油浮在水面上的系统是两相系统。为书写方便，通常以 g、l、s 分别代表气态、液态和固态，用 aq 表示水溶液。

3.2　热力学第一定律

3.2.1　热力学第一定律内容

能量有各种不同的形式，能从一种形式转变为另一种形式，从一个物体传递给另一个物体，而在转换和传递中总能量守恒不变，这就是能量守恒和转化定律。

对于某体系，由状态Ⅰ变化到状态Ⅱ，在这一过程中体系从环境吸热 Q，环境对体系做功 W，若体系的热力学能改变量用 ΔU 表示，根据能量守恒和转化定律则有

$$\Delta U = Q + W \tag{3-4}$$

热力学第一定律只有体积功的形式(体系对外做功)时，则

$$\Delta U = Q + W_{体} \tag{3-5}$$

将 $W_{体}=-p\Delta V$ 代入，则

$$\Delta U = Q - p\Delta V \tag{3-6}$$

即体系热力学能的改变量等于体系从环境吸收的热量 Q 与环境对体系所做的功 W 之和。也就是说，封闭系统，状态发生变化，体系内能的变化等于体系从环境吸收的热量和环境对体系所做的功之和，这就是热力学第一定律的物理意义。U 是状态函数，只与始终状态有关，以体系为参

照系,体系热力学能增加为正,减少为负。而 Q 和 W 是过程量,与具体过程有关。

【例 3-1】 某过程中,体系吸热 1000 J,环境对体系做功 −300 J。求体系的热力学能的改变量。

解 由热力学第一定律表达式

$$\Delta U = Q + W = 1000\ \text{J} + (-300\ \text{J}) = 700\ \text{J}$$

环境的热力学能改变量怎样求得?

从环境考虑(即把环境当做体系),则有环境吸热 −1000 J,做功 300 J,则

$$\Delta U_{环} = Q_{环} + W_{环} = (-1000\ \text{J}) + 300\ \text{J} = -700\ \text{J}$$

热力学能是量度性质,有加和性。体系与环境的总和为宇宙,故

$$\Delta U_{宇宙} = \Delta U_{体} + \Delta U_{环} = 700\ \text{J} + (-700\ \text{J}) = 0$$

显然,热力学第一定律的实质是能量守恒。所以,可以得到下列过程中热力学第一定律的特殊形式:

(1) 隔离系统的过程:因为 $Q=0$,$W=0$,所以 $\Delta U=0$。即隔离系统的热力学能 U 是守恒的。

(2) 循环过程:系统由始态经一系列变化又回复到原来状态的过程叫做循环过程,$\Delta U=0$。

3.2.2 功和热

体系和环境之间因温度不同而传递或交换的能量形式称为热,以符号 Q 表示,单位为 J 或 kJ。规定体系吸热为正,体系放热为负。例如,$Q=30$ J,表示体系吸热 30 J;$Q=-40$ J,表示体系放热 40 J。

在体系和环境之间除了热之外,其他传递或交换的能量形式都称为功,用符号 W 表示,单位为 J 或 kJ。有体积功和非体积功之分,体积功是体系体积变化反抗外力所做的功;非体积功是除体积功外的其他功,如电功、机械功、表面功等。规定环境对体系做功为正,体系对环境做功为负。例如,$W=20$ J,表示环境对体系做功 20 J;$W=-10$ J,表示体系对环境做功 10 J。

前已述及,Q 和 W 是过程函数,与具体过程有关。下面通过理想气体恒温膨胀来说明这个问题。如图 3-3 所示,途径(a):体系从始态经一次膨胀到终态;途径(b):体系从始态经两次膨胀到终态。

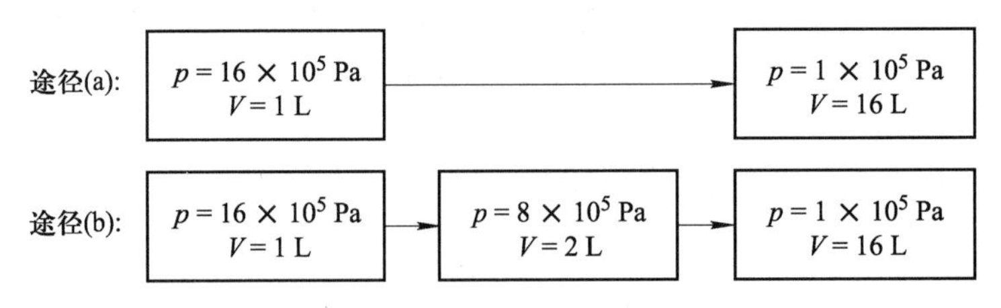

图 3-3 Q 和 W 过程函数说明图

通过 $W=-p\Delta V$ 进行计算可知,完成同一过程时,不同途径的功不相等。由于上述过程是理想气体恒温膨胀过程,因此 $\Delta T=0$,则 $\Delta U=0$。由公式 $\Delta U=Q+W$,可得 $Q=-W$,故热量 Q

也和途径有关。

由此得出结论：热和功不仅与体系始、终态有关，而且与具体途径有关，因此不是状态函数。不能说体系在某种状态下具有多少热量或具有多少功。热和功只有在能量交换时才会有具体的数值，且随着途径的不同，热和功的数值都有变化。

3.3 热　化　学

化学反应总是伴有热量的吸收或放出，这种能量变化对化学反应来说是十分重要的。把热力学第一定律具体应用于化学反应中，讨论和计算化学反应的热量变化，化学热力学的这门分支学科称为热化学。

3.3.1 化学反应的热效应

化学反应过程中，反应物的化学键要断裂，且要形成一些新的化学键以生成产物。例如：

$$2H_2(g) + O_2(g) \xlongequal{\quad} 2H_2O(g)$$

该化学反应中，H—H 键和 O—O 键断裂，要吸收热量；而 H—O 键形成，要放出热量。化学反应的热效应就是要反映出这种由化学键的断裂和形成所引起的热量变化。当生成物和反应物的温度相同时，化学反应过程中所吸收或放出的热量，称为化学反应热效应，简称反应热。

之所以要定义生成物和反应物的温度相同，是为了避免将使生成物和反应物温度升高或降低所引起的热量变化混入反应热中。只有这样，反应热才真正是化学反应引起的热量变化。

化学反应中，体系的热力学能改变量 ΔU，等于生成物的 $U_{生}$ 减去反应物的 $U_{反}$，即

$$\Delta U = U_{生} - U_{反}$$

结合热力学第一定律 $\Delta U = Q + W$，故有

$$U_{生} - U_{反} = Q + W \tag{3-7}$$

式(3-7)就是热力学第一定律在化学反应中的具体体现。式中反应热 Q 因化学反应的具体方式不同有着不同的意义和内容。也就是说，反应热与反应条件有关，同一化学反应在不同条件下吸收或放出的热量是不同的。下面分别进行讨论。

1. 恒容反应热(Q_V)

在恒容过程中完成的化学反应称为恒容反应，其热效应称为恒容反应热，用 Q_V 表示。

定容的封闭系统中，$\Delta V = 0$，所以体系的体积功 $W = -p\Delta V = 0$。除体积功以外，如无其他形式的功，由 $\Delta U = Q_V + W$ 可得

$$\Delta U = Q_V \tag{3-8}$$

可见，在恒容反应中，热效应 Q_V 全部用来改变体系的热力学能。当 $\Delta U > 0$ 时，$Q_V > 0$，是吸热反应；当 $\Delta U < 0$ 时，$Q_V < 0$，是放热反应。一些化学反应的恒容反应热可以用弹式量热计进行测量。

2. 恒压反应热(Q_p)

在恒压过程中完成的化学反应称为恒压反应，其热效应称为恒压反应热，用 Q_p 表示。有气体参加的反应，可能引起体积的变化(由 V_1 到 V_2)，则体系对环境所做的体积功为

$$W = -p\Delta V = -p(V_2 - V_1)$$

由 $\Delta U=Q_p+W$ 可得

$$Q_p=\Delta U-W$$

故有 $$Q_p=(U_2-U_1)+p(V_2-V_1)$$

整理得 $$Q_p=(U_2+pV_2)-(U_1+pV_1)$$

因为U,p,V 都是状态函数,故$U+pV$ 必然是状态函数。这个状态函数用 H 表示,称为热焓,简称焓,它是具有加和性质的物理量。

由 $H=U+pV$ 可得

$$Q_p=H_2-H_1=\Delta H \tag{3-9}$$

ΔH 称为焓变,它是能进行测定并具有实际意义的焓的变化值。可见,恒压反应中,热效应 Q_p 全部用来改变体系的热焓。对于吸热反应:$Q_p>0$,则反应的焓变 $\Delta H>0$;放热反应:$Q_p<0$,反应的焓变 $\Delta H<0$。例如下面反应:

$2H_2(g)+O_2(g) \longrightarrow 2H_2O(l)$ $\Delta H=Q_p=-571.66\ kJ \cdot mol^{-1}$ 放热反应

$N_2(g)+2O_2(g) \longrightarrow 2NO_2(g)$ $\Delta H=Q_p=66.36\ kJ \cdot mol^{-1}$ 吸热反应

需要说明的是:① H 无明确物理意义;② H 和U,p,V 一样是状态函数;③ H 与热力学能的单位相同,是 J 或 kJ;④ 绝对值无法测知,实际应用中,涉及的都是焓变;⑤ 和热力学能 U 一样,H 也只是温度的函数,温度不变,$\Delta H=0$。

一些化学反应的恒压反应热,如酸碱中和反应、稀释反应等,可以用保温杯式量热计进行测量,但不适用于燃烧等反应的恒压反应热测定。

3. 反应进度(ξ)

煤炭燃烧中的重要反应是

$$C+O_2 \longrightarrow CO_2$$

该反应是放热反应。放热多少显然和反应掉多少煤炭有关。消耗 1 mol 碳和 2 mol 碳时,放热多少并不一样。但方程式给出的只是 C、O_2 和 CO_2 的比例关系,并不能说明某时刻这一反应实际进行多少。因而,不能知道放热多少。

要规定一个物理量——反应进度 ξ,表明反应进行多少,以便计算反应热。假设有化学反应:

	$\nu_A A$	+	$\nu_B B$	$\longrightarrow$	$\nu_G G$	+	$\nu_H H$
t_0	$n_0(A)$		$n_0(B)$		$n_0(G)$		$n_0(H)$
t	$n(A)$		$n(B)$		$n(G)$		$n(H)$

ν 称为各物质的化学计量数,是纯数,或称量纲为 1 的物理量。反应未发生时,即 $t=0$ 时,各物质的物质的量分别为 $n_0(A)$、$n_0(B)$、$n_0(G)$、$n_0(H)$;反应进行到 $t=t$ 时,各物质的物质的量分别为 $n(A)$、$n(B)$、$n(G)$、$n(H)$。定义 t 时刻的反应进度为ξ(ξ 读为/ksai/,音译为克赛),表示化学反应进行的程度,则其定义式为

$$\xi=\frac{n_0(A)-n(A)}{\nu_A}=\frac{n_0(B)-n(B)}{\nu_B}=\frac{n(G)-n_0(G)}{\nu_G}=\frac{n(H)-n_0(H)}{\nu_H} \tag{3-10}$$

由上式可知 ξ 的单位为 mol。用反应体系中任一物质来表示反应进度,在同一时刻所得的 ξ 值完全相同。其值可以是正整数,也可以是正分数和零。

$\xi=0$ mol,表示反应没有进行,即 t_0 时刻的反应进度。

ξ=1 mol，表示反应从 ξ=0 mol 时算起，有 ν_A mol 的 A 和 ν_B mol 的 B 反应，生成了 ν_G mol 的 G 和 ν_H mol 的 H。通常，当 ξ=1 mol，可以说进行了 1 mol 反应。

例如，对于合成氨反应 $N_2+3H_2 \longrightarrow 2NH_3$，表 3-1 给出了该反应进度 ξ 与各反应物和生成物物质的量变化的关系。从表中可看出：对同一化学反应方程式，ξ 的值与选用反应式中何种物质进行计算无关。从表 3-2 又可得出：同一化学反应的化学反应方程式的写法不同(即 ν 不同)，相同反应进度时对应各物质的量的变化会有区别。因此，应用反应进度时必须指明相应化学反应计量方程式。

表 3-1　ξ 与 Δn 的关系

ξ /mol	$\Delta n(N_2)$/mol	$\Delta n(H_2)$/mol	$\Delta n(NH_3)$/mol
0	0	0	0
1/2	1/2	3/2	1
1	1	3	2
2	2	6	4

表 3-2　当 ξ=1 mol 时，Δn 与方程式的关系

反应方程式	$\frac{1}{2}N_2+\frac{3}{2}H_2 \longrightarrow NH_3$	$N_2+3H_2 \longrightarrow 2NH_3$
$\Delta n(N_2)$/mol	1/2	1
$\Delta n(H_2)$/mol	3/2	3
$\Delta n(NH_3)$/mol	1	2

4. Q_p 和 Q_V 的关系

同一反应的恒压反应热 Q_p 和恒容反应热 Q_V 是不相同的，但二者之间却存在着一定的关系。如图 3-4 所示，从反应物的始态出发，经恒压反应(Ⅰ)和恒容反应(Ⅱ)所得到的生成物的终态是不相同的。通过过程(Ⅲ)，恒容反应的生成物(Ⅱ)变成恒压反应的生成物(Ⅰ)。

由于 H 是状态函数，故有

$$\Delta H_1=\Delta H_2+\Delta H_3=\Delta U_2+\Delta(pV)_2+\Delta H_3$$

对于理想气体，U 和 H 都是温度的函数，在途径(Ⅲ)中，只是同一生成物发生单纯的压强和体积变化，故 ΔH_3 和 ΔU_3 均为零。故有

$$\Delta H_1=\Delta U_2+\Delta(pV)_2 \tag{3-11}$$

反应体系中的固体和液体其 $\Delta(pV)$ 可忽略不计，若假定体系中的气体为理想气体，则上式可化为

$$\Delta H_1=\Delta U_2+\Delta nRT \tag{3-12}$$

式中，Δn 是反应前后气体的物质的量之差。因此，可得 Q_p 和 Q_V 的关系式为

$$Q_p=Q_V+\Delta nRT \tag{3-13}$$

由此可得，当反应物与生成物气体的物质的量相等($\Delta n=0$)时，或反应物与生成物全是固体或液

体时，恒压反应热与恒容反应热相等，即 $Q_p = Q_V$。

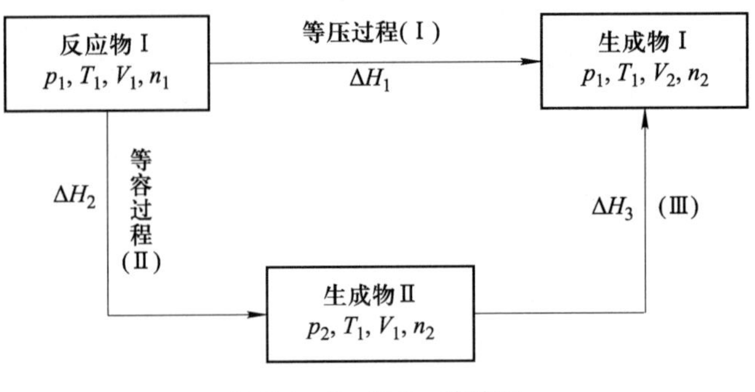

图 3-4 Q_p 和 Q_V 的关系

在化学热力学中，状态函数的改变量的表示方法和单位有严格规定。若泛指一个过程，热力学函数的改变量可写成 ΔU、ΔH 等形式，单位为 J 或 kJ。若指明某一反应而未指明反应进度，即不作严格定量计算时，热力学函数的改变量可写成 $\Delta_r U$、$\Delta_r H$ 等形式，单位仍然为 J 或 kJ。由于热力学函数的改变量与反应进度有关，因此引入摩尔反应焓变的概念，即按给定反应方程式进行 1 mol 反应即 $\xi = 1$ mol 时的焓变为摩尔反应焓变($\Delta_r H_m$)，单位为 $J \cdot mol^{-1}$：

$$\Delta_r H_m = \frac{\Delta_r H}{\xi}$$

将 $Q_p = Q_V + \Delta nRT$ 两边分别除以 ξ，可得

$$\Delta_r H_m = \Delta_r U_m + \Delta\nu RT \tag{3-14}$$

式中，$\Delta\nu$ 为反应前后气体物质的计量数的改变量，其数值与 Δn 的数值相等。

【例 3-2】 实验测得 298 K 时，燃烧 1 mol 正庚烷(C_7H_{16})的恒容反应热 $Q_V = -4807.12$ kJ，求此条件下的恒压反应热。

解 反应 $C_7H_{16}(l) + 11O_2(g) = 7CO_2(g) + 8H_2O(l)$

$$\Delta\nu = 7 - 11 = -4$$

$$\begin{aligned}\Delta_r H_m &= \Delta_r U_m + \Delta\nu RT \\ &= -4807.12\ kJ \cdot mol^{-1} + (-4) \times 8.314 \times 298 \times 10^{-3}\ kJ \cdot mol^{-1} \\ &= -4817.03\ kJ \cdot mol^{-1}\end{aligned}$$

3.3.2 热化学方程式的写法

表示化学反应与热效应关系的方程式称为热化学方程式。例如：

$$H_2(g) + \frac{1}{2}O_2(g) \xlongequal{298K, 1.01 \times 10^5\ Pa} H_2O(g) \quad Q_p = \Delta_r H_m = -241.82\ kJ \cdot mol^{-1}$$

表示在 298 K、1.01×10^5 Pa 下，当反应进度 $\xi = 1$ mol 时，即 1 mol $H_2(g)$ 与 $\frac{1}{2}$mol $O_2(g)$ 反应生成 1 mol $H_2O(g)$，放出 241.82 kJ 热量。

书写热化学方程式需注意：

(1) 注明反应的温度、压力等(如果是 298 K 和 100 kPa，可略去不写。严格说来，反应温度对化学反应的焓变值有影响，但一般影响不大，通常计算可按 298 K 处理)。

(2) 注明各物质的聚集状态。s、l 和 g 表示固态、液态和气态；aq 表示水溶液；若固态物质存在不同的晶形(cr)，要注明晶形，如石墨、金刚石等。例如：

$$H_2(g)+\frac{1}{2}O_2(g) = H_2O(g) \qquad \Delta_r H_m = -241.82\ kJ\cdot mol^{-1}$$

$$H_2(g)+\frac{1}{2}O_2(g) = H_2O(l) \qquad \Delta_r H_m = -285.83\ kJ\cdot mol^{-1}$$

$$C(石墨)+O_2(g) = CO_2(g) \qquad \Delta_r H_m = -393.5\ kJ\cdot mol^{-1}$$

$$C(金刚石)+O_2(g) = CO_2(l) \qquad \Delta_r H_m = -395.4\ kJ\cdot mol^{-1}$$

(3) 同一反应，化学计量数不同，$\Delta_r H_m$ 值不同。例如：

$$2H_2(g)+O_2(g) = 2H_2O(g) \qquad \Delta_r H_m = -483.64\ kJ\cdot mol^{-1}$$

(4) 正、逆反应的热效应的绝对值相同，符号相反。例如：

$$HgO(s) = Hg(l)+\frac{1}{2}O_2(g) \qquad \Delta_r H_m = 90.83\ kJ\cdot mol^{-1}$$

$$Hg(l)+\frac{1}{2}O_2(g) = HgO(s) \qquad \Delta_r H_m = -90.83\ kJ\cdot mol^{-1}$$

(5) 不宜把热量的变化写在热化学方程式中。例如：

$$H_2(g)+\frac{1}{2}O_2(g) = H_2O(g)+241.82\ kJ$$

这种书写方式已经废除。

3.3.3 盖斯定律

反应热一般可以通过实验测出。但许多化学反应由于速率过慢，测量时间过长，因热量散失而难以测准反应热；也有些化学反应由于条件难于控制，产物不纯，而难以测准反应热。于是如何通过化学方法计算反应热，成为诸多化学家关注的热点问题。在 1840 年左右，俄国科学家盖斯(G. H. Hess)指出，一个化学反应若能分解成几步来完成，总反应的反应热等于各步反应的反应热之和，这就是后来著名的盖斯定律。这条定律实质上是热力学理论在化学反应中具体应用的必然结果。

【例 3-3】 等温等压下，已知

$$C(石墨)+O_2(g) = CO_2(g) \qquad \Delta_r H_{m(1)} = -393.5\ kJ\cdot mol^{-1}$$

$$CO+\frac{1}{2}O_2(g) = CO_2(g) \qquad \Delta_r H_{m(2)} = -283\ kJ\cdot mol^{-1}$$

求 $C(石墨)+\frac{1}{2}O_2(g) = CO(g)$ 的 $\Delta_r H_m$。

解　可以将上面的三个反应以图示的形式表示出来，如下图所示：

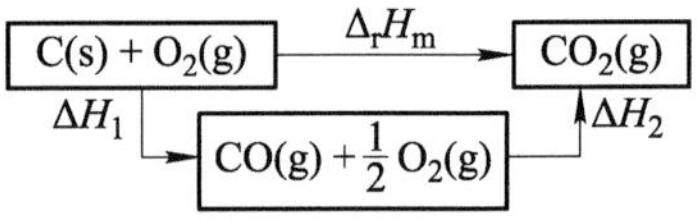

$C(s)+O_2(g)$ —$\Delta_r H_m$→ $CO_2(g)$

ΔH_1 ↓ $CO(g)+\frac{1}{2}O_2(g)$ ↑ ΔH_2

根据盖斯定律：$\Delta_r H_m = \Delta H_1 + \Delta H_2$，即 $\Delta_r H_{m(1)} = \Delta_r H_m + \Delta_r H_{m(2)}$

$\Delta_r H_m = \Delta_r H_{m(1)} - \Delta_r H_{m(2)} = [(-393.5)-(-283)]\ kJ\cdot mol^{-1} = -110.5\ kJ\cdot mol^{-1}$

该例的实际意义在于，虽然 C 燃烧生成 CO 的反应条件并不苛刻，但其反应产物中往往混杂着少量的 CO_2，所以该步反应的反应热难以准确测量。而 CO 燃烧生成 CO_2 的反应和总反应的反应热是易于测定的，所以应用盖斯定律可以通过计算求得难以用实验测定的反应的反应热。

3.3.4 生成热

利用生成热求反应热，是一种比盖斯定律更好的方法。由于焓的绝对值无法求得，人们采取一种相对的方法去定义物质的焓值。

所有物质都可看做由单质合成。若以单质的焓作为相对零点，即可得到各种物质的相对焓值 H。由这些物质的相对焓值，就可求得涉及这些物质的各个反应的焓变 $\Delta_r H$。

某温度下，由处于标准状态的各种元素的指定单质生成标准状态的 1 mol 某纯物质的热效应，称为标准摩尔生成热，用符号 $\Delta_f H_m^\ominus$ 表示，单位为 $J\cdot mol^{-1}$ 或 $kJ\cdot mol^{-1}$。其中，Δ 表示变化；f 表示生成(formation)；m 表示 1 mol 某物质，必须是生成物；⊖表示标准状态。出于理论研究的需要，化学热力学对物质的标准状态(简称标准态)有严格的规定。纯固体、纯液体的标准状态是 $x_i=1$，即摩尔分数为 1；溶液中的溶质，其标准状态是质量摩尔浓度为 $1\ mol\cdot kg^{-1}$(近似为 $c^\ominus=1\ mol\cdot L^{-1}$)时的状态；气体的标准状态是标准压力为 $p^\ominus=100\ kPa$。注意将标准态与标准状况区别开来，标准状况是描述气体状况的一种规定，仅用于气体，是指标准压力($p^\ominus=100\ kPa$)和温度为 273 K(0 ℃)下气体的状态。

各种元素的指定单质的标准摩尔生成热规定为零，即 $\Delta_f H_m^\ominus=0$，如 $\Delta_f H_m^\ominus$(石墨)=0。通常使用 298 K 时的标准摩尔生成热数据，这些数据可在附表 1 中查得。$\Delta_f H_m^\ominus$ 代数值越小，表明化合物越稳定。如，CaO 的 $\Delta_f H_m^\ominus=-635.09\ kJ\cdot mol^{-1}$，该物质加热不分解；而 CuO 的 $\Delta_f H_m^\ominus=-157.3\ kJ\cdot mol^{-1}$，该物质高温时易分解。

因此，结合盖斯定律，可应用标准摩尔生成热数据计算化学反应的热效应(反应的焓变)。例如，反应 C(石墨)$+O_2(g) \xlongequal{} CO_2(g)$ 的 $\Delta_r H_m^\ominus = \Delta_f H_m^\ominus(CO_2, g)$。

对于复杂的化学反应，其标准摩尔反应热等于生成物的标准摩尔生成热的总和减去反应物的标准摩尔生成热的总和，即

$$\Delta_r H_m^\ominus = \sum \nu_i \Delta_f H_m^\ominus(\text{生成物}) - \sum \nu_i \Delta_f H_m^\ominus(\text{反应物}) \quad (3\text{-}15)$$

例如，对于化学反应：$aA+bB \xlongequal{} gG+hH$(各物质均处于温度 T 下的标准态)

$$\Delta_r H_m^\ominus = [g\Delta_f H_m^\ominus(G) + h\Delta_f H_m^\ominus(H)] - [a\Delta_f H_m^\ominus(A) + b\Delta_f H_m^\ominus(B)]$$

需要注意计算时的系数和正负号。

【例 3-4】 计算等压反应 $4NH_3(g)+5O_2(g) \xlongequal{} 4NO(g)+6H_2O(g)$ 的 $\Delta_r H_m^\ominus$。

解　$4NH_3(g)+5O_2(g) \longequal 4NO(g)+6H_2O(g)$

$\Delta_f H_m^\ominus/(kJ \cdot mol^{-1})$　-46.11　0　90.25　-241.82

$$\begin{aligned}\Delta_r H_m^\ominus &= [4\Delta_f H_m^\ominus(NO,g)+6\Delta_f H_m^\ominus(H_2O,g)]-[4\Delta_f H_m^\ominus(NH_3,g)+5\Delta_f H_m^\ominus(O_2,g)]\\ &= \{[4\times 90.25+6\times(-241.82)]-[4\times(-46.11)]\}\ kJ\cdot mol^{-1}\\ &= -905.48\ kJ\cdot mol^{-1}\end{aligned}$$

【例 3-5】　有反应(1)$2Cu_2O(s)+O_2(g) = 4CuO(s)$，其 $\Delta_r H_m^\ominus=-292\ kJ\cdot mol^{-1}$，反应(2)$CuO(s)+Cu(s) = Cu_2O(s)$，其 $\Delta_r H_m^\ominus=-11.3\ kJ\cdot mol^{-1}$，计算 $\Delta_f H_m^\ominus(CuO,s)$。

解　(2)式×2 得(3)式：

$$2CuO(s)+2Cu(s) = 2Cu_2O(s) \qquad (\Delta_r H_m^\ominus)_3=2(\Delta_r H_m^\ominus)_2=-22.6\ kJ\cdot mol^{-1}$$

(1)式+(3)式得(4)式：

$$2Cu(s)+O_2(g) = 2CuO(s) \qquad (\Delta_r H_m^\ominus)_4=(\Delta_r H_m^\ominus)_1+(\Delta_r H_m^\ominus)_3=-314.6\ kJ\cdot mol^{-1}$$

$$\Delta_f H_m^\ominus(CuO,s)=\frac{(\Delta_r H_m^\ominus)_4}{2}=\frac{-314.6\ kJ\cdot mol^{-1}}{2}=-157.3\ kJ\cdot mol^{-1}$$

3.3.5　燃烧热

燃烧是一类重要的氧化还原反应。物质燃烧时往往放出大量的热。化学热力学规定，在100 kPa的压强下，温度 T 的物质完全燃烧成相同温度下的指定产物时的标准摩尔焓变，称为该物质的标准摩尔燃烧热，简称标准燃烧热。用符号 $\Delta_c H_m^\ominus$ 表示，单位为 $J\cdot mol^{-1}$ 或 $kJ\cdot mol^{-1}$。其中，c表示燃烧(combustion)，其他符号的表示意义与标准摩尔生成热相同。

所谓指定产物，C、H、N、和S元素完全燃烧的指定产物是 $CO_2(g)$、$H_2O(l)$、$N_2(g)$ 和 $SO_2(g)$，所以，$\Delta_c H_m^\ominus(CO_2,g,T)=\Delta_c H_m^\ominus(H_2O,l,T)=\Delta_c H_m^\ominus(N_2,g,T)=\Delta_c H_m^\ominus(SO_2,g,T)=0$。对于其他元素，一般数据表上会注明。

如果说标准生成热是以反应起点即各种单质为参照物的相对值，那么标准燃烧热则是以燃烧终点为参照物的相对值。和生成热数据相似，标准燃烧热也为我们提供了一套用来求算有机反应的热效应的数据。经推导得出，化学反应的标准摩尔反应热等于反应物的标准摩尔燃烧热的总和减去生成物的标准摩尔燃烧热的总和，即

$$\Delta_r H_m^\ominus=\sum \nu_i \Delta_c H_m^\ominus(\text{反应物})-\sum \nu_i \Delta_c H_m^\ominus(\text{生成物}) \tag{3-16}$$

对于有机化合物来说，其生成热很难测定，而其燃烧热却比较容易通过实验测得，因此，经常用燃烧热来计算这类有机化合物的反应热。

【例 3-6】　计算反应 $CH_3OH(l)+\frac{1}{2}O_2(g) \longrightarrow HCHO(g)+H_2O(l)$ 的 $\Delta_r H_m^\ominus$。

解　$CH_3OH(l)+\frac{1}{2}O_2(g) \longrightarrow HCHO(g)+H_2O(l)$

$\Delta_c H_m^\ominus/(kJ\cdot mol^{-1})$　-726.64　0　-563.58　0

所以，$\Delta_r H_m^\ominus=[1\times(-726.64)-1\times(-563.58)]\ kJ\cdot mol^{-1}=-163.06\ kJ\cdot mol^{-1}$

3.4 化学反应的方向

化学反应的方向,即化学反应向哪个方向进行,表面看起来似乎十分简单,实际上还存在很多细节问题。例如,Ag^+ 与 Cl^- 共存,一般认为反应进行的方向是产生 AgCl 沉淀,$Ag^+ + Cl^- \longrightarrow AgCl$。又如,在室温下,$H_2O(g)$ 与 $H_2O(l)$ 共存,似乎过程进行的方向肯定为水蒸气凝结成水。其实,这都是有条件的。向水中加入少量 AgCl 固体,这时进行的反应则是 $AgCl \longrightarrow Ag^+ + Cl^-$;将一杯水放在干燥的室内,则进行的过程是蒸发汽化,而不是凝聚。

本章中所指的反应方向是在反应物和生成物均处于标准状态时反应进行的方向。例如,当体系中 $c(Ag^+) = c(Cl^-) = 1\ mol \cdot L^{-1}$,并与 AgCl 固体共存时,反应方向当然是产生 AgCl 沉淀。又如,100 kPa 的水蒸气在常温下与水共存,过程的方向应是液化。

反应方向要结合反应进行的方式来讨论。本章中我们讨论的化学反应的方向,是各种物质均在标准状态下,反应以自发方式进行的方向。对于非标准状态下化学反应的方向,在此并不讨论。

3.4.1 反应的自发性

在化学热力学的研究中,化学家常要考察物理变化和化学变化的方向性。然而,能量守恒对变化过程的方向并没有给出任何限制。实际上,自然界中任何宏观自动进行的变化过程都是具有方向性的。联系日常生活经验和化学的基础知识,可以举出许多实例。例如:水总是自发地从高处流向低处,直到水位相等为止。热总是自发地从高温物体传向低温物体,直到两个物体的温度相等为止。气体总是自发地从高压处流向低压处,直到压力相同时为止。溶液总是自发地从浓度高的部分向浓度低的部分扩散,直到混合溶液的浓度相等为止。

这些过程都是没有借助于外部环境的作用而自发进行的过程(又称自发变化)。当然,这些过程的逆过程并不是不能进行的,而是要借助于外部环境对其做功,也就是常说的非自发过程。这就说明,非自发过程不是不能进行,而是不能自发进行。要使非自发过程得以进行,外界必须做功。例如欲使水从低处输送到高处,需借助水泵做机械功来实现。又如常温下水不能自发分解为氢气和氧气,需通过电解来完成。

由此总结出自发过程具有如下特征:

(1) 在没有外界作用或干扰的情况下,系统自身发生变化的过程被称为自发变化。

(2) 有的自发变化开始时需要引发,一旦开始,自发变化将继续进行一直达到平衡,或者说,自发变化的最大限度是系统的平衡状态。

(3) 自发变化不受时间约束,与反应速率无关。也就是说,能自发进行的反应,并不意味着其反应速率一定很大。

(4) 自发变化必然有一定的方向性,其逆过程是非自发变化。两者都不能违反能量守恒定律。

(5) 自发变化和非自发变化都是可能进行的。但是,只有自发变化能自动发生,而非自发变化必须借助于一定方式的外部作用才能发生。没有外部作用,非自发变化将不能继续进行。

(6) 自发过程一般都朝着能量降低的方向进行。能量越低,体系的状态就越稳定。

上面各个例子中,水位的高低是判断水流方向的判据,温度的高低是判断热传递方向的判据,压力的高低是判断气体流动方向的判据,浓度的高低是判断溶液扩散方向的判据。对于化学反应来说,在一定条件下也是自发地朝着某一方向进行,那么也一定存在一个类似的判据,利用它就可以判断化学反应自发进行的方向。而热力学正是与这个判据有关,可以帮助我们预测某一过程能否自发地进行。

3.4.2 焓和自发变化

对于影响反应方向判据的因素中,人们最先想到的是反应的热效应。因为在化学反应中,放热反应在反应过程中体系能量降低,许多放热反应都能自发地进行,这可能是决定反应进行的主要因素。例如,在298 K,标准态下下面反应都是自发的。

$$3Fe(s) + 2O_2(g) \longrightarrow Fe_3O_4(s) \qquad \Delta_r H_m^\ominus = -1118.4\ kJ \cdot mol^{-1}$$

$$C(s) + O_2(g) \longrightarrow CO_2(g) \qquad \Delta_r H_m^\ominus = -393.509\ kJ \cdot mol^{-1}$$

$$CH_4(g) + 2O_2(g) \longrightarrow CO_2(g) + 2H_2O(l) \qquad \Delta_r H_m^\ominus = -890.36\ kJ \cdot mol^{-1}$$

早在1878年,法国化学家贝特洛(M. Berthilot)和丹麦化学家汤姆森(J. Thomsen)就提出:自发的化学反应趋向于使系统释放出最多的热,即系统的焓减少($\Delta_r H_m < 0$),反应将能自发进行。这种以反应焓变作为判断反应方向的依据,简称为焓变判据。

从反应系统的能量变化来看,放热反应发生以后,系统的能量降低。反应放出的热量越多,系统的能量降低得也越多,反应越完全。这就是说,在反应过程中,系统有趋向于最低能量状态的倾向,常称其为能量最低原理。不仅化学变化有趋向于最低能量的倾向,相变化也具有这种倾向。例如,−10 ℃过冷的水会自动地凝固为冰,同时放出热量,使系统的能量降低。总之,系统的能量降低($\Delta_r H_m < 0$)有利于反应正向进行。

贝特洛和汤姆森所提出的最低能量原理是许多实验事实的概括,对多数放热反应,特别是在温度不高的情况下是完全适用的。但实践表明,有些吸热过程($\Delta_r H_m > 0$)亦能自发进行,例如NH_4Cl固体的溶解、Ag_2O固体的分解。

$$NH_4Cl(s) \longrightarrow NH_4^+(aq) + Cl^-(aq) \qquad \Delta_r H_m^\ominus = 14.7\ kJ \cdot mol^{-1}$$

$$Ag_2O(s) \longrightarrow 2Ag(s) + \frac{1}{2}O_2(g) \qquad \Delta_r H_m^\ominus = 31.05\ kJ \cdot mol^{-1}$$

为什么这些吸热过程亦能自发进行呢?这是因为,NH_4Cl晶体中NH_4^+和Cl^-的排列是整齐有序的。NH_4Cl晶体进入水中后,形成水合离子(以aq表示)并在水中扩散。在NH_4Cl溶液中,无论是$NH_4^+(aq)$、$Cl^-(aq)$还是水分子,它们的分布情况比NH_4Cl溶解前要混乱得多。而$Ag_2O(s)$分解反应前后,不但物质的种类和“物质的量”增多,而且产生了热运动自由度很大的气体,整个体系的混乱程度增大。

又如,$CaCO_3$固体、$CuSO_4 \cdot 5H_2O$固体和NH_4HCO_3固体的分解:

$$CaCO_3(s) \longrightarrow CaO(s) + CO_2(g) \qquad \Delta_r H_m^\ominus = 178.32\ kJ \cdot mol^{-1}$$

$$CuSO_4 \cdot 5H_2O(s) \longrightarrow CuSO_4(s) + 5H_2O(l) \qquad \Delta_r H_m^\ominus = 78.96\ kJ \cdot mol^{-1}$$

$$NH_4HCO_3(s) \longrightarrow NH_3(g) + H_2O(g) + CO_2(g) \qquad \Delta_r H_m^\ominus = 185.57\ kJ \cdot mol^{-1}$$

$CaCO_3(s)$、$CuSO_4 \cdot 5H_2O(s)$和$NH_4HCO_3(s)$的分解在298.15 K、标准态下都不能自发进行。当温度分别升高到约1123 K、约510 K、约389 K时,$CaCO_3(s)$、$CuSO_4 \cdot 5H_2O(s)$和

NH_4HCO_3(s)的分解就变成了自发反应。而有的反应常温下不能自发进行,高温下也不能自发进行。例如:

$$N_2(g)+\frac{1}{2}O_2(g) \xlongequal{\quad} N_2O(g) \qquad \Delta_r H_m^\ominus=81.6\ \text{kJ}\cdot\text{mol}^{-1}$$

可见,把焓变作为反应自发性的普遍判据是不准确、不全面的。焓变只是有助于反应自发进行的因素之一,而不是唯一的因素。除此之外,当温度升高时,还有其他更重要的因素(体系混乱度的增加)也是许多化学和物理过程自发进行的影响因素,因此把决定反应自发性的另一个与体系混乱度有关的影响因素称为熵。

3.4.3 熵的初步概念

1. 混乱度和微观状态数

总结前面反应中,违反放热规律向吸热方向进行的几个反应的特点:由固体反应物生成液体或气体产物,致使生成物分子的活动范围变大;反应物中气体物质的量最少,而产物中气体物质的量最多,也就是活动范围大的分子增多。形象地说,就是体系的混乱度变大,可见这是反应自发进行的又一种趋势。

为定量地描述体系的混乱度,则要引进微观状态数(Ω)的概念。粒子的活动范围越大,体系的微观状态数越多;粒子数越多,体系的微观状态数越多。

2. 状态函数熵(S)

体系的状态一定,则体系的微观状态数一定。故应有一种宏观的状态函数和微观状态数相关联,它可以表征体系的混乱度。热力学上把描述体系混乱度的状态函数称为熵,用符号 S 表示。

奥地利数学家和物理学家玻尔兹曼(L. E. Boltzmann)在统计力学的基础上,提出熵(S)和微观状态数(Ω)之间符合以下公式:

$$S=k\ln\Omega \tag{3-17}$$

这就是玻尔兹曼关系式,其中 $k=1.38\times10^{-23}\ \text{J}\cdot\text{K}^{-1}$,称为玻尔兹曼常数。从式(3-17)可看出,熵的单位为 $\text{J}\cdot\text{K}^{-1}$。熵是状态函数,具有加和性。从式(3-17)还可看出,熵值越大则微观状态数越大,即混乱度越大。因此,若用状态函数表述化学反应向着混乱度增大的方向进行这一事实,可以认为化学反应趋向于熵值的增加,即趋向于过程的熵变 $\Delta S>0$。

尽管式(3-17)给出了熵 S 和体系微观状态数的关系,但实际上一个过程的熵变 ΔS,一般不能用公式 $S=k\ln\Omega$ 计算,该式只是反映热力学函数与微观结构之间的内在联系。

过程的始终态一定,熵变 ΔS 的值就一定。过程的热量与途径有关,若以可逆方式完成这一过程,热量 Q_r 可由实验测定,则热力学上可证明:

$$\Delta S=\frac{Q_r}{T} \tag{3-18}$$

这即是恒温可逆过程的热温商,熵的名称可能得名于此。非恒温过程,可用微积分求算,这将在物理化学课程中讲授。

【例 3-7】 373 K,1.01325×10^5 Pa 时,18 g H_2O(l)变成 H_2O(g)吸热 44.0 kJ,求该汽化过

程的熵变。

解
$$\Delta S=\frac{Q_r}{T}=\frac{44\times10^3\ J}{373\ K}=118\ J\cdot K^{-1}$$

总之，化学反应（过程）有混乱度增大的趋势，即微观状态数增大的趋势，亦即熵增加的趋势，即 $\Delta S>0$ 的趋势。

3. 热力学第三定律和标准熵

从式(3-18)可知，熵受温度的影响。那温度究竟是如何影响熵的变化的呢？我们知道，当温度升高时，气体体积增大，系统中分子分布的微观状态数增加，出现在无序排列中的分子概率增大。因此，在定压下，随着温度的升高，理想气体的熵增大。温度升高、熵增大的另一个原因是，分子在高温下的速度分布曲线比在低温下的分布曲线平坦些。即温度升高，分子的运动速度分布的范围更广，相应于不同能量的微观状态数增加。因此，在较高温度下，分子和原子中的能级更多，相应的微观状态数也更多，熵增大。

众所周知，由气态到液态再到固态的熵依次变小。1906 年，德国物理学家能斯特(W. H. Nernst)总结了大量实验资料，得出一个普遍规则，即随着热力学温度趋近于零，凝聚系统的熵变化趋近于零。其数学式为

$$\lim_{T\to0}(\Delta S)_T=0$$

后来又经过德国物理学家普朗克(Max Planck)(1911 年)和美国科学家路易斯(G. N. Lewis)等人(1920 年)的改进，认为：纯物质完整有序晶体在 0 K 时的熵值为零，即

$$S^*(\text{完整晶体},0\ K)=0 \tag{3-19}$$

以上表述被称为热力学第三定律。即在 0 K 时，任何完整有序的纯物质的完美晶体中的粒子只有一种排列形式，即只有唯一的微观状态，$\Omega=1$，$S=0$，以此为基准可以确定其他温度下物质的熵。

体系从 $S=0$ 的始态出发，变化到某温度 T，该过程的熵变化为 ΔS，则

$$\Delta S=S_T-S_0=S_T \tag{3-20}$$

即，这一过程的熵变值 ΔS 即等于体系终态的熵值 S_T。S_T 被称为该物质的规定熵(也叫绝对熵)。在某温度下(通常为 298 K)，某纯物质 $B(\nu_B=1)$ 在标准压力($p=100$ kPa)下的规定熵称为标准摩尔熵，以符号 $S_m^\ominus$ 表示，单位为 $J\cdot mol^{-1}\cdot K^{-1}$，所有物质 298 K 时的标准摩尔熵 $S_m^\ominus$ 均大于零。$S_m^\ominus$(单质，相态，298 K)>0，即单质的标准摩尔熵不等于零。这一点与单质的标准摩尔生成焓等于零不相同。通过对某些物质标准摩尔熵值的分析，可以看出一些规律：

(1) 熵与物质的聚集状态有关。同一种物质的气态熵值最大，液态次之，固态的熵值最小。例如，$S_m^\ominus(H_2O,s,298\ K)=39.33\ J\cdot mol^{-1}\cdot K^{-1}$；$S_m^\ominus(H_2O,l,298\ K)=61.91\ J\cdot mol^{-1}\cdot K^{-1}$；$S_m^\ominus(H_2O,g,298\ K)=188.825\ J\cdot mol^{-1}\cdot K^{-1}$。

(2) 有相似分子结构且相对分子质量又相近的物质，其 $S_m^\ominus$ 相近。例如，$S_m^\ominus(CO,g,298\ K)=197.674\ J\cdot mol^{-1}\cdot K^{-1}$；$S_m^\ominus(N_2,g,298\ K)=191.61\ J\cdot mol^{-1}\cdot K^{-1}$。分子结构相似而相对分子质量不同的物质，其标准摩尔熵随相对分子质量的增大而增大。因此，在元素周期表中同族相同物态单质的 $S_m^\ominus$ 从上到下逐渐增大。

(3) 物质的相对分子质量相近时，分子构型复杂的，其标准摩尔熵值就大。例如，气态乙醇，

$S_m^{\ominus}(C_2H_5OH, g, 298\ K) = 282.70\ J \cdot mol^{-1} \cdot K^{-1}$；气态二甲醚，$S_m^{\ominus}(CH_3OCH_3, g, 298\ K) = 266.38\ J \cdot mol^{-1} \cdot K^{-1}$。二者的化学式相同，相对分子质量相等，但二甲醚分子中 C 和 H 各原子以 O 为对称中心，乙醇分子中原子排布没有对称中心。这些规律再一次表明了物质的标准摩尔熵与其微观结构是密切相关的。

人们把一些物质 298 K 时的标准熵值列于表中(见附录 4)。通过附录 4 中给出的各种物质的标准摩尔熵，可利用下面公式求出各反应的标准摩尔熵变($\Delta_r S_m^{\ominus}$)。

$$\Delta_r S_m^{\ominus} = \sum \nu_i S_m^{\ominus}(\text{生成物}) - \sum \nu_i S_m^{\ominus}(\text{反应物}) \tag{3-21}$$

$S_m^{\ominus}$ 和 $\Delta_r S_m^{\ominus}$ 受温度影响小，故 298 K 时的值也适用于一定温度范围内的其他温度。

【例 3-8】 计算反应 $2SO_2(g) + O_2(g) = 2SO_3(g)$ 的 $\Delta_r S_m^{\ominus}$。

解

$$2SO_2(g) + O_2(g) = 2SO_3(g)$$

$S_m^{\ominus}/(J \cdot mol^{-1} \cdot K^{-1})$　　248.22　　205.138　　256.76

$$\begin{aligned}\Delta_r S_m^{\ominus} &= 2S_m^{\ominus}(SO_3) - [2S_m^{\ominus}(SO_2) + S_m^{\ominus}(O_2)] \\ &= [2 \times 256.78 - (2 \times 248.22 + 205.138)]\ J \cdot mol^{-1} \cdot K^{-1} \\ &= -188.06\ J \cdot mol^{-1} \cdot K^{-1}\end{aligned}$$

上例的 $\Delta_r S_m^{\ominus} < 0$，故在标准态下该反应为熵值减小的反应。又如，液态水在 273.15 K 时凝结成冰，这是一个熵值减小的过程，但是可自发进行。

因此，虽然熵增有利于反应的自发进行，但是与反应焓变一样，不能仅用熵变作为反应自发性的判据。那么，除了过程(或反应)的自发性与焓变和熵变有关外，还与哪些因素有关呢？能否找到一个普遍适用的自发变化判据呢？接下来的内容将回答这些问题。

3.4.4 吉布斯自由能

1. 吉布斯自由能判据

恒温恒压下的化学反应，究竟能否进行，以什么方式进行，是自发的还是非自发的，究竟以什么方式判断一个反应能否自发进行，一直是前面我们讨论的问题，也是化学热力学中的重要课题。下面我们综合热力学第一定律、状态函数 H、可逆过程的功以及过程的热温商等诸多知识来解决这些问题。

某化学反应在恒温恒压下进行，且有非体积功，则热力学第一定律的表达式可写成

$$\Delta U = Q + W_{\text{体}} + W_{\text{非}}$$

移项

$$Q = \Delta U - W_{\text{体}} - W_{\text{非}} = \Delta U - (-p\Delta V) - W_{\text{非}}$$

故

$$Q = \Delta H - W_{\text{非}} \tag{3-22}$$

我们知道，理想气体恒温膨胀过程所做的功，以不同途径其大小不同，以可逆途径的功最大，且吸热最多。恒温恒压过程中，也是以可逆途径的功最大，吸热最多，即 Q_r 为最大。故式(3-22)可以写成

$$Q_r \geqslant \Delta H - W_{\text{非}} \tag{3-23}$$

只有可逆过程时，式中的“=”才成立。前已述及，恒温过程有

$$\Delta S=\frac{Q_r}{T},\quad 即\ Q_r=T\Delta S$$

将其代入式(3-23),得

$$T\Delta S\geqslant \Delta H-W_{非}$$

移项

$$T\Delta S-\Delta H\geqslant -W_{非}$$

$$-(\Delta H-T\Delta S)\geqslant -W_{非}$$

$$-[(H_2-H_1)-(T_2S_2-T_1S_1)]\geqslant -W_{非}$$

$$-[(H_2-T_2S_2)-(H_1-T_1S_1)]\geqslant -W_{非} \tag{3-24}$$

令 $G=H-TS$,G 称为吉布斯自由能,因为该函数是由著名的美国理论物理学家和化学家吉布斯(J. W. Gibbs)最先提出来的,因此以其名字命名之。因为 H、T、S 都是状态函数,因此 G 也是一个状态函数,具有加和性,其量纲与 H 相同,为 J 或 kJ。于是式(3-24)可简化为

$$-(G_2-G_1)\geqslant -W_{非}$$

$$-\Delta G\geqslant -W_{非} \tag{3-25}$$

此式说明,$-\Delta G$ 是状态函数的改变量,过程一定时它是定值;而 $W_{非}$ 则和途径有关。当过程以可逆方式进行时,等式成立,$W_{非}$ 最大;以其他非可逆方式进行时,$W_{非}$ 都小于 $-\Delta G$。该式表明了状态函数 G 的物理意义:吉布斯自由能 G 是体系所具有的在恒温恒压下做非体积功的能力。恒温恒压过程中,体系所做非体积功的最大限度,是自由能 G 的减少值。只有在可逆过程中,这种非体积功的最大值才得以实现。

而且,式(3-25)可作为恒温恒压下化学反应进行方向的判据:

$-\Delta G>-W_{非}$　　不可逆自发进行

$-\Delta G=-W_{非}$　　可逆进行

$-\Delta G<-W_{非}$　　不能自发进行

若反应在恒温恒压下进行,且不做非体积功($W_{非}=0$),则式(3-25)变为:$-\Delta G\geqslant 0$,那么化学反应进行方向的判据变为

$\Delta G<0$　　不可逆自发进行

$\Delta G=0$　　可逆进行

$\Delta G>0$　　不能自发进行

即恒温恒压下,不做非体积功的化学反应自发进行的方向是吉布斯自由能减小的方向。不仅化学反应如此,任何恒温恒压下,不做非体积功的自发过程的吉布斯自由能都将减小。这就是热力学第二定律的一种表述形式。可用来判断封闭系统反应进行的方向。

由 $G=H-TS$ 可得:在恒温恒压条件下,作为化学反应方向判据的公式为

$$\Delta G=\Delta H-T\Delta S \tag{3-26}$$

可以看出,ΔG 除了与 ΔH 和 ΔS 这两个热力学函数有关外,温度 T 对其也有明显影响,也就是说,温度 T 对化学反应方向的影响很大。而不少化学反应的 ΔH 和 ΔS 随温度变化的改变值却小得多。本书一般不考虑温度对 ΔH 和 ΔS 的影响,但不能忽略温度对 ΔG 的影响。

在不同温度下反应进行的方向取决于 ΔH 和 $T\Delta S$ 值的相对大小。

当 $\Delta H<0$,$\Delta S>0$,放热熵增的反应在所有温度下 $\Delta G<0$,反应能正向进行。

当 $\Delta H>0$,$\Delta S>0$,吸热熵增反应,温度升高,有可能使 $T\Delta S>\Delta H$,$\Delta G<0$,高温下反应正

向进行。

当 $\Delta H<0$，$\Delta S<0$，放热熵减反应，在较低温度下有可能使 $\Delta G<0$，低温下反应正向进行。

当 $\Delta H>0$，$\Delta S<0$，吸热熵减反应，在所有温度下反应不能正向进行。

在 ΔH 和 ΔS 的正、负符号相同的情况下，温度决定了反应进行的方向。在其中任一种情况下都有一个这样的温度，在此温度下，$T\Delta S=\Delta H$，$\Delta G=0$。在吸热熵增的情况下，这个温度是反应能正向进行的最低温度，低于这个温度，反应就不能正向进行。在放热熵减的情况下，这个温度是反应能正向进行的最高温度，高于这个温度，反应就不能正向进行。因此，这个温度就是反应能否正向进行的转变温度。如果忽略温度、压力的影响，有 $\Delta_r H_m \approx \Delta_r H_m^{\ominus}(298\ K)$，$\Delta_r S_m \approx \Delta_r S_m^{\ominus}(298\ K)$，则在转变温度下：

$$T_{转}\ \Delta_r S_m^{\ominus}(298\ K)=\Delta_r H_m^{\ominus}(298\ K)$$

$$T_{转}=\frac{\Delta_r H_m^{\ominus}(298\ K)}{\Delta_r S_m^{\ominus}(298\ K)} \tag{3-27}$$

可以用此公式计算化学反应能否自发进行的临界温度。

2. 标准摩尔生成吉布斯自由能

从上面的内容可知，只要把化学反应的 $\Delta_r G$ 求出来，就能判断反应进行的方向乃至方式。从吉布斯自由能的定义式可知 G 的绝对值不能求出，因此要采取求标准生成热所用的方法来解决自由能改变量的求法。

像定义标准摩尔生成焓一样，化学热力学规定，某温度下，由处于标准状态的各种元素的指定单质生成标准状态的 1 mol 某纯物质的吉布斯自由能改变量，称为标准摩尔生成吉布斯自由能，用符号 $\Delta_f G_m^{\ominus}$ 表示，单位为 $kJ\cdot mol^{-1}$。和规定 $\Delta_f H_m^{\ominus}$ 的定义一样，规定任何温度下，各种元素的指定单质的 $\Delta_f G_m^{\ominus}=0$。

由于 G 是状态函数，所以化学反应的吉布斯自由能变($\Delta_r G_m$)也只与反应的始态和终态有关，与反应的具体途径无关。因此，盖斯定律也适用于化学反应的摩尔吉布斯自由能变($\Delta_r G_m$)的计算，可根据附录 4 中各物质的 $\Delta_f G_m^{\ominus}$，通过下式计算出标准态下化学反应的 $\Delta_r G_m^{\ominus}$：

$$\Delta_r G_m^{\ominus}=\sum \nu_i \Delta_f G_m^{\ominus}(\text{生成物})-\sum \nu_i \Delta_f G_m^{\ominus}(\text{反应物}) \tag{3-28}$$

在恒温恒压条件下，体系不做非体积功，化学反应的摩尔吉布斯自由能变($\Delta_r G_m^{\ominus}$)与摩尔反应焓变($\Delta_r H_m^{\ominus}$)、摩尔反应熵变($\Delta_r S_m^{\ominus}$)、温度(T)之间有如下关系：

$$\Delta_r G_m^{\ominus}=\Delta_r H_m^{\ominus}-T\Delta_r S_m^{\ominus} \tag{3-29}$$

由式(3-29)可知，$\Delta_r G_m$ 值不仅与 $\Delta_r H_m$ 和 $\Delta_r S_m$ 有关，而且二者受温度变化的影响很小，所以在一般范围内，可以认为它们都可用 298 K 的 $\Delta_r H_m^{\ominus}$ 和 $\Delta_r S_m^{\ominus}$ 代替。但是 $\Delta_r G_m$ 受 T 的影响是不可忽略的。

【例 3-9】 试判断 298 K、标准态下，反应 $CaCO_3(s) = CaO(s)+CO_2(g)$ 能否自发进行？温度升高到多少时反应可以自发进行？

	$CaCO_3(s)$	$=$	$CaO(s)$	$+$	$CO_2(g)$
$\Delta_f G_m^{\ominus}/(kJ\cdot mol^{-1})$	-1129.1		-603.3		-394.4
$\Delta_f H_m^{\ominus}/(kJ\cdot mol^{-1})$	-1207.6		-634.9		-393.5
$S_m^{\ominus}/(J\cdot mol^{-1}\cdot K^{-1})$	91.7		38.1		213.8

解法一

$$\Delta_r G_m^\ominus = [\Delta_f G_m^\ominus(CaO,s) + \Delta_f G_m^\ominus(CO_2,g)] - \Delta_f G_m^\ominus(CaCO_3,s)$$
$$= [(-603.0) + (-394.4) - (-1129.1)]\ kJ \cdot mol^{-1} = 131.4\ kJ \cdot mol^{-1} > 0$$

所以，在 298 K、标准态下，反应不能自发进行。

解法二

$$\Delta_r H_m^\ominus = [\Delta_f H_m^\ominus(CaO,s) + \Delta_f H_m^\ominus(CO_2,g)] - \Delta_f H_m^\ominus(CaCO_3,s)$$
$$= [(-634.9) + (-393.5) - (-1207.6)]\ kJ \cdot mol^{-1} = 179.2\ kJ \cdot mol^{-1}$$
$$\Delta_r S_m^\ominus = [S_m^\ominus(CaO,s) + S_m^\ominus(CO_2,g)] - S_m^\ominus(CaCO_3,s)$$
$$= (38.1 + 213.8 - 91.7)\ J \cdot mol^{-1} \cdot K^{-1} = 160.2\ J \cdot mol^{-1} \cdot K^{-1}$$
$$\Delta_r G_m^\ominus(298\ K) = \Delta_r H_m^\ominus(298\ K) - T\Delta_r S_m^\ominus(298\ K)$$
$$= [179.2 - 298 \times 160.2 \times 10^{-3}]\ kJ \cdot mol^{-1} = 131.46\ kJ \cdot mol^{-1} > 0$$

所以，在 298 K、标准态下，反应不能自发进行。

当温度 T 升高到一定数值，$T\Delta_r S_m^\ominus$ 的影响超过 $\Delta_r H_m^\ominus$ 的影响，$\Delta_r G_m^\ominus$ 可以变为负值。

$$\Delta_r G_m^\ominus = \Delta_r H_m^\ominus - T\Delta_r S_m^\ominus < 0$$

则
$$T > \frac{\Delta_r H_m^\ominus}{\Delta_r S_m^\ominus} = \frac{179.2 \times 10^3\ J \cdot mol^{-1}}{160.2\ J \cdot mol^{-1} \cdot K^{-1}} = 1118.6\ K$$

结果表明，当 $T > 1118.6$ K 时，反应的 $\Delta_r G_m^\ominus < 0$，反应可以自发进行，即 $CaCO_3(s)$ 在温度高于 1118.6 K(845.6 ℃)时将分解。

此例说明，$\Delta_r G_m^\ominus$ 受温度变化影响显著。

【例 3-10】 用 CaO(s)吸收高炉废气中的 SO_3 气体，其反应方程式为

$$CaO(s) + SO_3(g) \xlongequal{\quad} CaSO_4(s)$$

(1) 根据下列数据计算此反应在 373 K 时的 $\Delta_r G_m^\ominus$，说明反应进行的可能性；

(2) 计算反应逆转的温度，进一步说明应用此反应防止 SO_3 污染环境的合理性。

已知：

	CaO(s)	+	$SO_3(g)$	$=$	$CaSO_4(s)$
$\Delta_f H_m^\ominus/(kJ \cdot mol^{-1})$	−634.9		−395.7		−1434.5
$S_m^\ominus/(J \cdot mol^{-1} \cdot K^{-1})$	38.1		256.8		106.5

解　由已知数据可求出 $\Delta_r H_m^\ominus$ 和 $\Delta_r S_m^\ominus$：

$$\Delta_r H_m^\ominus = \Delta_f H_m^\ominus(CaSO_4,s) - [\Delta_f H_m^\ominus(CaO,s) + \Delta_f H_m^\ominus(SO_3,g)]$$
$$= \{-1434.5 - [(-634.9) + (-395.7)]\}\ kJ \cdot mol^{-1} = -403.9\ kJ \cdot mol^{-1}$$
$$\Delta_r S_m^\ominus = S_m^\ominus(CaSO_4,s) - [S_m^\ominus(CaO,s) + S_m^\ominus(SO_3,g)]$$
$$= [106.5 - (38.1 + 256.8)]\ J \cdot mol^{-1} \cdot K^{-1} = -188.4\ J \cdot mol^{-1} \cdot K^{-1}$$
$$\Delta_r G_m^\ominus(373\ K) = \Delta_r H_m^\ominus(373\ K) - T\Delta_r S_m^\ominus(373\ K)$$
$$\approx \Delta_r H_m^\ominus(298.15\ K) - T\Delta_r S_m^\ominus(298.15\ K)$$
$$= [-403.9 - 373 \times (-188.4) \times 10^{-3}]\ kJ \cdot mol^{-1} = -333.6\ kJ \cdot mol^{-1} < 0$$

故反应可以自发进行。

这是个放热反应，升高温度有利于向 $CaSO_4$ 分解的方向进行。

若要反应向左进行，需 $\Delta_r G_m^\ominus > 0$，而 $\Delta_r G_m^\ominus = \Delta_r H_m^\ominus - T\Delta_r S_m^\ominus$，所以，$\Delta_r H_m^\ominus - T\Delta_r S_m^\ominus > 0$

($\Delta_r S_m^\ominus$ 是负数,除以它要注意“>”“<”),即

$$T > \frac{\Delta_r H_m^\ominus}{\Delta_r S_m^\ominus} = \frac{-403.9 \times 10^3\ \mathrm{J \cdot mol^{-1}}}{-188.4\ \mathrm{J \cdot mol^{-1} \cdot K^{-1}}} = 2144\ \mathrm{K}$$

故当温度高于 2144 K 时,$CaSO_4$ 才能分解。而高炉废气的温度远小于该反应的逆转温度,所以用此反应吸收高炉废气中的 SO_3 来防止污染是合理的。

习　题

3-1 某温度下一定量的理想气体,从压强 $p_1 = 16 \times 10^5$ Pa,体积 $V_1 = 1.0 \times 10^{-3}\ \mathrm{m^3}$,在恒外压 $p_{外} = 1.0 \times 10^5$ Pa 下恒温膨胀至压强 $p_2 = 1.0 \times 10^5$ Pa,体积 $V_2 = 16 \times 10^{-3}\ \mathrm{m^3}$,求过程中体系所做的体积功 W。

3-2 一个化学反应在反应过程中放热 50 kJ,又对外做功 50 kJ,则该系统能量变化多少? 若反应放热 40 kJ,则系统做功多少?

3-3 联胺的燃烧反应:$N_2H_4(l) + O_2(g) = N_2(g) + 2H_2O(g)$ 在 298.15 K、101325 Pa 下,$\Delta U = -622.2\ \mathrm{kJ \cdot mol^{-1}}$,求此反应的 Q_p。

3-4 容器内有理想气体,$n = 2$ mol,$p = 10p^\ominus$,$T = 300$ K。求(1) 在空气中膨胀了 1 $\mathrm{dm^3}$,做功多少?(2) 膨胀到容器内压力为 $1p^\ominus$,做了多少功?(3) 膨胀时外压总比气体的压力小 dp,问容器内气体压力降到 $1p^\ominus$ 时,气体做多少功?

3-5 1 mol 理想气体在 300 K 下,1 $\mathrm{dm^3}$ 定温可逆地膨胀至 10 $\mathrm{dm^3}$,求此过程的 Q、W、ΔU 及 ΔH。

3-6 1 mol H_2 由始态 25 ℃ 及 $p^\ominus$ 可逆绝热压缩至 5 $\mathrm{dm^3}$,求(1) 最后温度;(2) 最后压力;(3) 过程做功。

3-7 已知水在 100 ℃ 时蒸发热为 2259.4 $\mathrm{J \cdot g^{-1}}$,则 100 ℃ 时蒸发 30 g 水,过程的 ΔU、ΔH、Q 和 W 各为多少?(计算时可忽略液态水的体积)

3-8 在一定温度下,4.0 mol $H_2(g)$ 与 2.0 mol $O_2(g)$ 混合,经一定时间反应后,生成了 0.6 mol $H_2O(l)$。请按下列两个不同反应式计算反应进度 ξ。

(1) $2H_2(g) + O_2(g) = 2H_2O(l)$

(2) $H_2(g) + \frac{1}{2}O_2(g) = H_2O(l)$

3-9 298 K 时将 1 mol 液态苯氧化为 CO_2 和 $H_2O(l)$,其定容热为 $-3267\ \mathrm{kJ \cdot mol^{-1}}$,求定压反应热为多少?

3-10 300 K 时 2 mol 理想气体由 1 $\mathrm{dm^3}$ 可逆膨胀至 10 $\mathrm{dm^3}$,计算此过程的熵变。

3-11 已知反应在 298 K 时的有关数据如下:

	$C_2H_4(g)$	+	$H_2O(g)$	$\longrightarrow$	$C_2H_5OH(l)$
$\Delta_f H_m^\ominus/(\mathrm{kJ \cdot mol^{-1}})$	52.3		-241.8		-277.6
$C_{p,m}/(\mathrm{J \cdot mol^{-1} \cdot K^{-1}})$	43.6		33.6		111.5

计算:(1) 298 K 时反应的 $\Delta_r H_m^\ominus$。

(2) 反应物的温度为 288 K,产物的温度为 348 K 时反应的 $\Delta_r H_m^\ominus$。

3-12 计算 $3C_2H_2(g) \longrightarrow C_6H_6(g)$ 反应的热效应,并说明是吸热,还是放热反应?

3-13 有一种甲虫,名为投弹手,它能用由尾部喷射出来的爆炸性排泄物的方法作为防卫措施,所涉及的化学反应是氢醌被过氧化氢氧化生成醌和水:

$$C_6H_4(OH)_2(aq) + H_2O_2(aq) \longrightarrow C_6H_4O_2(aq) + 2H_2O(l)$$

根据下列热化学方程式计算该反应的 $\Delta_r H_m^\ominus$。

(1) $C_6H_4(OH)_2(aq) \longrightarrow C_6H_4O_2(aq) + H_2(g)$　　$\Delta_r H_m^\ominus(1) = 177.4\ \mathrm{kJ \cdot mol^{-1}}$

(2) $H_2(g) + O_2(g) \longrightarrow H_2O_2(aq)$　　$\Delta_r H_m^\ominus(2) = -191.2\ \mathrm{kJ \cdot mol^{-1}}$

(3) $H_2(g) + \frac{1}{2}O_2(g) \longrightarrow H_2O(g)$　　$\Delta_r H_m^\ominus(3) = -241.8\ \mathrm{kJ \cdot mol^{-1}}$

(4) $H_2O(g) \longrightarrow H_2O(l)$　　$\Delta_r H_m^\ominus(4) = -44.0\ kJ \cdot mol^{-1}$

3-14 利用附录 4 中 298.15 K 时有关物质的标准生成热的数据，计算下列反应在 298.15 K 及标准态下的恒压热效应。

(1) $Fe_3O_4(s) + CO(g) \longrightarrow 3FeO(s) + CO_2(g)$

(2) $4NH_3(g) + 5O_2(g) \longrightarrow 4NO(g) + 6H_2O(l)$

3-15 利用附录 4 中 298.15 K 时的标准燃烧热的数据，计算下列反应在 298.15 K 时的 $\Delta_r H_m^\ominus$。

(1) $CH_3COOH(l) + CH_3CH_2OH(l) \longrightarrow CH_3COOCH_2CH_3(l) + H_2O(l)$

(2) $C_2H_4(g) + H_2(g) \longrightarrow C_2H_6(g)$

3-16 人体所需能量大多来源于食物在体内的氧化反应，例如葡萄糖在细胞中与氧发生氧化反应生成 CO_2 和 $H_2O(l)$，并释放出能量。通常用燃烧热去估算人们对食物的需求量，已知葡萄糖的生成热为 $-1260\ kJ \cdot mol^{-1}$，$CO_2(g)$ 和 $H_2O(l)$ 的生成热分别为 -393.51 和 $-285.83\ kJ \cdot mol^{-1}$，试计算葡萄糖的燃烧热。

3-17 不查表，指出在一定温度下，下列反应中熵变值由大到小的顺序：

(1) $CO_2(g) \longrightarrow C(s) + O_2(g)$

(2) $2NH_3(g) \longrightarrow 3H_2(g) + N_2(g)$

(3) $2SO_3(g) \longrightarrow 2SO_2(g) + O_2(g)$

3-18 101.3 kPa 下，2 mol 甲醇在正常沸点 337.2 K 时气化，求体系和环境的熵变各为多少？已知甲醇的气化热 $\Delta H_m = 35.1\ kJ \cdot mol^{-1}$。

3-19 绝热瓶中有 373 K 的热水，因绝热瓶绝热稍差，有 4000 J 的热量流入温度为 298 K 的空气中，求(1) 绝热瓶的 $\Delta S_{体}$；(2) 环境的 $\Delta S_{环}$；(3) 总熵变 $\Delta S_{总}$。

3-20 在 110 ℃、10^5 Pa 下使 1 mol $H_2O(l)$ 蒸发为水蒸气，计算这一过程体系和环境的熵变。已知：$H_2O(g)$ 和 $H_2O(l)$ 的热容分别为 $1.866\ J \cdot K^{-1} \cdot g^{-1}$ 和 $4.184\ J \cdot K^{-1} \cdot g^{-1}$，在 100 ℃、$10^5$ Pa 下 $H_2O(l)$ 的气化热为 $2255.176\ J \cdot g^{-1}$。

3-21 标准态下，计算反应 $C(石墨) + CO_2(g) \longrightarrow 2CO(g)$ 在 298 K 时能否自发进行？

3-22 对于反应 $2NH_3(g) \longrightarrow N_2(g) + 3H_2(g)$，求(1) 298.15 K 时，$\Delta_r G_m^\ominus$ 为多少？(2) 在标准态下，反应达极限的温度？

3-23 计算反应 $CuS(s) + H_2(g) \longrightarrow Cu(s) + H_2S(g)$ 可以发生的最低温度。已知：

	$CuS(s)$ +	$H_2(g)$ ═	$Cu(s)$ +	$H_2S(g)$
$\Delta_f H_m^\ominus/(kJ \cdot mol^{-1})$	-53.1	0	0	-20.6
$S_m^\ominus/(J \cdot mol^{-1} \cdot K^{-1})$	66.5	130.57	33.15	205.7

3-24 对生命起源问题，有人提出最初植物或动物的复杂分子是由简单分子自动形成的。例如，尿素 (NH_2CONH_2) 的生成可用反应方程式表示如下：

$$CO_2(g) + 2NH_3(g) \longrightarrow (NH_2)_2CO(s) + H_2O(l)$$

(1) 利用附录 4 数据计算 298.15 K 时的 $\Delta_r G_m^\ominus$，并说明该反应在此温度和标准态下能否自发；

(2) 在标准态下最高温度为何值时，反应就不再自发进行了？

3-25 已知 298 K 时，$NH_4HCO_3(s) \longrightarrow NH_3(g) + CO_2(g) + H_2O(g)$ 的相关热力学数据如下：

	$NH_4HCO_3(s)$	$NH_3(g)$	$CO_2(g)$	$H_2O(g)$
$\Delta_f G_m^\ominus/(kJ \cdot mol^{-1})$	-670	-17	-394	-229
$\Delta_f H_m^\ominus/(kJ \cdot mol^{-1})$	-850	-40	-390	-240
$S_m^\ominus/(J \cdot mol^{-1} \cdot K^{-1})$	130	180	210	190

试计算：(1) 298 K、标准态下 $NH_4HCO_3(s)$ 能否发生分解反应？

(2) 在标准态下 $NH_4HCO_3(s)$ 分解的最低温度。

3-26 已知合成氨的反应在 298.15 K、$p^\ominus$下,$\Delta_r H_m^\ominus = -92.38\ kJ \cdot mol^{-1}$,$\Delta_r G_m^\ominus = -33.26\ kJ \cdot mol^{-1}$,求 500 K 下的 $\Delta_r G_m^\ominus$,并说明升温对反应有利还是不利。

3-27 已知 $\Delta_f H_m^\ominus (C_6H_6(l), 298\ K) = 49.10\ kJ \cdot mol^{-1}$,$\Delta_f H_m^\ominus (C_2H_2(g), 298\ K) = 226.73\ kJ \cdot mol^{-1}$;$S_m^\ominus (C_6H_6(l), 298\ K) = 173.40\ J \cdot mol^{-1} \cdot K^{-1}$,$S_m^\ominus (C_2H_2(g), 298\ K) = 200.94\ J \cdot mol^{-1} \cdot K^{-1}$。试判断:$C_6H_6(l) \rightleftharpoons 3C_2H_2(g)$在 298.15 K,标准态下正向反应能否自发?并估算最低反应温度。

3-28 已知乙醇在 298.15 K 和 101.325 kPa 下的蒸发热为 $42.55\ kJ \cdot mol^{-1}$,蒸发熵变为 $121.6\ J \cdot mol^{-1} \cdot K^{-1}$,试估算乙醇的正常沸点(℃)。

3-29 已知二氯甲烷 CH_2Cl_2 在 298.15 K 和 101.325 kPa 下的蒸发热为 $28.97\ kJ \cdot mol^{-1}$,蒸发熵变为 $92.38\ J \cdot mol^{-1} \cdot K^{-1}$,试估算二氯甲烷的正常沸点(℃)。

3-30 电子工业用 HF 清洗硅片上的 $SiO_2(s)$:

$$SiO_2(s) + 4HF(s) \rightleftharpoons SiF_4(g) + 2H_2O(g)$$

$$\Delta_r H_m^\ominus(298.15\ K) = -94.0\ kJ \cdot mol^{-1}, \quad \Delta_r S_m^\ominus(298.15\ K) = -75.8\ J \cdot mol^{-1} \cdot K^{-1}$$

设 $\Delta_r H_m^\ominus$、$\Delta_r S_m^\ominus$ 不随温度而变,试求此反应自发进行的温度条件。有人提出用 HCl 代替 HF,试通过计算判断此建议是否可行?

3-31 氮化硼是优良的耐高温绝缘材料,可用下列反应制取:

$$B_2O_3(s) + 2NH_3(g) \rightleftharpoons 2BN(s) + 3H_2O(g)$$

试用热化学数据,通过计算回答:

(1) 反应的 $\Delta_r H_m^\ominus$ 和 $\Delta_r S_m^\ominus$ 是多少?

(2) 反应的 $\Delta_r G_m^\ominus(298\ K)$为多少?298 K 时是否自发?

(3) 正反应自发进行的温度条件。

第4章　化学动力学基础

第3章化学热力学初步从能量变化的角度讨论了化学反应进行的方向，解决的是化学反应能否进行的问题；然而，有些化学反应虽然从热力学角度判断是可以进行的，但是反应进行的速度却大相径庭，比如：

$2H_2(g) + O_2(g) \longrightarrow 2H_2O(g)$　　$\Delta_r G_m^\ominus = -457.18\ kJ \cdot mol^{-1}$

$2K(s) + 2H_2O(l) \longrightarrow 2K^+(aq) + 2OH^-(aq) + H_2(g)$　　$\Delta_r G_m^\ominus = -404.82\ kJ \cdot mol^{-1}$

这两个反应的 $\Delta_r G_m^\ominus < 0$，所以由此判断这两个化学反应在298 K的条件下都是可以向正方向进行的。然而，它们进行的速度却截然不同，氢气和氧气在室温下生成水的反应，几年甚至十几年也观察不到一滴水的生成，而金属钾和水在室温条件下却能迅速而剧烈地反应。再比如，放射性金属的衰变、金刚石室温下转化为石墨往往需要经过千百万年，而炸药爆炸却是瞬间剧烈发生的。由此可见，化学反应进行的速率是有快慢之分的，这就属于化学动力学所讨论的范畴了，考虑的是反应进行的现实性。研究化学反应速率是有很明确的现实意义的，比如我们希望汽车尾气能在排出前迅速净化，却希望橡胶的老化能越缓慢越好；我们需要水泥能快速地固化，却需要防止钢铁很快生锈，等等。因此，研究化学反应速率是跟我们的生产生活息息相关的。

化学动力学主要研究化学反应的速率、反应过程以及反应机理。而本章化学动力学基础重点介绍化学反应速率相关的基本内容，包括化学反应速率的概念及其影响因素。

4.1　化学反应速率的定义

化学反应有快有慢，而化学反应速率就是用来表示化学反应进行快慢的物理量，可以用单位时间内反应物减少的量或生成物增加的量来表示。若反应是在一定体积的密闭容器中进行，则通常以单位时间内反应物浓度的减少或生成物浓度的增加来表示，物质浓度的变化可以较为方便地通过仪器分析或化学分析的手段来检测。浓度单位一般用 $mol \cdot L^{-1}$；时间单位可以用s，min，h等等来表示，可根据反应进行的快慢而定。

4.1.1　平均速率

化学反应的平均速率是指在某一段时间间隔内参与反应的物质浓度变化的平均值。可以用下式来表示：

$$\bar{v} = -\frac{c_2(\text{反应物}) - c_1(\text{反应物})}{t_2 - t_1} = -\frac{\Delta c(\text{反应物})}{\Delta t} \tag{4-1}$$

或

$$\bar{v} = \frac{c_2(\text{生成物}) - c_1(\text{生成物})}{t_2 - t_1} = \frac{\Delta c(\text{生成物})}{\Delta t} \tag{4-2}$$

其中，Δt 是反应进行的时间间隔，Δc 是参与反应的物质在 Δt 时间间隔内发生的浓度变化。由于反应物是随着反应的进行逐渐减少的，所以式(4-1)中的负号是为了保证反应速率总是正值。

例如,N_2O_5 在 CCl_4 溶液中的分解反应如下:

$$2N_2O_5 \longrightarrow 4NO_2 + O_2$$

把实验收集的数据整理如表 4-1 所示。

表 4-1 N_2O_5 在 CCl_4 溶液中的分解速率测定实验数据(298 K)

反应时间 t/s	时间间隔 Δt/s	N_2O_5 的浓度 $c(N_2O_5)/(mol \cdot L^{-1})$	N_2O_5 的浓度变化 $\Delta c(N_2O_5)/(mol \cdot L^{-1})$	平均反应速率 $\bar{v}/(mol \cdot L^{-1} \cdot s^{-1})$
0	—	2.10	—	—
100	100	1.95	0.15	1.50×10^{-3}
300	200	1.70	0.25	1.30×10^{-3}
700	400	1.31	0.39	0.99×10^{-3}
1000	300	1.08	0.23	0.77×10^{-3}
1700	700	0.76	0.32	0.45×10^{-3}
2100	400	0.56	0.14	0.35×10^{-3}
2800	700	0.37	0.19	0.27×10^{-3}

由表中数据可以得出,在 $t=0\sim100$ s 这段时间内,该反应的平均速率为

$$\bar{v} = -\frac{\Delta c(N_2O_5)}{\Delta t} = \frac{0.15\ mol \cdot L^{-1}}{100\ s} = 1.50\times10^{-3}\ mol \cdot L^{-1} \cdot s^{-1}$$

该反应的速率方程还可以用其他两种产物的浓度来计算:

$$\bar{v} = \frac{\Delta c(NO_2)}{\Delta t} \tag{4-3}$$

$$\bar{v} = \frac{\Delta c(O_2)}{\Delta t} \tag{4-4}$$

但要注意的是,由于不同物质在化学反应方程式中的反应系数不同,会导致同一个化学反应用不同物质的浓度计算出的反应速率数值不同。比如,仍然是 $t=0\sim100$ s 这段时间内,用式(4-3)和式(4-4)计算所得的平均速率分别为 $3.00\times10^{-3}\ mol \cdot L^{-1} \cdot s^{-1}$,$0.75\times10^{-3}\ mol \cdot L^{-1} \cdot s^{-1}$。究其原因,可以这么理解,反应中有 2 个 N_2O_5 分子转化掉,同时就有 4 个 NO_2 分子和 1 个 O_2 分子生成,因此,几个反应速率之间满足如下关系:

$$\frac{v(N_2O_5)}{2} = \frac{v(NO_2)}{4} = \frac{v(O_2)}{1}$$

对于一般的化学反应:

$$aA + bB \longrightarrow yY + zZ$$

用不同物质表示的反应速率之间则满足如下关系:

$$\frac{v_A}{a} = \frac{v_B}{b} = \frac{v_Y}{y} = \frac{v_Z}{z}$$

尽管同一个化学反应可以用不同物质的浓度变化来表示化学反应速率,但实际操作中往往

会选择用最容易观测的物质来表示，如产生气体的、生成沉淀的、发生颜色变化的等等。

同样是上述实验数据，我们再来分析该反应在不同时间段的平均速率。由表 4-1 中最后一列数据我们可以看出，用 N_2O_5 浓度变化所计算出来的不同时间段的平均速率是不一样的。也就是说，同一个化学反应即使用同一种物质的浓度变化来计算反应速率，在不同的时间段也是有所不同的。显然，参与反应的物质浓度随着化学反应的进行是不断地变化着的，通常来说随着反应的进行，反应物越来越少，浓度越来越低，反应速率也会越来越慢。所以，如果平均速率的时间间隔太长，则无法确切地反映出各个时刻的反应速率，也无法准确地分析这种物质的变化情况。因此，某一个时刻的反应速率，即瞬时速率对研究化学反应的变化更有意义。

4.1.2 瞬时速率

若将测定的时间间隔无限缩短，即 $\Delta t \to 0$ 时，则得到 t 时刻的瞬时速率，也就是说，瞬时速率是时间间隔 $\Delta t \to 0$ 时的平均速率的极值。可以用下式来表示：

$$v = \lim_{\Delta t \to 0}\left[-\frac{\Delta c(\text{反应物})}{\Delta t}\right] = -\frac{\mathrm{d}c(\text{反应物})}{\mathrm{d}t} \tag{4-5}$$

或

$$v = \lim_{\Delta t \to 0}\left[\frac{\Delta c(\text{生成物})}{\Delta t}\right] = \frac{\mathrm{d}c(\text{生成物})}{\mathrm{d}t} \tag{4-6}$$

若以时间 t 为横坐标，以浓度 c 为纵坐标，则可以将表 4-1 中的数据作出 c-t 曲线，如图 4-1 所示。曲线上任意 A、B 两点连线斜率的绝对值即为相应两个时间点 t_A、t_B 时间间隔内的平均反应速率。由图可知，$\bar{v} = \left|\frac{AC}{BC}\right|$。若两个时间点的间隔 $\Delta t = t_B - t_A$ 逐渐缩小，则两点间的连线越来越接近切线；当缩小至无限小，即 $\Delta t \to 0$ 时，连线即该点的切线，此切线斜率的绝对值就是该时刻的瞬时速率。如图 4-1 所示，当 A、B 两点逐渐接近至间隔无限小时，即 AB 直线不断下移，直至与 D 点切线重合，此时该切线的斜率即为 D 点的瞬时速率。由此看来，可以由作图法来求得化学反应的瞬时速率。

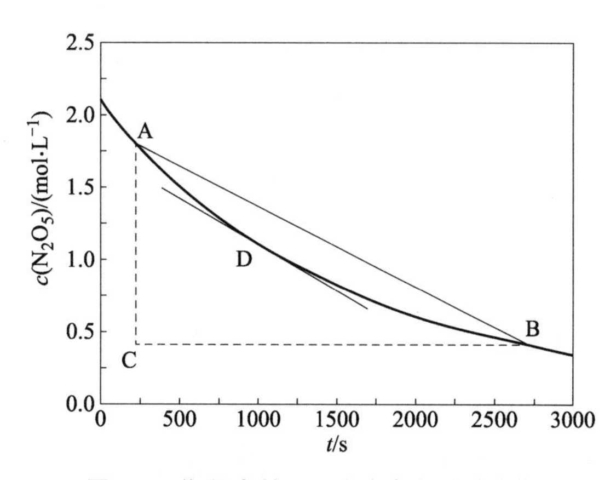

图 4-1 作图法所示平均速率和瞬时速率

当 $t=0$ 时，得到的瞬时速率称为该化学反应的初始速率。这在所有时刻的瞬时速率中最为重要，因为初始速率最容易得到，同时也因为没有其他产物或副反应的影响而最为准确，所以在研究浓度与反应速率的关系时最常用到初始速率。

4.2 浓度对化学反应速率的影响

对于同一个化学反应,很多因素如:浓度、温度、压力或有无使用催化剂等都会影响反应速率。本节先讨论浓度对化学反应速率的影响。其实浓度对化学反应速率的影响在生活中的例子比比皆是,比如:空气中即将熄灭的火柴放入氧气中能迅速复燃,钢铁在潮湿的环境中更容易生锈等等,因此,浓度对化学反应速率的影响可以说是显而易见的,两者之间必然存在着一定的数量关系。

4.2.1 速率方程

在一定温度下,反应速率与浓度之间满足一定的函数关系,由此函数关系建立的方程称为反应速率方程。而化学反应根据反应途径的不同,可以把它分成两类:① 经过一步就能完成的化学反应,称为基元反应;② 需要经过两个或多个基元反应步骤才能完成的化学反应,称为复杂反应。下面我们分别来讨论这两类化学反应的反应速率方程。

1. 基元反应与质量作用定律

基元反应是动力学研究中最为简单的反应,反应物分子之间经过一次有效碰撞即转化为生成物,没有任何中间产物。例如:

$$NO_2 + CO = NO + CO_2$$

实验证实,上述反应在一定条件下,经过一次反应步骤就能完成,因此是基元反应。这种反应的反应速率与各反应物浓度幂的连乘积成正比,其中幂指数即为反应方程式中各反应物的反应系数,这就是质量作用定律。例如上述反应的反应速率的数学表达式为

$$v \propto c(NO_2)c(CO)$$

或

$$v = kc(NO_2)c(CO)$$

式中,$c(NO_2)$表示 NO_2 的浓度;$c(CO)$表示 CO 的浓度;k 称为速率常数,其物理意义为在给定温度下,单位浓度时的反应速率。此式即为该基元反应的速率方程。

2. 复杂反应与反应速率方程

大多数化学反应都不是基元反应,而是复杂反应,不能由反应物一步直接转化成生成物,需要经过两步甚至更多步反应才能完成,所以会经过某些中间产物。例如如下反应

$$CO(g) + Cl_2(g) = COCl_2(g)$$

即为复杂反应,实验证实它可能的实际反应过程为

$$Cl_2(g) \rightleftharpoons 2Cl \qquad \text{(快反应)}$$

$$Cl(g) + CO(g) \rightleftharpoons COCl(g) \qquad \text{(快反应)}$$

$$COCl(g) + Cl_2(g) = COCl_2(g) + Cl(g) \qquad \text{(慢反应)}$$

对于复杂反应的总反应来说,反应速率只取决于所有步骤里最慢的那一步,我们称其为定速步骤。这可以类比于流水线作业,总的工作效率只取决于最慢的那个环节。所以,上述总反应的反应速率应该由慢反应步骤给出,即 $v = k'c(COCl)c(Cl_2)$,而不是由总反应式得出的 $v = kc(CO)c(Cl_2)$。而中间产物不是最终产物,一般不出现在最终的速率方程中,所以复杂反应的

反应速率方程只能由实验得出。实验证实，上述反应的速率方程为 $v = kc(\text{CO})c(\text{Cl}_2)^{3/2}$。

对于任一复杂反应，

$$aA + bB = yY + zZ$$

其反应速率与各反应物浓度之间的定量关系，即其反应速率方程，形式如下：

$$v = kc_A^{\alpha}c_B^{\beta}$$

复杂反应的反应速率方程只能通过实验得出，而不能像基元反应那样可以直接由化学反应方程式给出。也就是说，方程式中的幂指数 α 和 β 不一定等于总反应方程式中的化学系数 a 和 b，需要由实验测得。

3. 速率方程的建立

大多数反应都是复杂反应，因此其反应速率方程必须由实验来确定。那么，如何通过实验数据来确定速率方程呢？最常用的是初始速率法。因为反应物的初始浓度是相对来说最容易获得，也是最为准确的数值，所以通常通过比较反应物的初始浓度和反应初始速率之间的关系来确立速率方程。具体方法见例 4-1。

【例 4-1】 实验室利用亚硝酸钠和氯化铵在 298 K、酸性条件下进行归中反应，测得不同浓度下的反应速率如下表，试确定其速率方程，并求该反应的速率常数。

$$NH_4^+(aq) + NO_2^-(aq) = N_2(g) + 2H_2O(l)$$

实验编号	NH_4^+ 的浓度 $c(NH_4^+)/(\text{mol} \cdot \text{L}^{-1})$	NO_2^- 的浓度 $c(NO_2^-)/(\text{mol} \cdot \text{L}^{-1})$	平均反应速率 $v/(\text{mol} \cdot \text{L}^{-1} \cdot \text{s}^{-1})$
1	0.10	0.50	1.37×10^{-5}
2	0.20	0.50	2.75×10^{-5}
3	0.30	0.50	4.10×10^{-5}
4	0.50	0.10	1.40×10^{-5}
5	0.50	0.20	2.66×10^{-5}
6	0.50	0.30	4.02×10^{-5}

解　设该反应的速率方程为

$$v = kc(NH_4^+)^{\alpha}c(NO_2^-)^{\beta}$$

对比 1,2,3 三组实验数据，$c(NH_4^+)$分别扩大 2 或 3 倍，反应速率也扩大 2 或 3 倍，则有 $v \propto c(NH_4^+)$；

对比 4,5,6 三组实验数据，$c(NO_2^-)$分别扩大 2 或 3 倍，反应速率同样也扩大 2 或 3 倍，则有 $v \propto c(NO_2^-)$；

由此可得：$v \propto c(NH_4^+)c(NO_2^-)$，则其速率方程为

$$v = kc(NH_4^+)c(NO_2^-)$$

把任意一组数据代入方程中，可得速率常数 k。例如代入第一组数据，则有

$$k=\frac{v}{c(NH_4^+)c(NO_2^-)}=\frac{1.37\times10^{-5}}{0.10\times0.50}\ \mathrm{L\cdot mol^{-1}\cdot s^{-1}}=2.74\times10^{-4}\ \mathrm{L\cdot mol^{-1}\cdot s^{-1}}$$

这是实验室中测试反应速率的一般方法，先固定一种反应物浓度，调整另一种反应物浓度，观察其初始浓度与反应速率之间的关系；再固定另一种反应物浓度，重复操作，从而确定该反应的速率方程。实际操作中，为了避免由实验误差带来的数据偏差，应该将每组实验数据都代入速率方程求出速率常数，然后用统计学的方法得到比较准确的速率常数。

4.2.2 反应分子数和反应级数

在基元反应中，参与反应的微粒(分子、原子、离子或自由基)数目称为反应分子数。根据反应分子数的不同，可以有单分子反应、双分子反应和三分子反应，四分子反应或更多分子反应还尚未发现。例如：

$$① \ SO_2Cl_2 = SO_2 + Cl_2$$
$$② \ 2NO_2 = 2NO + O_2$$
$$③ \ 2NO + O_2 = 2NO_2$$

反应①②③分别有 1、2、3 分子参与反应，所以分别为单分子反应、双分子反应和三分子反应。

而对于复杂反应来说，则无所谓反应分子数了。反应速率方程中，各反应物浓度的幂指数，称为相应物质的反应级数；各反应物浓度的幂指数之和称为该反应的反应级数。例如，对于任一复杂反应

$$aA + bB = yY + zZ$$

其反应速率方程为 $v=kc_A^{\alpha}c_B^{\beta}$，则对于 A 物质为 α 级反应，对于 B 物质为 β 级反应，而对于总反应来说反应级数为 $\alpha+\beta$。

反应级数可以是正整数，也可以为零或分数，甚至可以为负数。例如反应

$$2Na(s) + 2H_2O(l) = 2NaOH(aq) + H_2(g)$$

其反应速率方程为 $v=k$，则该反应为零级反应。由此可见，对于零级反应，反应速率与反应物和生成物的浓度无关。零级反应不多，除上例零级反应以外，常见一些在固体表面上进行的分解反应也属于这类反应，比如氨在铁粉催化剂的表面上进行的分解反应就是零级反应。又如反应

$$H_2(g) + Cl_2(g) = 2HCl(g)$$

其反应速率方程为 $v=kc(H_2)[c(Cl_2)]^{1/2}$，则该反应为 $1\frac{1}{2}$ 级反应。

有的化学反应，实验测得的反应速率方程非常复杂，如下反应

$$H_2(g) + Br_2(g) = 2HBr(g)$$

实验测得其反应速率方程较为复杂，$v(H_2)=\frac{kc_{H_2}c_{Br_2}^{1/2}}{1+k'c_{HBr}/c_{Br_2}}$，因此无法简单地用 $v=kc_A^{\alpha}c_B^{\beta}$ 形式来表示，那么对于这种反应来谈及反应级数就没有意义了。

4.2.3 速率常数

反应速率方程中的速率常数 k，其物理意义可以理解为：在给定温度下，当各反应物浓度皆

为 1 mol·L^{-1}时的反应速率。它不随反应物浓度的改变而变化，但是温度的函数，会随着温度的改变而变化。温度对速率的影响正是通过温度对速率常数的影响而达到的，这部分内容我们会在下一小节中详细讨论。正因为速率常数 k 与浓度无关，可以视为能表征化学反应速率相对大小的物理量。在不用严格地考虑温度、催化剂等其他因素影响的情况下，可以粗略地认为速率常数 k 越大，则反应进行得越快。

不同的反应，当反应级数不同时，其速率常数的单位是不同的，如表 4-2 所示。

表 4-2　反应级数与速率常数单位的对应关系

反应级数	速率方程	速率常数 k 的单位
零级	$v=k$	$mol \cdot L^{-1} \cdot s^{-1}$
一级	$v=kc$	s^{-1}
二级	$v=kc^2$	$mol^{-1} \cdot L \cdot s^{-1}$
	…	
n 级	$v=kc^n$	$mol^{-(n-1)} \cdot L^{(n-1)} \cdot s^{-1}$

正因为有这样的对应关系，所以可以通过速率常数的单位来判断反应级数。同时，当两个反应的反应级数不同时，无法比较速率常数的大小，因为单位不同的物理量之间没有可比性，好比质量和长度之间的比较就毫无意义。

前文所述，化学反应速率可以用不同物质来表示，当我们用不同物质来表示反应速率时，速率常数的数值也可能不同。

若任一化学反应 $aA+bB = yY+zZ$，其速率方程可表示为

$$v_A = k_A c_A^{\alpha} c_B^{\beta}$$

$$v_B = k_B c_A^{\alpha} c_B^{\beta}$$

$$v_Y = k_Y c_A^{\alpha} c_B^{\beta}$$

$$v_Z = k_Z c_A^{\alpha} c_B^{\beta}$$

因为各反应速率之间满足$\frac{v_A}{a}=\frac{v_B}{b}=\frac{v_Y}{y}=\frac{v_Z}{z}$，所以速率常数之间亦满足$\frac{k_A}{a}=\frac{k_B}{b}=\frac{k_Y}{y}=\frac{k_Z}{z}$，即不同的速率常数之比等于各物质的计量数之比。

4.2.4　反应机理

对于一个化学反应来说，化学反应方程式给出的只是热力学上的始态和终态，以及反应物和生成物的化学计量关系，并不能反映出该化学反应实际上所经历的步骤和途径。大多数化学反应都不是基元反应，不能像化学反应方程式给出的那样简单地经过一次反应就能完成，而是复杂反应，需要经过多个反应步骤才能完成。从反应物到生成物所经历的实际反应途径就称为反应机理，或反应历程。

要弄清一个化学反应的反应机理很不容易，需要得到大量多方面的理论与实验证实。有可能目前认为正确的反应机理，过几年后随着实验技术及计算方法的不断改进，会被不断地进行修

正，甚至被新的实验事实或新的理论所推翻。也有可能几种反应机理同时存在，或随着反应条件的不同，主要机理可以从一种机理转向另一种机理。近些年来，由于化学实验手段和技术的发展进步(比如:单分子束实验、飞秒化学实验等)，人们可以捕捉到或观察到某些化学反应中间产物的存在，也有效地辅助了人们对反应机理的探索与认知，使得化学研究能在分子水平上更深入地展开。一个反应机理是否正确，一个必要但不充分条件就是它需要符合实验所建立的速率方程，所以我们研究化学反应速率，建立反应的速率方程，也可以为研究化学反应机理提供重要的证据。例如以下反应

$$C_2H_4Br_2 + 3KI = C_2H_4 + 2KBr + KI_3$$

实验测得该反应的速率方程为 $v=kc(C_2H_4Br_2)c(KI)$，方程中幂指数并不同于化学反应方程式中的计量系数，所以该反应不是基元反应，而是复杂反应，可能的反应机理为

(1) $C_2H_4Br_2 + KI = C_2H_4 + KBr + I + Br$ (慢反应)

(2) $KI + I + Br \rightleftharpoons 2I + KBr$ (快反应)

(3) $KI + 2I \rightleftharpoons KI_3$ (快反应)

总反应的反应速率取决于所有步骤里最慢的决速步骤。

但是，仅仅由实验所得的反应速率方程，并不能充分推导出反应机理。最典型的例子就是氢气和碘蒸气生成碘化氢的反应：

$$H_2(g) + I_2(g) = 2HI(g)$$

实验测得该反应的速率方程为 $v=kc(H_2)c(I_2)$，速率方程中的幂指数均等于反应方程式中的计量系数，所以一百多年前该反应都被认为是个基元反应。但是，随着化学动力学和量子化学的不断发展，人们不断以实验事实和理论计算都证实了这不仅仅是个简单反应，它可能的反应机理如下：

(1) $I_2 \rightleftharpoons I + I$ (快反应)

(2) $H_2 + 2I = 2HI$ (慢反应)

4.3 温度对化学反应速率的影响

温度对化学反应速率有很显著的影响，且其影响比较复杂。一般来说，无论是吸热反应还是放热反应，升高温度时反应速率都是加快的。所以，我们通常会通过加热的方法来提高所需要的化学反应速率，而采用降温的方式来控制不利的反应。比如，前文我们提到的氢气和氧气生成水的反应，在室温条件下反应非常缓慢，以至于几年都观察不到有水的生成；而当反应温度提高到 873 K 时，反应则能迅速而剧烈地进行。再比如，我们常常喜欢用高压锅来烹饪食物，因为烹饪温度可以升至 400 ℃，所以食物能更快煮熟；而往往需要用冰箱来保存食物，因为低温食物不容易变质。

4.3.1 Arrhenius 方程式

1884 年，荷兰化学家范特霍夫(J. H. van't Hoff)提出了一个经验性的规则：温度每升高 10 K，反应速率增加到原来的 2～4 倍。这是一个非常近似的统计规律，在不需要非常精确的数值时，可以这么粗略地估算。1889 年，瑞典物理学家阿仑尼乌斯(S. A. Arrhenius)在总结了大量实验事实的基础上，提出了温度和化学反应速率之间的定量关系，其形式如下：

$$k = A e^{-\frac{E_a}{RT}} \tag{4-7}$$

将式(4-7)等号两边同时取自然对数,得

$$\ln k=-\frac{E_a}{RT}+\ln A \tag{4-8}$$

也可以将等号两边同时取常用对数,得

$$\lg k=-\frac{E_a}{2.303RT}+\lg A \tag{4-9}$$

这三式均称为阿仑尼乌斯方程式。式中 k 是反应速率常数;R 是摩尔气体常数;T 是温度;E_a 是活化能,单位为 $kJ \cdot mol^{-1}$;A 称为指前因子或频率因子,单位与速率常数单位一致。对于大多数反应来说,在一定的温度区间内,活化能 E_a 和指前因子 A 是不随温度的变化而改变的。

由此可以看出,温度对反应速率的影响主要是通过影响反应速率常数来实现的,更具体来说,是影响指前因子 A 后面的指数项。因为温度 T 与速率常数 k 之间是指数关系,所以 T 的微小变化将引起 k 的很大改变,尤其是 E_a 较大的反应,影响更为明显。

4.3.2 Arrhenius 方程式的应用

利用阿仑尼乌斯方程式,我们可以通过实验求出一个反应的活化能 E_a 和指前因子 A。比如,通过实验测出在 T_1、T_2 两个温度下反应的速率常数 k_1、k_2,分别代入式(4-9)中,得

$$\lg k_1=-\frac{E_a}{2.303RT_1}+\lg A$$

$$\lg k_2=-\frac{E_a}{2.303RT_2}+\lg A$$

两式相减,得

$$\lg\frac{k_2}{k_1}=\frac{E_a}{2.303R}\left(\frac{T_2-T_1}{T_1T_2}\right) \tag{4-10}$$

式(4-10)称为阿仑尼乌斯方程的定积分形式。由式(4-10)可求出反应的活化能 E_a,之后将 E_a 值反代入任何一个方程式,就能求得指前因子 A。同时,由式(4-10)也可以看出,对于不同的反应来说,同样的温度增幅(T_2-T_1),活化能 E_a 越大,速率常数 k_2 增大的幅度就越大,也就是说,温度升高更有利于活化能较大的反应进行。而对于同一个反应来说,在高温区,因为 T_1T_2 值比较大,所以升高一定的温度,速率常数 k_2 增大的幅度较小;而在低温区,T_1T_2 值比较小,此时升高一定的温度,速率常数 k_2 增大的幅度则相对较大,这也就是说,对于同一个反应,在低温区时升高温度加速反应的效果比较显著。

【例 4-2】 实验室测得 $CO(g)+NO_2(g) \xlongequal{} CO_2(g)+NO(g)$ 在不同温度下的速率常数,数据如下表:

T/K	600	650	750	800
$k/(L \cdot mol^{-1} \cdot s^{-1})$	0.028	0.22	6.0	23

试求该反应的活化能。

解法一 可以利用阿仑尼乌斯方程的定积分形式求出活化能。

比如分别取 600 K 和 650 K 的数据代入式(4-10),得

$$\lg\frac{0.22}{0.028}=\frac{E_a}{2.303\times8.314}\times\left(\frac{650-600}{650\times600}\right)$$

解得 $E_a=133.71\ \mathrm{kJ\cdot mol^{-1}}$

解法二 由式(4-8)和式(4-9)可见,$\ln k$($\lg k$)与 $1/T$ 建立了一元线性关系,所以可以用作图法求活化能。

先计算出 $\lg k$ 和 $1/T$,列表如下:

$1/T$ /($10^{-3}\mathrm{K}^{-1}$)	1.67	1.54	1.33	1.25
$\lg k$	−1.55	−0.66	0.78	1.36

再以 $\lg k$ 对 $1/T$ 作图,得一直线,如图 4-2 所示。

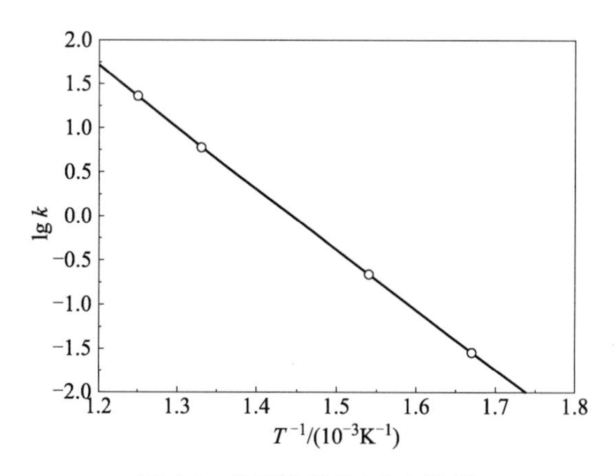

图 4-2 作图法所示 $\lg k$-$1/T$ 图

可以利用坐标纸得到斜率 $a=-7.00\times10^3\mathrm{K}$。

因为 $a=-\dfrac{E_a}{2.303R}$,所以解得

$$E_a=-2.303\times8.314\ \mathrm{J\cdot mol^{-1}\cdot K^{-1}}\times(-7.00\times10^3\ \mathrm{K})=134.03\ \mathrm{kJ\cdot mol^{-1}}$$

解法三 依然是利用 $\ln k$($\lg k$)与 $1/T$ 之间的一元线性关系,借助计算机软件的线性回归程序计算出活化能。

例如将表中 $\lg k$ 和 $1/T$ 数据输入 Origin8.5 软件中,进行线性拟合操作,即能得到:

直线的斜率$=-6.91026\times10^3$,截距$=9.9851$,同时还有一个拟合度(R)$=0.99988$。

拟合度(R)是用来检验拟合出来的模型与真实情况的吻合程度的,因此越接近 1,拟合曲线的可信度越高。

由线性拟合后所得的斜率值就可以计算出活化能 E_a,由截距可以计算得指前因子 A。

斜率(slope)$=-\dfrac{E_a}{2.303R}=-6.91026\times10^3\ \mathrm{K}$

解得 $E_a=2.303\times8.314\ \mathrm{J\cdot mol^{-1}\cdot K^{-1}}\times6.91026\times10^3\ \mathrm{K}=132.31\ \mathrm{kJ\cdot mol^{-1}}$

由三种解法解出的活化能 E_a 值都接近，但解法一中只利用了两组数据，显然结果的可信度是相对最低的；解法二和解法三都利用了所有的数据，所以结果的可信度都高于解法一。但由于解法二是利用坐标纸，所以读出的数据精确度有限。因此，还是解法三利用计算机软件线性回归程序得出的结果可信度相对最高。

4.4 催化剂对化学反应速率的影响

升温虽然可以加快化学反应速率，但过高的温度往往会带来很多不利的影响，比如副反应的发生或产物的分解等等。所以，实际生产生活中人们通常会采用更为有效的方式来控制化学反应速率，比如使用催化剂。据统计，全球约有 90%以上的工业生产过程中会使用催化剂，如化工、石化、环保、生化等相关行业。而酶作为一种生物催化剂，在生物体的生命活动中占有极其重要的作用，可以说生物体内发生的任何化学反应都离不开酶的催化作用。由此可见，人类的生存发展、衣食住行均离不开催化剂。

4.4.1 催化剂和催化作用

按照国际纯粹与应用化学联合会(IUPAC)的定义，催化剂是一种只要少量存在就能显著改变化学反应速率，但不改变化学平衡，而且其自身在反应前后质量、组成和化学性质都不发生变化的物质。催化剂有多种分类方式，按照催化效果可以分为正催化剂和负催化剂，凡能加快反应速率的催化剂称为正催化剂，而能减慢反应速率的催化剂称为负催化剂。若不加以说明，通常所说的催化剂都是指正催化剂，而把负催化剂称为抑制剂、缓化剂或防腐剂等等。按照对催化作用的贡献，可以分为主催化剂和助催化剂，在反应过程中实际起到催化作用的催化剂为主催化剂，而本身无催化作用但是能使得主催化剂的催化能力增强的催化剂为助催化剂。若按照催化剂的状态来分，可以分为均相催化剂和多相催化剂，与反应物为同一相的催化剂为均相催化剂，而与反应物为不同相的催化剂称为多相催化剂。在化工生产和科学实验中常常使用固体催化剂，用以催化气相或液相反应，即为多相催化剂。

那么，催化剂是如何起到催化作用而加快反应速率的呢？我们先从过渡态理论说起。20 世纪 30 年代，随着人们对原子和分子结构认识的不断深入，美国理论化学家艾林(H. Eyring)将量子力学和统计力学应用在化学动力学上，提出了过渡态理论。认为化学反应进行时，并不是由反应物直接生成产物，而是先生成一种中间过渡态的物质，称为活化配合物。活化配合物的能量比反应物和产物的能量都高，因此其本身很不稳定，很快就会分解成产物，或者也可能分解成反应物。由于活化配合物存在的时间非常短，一直以来都没有办法通过实验方法观测到它们的真实存在。然而，2015 年美国化学家安德森(N. Anderson)教授领导的科研团队利用 X 射线激光脉冲首次探测到了中间过渡态物质在数百飞秒(10^{-15} s)内完成的形成和分解整个过程。这使得人们对化学反应基本规律的探究又进入了一个新的阶段。

过渡态理论认为，活化能是反应物分子平均能量与活化配合物分子平均能量之差。不管是吸热反应还是放热反应，反应物都要先经过活化配合物这个中间过渡态才能转化为生成物，也就是说，反应必须越过一个能垒，之后才能进行。其反应历程-势能图如图 4-3 所示。

正反应的活化能： $E_{a(正)}=E_{活化配合物}-E_{反应物}=E_{(Ⅱ)}-E_{(Ⅰ)}$

逆反应的活化能： $E_{a(逆)}=E_{活化配合物}-E_{生成物}=E_{(Ⅱ)}-E_{(Ⅲ)}$

化学反应热： $\Delta H=E_{a(正)}-E_{a(逆)}$

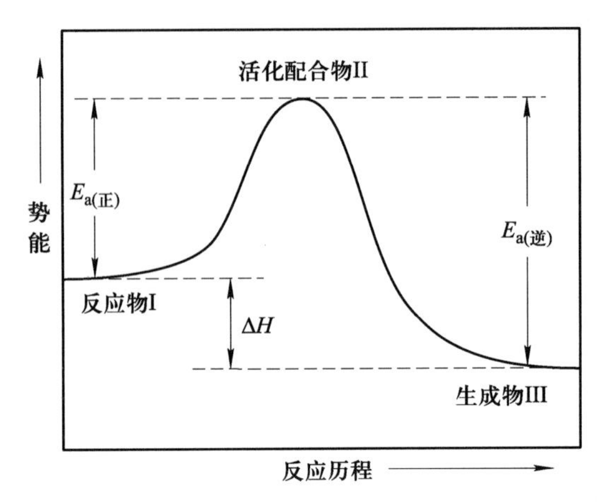

图 4-3 化学反应历程-势能图

由过渡态理论分析催化剂的作用则认为，催化剂加快反应速率的原因是因为催化剂的加入使得反应选择了新的途径，生成了具有较低能量的新的活化配合物。例如反应

$$A+B \longrightarrow AB$$

当加入催化剂(catalyst，缩写 cat.)后，反应则选择了新的途径：

$$① \ A+Cat. \longrightarrow A\text{-}Cat.$$

$$② \ A\text{-}Cat. +B \longrightarrow AB+Cat.$$

因为新途径降低了反应的活化能，也就是降低了反应能垒，从而加快了反应的进行(表 4-3)。如图 4-4 所示，E_a 为原正反应的活化能，E_{a1}、E_{a2} 为加入催化剂后正反应的活化能，E_{a1}、E_{a2} 均小于 E_a，可见加入催化剂后减小了正反应活化能，因此加快了正反应速率。同理，加入催化剂后也减小了逆反应活化能 E'_a，同样也加快了逆反应速率。催化剂加速反应速率的效果是相当惊人的，由于活化能被有效地降低了，有的化学反应速率可以增大甚至上亿倍。

表 4-3 有无催化剂参与时各化学反应活化能数据

化学反应	无催化剂时活化能 $E_a/(kJ \cdot mol^{-1})$	有催化剂时活化能 $E'_a/(kJ \cdot mol^{-1})$
$CH_3CHO(g) \xrightarrow[I_2]{791\ K} CH_4(g)+CO(g)$	326.4	187
$2N_2O(g) \xrightarrow[Au]{298\ K} 2N_2(g)+O_2(g)$	245	121
$2NH_3(g) \xrightarrow[Fe]{773\ K} N_2(g)+3H_2(g)$	190	136
$2HI(g) \xrightarrow[Au]{503\ K} H_2(g)+I_2(g)$	184	104.6

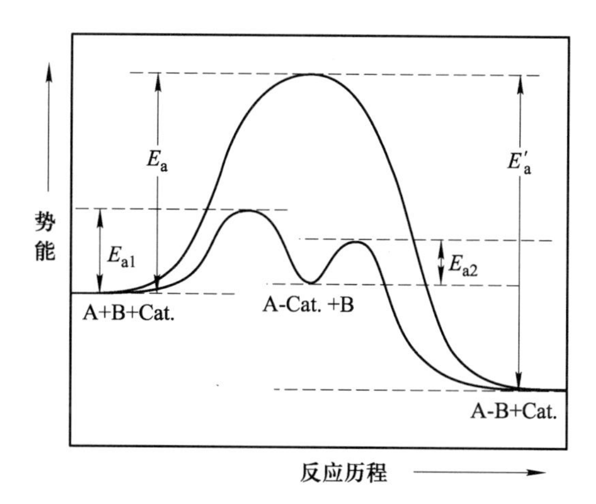

图 4-4　催化剂改变反应途径的反应历程-势能图

4.4.2　催化剂的特点

催化剂具有以下几点特性：

(1) 催化剂能改变化学反应速率，但只能改变热力学上可能的反应，也就是 $\Delta_r G<0$ 的反应，因为反应过程中并不能改变反应的始态和终态，因此不改变平衡状态。由图 4-4 可以看出，加入催化剂后，同等程度地降低了正逆反应的活化能，也就意味着同等程度地加快了正、逆反应速率，所以催化剂只是缩短了反应达到平衡的时间，没有改变平衡状态。

(2) 催化剂的催化作用具有选择性。这种选择性表现在对于不同的反应要用不同的催化剂。没有一种催化剂能催化所有的反应，也没有一种催化剂能催化某一类反应，比如氧化反应、还原反应等。有些反应物可能发生平行的几个反应，但是使用不同的催化剂时能促进其中的某一个反应，进而加大这种反应产物的产率。比如乙醇的分解反应：

$$C_2H_5OH\begin{cases}\xrightarrow[\text{Cu}]{473\sim 523\text{ K}} CH_3CHO + H_2\\ \xrightarrow[Al_2O_3]{623\sim 633\text{ K}} C_2H_4 + H_2O\\ \xrightarrow[H_2SO_4]{413\text{ K}} (C_2H_5)O + H_2O\\ \xrightarrow[ZnO\cdot Cr_2O_3]{673\sim 773\text{ K}} CH_2(CH)_2CH_2 + H_2O + H_2\end{cases}$$

(3) 催化剂的使用是有条件的，有时反应体系中存在某些少量杂质就会严重地降低甚至完全破坏催化剂的活性，造成催化剂失活或者催化剂中毒。

习　题

4-1　对于反应 $2H_2(g)+O_2(g) \xlongequal{} 2H_2O(g)$，以反应中不同物质浓度变化计算化学反应速率时，各反应速率之间有什么关系？

4-2　已知$(CH_3)_2O$ 的分解反应$(CH_3)_2O(g) \xlongequal{} CH_4(g)+CO(aq)+H_2(g)$，其分解速率测定实验数据如

下表：

t/s	0	200	400	600	800
$c((CH_3)_2O)/(mol \cdot L^{-1})$	0.01000	0.00916	0.00839	0.00768	0.00703

试求：(1) 反应开始后，前 400 s 和后 200 s 的平均速率；

(2) 用作图法求 800 s 时的瞬时速率。

4-3 反应级数与速率常数单位之间满足什么对应关系？

4-4 什么是反应级数？什么是反应分子数？两者有何区别和联系？

4-5 若某化合物在 100 min 内被消耗掉 25%，已知该反应是零级反应，则 200 min 时，该物质被消耗了多少？

4-6 295 K 时，反应 $2NO(g)+Cl_2(g) \xlongequal{} 2NOCl(g)$，其反应物浓度与反应速率关系的数据如下：

$c(NO)/(mol \cdot L^{-1})$	$c(Cl_2)/(mol \cdot L^{-1})$	$v(Cl_2)/(mol \cdot L^{-1} \cdot s^{-1})$
0.100	0.100	8.0×10^{-3}
0.500	0.100	2.0×10^{-1}
0.100	0.500	4.0×10^{-2}

问：(1) 对不同的反应物，反应级数各是多少？

(2) 写出反应的速率方程。

(3) 反应的速率常数是多少？

4-7 某温度下反应 $2NO(g)+O_2(g) \rightleftharpoons 2NO_2(g)$ 的速率常数 $k=8.8\times10^{-2}\ mol^{-2} \cdot L^2 \cdot s^{-1}$，已知该反应对于 O_2 来说是一级反应。

(1) 试判断 NO 的反应级数；

(2) 确定该反应的速率方程；

(3) 计算当反应物浓度都是 $0.05\ mol \cdot L^{-1}$ 时的反应速率。

4-8 已知各基元反应的活化能如下表：

序号	A	B	C	D	E
正反应活化能 $E_a/(kJ \cdot mol^{-1})$	70	16	40	20	20
逆反应活化能 $E_a/(kJ \cdot mol^{-1})$	20	35	45	80	30

由此判断在相同的温度和指前因子时：

(1) 哪个反应的正反应是吸热反应？

(2) 哪个反应放热最多？

(3) 哪个反应的正反应速率常数最大？

(4) 哪个反应的可逆程度最大？

(5) 哪个反应的正反应速率常数随温度变化最大？

4-9 一氧化碳与氯气在高温下反应生成光气：$CO(g)+Cl_2(g) \xlongequal{} COCl_2(g)$，实验测得反应的速率方程为 $v=kc(CO)[c(Cl_2)]^{\frac{3}{2}}$。当改变下列条件时，试判断初始速率受何影响。

(1) 升高温度；

(2) 其他条件不变，将容器的体积扩大至原来的2倍；

(3) 容器体积不变，将CO浓度增加到原来的2倍；

(4) 容器体积不变，向体系中充入一定量N_2；

(5) 保持体系压强不变，向体系中充入一定量N_2；

(6) 加入催化剂。

4-10 反应$2NOCl(g) \xlongequal{} 2NO(g)+Cl_2(g)$，350 K时，$k_1=9.3\times10^{-6}\ s^{-1}$；400 K时，$k_2=6.9\times10^{-4}\ s^{-1}$。计算该反应的活化能$E_a$以及500 K时的反应速率常数$k$。

4-11 已知反应$CH_3CHO(g) \xlongequal{} CH_4(g)+CO(g)$的活化能$E_a=188.3\ kJ\cdot mol^{-1}$，什么温度时反应的速率常数$k$的值是298 K时的10倍？

4-12 已知在298 K时，H_2O_2分解反应$2H_2O_2(l) \xlongequal{} 2H_2O(l)+O_2(g)$的活化能$E_a=71\ kJ\cdot mol^{-1}$，该反应在过氧化氢酶的催化下，其速率将提高$9.4\times10^{10}$倍。试计算加入过氧化氢酶后反应的活化能。

4-13 实验测得某二级反应在不同温度下的速率常数如下表所示：

t/℃	190	210	230	250
$k/(L\cdot mol^{-1}\cdot s^{-1})$	2.61×10^{-5}	1.33×10^{-4}	5.96×10^{-4}	2.82×10^{-3}

(1) 画出$\ln k$-$\frac{1}{T}$曲线；

(2) 分别以190℃、230℃和210℃、250℃两组数据计算阿仑尼乌斯公式中的指前因子A和活化能E_a的平均值；

(3) 求出该反应300℃时的反应速率常数。

4-14 已知某反应的$E_{a(正)}=325\ kJ\cdot mol^{-1}$，$E_{a(逆)}=201\ kJ\cdot mol^{-1}$，该反应的反应热是多少？试画出该反应的能量与反应历程图，并将$E_{a(正)}$、$E_{a(逆)}$和反应热ΔH标在相应的位置上。

4-15 已知在1.013×10^5 Pa和298 K条件下，反应$H_2(g)+Cl_2(g) \xlongequal{} 2HCl(g)$的活化能$E_a$为113 kJ·mol^{-1}，标准摩尔生成热为$-92.31\ kJ\cdot mol^{-1}$，试计算其逆反应的活化能。

4-16 已知某可逆反应，$E_{a(正)}=2E_{a(逆)}=268\ kJ\cdot mol^{-1}$。问：

(1) 当温度从300 K升高到310 K时，计算$k_{(正)}$增大了多少倍？$k_{(逆)}$增大了多少倍？

(2) 温度从300 K升高到310 K时，$k_{(正)}$增大的倍数是从400 K升高到410 K时增大倍数的多少倍？

(3) 在298 K时，加入催化剂，正逆反应活化能都减少了20 kJ·mol^{-1}，计算$k_{(正)}$增大了多少倍？$k_{(逆)}$增大了多少倍？

4-17 已知Ce^{4+}氧化Tl^+的反应速率很小。但在Mn^{2+}的催化作用下，反应速率显著提高，其催化反应机理被认定为

① $Ce^{4+}(aq)+Mn^{2+}(aq) \longrightarrow Ce^{3+}(aq)+Mn^{3+}(aq)$　(慢)

② $Ce^{4+}(aq)+Mn^{3+}(aq) \longrightarrow Ce^{3+}(aq)+Mn^{4+}(aq)$　(快)

③ $Mn^{4+}(aq)+Tl^{+}(aq) \longrightarrow Mn^{2+}(aq)+Tl^{3+}(aq)$　(快)

(1) 由以上反应步骤写出Ce^{4+}氧化Tl^+的反应方程式。

(2) 写出各基元步骤的速率方程。

(3) 试判断该反应的定速步骤，其对应的反应分子数是多少？

(4) 确定该反应的中间产物有哪几种？

(5) 试判断该反应是均相催化还是多相催化？

4-18 下列说法是否正确？请简述理由。

(1) 若某化学反应为二级反应，则其速率常数的单位是$mol\cdot L^{-1}\cdot s^{-1}$；

(2) 反应活化能越小,反应速率越大;

(3) 溶液中的反应一定比气相中的反应速率大;

(4) 增大系统压力,反应速率一定增大;

(5) 反应速率常数既是浓度的函数,也是温度的函数;

(6) 催化剂不能改变 ΔG,但是能改变 ΔH,ΔS,ΔU。

第5章 化学平衡

环境友好、绿色生产和降低成本、扩大盈利可以说是所有化工生产、化学制药等行业的重要追求目标，因此在生产过程中都会非常关心一个问题：如何提高原材料的利用率，即如何使得原材料最大可能地转化为所需要的产品？那么，追根溯源这就是在讨论如何提高化学反应中反应物的转化率，讨论一个化学反应能进行的最大程度，也就是限度问题。这就又需要回到化学热力学中，讨论关于化学平衡的内容。

5.1 化学平衡概述

通常化学反应从左向右进行称为正反应，从右向左进行称为逆反应。在一定的条件下，既能向右进行又能向左进行的反应称为可逆反应，可以用“$\rightleftharpoons$”符号来表示可逆反应。几乎所有的化学反应都具有可逆性，也就是说，在一定的条件下，能同时向两个方向进行。但是，不同的反应可逆程度不尽相同。有些反应正向进行得比较彻底，可逆程度比较小，比如 $BaSO_4$ 沉淀反应：

$$Ba^{2+}(aq) + SO_4^{2-}(aq) \rightleftharpoons BaSO_4(s)$$

在常温常压条件下水中的 Ba^{2+} 和 SO_4^{2-} 能迅速生成大量 $BaSO_4$ 白色沉淀，而在相同条件下固体 $BaSO_4$ 在水中只能电离出很少量的 Ba^{2+} 和 SO_4^{2-}。而有些反应则进行得不彻底，可逆程度比较大，比如：

$$2SO_2(g) + O_2(g) \rightleftharpoons 2SO_3(g)$$

$$2NO_2(g) \rightleftharpoons N_2O_4(g)$$

此外，还有一些反应，在不同的反应条件下，可以表现出不同的可逆性。比如氢气和氧气的反应：

$$2H_2(g) + O_2(g) \rightleftharpoons 2H_2O(g)$$

在相对较低的温区 875～1273 K，反应以正向进行为主导；而在高温区 4273～5273 K，反应则转为以逆向进行为主。

可逆反应刚开始进行时，反应物浓度比较大，则正反应速率快；但随着反应的进行，反应物不断消耗，正反应速率不断减慢，而产物浓度不断升高，逆反应速率不断加快，这样必然会到某一个时间，正、逆反应速率相同，如图 5-1 所示。此时有多少反应物在正反应中消耗掉，就有多少反应物在逆反应中生成，所以反应进行至此，宏观上反应物和产物的浓度都不再发生变化了，即系统的组成不变，这种状态称为化学平衡状态。虽然化学平衡时表观上各物质浓度不再变化了，但化学反应并没有静止，微观上正、逆反应依然在进行着，只是达到了供消平衡，宏观上表现出稳定的状态，所以化学平衡是一种动态的平衡。这种平衡是在一定条件（浓度、温度、压力）下建立的，一旦条件发生改变，这种平衡即被打破，平衡将发生移动，进而在新的条件下重新建立新的平衡。

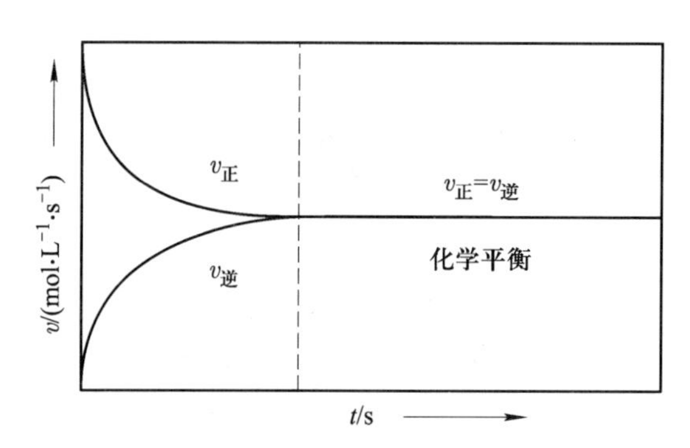

图 5-1 可逆反应正逆反应速率变化示意图

5.2 平衡常数

5.2.1 实验平衡常数

可逆反应达到化学平衡时各物质的浓度将不再发生变化,此时的浓度称为平衡浓度。进一步实验表明,在一定的温度下,达到化学平衡时各物质的平衡浓度之间满足一定的数量关系。各反应物浓度幂的连乘积与各生成物浓度幂的连乘积之比是一个常数,其中幂指数即为反应方程式中各物质的化学计量数。对于任一可逆反应

$$aA(aq) + bB(aq) \rightleftharpoons yY(aq) + zZ(aq)$$

化学平衡时各物质的平衡浓度分别为 $c(A)$、$c(B)$、$c(Y)$、$c(Z)$,则有

$$K = \frac{c(Y)^y c(Z)^z}{c(A)^a c(B)^b} \tag{5-1}$$

式中,K 称为经验平衡常数,因为该值可以由实验测得的各物质浓度计算而得,故也称为实验平衡常数。而事实上,通过实验获取数据是确定平衡常数最为常用的方法。在一定的温度下,不管是以什么物质组成开始反应,最终达到平衡时的实验平衡常数都是一个定值。比如,实验室可以设计如表 5-1 所示的实验:

表 5-1 1473 ℃条件下 $H_2(g)+CO_2(g) \rightleftharpoons H_2O(g)+CO(g)$的实验数据

实验编号	初始浓度 c/(mol·L^{-1})				平衡浓度 c/(mol·L^{-1})				平衡时 $K=\frac{c(H_2O)c(CO)}{c(H_2)c(CO_2)}$
	H_2	CO_2	H_2O	CO	H_2	CO_2	H_2O	CO	
1	0.10	0.10	0	0	0.039	0.039	0.061	0.061	2.45
2	0.20	0.10	0	0	0.121	0.021	0.079	0.079	2.46
3	0.10	0.10	0.10	0	0.054	0.054	0.146	0.046	2.30
4	0.10	0.10	0.10	0.10	0.079	0.079	0.121	0.121	2.35
5	0	0	0.20	0.20	0.080	0.080	0.120	0.120	2.25

由表中实验数据可以看出，在恒温条件下，无论以反应物开始反应，还是以生成物开始反应，或是以不同的物质组成开始反应，最终得到的实验平衡常数都是一个恒定的值。

由理想气体状态方程 $pV=nRT$，推导可得 $p=\frac{n}{V}RT=cRT$。由此可见，对于气相反应，各物质分压与浓度之间有明确的数量关系。因此，气相反应的实验平衡常数除了可以用各物质的浓度由式(5-1)计算之外，也可以由各物质的分压求得。对于一般的可逆反应

$$aA(g)+bB(g) \rightleftharpoons yY(g)+zZ(g)$$

实验平衡常数也可由下式求得：

$$K=\frac{p(Y)^y p(Z)^z}{p(A)^a p(B)^b} \tag{5-2}$$

为了区别由式(5-1)和式(5-2)计算而得的平衡常数，通常将用浓度求得的实验平衡常数，即浓度平衡常数用 K_c 表示；用分压求得的实验平衡常数，即压力平衡常数用 K_p 表示。即

$$K_c=\frac{c(Y)^y c(Z)^z}{c(A)^a c(B)^b},\quad K_p=\frac{p(Y)^y p(Z)^z}{p(A)^a p(B)^b}$$

实验平衡常数的单位由反应物和产物的化学计量数之间的关系所决定。如浓度单位为 $mol \cdot L^{-1}$，则 K_c 单位为$[mol \cdot L^{-1}]^{(y+z)-(a+b)}$；如压强单位为 kPa，则 K_p 单位为$[kPa]^{(y+z)-(a+b)}$。只有当$(y+z)-(a+b)=0$ 时，实验平衡常数才有量纲为 1。

通常 K_c 与 K_p 并不相等，但由理想气体状态方程可知，两者之间必然存在一定的联系：

$$K_p=\frac{p(Y)^y p(Z)^z}{p(A)^a p(B)^b}=\frac{[c(Y)RT]^y[c(Z)RT]^z}{[c(A)RT]^a[c(B)RT]^b}$$

整理上式可得

$$K_p=\frac{c(Y)^y c(Z)^z}{c(A)^a c(B)^b}\cdot(RT)^{(y+z)-(a+b)}=K_c\cdot(RT)^{\sum\nu(g)}$$

式中，$\sum\nu(g)=(y+z)-(a+b)$，表示反应前后气体分子数的变化值。

5.2.2 标准平衡常数

将浓度除以其标准态($c^\ominus=1\ mol\cdot L^{-1}$)，则得到相对浓度；而将分压除以其标准态($p^\ominus=100\ kPa$)，可得到相对分压。显然，相对浓度和相对分压都是量纲为 1 的量。根据国家标准 GB 3102—93 中的定义，若将式(5-1)和式(5-2)中的浓度和分压分别用相对浓度和相对分压取代，则得到标准平衡常数，某些教材中也称为热力学平衡常数。通常用 $K^\ominus$ 来表示。对于一般的可逆反应

$$aA(g)+bB(g) \rightleftharpoons yY(g)+zZ(g)$$

其标准平衡常数 $K^\ominus$ 可表示为

$$K^\ominus=\frac{\left[\frac{c(Y)}{c^\ominus}\right]^y\left[\frac{c(Z)}{c^\ominus}\right]^z}{\left[\frac{c(A)}{c^\ominus}\right]^a\left[\frac{c(B)}{c^\ominus}\right]^b} \tag{5-3}$$

或

$$K^{\ominus}=\frac{\left[\frac{p(\mathrm{Y})}{p^{\ominus}}\right]^{y}\left[\frac{p(\mathrm{Z})}{p^{\ominus}}\right]^{z}}{\left[\frac{p(\mathrm{A})}{p^{\ominus}}\right]^{a}\left[\frac{p(\mathrm{B})}{p^{\ominus}}\right]^{b}} \tag{5-4}$$

由标准平衡常数的表达式可以看出,由于分子、分母中都是量纲为1的量,所以标准平衡常数也是量纲为1的量。虽然标准平衡常数既可以由各物质的浓度计算,也可以由分压计算,但与实验平衡常数不同,标准平衡常数通常并不写作 $K_c^{\ominus}$ 或 $K_p^{\ominus}$,而都用 $K^{\ominus}$ 表示。对于既有气体,又有溶液参与的化学反应,$K^{\ominus}$ 的表达式中既有气体的相对分压又有溶液的相对浓度,则 $K^{\ominus}$ 表示的就是混合平衡常数。例如:

$$2\mathrm{Fe}^{2+}(\mathrm{aq})+\mathrm{Cl}_2(\mathrm{g}) \rightleftharpoons 2\mathrm{Fe}^{3+}(\mathrm{aq})+2\mathrm{Cl}^-(\mathrm{aq})$$

$$K^{\ominus}=\frac{\left[\frac{c(\mathrm{Fe}^{3+})}{c^{\ominus}}\right]^{2}\left[\frac{c(\mathrm{Cl}^-)}{c^{\ominus}}\right]^{2}}{\left[\frac{c(\mathrm{Fe}^{2+})}{c^{\ominus}}\right]^{2}\left[\frac{p(\mathrm{Cl}_2)}{p^{\ominus}}\right]}$$

标准平衡常数是温度的函数,与反应初始浓度和压强无关,只与反应本身和温度有关。在计算平衡常数时要注意,表达式中所用到的浓度或分压都是反应达到平衡时的平衡浓度或平衡分压。

通常若没有特别说明,提及平衡常数一般都是指标准平衡常数。而在热力学讨论和计算中,标准平衡常数也使用得更多一些。

5.2.3 书写平衡常数表达式的注意事项

平衡常数的表达式与化学反应方程式有关。同一个反应,化学方程式不同,所得出的平衡常数表达式也不相同。例如:

$$2\mathrm{H}_2(\mathrm{g})+\mathrm{O}_2(\mathrm{g}) \rightleftharpoons 2\mathrm{H}_2\mathrm{O}(\mathrm{g}) \qquad K_1^{\ominus}=\frac{\left[\frac{p(\mathrm{H_2O})}{p^{\ominus}}\right]^{2}}{\left[\frac{p(\mathrm{H}_2)}{p^{\ominus}}\right]^{2}\left[\frac{p(\mathrm{O}_2)}{p^{\ominus}}\right]}$$

$$\mathrm{H}_2(\mathrm{g})+\frac{1}{2}\mathrm{O}_2(\mathrm{g}) \rightleftharpoons \mathrm{H}_2\mathrm{O}(\mathrm{g}) \qquad K_2^{\ominus}=\frac{\left[\frac{p(\mathrm{H_2O})}{p^{\ominus}}\right]}{\left[\frac{p(\mathrm{H}_2)}{p^{\ominus}}\right]\left[\frac{p(\mathrm{O}_2)}{p^{\ominus}}\right]^{\frac{1}{2}}}$$

$$2\mathrm{H}_2\mathrm{O}(\mathrm{g}) \rightleftharpoons 2\mathrm{H}_2(\mathrm{g})+\mathrm{O}_2(\mathrm{g}) \qquad K_3^{\ominus}=\frac{\left[\frac{p(\mathrm{H}_2)}{p^{\ominus}}\right]^{2}\left[\frac{p(\mathrm{O}_2)}{p^{\ominus}}\right]}{\left[\frac{p(\mathrm{H_2O})}{p^{\ominus}}\right]^{2}}$$

由此可得

$$K_1^{\ominus}=(K_2^{\ominus})^2=\frac{1}{K_3^{\ominus}}$$

对于复相反应,纯固体、纯液体不写入平衡常数表达式,只写可变浓度、可变压强的相。例如:

$$2HgO(s) \rightleftharpoons 2Hg(g) + O_2(g) \qquad K^\ominus = \left[\frac{p(Hg)}{p^\ominus}\right]^2 \cdot \left[\frac{p(O_2)}{p^\ominus}\right]$$

对于有水参与的反应需要特别注意，如果反应是在水溶液中进行，则水是大量的，可视为浓度不变的相，不写入平衡常数表达式；但若反应是在非水溶液中进行，则水的浓度是可变的，则需要写入平衡常数表达式中。例如：

$$Cr_2O_7^{2-}(aq) + H_2O(l) \rightleftharpoons 2CrO_4^{2-}(aq) + 2H^+(aq) \qquad K^\ominus = \frac{\left[\frac{c(CrO_4^{2-})}{c^\ominus}\right]^2 \left[\frac{c(H^+)}{c^\ominus}\right]^2}{\left[\frac{c(Cr_2O_7^{2-})}{c^\ominus}\right]}$$

$$C_2H_5OH(l) + CH_3COOH(l) \rightleftharpoons CH_3COOC_2H_5(l) + H_2O(l)$$

$$K^\ominus = \frac{\left[\frac{c(CH_3COOC_2H_5)}{c^\ominus}\right]\left[\frac{c(H_2O)}{c^\ominus}\right]}{\left[\frac{c(C_2H_5OH)}{c^\ominus}\right]\left[\frac{c(CH_3COOH)}{c^\ominus}\right]}$$

因为 $Cr_2O_7^{2-}$ 与水的反应是在水溶液中进行的，水可视为浓度不变的相，所以 $c(H_2O)$不写入平衡常数的表达式中；而制备乙酸乙酯的酯化反应在有机溶液中进行，则反应中的水是可变浓度的相，所以此时 $c(H_2O)$需要写入平衡常数的表达式中。

5.3　标准平衡常数的计算

确定标准平衡常数最基本的方法就是实验测定，实验方案与前文确定实验平衡常数的方案相同，如表 5-1 所示。在密闭的容器中反应物分别以不同的初始浓度进行反应，反应达平衡后可以利用气相色谱或质谱等现代化学测试方法去测定平衡时的各物质浓度，再通过标准平衡常数的计算公式计算 $K^\ominus$，最后以统计学的方法消除实验误差，确定标准平衡常数。除此之外，还可以利用不同的方法来计算标准平衡常数 $K^\ominus$。

5.3.1　多重平衡规则

化学反应的平衡常数可以利用多重平衡规则来计算。多重平衡规则是指，当两个反应方程式相加或相减时，所得反应方程式的平衡常数由原来两个反应方程式的平衡常数相乘或相除得到。假设有三个化学方程式①、②、③，其平衡常数分别为 $K_1^\ominus$、$K_2^\ominus$、$K_3^\ominus$，若三个方程式之间满足如下关系：

(1) 若③=①+②，则平衡常数之间满足：　$K_3^\ominus = K_1^\ominus \cdot K_2^\ominus$

(2) 若③=①−②，则平衡常数之间满足：　$K_3^\ominus = K_1^\ominus / K_2^\ominus$

(3) 若③=n×①，则平衡常数之间满足：　$K_3^\ominus = (K_1^\ominus)^n$

(4) 若③=$\frac{1}{n}$×①，则平衡常数之间满足：　$K_3^\ominus = (K_1^\ominus)^{\frac{1}{n}}$

由此可见，平衡常数只与系统的始(反应物)终(生成物)状态有关，与途径无关。不管反应是一步完成，还是分几步完成，平衡常数都不变。利用多重平衡规则，则可以通过几个化学反应方程式之间的组合关系和已知反应的平衡常数，较为简便地计算出所需反应的平衡常数。

【例 5-1】 已知下列化学反应的平衡常数：

$$② \ H_2(g) + S(s) \rightleftharpoons H_2S(g) \qquad K_1^{\ominus} = 1.0 \times 10^{-3}$$

$$② \ S(s) + O_2(g) \rightleftharpoons SO_2(g) \qquad K_2^{\ominus} = 5.0 \times 10^{6}$$

$$③ \ 2H_2(g) + O_2(g) \rightleftharpoons 2H_2O(g) \qquad K_3^{\ominus} = 1.0 \times 10^{22}$$

试计算反应④$2H_2S(g)+SO_2(g) \rightleftharpoons 3S(s)+2H_2O(g)$的平衡常数 $K_4^{\ominus}$。

解 观察所求化学反应④与已知化学反应①、②、③，发现四个方程式之间满足以下关系：④=③-2×①-②，因此

$$K_4^{\ominus} = \frac{K_3^{\ominus}}{(K_1^{\ominus})^2 \cdot K_2^{\ominus}} = \frac{1.0 \times 10^{22}}{(1.0 \times 10^{-3})^2 \times (5.0 \times 10^{6})} = 2.0 \times 10^{21}$$

5.3.2 标准平衡常数 $K^{\ominus}$ 与 $\Delta_r G_m^{\ominus}$ 的关系

在化学热力学中，我们推导出了化学反应等温式：

$$\Delta_r G_m = \Delta_r G_m^{\ominus} + RT\ln Q \tag{5-5}$$

式中，$\Delta_r G_m$ 是温度 T 下非标准态吉布斯自由能变；$\Delta_r G_m^{\ominus}$ 是温度 T 下标准态吉布斯自由能变；Q 是反应商，表示任一时刻产物和反应物的浓度比或分压比。由此可以得出恒温恒压条件下，化学反应在任意时刻的吉布斯自由能变和系统组成之间的关系，并可以据此判断化学反应进行的方向。

当反应达到平衡时，$\Delta_r G_m=0$，$Q=K^{\ominus}$，代入式(5-5)可得

$$0 = \Delta_r G_m^{\ominus} + RT\ln K^{\ominus}$$

即

$$\Delta_r G_m^{\ominus} = -RT\ln K^{\ominus} \tag{5-6}$$

这个公式非常重要，因为该式将两个重要的热力学数据 $\Delta_r G_m^{\ominus}$ 和 $K^{\ominus}$之间建立了联系。那么，只要能求出温度 T 下的 $\Delta_r G_m^{\ominus}$，就能利用它计算出该温度下反应的平衡常数 $K^{\ominus}$。标准态吉布斯自由能的计算方法在化学热力学中我们已经熟悉，由此可以通过式(5-6)求出任一化学反应在恒温恒压条件下的标准平衡常数 $K^{\ominus}$。

【例 5-2】 求反应

$$3H_2(g) + N_2(g) \rightleftharpoons 2NH_3(g)$$

在 298 K 时的标准平衡常数。

解 查表可得，298 K 时

	$H_2(g)$	$N_2(g)$	$NH_3(g)$
$\Delta_f H_m/(kJ \cdot mol^{-1})$	0	0	-45.9
$S_m^{\ominus}/(J \cdot mol^{-1} \cdot K^{-1})$	130.7	191.6	192.8
$\Delta_f G_m^{\ominus}/(kJ \cdot mol^{-1})$	0	0	-16.4

解法一 利用各物质 298 K 时的 $\Delta_f G_m^{\ominus}$ 求得反应的 $\Delta_r G_m^{\ominus}(298\ K)$。

$$\Delta_r G_m^{\ominus}(298\ \text{K}) = \sum \nu_{生}\Delta_f G_m^{\ominus}(298\ \text{K}) - \sum \nu_{反}\Delta_f G_m^{\ominus}(298\ \text{K})$$
$$= [2\times(-16.4)-0-0]\ \text{kJ}\cdot\text{mol}^{-1} = -32.8\ \text{kJ}\cdot\text{mol}^{-1}$$

解法二　利用 Gibbs-Helmholtz 方程式计算反应的 $\Delta_r G_m^{\ominus}(298\ \text{K})$。

$$\Delta_r G_m^{\ominus}(T) = \Delta_r H_m^{\ominus}(298\ \text{K}) - T\cdot\Delta_r S_m^{\ominus}(298\ \text{K})$$
$$= \{[2\times(-45.9)-0-0] - 298\times(2\times192.8-191.6-3\times130.7)\times10^{-3}\}\ \text{kJ}\cdot\text{mol}^{-1}$$
$$= -32.8\ \text{kJ}\cdot\text{mol}^{-1}$$

由式(5-6)$\Delta_r G_m^{\ominus} = -RT\ln K^{\ominus}$可得，$\ln K^{\ominus} = -\dfrac{\Delta_r G_m^{\ominus}}{RT}$，代入数据得

$$\ln K^{\ominus} = -\frac{-32.8\times10^3}{8.314\times298} = 13.2$$

故
$$K^{\ominus} = 5.4\times10^5$$

5.4　标准平衡常数的应用

5.4.1　平衡常数与平衡转化率

化学反应在一定温度下达到平衡时，系统中各物质的浓度(或分压)将不再发生变化，此时反应物已经最大限度地转化为生成物。而平衡常数具体反映了平衡时各物质的浓度(或分压)之间的关系，因此平衡常数的大小可以体现出反应进行的程度。一般来说，平衡常数 $K^{\ominus}$越大，说明反应进行得越彻底；相反，平衡常数 $K^{\ominus}$越小，说明反应进行得越不彻底。

除了平衡常数以外，平衡转化率也可以用来表明化学反应进行的程度。而在实际化工生产中，使用转化率来描述某原料的利用率更为普遍一些。平衡转化率是化学反应达到平衡时，某反应物已转化为生成物的部分占反应物起始总量的百分比，通常用 α 来表示。即

$$\alpha = \frac{n_0 - n_{eq}}{n_0}\times100\%$$

若反应前后体积不变，则转化率的表达式也可以表示为

$$\alpha = \frac{c_0 - c_{eq}}{c_0}\times100\%$$

【例 5-3】　已知反应 $CO_2(g)+H_2(g) \rightleftharpoons CO(g)+H_2O(g)$在 973 K 时的平衡常数 $K^{\ominus}=0.64$，若在该温度下将 0.10 mol CO_2 和 0.10 mol H_2 充入容积为 1.0 L 的密闭容器中进行反应，计算达到平衡时 CO_2 的转化率。

解　设达到平衡时容器中有 x mol CO_2，则

	$CO_2(g)$	+	$H_2(g)$	$\rightleftharpoons$	$CO(g)$	+	$H_2O(g)$
n(起始)/mol	0.10		0.10		0		0
n(转化)/mol	$0.10-x$		$0.10-x$		$0.10-x$		$0.10-x$
n(平衡)/mol	x		x		$0.10-x$		$0.10-x$

反应达平衡时，

$$K^{\ominus}=\frac{\left[\frac{p(\mathrm{CO})}{p^{\ominus}}\right]\left[\frac{p(\mathrm{H_2O})}{p^{\ominus}}\right]}{\left[\frac{p(\mathrm{CO_2})}{p^{\ominus}}\right]\left[\frac{p(\mathrm{H_2})}{p^{\ominus}}\right]}=\frac{\left[\frac{n(\mathrm{CO})RT}{Vp^{\ominus}}\right]\left[\frac{n(\mathrm{H_2O})RT}{Vp^{\ominus}}\right]}{\left[\frac{n(\mathrm{CO_2})RT}{Vp^{\ominus}}\right]\left[\frac{n(\mathrm{H_2})RT}{Vp^{\ominus}}\right]}=\frac{n(\mathrm{CO})\cdot n(\mathrm{H_2O})}{n(\mathrm{CO_2})\cdot n(\mathrm{H_2})}$$

代入相关数据，得 $0.64=\frac{(0.10-x)\cdot(0.10-x)}{x\cdot x}$

解得 $x=0.056$

故 CO_2 的转化率

$$\alpha_{\mathrm{CO_2}}=\frac{n_0-n_{\mathrm{eq}}}{n_0}\times 100\%=\frac{0.10-0.056}{0.10}\times 100\%=44\%$$

因为该反应在恒温恒容条件下进行，所以本题也可以用浓度来计算转化率。

5.4.2 平衡常数与化学反应的方向

由前文的推导我们可以得出标准态下吉布斯自由能 $\Delta_r G_m^{\ominus}$ 和平衡常数 $K^{\ominus}$ 之间的关系，$\Delta_r G_m^{\ominus}=-RT\ln K^{\ominus}$，若将该式代入化学反应等温式，即式(5-5)中，我们可以得到

$$\Delta_r G_m=-RT\ln K^{\ominus}+RT\ln Q,\quad 即\ \Delta_r G_m=RT\ln\frac{Q}{K^{\ominus}} \tag{5-7}$$

式(5-7)是化学反应等温式的另一种表现形式。它表明了化学反应在恒温恒压条件下，任意时刻的吉布斯自由能与标准平衡常数及反应商之间的关系。由化学热力学知识可知，在恒温恒压且不做非体积功条件下，化学反应方向的判据为：

$\Delta_r G_m<0$ 正向自发进行

$\Delta_r G_m=0$ 平衡态(可逆)

$\Delta_r G_m>0$ 逆向自发进行

则由式(5-7)可得

$Q<K^{\ominus}$，$\Delta_r G_m<0$ 正向自发进行

$Q=K^{\ominus}$，$\Delta_r G_m=0$ 平衡态(可逆)

$Q>K^{\ominus}$，$\Delta_r G_m>0$ 逆向自发进行

由此可见，通过标准平衡常数 $K^{\ominus}$ 和反应商 Q 之间的比较，也可以判断化学反应进行的方向。因此，式(5-7)也称为化学反应进行方向的反应商判据。

5.4.3 计算平衡的组成

若已知某化学反应在 T 温度下的标准平衡常数和系统的初始组成，则可以通过计算求出达到平衡时的各物质组成。

【例 5-4】 在 523 K 条件下，将 0.70 mol PCl_5 气体注入 2.0 L 密闭容器中，使生成 PCl_3 和 Cl_2，反应如下：

$$\mathrm{PCl_5(g)}\rightleftharpoons\mathrm{PCl_3(g)}+\mathrm{Cl_2(g)}$$

已知在该条件下反应的平衡常数 $K^{\ominus}=27$，试求达到平衡时各组分气体的分压。

解 设达到平衡时混合物中 PCl_3 的物质的量为 x mol，则

	$PCl_5(g)$	$\rightleftharpoons$	$PCl_3(g)$	+	$Cl_2(g)$
n(起始)/mol	0.70		0		0
n(转化)/mol	$-x$		x		x
n(平衡)/mol	$0.70-x$		x		x

因为反应在恒温恒容条件下进行，所以达平衡时，

$$K^{\ominus}=\frac{\left[\frac{p(PCl_3)}{p^{\ominus}}\right]\left[\frac{p(Cl_2)}{p^{\ominus}}\right]}{\left[\frac{p(PCl_5)}{p^{\ominus}}\right]}=\frac{\left[\frac{n(PCl_3)}{V}RT\right]\left[\frac{n(Cl_2)}{V}RT\right]}{\left[\frac{n(PCl_5)}{V}RT\right]}\cdot\frac{1}{p^{\ominus}}$$

整理上式得

$$K^{\ominus}=\frac{n(PCl_3)\cdot n(Cl_2)}{n(PCl_5)}\cdot\frac{RT}{V}\cdot\frac{1}{p^{\ominus}}$$

代入相关数据得

$$27=\frac{x\cdot x}{0.70-x}\cdot\frac{8.314\times 523}{2.0}\cdot\frac{1}{100}$$

解得

$$x=0.50$$

所以平衡时各物质的分压为

$$p(PCl_3)=\frac{n(PCl_3)}{V}RT=\left(\frac{0.50}{2.0}\times 8.314\times 523\right)\ \text{kPa}=1087\ \text{kPa}$$

$$p(Cl_2)=p(PCl_3)=1087\ \text{kPa}$$

$$p(PCl_5)=\frac{n(PCl_5)}{V}RT=\left(\frac{0.70-0.50}{2.0}\times 8.314\times 523\right)\ \text{kPa}=435\ \text{kPa}$$

5.5 化学平衡移动

化学平衡，这种动态平衡状态的建立是有条件的。一旦外界条件发生改变，如浓度、压力或温度等条件发生改变，可能对正逆反应造成不同的影响，从而使得原有的平衡状态被打破，直至在新的条件下重新建立新的化学平衡。这种由于外界条件的改变，从而导致化学反应从一种平衡状态转化到另一种平衡状态的过程称为化学平衡的移动。早在1907年，法国化学家勒夏特列(H. L. Le Chatelier)就在总结了大量实验事实的基础上，对此提出了一条普遍规律：如果给化学平衡施加外界影响，平衡将沿着削弱这一外界影响的方向移动。具体来说就是，如果增大反应物浓度，反应将向减小反应物浓度的方向进行；如果增大体系的压强，反应 $\left(\sum\nu(g)\neq 0\right)$ 将向减小气体分子数的方向进行，即向减小体系压强的方向进行；如果升高体系的温度，反应将向吸热方向进行，即向降低体系温度的方向进行。这一规律被称为勒夏特列原理。可以据此对化学平衡移动的方向进行定性的讨论，但这一原理不适用于未达到平衡的体系。

勒夏特列通过大量的实验总结出了能定性判断化学平衡移动的一般规律，但是浓度、压力及

温度各个因素具体是如何影响化学平衡的，如何评价化学平衡移动的程度，将在下面的内容中分别具体讨论。

5.5.1 浓度对化学平衡的影响

化学反应进行的方向由体系的 $\Delta_r G_m$ 决定，而 $\Delta_r G_m$ 与平衡常数 $K^\ominus$ 和反应商 Q 之间有明确的数量关系。因此，可以通过比较 $K^\ominus$ 和 Q 的大小来判断化学反应进行的方向，即反应商判据。一定温度下，平衡常数 $K^\ominus$ 是一常数，而各组分浓度的改变将影响反应商 Q，进而改变 $K^\ominus$ 和 Q 的大小关系，从而造成化学平衡的移动。

对于任一可逆反应：

$$aA(aq) + bB(aq) \rightleftharpoons yY(aq) + zZ(aq) \qquad Q = \frac{\left[\frac{c(Y)}{c^\ominus}\right]^y \left[\frac{c(Z)}{c^\ominus}\right]^z}{\left[\frac{c(A)}{c^\ominus}\right]^a \left[\frac{c(B)}{c^\ominus}\right]^b}$$

当体系达到平衡时，$Q = K^\ominus$，$\Delta_r G_m = 0$。此时，若增大反应物 A、B 的浓度或减小生成物 Y、Z 的浓度，则 Q 减小，进而导致 $Q < K^\ominus$，$\Delta_r G_m < 0$，平衡向右（或正方向）移动；若减小反应物 A、B 的浓度或增大生成物 Y、Z 的浓度，则造成 $Q > K^\ominus$，$\Delta_r G_m > 0$，平衡向左（或逆方向）移动。体系在新的条件下逐渐重新建立平衡，但注意此时各组分平衡时的浓度已不同于改变浓度之前平衡时各组分的浓度了。

【例 5-5】 已知在 25 ℃时，

$$Fe^{2+}(aq) + Ag^+(aq) \rightleftharpoons Fe^{3+}(aq) + Ag(s) \qquad K^\ominus = 3.2$$

反应开始时溶液中 $c(Fe^{2+}) = 0.10\ mol \cdot L^{-1}$，$c(Ag^+) = 0.10\ mol \cdot L^{-1}$，$c(Fe^{3+}) = 0.01\ mol \cdot L^{-1}$，试求：

(1) 平衡时，溶液中 Fe^{2+}、Ag^+、Fe^{3+} 的浓度各为多少？

(2) Ag^+ 的转化率为多少？

(3) 如果保持 Ag^+、Fe^{3+} 的初始浓度不变，使 $c(Fe^{2+})$ 增大至 $0.50\ mol \cdot L^{-1}$，求平衡时 Ag^+ 的转化率。

解 (1) 设反应过程中 Ag^+ 浓度转化了 $x\ mol \cdot L^{-1}$，则

	$Fe^{2+}(aq)$	+	$Ag^+(aq)$	$\rightleftharpoons$	$Fe^{3+}(aq)$	+	$Ag(s)$
c(起始)/($mol \cdot L^{-1}$)	0.10		0.10		0.01		
c(转化)/($mol \cdot L^{-1}$)	$-x$		$-x$		x		
c(平衡)/($mol \cdot L^{-1}$)	$0.10 - x$		$0.10 - x$		$0.01 + x$		

反应达平衡时，

$$K^\ominus = \frac{\left[\frac{c(Fe^{3+})}{c^\ominus}\right]}{\left[\frac{c(Fe^{2+})}{c^\ominus}\right]\left[\frac{c(Ag^+)}{c^\ominus}\right]} = \frac{0.01 + x}{(0.10 - x)(0.10 - x)} = 3.2$$

解得
$$x = 0.022$$

故平衡时各离子浓度分别为

$$c(Fe^{2+})=(0.10-0.022)\ \text{mol}\cdot\text{L}^{-1}=0.078\ \text{mol}\cdot\text{L}^{-1}$$
$$c(Ag^{+})=(0.10-0.022)\ \text{mol}\cdot\text{L}^{-1}=0.078\ \text{mol}\cdot\text{L}^{-1}$$
$$c(Fe^{3+})=(0.01+0.022)\ \text{mol}\cdot\text{L}^{-1}=0.032\ \text{mol}\cdot\text{L}^{-1}$$

(2) 因为是恒温恒容反应，所以可以直接由浓度计算此时 Ag^+ 的转化率。

$$\alpha_1=\frac{c_0-c_{eq}}{c_0}\times100\%=\frac{0.10-0.078}{0.10}\times100\%=22\%$$

(3) 改变浓度重新建立平衡后各离子浓度求法同(1)，解得

$c(Fe^{2+})=0.445\ \text{mol}\cdot\text{L}^{-1}$，　$c(Ag^{+})=0.055\ \text{mol}\cdot\text{L}^{-1}$，　$c(Fe^{3+})=0.065\ \text{mol}\cdot\text{L}^{-1}$

故改变浓度后 Ag^+ 的转化率为

$$\alpha_2=\frac{c_0-c_{eq}}{c_0}\times100\%=\frac{0.10-0.055}{0.10}\times100\%=45\%$$

通过例5-5可以看出，如果起始浓度发生变化，只要温度不变，平衡常数 $K^{\ominus}$ 是一个恒定的值，但反应物的平衡转化率是会随着起始浓度的改变而发生变化的。在一定温度下，增大某一反应物的浓度，平衡向右(或正方向)移动，进而能提高其他反应物的转化率。在实际生产过程中，使得廉价易得的原料过量以提高其他原料的利用率是工业生产的一个重要措施。

5.5.2 压力对化学平衡的影响

压力的改变对液体和固体反应几乎没有影响，可以忽略，而对有气体参与的反应来说，压力的改变将有可能影响反应商 Q 的大小，从而改变 $K^{\ominus}$ 和 Q 的平衡关系，造成化学平衡的移动。

对于一般的可逆反应

$$a\text{A(g)}+b\text{B(g)}\rightleftharpoons y\text{Y(g)}+z\text{Z(g)}$$

反应达到平衡时，

$$K^{\ominus}=\frac{\left[\dfrac{p(\text{Y})}{p^{\ominus}}\right]^y\left[\dfrac{p(\text{Z})}{p^{\ominus}}\right]^z}{\left[\dfrac{p(\text{A})}{p^{\ominus}}\right]^a\left[\dfrac{p(\text{B})}{p^{\ominus}}\right]^b}$$

若此时改变体系的总压力，如在恒温条件下使得体系的总压力增大至原来的 x 倍，则各组分气体的分压也相应增大至原来的 x 倍。此时反应商为

$$Q=\frac{\left[x\dfrac{p(\text{Y})}{p^{\ominus}}\right]^y\left[x\dfrac{p(\text{Z})}{p^{\ominus}}\right]^z}{\left[x\dfrac{p(\text{A})}{p^{\ominus}}\right]^a\left[x\dfrac{p(\text{B})}{p^{\ominus}}\right]^b}=x^{(y+z)-(a+b)}\frac{\left[\dfrac{p(\text{Y})}{p^{\ominus}}\right]^y\left[\dfrac{p(\text{Z})}{p^{\ominus}}\right]^z}{\left[\dfrac{p(\text{A})}{p^{\ominus}}\right]^a\left[\dfrac{p(\text{B})}{p^{\ominus}}\right]^b}=x^{\sum\nu(\text{g})}K^{\ominus}$$

若反应的 $\sum\nu(\text{g})>0$，即反应后气体分子数增加，因为 $x^{\sum\nu(\text{g})}>1$，则 $Q>K^{\ominus}$，化学平衡向左(或逆方向)移动；

若 $\sum\nu(\text{g})=0$，即反应前后气体分子数不变，因为 $x^{\sum\nu(\text{g})}=1$，则 $Q=K^{\ominus}$，化学平衡不发生移动；

若 $\sum\nu(\text{g})<0$，即反应后气体分子数减小，因为 $x^{\sum\nu(\text{g})}<1$，则 $Q<K^{\ominus}$，化学平衡向右(或

正方向)移动。

总而言之,改变体系总压力只对反应前后气体分子数有变化的反应有影响。当增大体系的总压力时,化学平衡向气体分子数减少的方向移动;相反地,当减小体系的总压力时,化学平衡向气体分子数增加的方向移动。而对于反应前后气体分子数不变的反应,改变体系的总压力对化学平衡没有影响。

无论是通过改变体积,或是充入惰性气体来改变反应条件,最终都可以归结为浓度或者压力对化学平衡移动的影响;而这些影响因素都是通过改变反应商的大小来打破 $K^\ominus$ 和 Q 的平衡关系,进而造成化学平衡的移动的。

【例 5-6】 在 298 K、100 kPa 条件下,将一定量 N_2O_4 气体充入密闭的容器中,此时发生反应 $N_2O_4(g) \rightleftharpoons 2NO_2(g)$,平衡常数 $K^\ominus = 0.15$,达到平衡时,各气体分压分别为 $p(N_2O_4) = 68.2$ kPa,$p(NO_2) = 31.8$ kPa。试问:

(1) 若压缩容器,使得体积缩减至原来的 1/2,此时平衡将如何移动?再次达到平衡时各组分气体分压分别是多少?

(2) 若保持容器体积不变,往容器中通入氩气,使得容器内总压强增大到原来的 2 倍,此时平衡将如何移动?

解 (1) 压缩容器使得体积缩减至原来的 1/2,此时总压和各组分气体分压都增大到原来的 2 倍,平衡向减小气体分子数的方向,即向左(或逆方向)移动。

设再次达到平衡过程中,N_2O_4 增压 x kPa,则

	$N_2O_4(g)$	$\rightleftharpoons$	$2NO_2(g)$
p(体积压缩时)/kPa	2×68.2		2×31.8
p(转化)/kPa	x		$-2x$
p(再次平衡时)/kPa	$2 \times 68.2 + x$		$2 \times 31.8 - 2x$

$$K^\ominus = \frac{\left[\dfrac{p(NO_2)}{p^\ominus}\right]^2}{\left[\dfrac{p(N_2O_4)}{p^\ominus}\right]} = \frac{\left(\dfrac{2 \times 31.8 - 2x}{100}\right)^2}{\left(\dfrac{2 \times 68.2 + x}{100}\right)} = 0.15$$

解得
$$x = 8.6$$

所以再次达到平衡时:

$$p(N_2O_4) = (2 \times 68.2 + 8.6)\ \text{kPa} = 145\ \text{kPa}$$
$$p(NO_2) = (2 \times 31.8 - 2 \times 8.6)\ \text{kPa} = 46.4\ \text{kPa}$$

(2) 在恒温恒容条件下,通入氩气,总压强增大至原来的 2 倍,但因为容器的总体积不变,且氩气不参与反应,所以各组分气体的分压并不发生变化,依然能保持 $Q = K^\ominus$ 的平衡状态,即平衡不发生移动。

5.5.3 温度对化学平衡的影响

反应商判据表明,化学平衡的移动可以由平衡常数 $K^\ominus$ 和反应商 Q 的大小来确定。前文所

述两个影响因素不管是浓度还是压力的影响，都是通过改变反应商 Q 来打破 $K^{\ominus}$ 和 Q 的原始关系，造成化学平衡移动的。而温度的影响则不同，温度的改变将带来平衡常数 $K^{\ominus}$ 的变化，进而造成化学平衡的移动。温度对平衡常数 $K^{\ominus}$ 的影响规律可以通过有关化学热力学公式推导出来。

由前文推导已知

$$\Delta_r G_m^{\ominus} = -RT\ln K^{\ominus}$$

同时，由化学热力学知识可知

$$\Delta_r G_m^{\ominus} = \Delta_r H_m^{\ominus} - T\Delta_r S_m^{\ominus}$$

两式联立得

$$-RT\ln K^{\ominus} = \Delta_r H_m^{\ominus} - T\Delta_r S_m^{\ominus}$$

整理后得

$$\ln K^{\ominus} = -\frac{\Delta_r H_m^{\ominus}}{RT} + \frac{\Delta_r S_m^{\ominus}}{R}$$

分别在两个不同温度 T_1、T_2 条件下有

$$\ln K_1^{\ominus} = -\frac{\Delta_r H_{m1}^{\ominus}}{RT_1} + \frac{\Delta_r S_{m1}^{\ominus}}{R}$$

$$\ln K_2^{\ominus} = -\frac{\Delta_r H_{m2}^{\ominus}}{RT_2} + \frac{\Delta_r S_{m2}^{\ominus}}{R}$$

由于 $\Delta_r H_m^{\ominus}$、$\Delta_r S_m^{\ominus}$ 受温度的影响较小，而一般 T_1、T_2 两个温差不大，可认为 $\Delta_r H_m^{\ominus}$、$\Delta_r S_m^{\ominus}$ 不变。则两式相减得

$$\ln\frac{K_2^{\ominus}}{K_1^{\ominus}} = \frac{\Delta_r H_m^{\ominus}}{R}\left(\frac{1}{T_1} - \frac{1}{T_2}\right) = \frac{\Delta_r H_m^{\ominus}}{R} \cdot \frac{T_2 - T_1}{T_1 T_2} \tag{5-8}$$

该式表明了温度和平衡常数之间的关系，是范特霍夫方程式的定积分形式。也可以用常用对数表示：

$$\lg\frac{K_2^{\ominus}}{K_1^{\ominus}} = \frac{\Delta_r H_m^{\ominus}}{2.303\,R} \cdot \frac{T_2 - T_1}{T_1 T_2} \tag{5-9}$$

利用式(5-8)或式(5-9)可以判断出温度对化学平衡的影响：

当反应吸热时，$\Delta_r H_m^{\ominus} > 0$。此时，若 $T_2 > T_1$，则 $K_2^{\ominus} > K_1^{\ominus}$，平衡向右（或正方向）移动；若 $T_2 < T_1$，则 $K_2^{\ominus} < K_1^{\ominus}$，平衡向左（或逆方向）移动。

当反应放热时，$\Delta_r H_m^{\ominus} < 0$。此时，若 $T_2 > T_1$，则 $K_2^{\ominus} < K_1^{\ominus}$，平衡向左（或逆方向）移动；若 $T_2 < T_1$，则 $K_2^{\ominus} > K_1^{\ominus}$，平衡向右（或正方向）移动。

总而言之，当温度升高时，平衡向着吸热方向进行；当温度降低时，平衡向着放热方向进行。

习　题

5-1 如何理解化学平衡？化学平衡有什么特征？

5-2 气相反应的实验平衡常数 K_c 与 K_p 之间存在什么关系？

5-3 实验平衡常数与标准平衡常数有何区别？

5-4 写出下列反应的标准平衡常数 $K^{\ominus}$ 的表达式：

(1) $NH_4HCO_3(g) \rightleftharpoons NH_3(g) + CO_2(g) + H_2O(g)$

(2) $MgSO_4(s) \rightleftharpoons SO_3(g) + MgO(s)$

(3) $CO_2(g) + Zn(s) \rightleftharpoons CO(g) + ZnO(s)$

(4) $CH_4(g)+2O_2(g) \rightleftharpoons CO_2(g)+2H_2O(l)$

(5) $Cl_2(g)+H_2O(l) \rightleftharpoons H^+(aq)+Cl^-(aq)+HClO(aq)$

(6) $2MnO_4^-(aq)+5H_2O_2(aq)+6H^+(aq) \rightleftharpoons 2Mn^{2+}(aq)+5O_2(g)+8H_2O(l)$

5-5 已知反应 $N_2(g)+3H_2(g) \rightleftharpoons 2NH_3(g)$在 427 K 时的平衡常数为 $K^\ominus=2.6\times10^{-4}$，试计算下列反应的平衡常数：

(1) $\frac{1}{2}N_2(g)+\frac{3}{2}H_2(g) \rightleftharpoons NH_3(g)$

(2) $NH_3(g) \rightleftharpoons \frac{1}{2}N_2(g)+\frac{3}{2}H_2(g)$

5-6 已知下列反应在 298 K 时的平衡常数 $K^\ominus$：

① $A+B \rightleftharpoons C+D \quad K_1^\ominus=6.0\times10^{-3}$

② $2C+2D \rightleftharpoons E \quad K_2^\ominus=1.3\times10^{14}$

试计算反应③ $E \rightleftharpoons 2A+2B$ 在 298 K 时的平衡常数。

5-7 实验测得 1000 K 时，SO_2 与 O_2 的反应 $2SO_2(g)+O_2(g) \rightleftharpoons 2SO_3(g)$，各物质的平衡分压分别为 $p(SO_3)=32.9$ kPa，$p(SO_2)=27.7$ kPa，$p(O_2)=40.7$ kPa，求此温度下该反应的压力平衡常数 K_p、浓度平衡常数 K_c 以及标准平衡常数 $K^\ominus$。

5-8 已知反应 $3H_2(g)+N_2(g) \rightleftharpoons 2NH_3(g)$，各物质在 700 K 时的热力学函数如下表：

	$H_2(g)$	$N_2(g)$	$NH_3(g)$
$\Delta_f H_m/(kJ \cdot mol^{-1})$	0	0	−45.22
$S_m^\ominus/(J \cdot mol^{-1} \cdot K^{-1})$	155.9	217.0	243.5

在该温度下，往一密闭容器中充入一定量的 H_2 和 N_2，达到平衡时测得两种气体浓度分别为 $c(N_2)=1.75$ mol·L^{-1}，$c(H_2)=2.87$ mol·L^{-1}，求 NH_3 的平衡浓度。

5-9 平衡转化率与平衡常数的概念一致吗？若不相同，简述平衡常数和平衡转化率的异同点。

5-10 已知在 308 K 时，反应 $N_2O_4(g) \rightleftharpoons 2NO_2(g) \quad K^\ominus=0.32$，将 18.4 g $N_2O_4(g)$充入容器中发生以上反应，试计算在 308 K、100 kPa 下达平衡时的总体积，并计算此时 $N_2O_4(g)$的转化率。

5-11 100 ℃时，光气的分解反应：$COCl_2(g) \rightleftharpoons CO(g)+Cl_2(g)$，$\Delta_r S_m^\ominus=125.5$ J·mol^{-1}·K^{-1}，$\Delta_r H_m^\ominus=104.6$ kJ·mol^{-1}。

(1) 试计算该反应在 100 ℃时的 $K^\ominus$。

(2) 若在 100 ℃反应达平衡时，$p_{总}=200$ kPa，试计算此时 $COCl_2$ 的解离度；若 $p_{总}=100$ kPa，$COCl_2$ 的解离度又为多少？并由此分析压强对此平衡的影响。

5-12 由二氧化硫制备三氧化硫的反应 $2SO_2(g)+O_2(g) \rightleftharpoons 2SO_3(g)$，是工业上制备硫酸的重要反应，已知：

	$SO_2(g)$	$SO_3(g)$
$\Delta_f H_m^\ominus(298\ K)/(kJ \cdot mol^{-1})$	−296.8	−396.7
$\Delta_f G_m^\ominus(298\ K)/(kJ \cdot mol^{-1})$	−300.2	−371.1

分别计算反应在 298 K 和 500 ℃下的标准平衡常数 $K^\ominus$。

5-13 高温条件下，汽车汽缸内的氮气和氧气通过电火花放电发生反应 $N_2(g)+O_2(g) \rightleftharpoons 2NO(g)$，这是汽车尾气中 NO 的主要来源。已知：$\Delta_f H_m^\ominus(NO,g,298\ K)=90.25$ kJ·mol^{-1}，298 K 时的 $K^\ominus=4.39\times10^{-31}$。汽车内燃机内汽油的燃烧温度可达 1570 K。

(1) 试通过计算说明，在该温度下是否有利于 NO 的生成？

(2) 1570 K 时，在容积为 1.0 L 的密闭容器中通入 2.0 mol N_2 和 2.0 mol O_2，计算达到平衡时 NO 的浓

度。(此温度下不考虑 O_2 与 NO 的反应。)

5-14 Ag_2CO_3 遇热易分解:$Ag_2CO_3(s) \rightleftharpoons Ag_2O(s)+CO_2(g)$,已知 $\Delta_r G_m^\ominus(383\ K)=14.8\ kJ\cdot mol^{-1}$。在110 ℃烘干时,空气中掺入一定量的 CO_2 就可避免 Ag_2CO_3 的分解,试计算当空气中 CO_2 含量达到3.0%时,能否避免 Ag_2CO_3 的分解?

5-15 已知在298 K时,反应:$H_2O(g)+CO(g) \rightleftharpoons H_2(g)+CO_2(g)$ $K^\ominus=0.034$。若反应开始时,往1.00 dm^3 容器中充入0.0200 mol CO(g),0.0200 mol $H_2O(g)$,0.0100 mol $H_2(g)$,0.0100 mol $CO_2(g)$。通过计算判断反应方向,并计算达平衡时各物质的分压力。

5-16 高温条件下,甲烷与水蒸气将发生如下反应:

$$CH_4(g)+H_2O(g) \rightleftharpoons CO(g)+3H_2(g)$$

已知该反应的 $\Delta_r H_m^\ominus>0$,根据勒夏特列原理,试判断当反应达到平衡时,改变以下反应条件,将对相应的物理量有何影响?

(1) 恒温恒容条件下,充入一定量 N_2,$n(CH_4)$如何变化?

(2) 恒温恒压条件下,充入一定量 N_2,$n(CO)$如何变化?

(3) 恒温恒容条件下,充入一定量 CH_4,$n(CH_4)$和 $n(H_2O)$如何变化?

(4) 恒温条件下,压缩体积至原来的$\frac{1}{2}$,$n(CO)$如何变化?

(5) 恒容条件下,升高温度,$n(H_2)$如何变化?

(6) 恒温恒容条件下,加入催化剂,$n(CH_4)$如何变化?

5-17 已知在373 K时,反应 $2H_2O_2(g) \rightleftharpoons O_2(g)+2H_2O(g)$的 $\Delta_r H_m^\ominus$ 为$-210.9\ kJ\cdot mol^{-1}$,$\Delta_r S_m^\ominus$ 为 $131.8\ J\cdot mol^{-1}\cdot K^{-1}$,试计算当温度为多少时该反应的平衡常数是373 K时的10倍?(设 $\Delta_r H_m^\ominus$ 和 $\Delta_r S_m^\ominus$ 与温度无关。)

5-18 HgO的分解反应为 $2HgO(s) \rightleftharpoons O_2(g)+2Hg(g)$,已知该反应是吸热反应,$\Delta_r H_m^\ominus$ 为 $154\ kJ\cdot mol^{-1}$。若把一定量固体HgO放在一真空密闭容器中,在693 K达到平衡时总压为 5.16×10^4 Pa,试计算在723 K时该反应达平衡时 O_2 的平衡分压。

5-19 已知下列反应在两个不同温度下的标准平衡常数:

① $Fe(s)+CO_2(g) \rightleftharpoons FeO(s)+CO(g)$ $K_1^\ominus(1173\ K)=2.15$, $K_1^\ominus(1273\ K)=2.48$

② $Fe(s)+H_2O(g) \rightleftharpoons FeO(s)+H_2(g)$ $K_2^\ominus(1173\ K)=1.67$, $K_2^\ominus(1273\ K)=1.49$

(1) 计算反应③ $CO_2(g)+H_2(g) \rightleftharpoons CO(g)+H_2O(g)$的 $K_3^\ominus(1173\ K)$和 $K_3^\ominus(1273\ K)$。

(2) 判断反应③是吸热反应还是放热反应?

(3) 计算反应③的反应焓变 $\Delta_r H_m^\ominus$。

5-20 已知某温度时反应:$2Cl_2(g)+2H_2O(g) \rightleftharpoons O_2(g)+4HCl(g)$ $\Delta_r H_m^\ominus<0$,改变以下反应条件,相应的物理量将如何变化?

条件改变	反应速率 v	速率常数 k	活化能 E_a	平衡常数 $K^\ominus$	平衡移动方向
恒温恒容下增加 $Cl_2(g)$					
恒温下压缩体积					
恒容下升高温度					
恒温恒压下加催化剂					

5-21 下列说法是否正确,并简述理由。

(1) 若在恒温条件下增加某一反应物浓度,该反应物的转化率随之增大。

(2) 催化剂使正、逆反应速率常数增大相同的倍数,而不改变平衡常数。

(3) 在一定条件下,某气相反应达到了平衡,若保持温度不变,压缩反应系统的体积,系统的总压增大,各物种的分压也增大相同倍数,平衡必定移动。

(4) 在平衡移动过程中,平衡常数 $K^{\ominus}$ 总是保持不变。

(5) 对放热反应,温度升高,标准平衡常数 $K^{\ominus}$ 变小,正反应速率常数变小,逆反应速率常数变大。

第6章 酸碱电离平衡

对于酸碱的认识经历了漫长的时间。最初人们将有酸味的物质叫做酸，有涩味的物质叫做碱。17世纪英国化学家波义耳(R. Boyle)将植物汁液提取出来作为指示剂，对酸碱有了初步的认识。在大量实验的总结下，波义耳提出了最初的酸碱理论：凡物质的水溶液能溶解某些金属，与碱接触会失去原有特性，而且能使石蕊试液变红的物质叫酸；凡物质的水溶液有苦涩味，能腐蚀皮肤，与酸接触会失去原有特性，而且能使石蕊试液变蓝的物质叫碱。这种定义比以往的要科学许多，但仍有漏洞，比如一些酸和碱反应后的产物仍带有酸或碱的性质。此后，拉瓦锡、戴维、李比希等科学家对此观点进一步进行了补充，逐渐触及酸碱的本质，但仍然没能给出一个完善的理论。直到瑞典科学家阿仑尼乌斯(S. A. Arrhenius)提出酸碱电离理论，从而使人们对于酸碱的认识上升到理性的高度。

6.1 酸碱理论

6.1.1 酸碱电离理论

1887年，瑞典化学家阿仑尼乌斯在电离学说的基础上提出了酸碱电离理论。酸碱电离理论的定义：在水溶液中电离出的阳离子全部都是氢离子(H^+)的化合物为酸，如 HCl、HNO_3、HCN、H_3PO_4；在水溶液中电离出的阴离子全部是氢氧根离子(OH^-)的化合物为碱，如 $NaOH$、$Ba(OH)_2$、$Al(OH)_3$ 等。酸碱反应的实质就是 H^+ 与 OH^- 结合生成 H_2O 的反应，即

$$H^+ + OH^- \longrightarrow H_2O$$

但酸碱电离理论有其局限性：将碱限制为氢氧化物，不能直接解释 NH_3、Na_2CO_3、NaH_2PO_4 等水溶液的酸碱性问题；将酸、碱及酸碱反应限制在水溶剂系统中，对在非水溶剂(如液氨、乙醇、苯、丙酮等)和气相中进行的某些反应却不能作出解释，例如，酸碱电离理论不能解释 HCl 和 NH_3 在苯溶液或气相中反应生成 NH_4Cl 而表现出酸碱反应性质。

酸碱质子理论的产生克服了酸碱电离理论的局限性，使酸碱的反应有了进一步扩展。

6.1.2 酸碱质子理论

1923年，丹麦化学家布朗斯台德(J. N. Brønsted)和英国化学家劳瑞(T. M. Lowry)分别独立提出酸碱质子理论，因此该理论又称为布朗斯台德-劳瑞酸碱理论。

酸碱质子理论认为：凡能给出质子(H^+)的物质都是酸，又称为质子酸，例如，HCl、HAc、H_2CO_3、H_2S、H_3PO_4、NH_4^+；凡能接受质子的物质都是碱，又称为质子碱，例如，OH^-、NH_3、HS^-、$H_2PO_4^-$ 等。

由此看出，酸碱的范围不再局限于电中性的分子或离子化合物，带电的离子也可称为“酸”或“碱”。当某种酸 HA 给出质子后，余下部分 A^- 自然对质子有一定的接受能力，即质子酸 HA 给

出质子生成碱 A^-;反之,碱 A^- 接受质子后又生成酸 HA。例如:

$$酸 \rightleftharpoons 质子 + 碱$$
$$HCl \rightleftharpoons H^+ + Cl^-$$
$$HClO \rightleftharpoons H^+ + ClO^-$$
$$H_2CO_3 \rightleftharpoons H^+ + HCO_3^-$$
$$H_2S \rightleftharpoons H^+ + HS^-$$
$$H_3PO_4 \rightleftharpoons H^+ + H_2PO_4^-$$
$$NH_4^+ \rightleftharpoons H^+ + NH_3$$
$$H_3O^+ \rightleftharpoons H^+ + H_2O$$

这种因一个质子的得失而相互转化的酸和碱(HA 和 A^-)称为共轭酸碱对,即 HA 是 A^- 的共轭酸,A^- 是 HA 的共轭碱。某些物质,如 HS^-、HCO_3^-、$H_2PO_4^-$ 等,在一定条件下能给出质子表现为酸,而在另一条件下又能接受质子表现为碱,因此称其为两性物质。

根据酸碱质子理论,容易放出质子(H^+)的物质是强酸,而该物质放出质子后形成的碱就不容易同质子结合,因而是弱碱。换言之,酸越强,它的共轭碱就越弱;反之,碱越强,它的共轭酸就越弱。

酸碱质子理论扩大了酸碱的含义及酸碱反应的范围,摆脱了酸碱必须发生在水中的局限性,解决了非水溶液或气体间的酸碱反应,并把在水溶液中进行的解离、中和、水解等类反应概括为一类反应,即质子传递式的酸碱反应。但是,该理论也有它的缺点,例如,对不含氢的一类化合物的酸碱性问题,却无能为力。

6.1.3 酸碱电子理论

在质子理论提出的同年,美国物理化学家路易斯(G. N. Lewis)在上述酸碱理论的基础上,结合酸碱的电子结构,提出了酸碱的电子理论。这个理论认为:凡是可以接受电子对的物质称为酸,凡是可以给出电子对的物质称为碱。因此,酸又是电子的接受体,碱是电子的给予体。酸碱反应是酸从碱中接受一对电子,形成配位键,得到一个酸碱配合物的过程。通常,酸碱电子理论中的"酸"被称为路易斯酸,"碱"被称为路易斯碱,以示区别。

第一列		第二列		第三列
Fe^{3+}	+	$6H_2O:$	$\rightleftharpoons$	$Fe(OH_2)_6]^{3+}$
Cu^{2+}	+	$4:NH_3$	$\rightleftharpoons$	$[Cu(NH_3)_4]^{2+}$
H^+	+	$H_2O:$	$\rightleftharpoons$	H_3O^+
BF_3	+	$:NH_3$	$\rightleftharpoons$	F_3BNH_3
$AlCl_3$	+	$:Cl^-$	$\rightleftharpoons$	$[AlCl_4]^-$
SiF_4	+	$2:F^-$	$\rightleftharpoons$	$[SiF_6]^{2-}$
CO_2	+	$:OH^-$	$\rightleftharpoons$	HCO_3^-
I_2	+	$(CH_3)_2CO:$	$\rightleftharpoons$	$(CH_3)_2COI_2$
(路易斯酸	+	路易斯碱	$\rightleftharpoons$	配合物)

酸碱电子理论对酸碱的定义,摆脱了体系必须具有某些离子或元素,也不受溶剂的限制,而立论于物质的普遍组分,以电子的给出和接受说明酸碱的反应,故它更能体现物质的本质属性,

较前面两个酸碱理论更为全面和广泛。但是由于路易斯理论对酸碱的认识过于笼统，因而不易掌握酸碱的特征。

6.2　溶液的酸碱性

水是最重要的溶剂，本章讨论的离子平衡都是在水溶液中建立的。水溶液的酸碱性取决于溶质和水的电离平衡，这里首先讨论水的电离。

6.2.1　水的电离

水是一种很弱的电解质，只有很少的一部分分子能发生电离。它们发生的反应如下：

$$H_2O + H_2O \rightleftharpoons H_3O^+ + OH^-，\quad 或简写为\ H_2O \rightleftharpoons H^+ + OH^-$$

平衡常数表达式 $K^\ominus = c(H^+)c(OH^-)$，通常我们称水中氢离子的浓度与氢氧根离子的浓度的乘积为水的离子积常数，经常用 $K_w^\ominus$ 来表示。在常温下 $K_w^\ominus = 1.0 \times 10^{-14}$。

因为水的电离是吸热反应，因此随着温度的升高水的解离度也会增大，$K_w^\ominus$ 也会变大。但 $K_w^\ominus$ 随温度变化不明显，因此一般情况下认为 $K_w^\ominus = 1.0 \times 10^{-14}$。

6.2.2　溶液的酸碱性与 pH

溶液酸性、中性或碱性的判断依据是：$c(H^+)$ 和 $c(OH^-)$ 的相对大小。在任意温度时，溶液 $c(H^+) > c(OH^-)$ 时呈酸性，$c(H^+) = c(OH^-)$ 时呈中性，$c(H^+) < c(OH^-)$ 时呈碱性。但当溶液中 $c(H^+)$、$c(OH^-)$ 较小时，直接用 $c(H^+)$、$c(OH^-)$ 的大小关系表示溶液酸碱性强弱就显得很不方便。为了免于用氢离子浓度负幂指数进行计算的繁琐，丹麦生物化学家泽伦森(Soernsen)在1909年建议将此不便使用的数值用对数代替，并定义为“pH”。数学上定义pH为氢离子浓度的常用对数负值，即 $pH = -\lg c(H^+)$。

其中 $c(H^+)$[此为简写，实际上应是 $c(H_3O^+)$，水合氢离子活度]指的是溶液中氢离子的活度(稀溶液下可近似按浓度处理)，单位为 $mol \cdot L^{-1}$。298 K时，当 $pH < 7$ 时，溶液呈酸性；当 $pH > 7$ 时，溶液呈碱性；当 $pH = 7$ 时，溶液为中性。水溶液的酸碱性亦可用pOH衡量[$pOH = -\lg c(OH^-)$]，即氢氧根离子的负对数，由于水中存在自耦电离平衡，298 K时，$pH + pOH = 14$。$pH < 7$ 说明 H^+ 的浓度大于 OH^- 的浓度，故溶液酸性强；而 $pH > 7$ 则说明 H^+ 的浓度小于 OH^- 的浓度，故溶液碱性强。所以pH愈小，溶液的酸性愈强；pH愈大，溶液的碱性也就愈强。在非水溶液或非标准温度和压力的条件下，$pH = 7$ 可能并不代表溶液呈中性，这需要通过计算该溶剂在这种条件下的电离常数来决定pH为中性的值。如373 K(100 ℃)的温度下，中性溶液的 $pH \approx 6$。

另外需要注意的是，pH的有效数字是从小数点后开始记录的，小数点前的部分为指数，不能记做有效数字。

弱酸、弱碱在溶液中解离的程度可以用电离度 α 表示：

$$电离度\ \alpha = (已电离弱电解质分子数 / 原弱电解质分子数) \times 100\%$$

【例6-1】 25 ℃时，在 $0.1\ mol \cdot L^{-1}$ 醋酸溶液里，每10000个醋酸分子里有136个分子电离

成离子。它的电离度是多少?

解 $\alpha=(136/10000)\times100\%=1.36\%$

需要特别注意的是,平衡常数 $K_a^\ominus$ 和 $K_b^\ominus$ 不随浓度变化,但作为转化百分数的电离度 α,却随起始浓度的变化而变化。起始浓度 c_0 越小,电离度 α 越大。

6.2.3 酸碱指示剂

在中学我们曾学过用石蕊、酚酞等酸碱指示剂判断溶液的酸碱性,它们在酸中和碱中显示不同的颜色。通常,我们把这种通过颜色的改变来指示溶液 pH 的物质称为酸碱指示剂。酸碱指示剂通常是一类结构较复杂的有机弱酸或有机弱碱,它们在溶液中能部分电离成指示剂的离子和氢离子(或氢氧根离子),并且由于结构上的变化,它们的分子和离子具有不同的颜色,从而在 pH 不同的溶液中呈现不同的颜色。例如甲基橙指示剂就是一种有机弱酸:

$$HIn \rightleftharpoons H^+ + In^-$$

其中,酸分子 HIn 显红色,酸根离子 In^- 显黄色,当 $c(HIn)$ 和 $c(In^-)$ 相等时溶液显橙色。其平衡常数表达式为

$$K_i^\ominus=\frac{c(H^+)\cdot c(In^-)}{c(HIn)},\quad 可化为\ K_i^\ominus\cdot c(HIn)=c(H^+)\cdot c(In^-)$$

式中,$K_i^\ominus$ 是指示剂的电离常数。可以看出,当 $c(H^+)=K_i^\ominus$,即 $pH=pK_i^\ominus$ 时,溶液中 $c(In^-)=c(HIn)$,这时溶液显 HIn 和 In^- 的中间颜色,即甲基橙的橙色。故将 $pH=pK_i^\ominus$ 称为指示剂的理论变色点。对于一般指示剂,当 $\frac{c(HIn)}{c(In^-)}\geqslant10$ 时,明确显示 HIn 的颜色;当 $\frac{c(HIn)}{c(In^-)}<10$ 时,明确显示 In^- 的颜色。存在以下关系式:

$$pH=pK_i^\ominus\pm1 \tag{6-1}$$

我们把这一 pH 间隔称为指示剂的变色间隔或变色范围。

6.3 弱酸和弱碱的电离平衡

6.3.1 一元弱酸、弱碱的电离平衡

醋酸 CH_3COOH(经常简写做 HAc) 溶液中存在着平衡:

$$HAc+H_2O \rightleftharpoons H_3O^+ + Ac^-,\quad 或写做\ HAc \rightleftharpoons H^+ + Ac^-$$

其平衡常数表达式可写成

$$K_a^\ominus=\frac{c(H^+)c(Ac^-)}{c(HAc)} \tag{6-2}$$

式中 $K_a^\ominus$ 是酸式电离平衡常数,$c(H^+)$、$c(Ac^-)$ 和 $c(HAc)$ 分别表示 H^+、Ac^- 和 HAc 的平衡浓度。

若用 c_0 表示醋酸溶液的起始浓度,则有 $c(H^+)=c(Ac^-)$,$c(HAc)=c_0-c(H^+)$。将各平衡浓度代入式(6-2),则有

$$K_a^\ominus = \frac{c(H^+)^2}{c_0 - c(H^+)} \tag{6-3}$$

所以，在已知弱酸的起始浓度和平衡常数的条件下，根据式(6-3)，我们就可以求出弱酸溶液的$c(H^+)$。

通过前面的学习，我们知道平衡常数的大小可以代表反应进行的程度。当电离平衡常数很小，酸的起始浓度 c_0 较大时，则有 $c_0 \gg c(H^+)$，于是式(6-3)可简化成

$$K_a^\ominus = \frac{c(H^+)^2}{c_0} \tag{6-4}$$

这时，溶液的 $c(H^+)$就可以用以下公式来求得：

$$c(H^+) = \sqrt{K_a^\ominus c_0} \tag{6-5}$$

一般情况下，当 $c_0 > 400K_a^\ominus$ 时，就可以用式(6-5)来求得一元弱酸的 $c(H^+)$。

作为一种一元弱碱，氨水也发生部分解离，存在下列平衡：

$$NH_3 \cdot H_2O \rightleftharpoons NH_4^+ + OH^-$$

其电离平衡常数可表示为

$$K_b^\ominus = \frac{c(OH^-)^2}{c_0 - c(OH^-)} \tag{6-6}$$

式中 $K_b^\ominus$ 是弱碱的解离平衡常数，c_0 表示碱的起始浓度，$c(OH^-)$代表平衡时体系中 OH^- 的浓度。

与一元弱酸相同的是，当 $c_0 > 400K_b^\ominus$ 时也有

$$c(OH^-) = \sqrt{K_b^\ominus c_0} \tag{6-7}$$

因为 $K_a^\ominus$，$K_b^\ominus$ 都是平衡常数，其数值越大，就表示弱酸或弱碱解离出离子的趋势越大。一般把 $K_a^\ominus < 10^{-2}$的酸称为弱酸；同理，碱也可以按 $K_b^\ominus$ 的大小进行分类。因为 $K_a^\ominus$，$K_b^\ominus$ 都是平衡常数，所以它们会受温度影响。但由于弱电解质电离过程的热效应不大，所以温度变化对二者影响较小。

【例 6-2】 计算 0.1 mol·L⁻¹的 HAc 溶液的 $c(H^+)$和电离度(已知 HAc 的 $K_a^\ominus = 1.8 \times 10^{-5}$)。

解

	HAc	$\rightleftharpoons$	H^+	+	Ac^-
起始浓度 /(mol·L⁻¹)	0.10		0		0
平衡浓度 /(mol·L⁻¹)	$0.10 - x$		x		x

其中 x mol·L^{-1}为平衡时已解离的 HAc 的浓度。则平衡常数的表达式为

$$K_a^\ominus = \frac{x^2}{0.10 - x}$$

因为$\frac{c_0}{K_a^\ominus} = \frac{0.10}{1.8 \times 10^{-5}} = 5.6 \times 10^3 > 400$，可用公式(6-5)，所以

$$c(H^+) = \sqrt{K_a^\ominus c_0} = \sqrt{1.8 \times 10^{-5} \times 0.10}\ \text{mol} \cdot \text{L}^{-1} = 1.34 \times 10^{-3}\ \text{mol} \cdot \text{L}^{-1}$$

$$\text{电离度}\ \alpha = \frac{c(H^+)}{c_0} = \frac{1.34 \times 10^{-3}}{0.01} = 1.34\%$$

【例 6-3】 计算 1.0×10^{-3} mol·L^{-1} $NH_3\cdot H_2O$ 的 $c(OH^-)$和电离度(已知 $NH_3\cdot H_2O$ 的 $K_b^\ominus=1.8\times10^{-5}$)。

解

	$NH_3\cdot H_2O$	$\rightleftharpoons$	NH_4^+	+	OH^-
起始浓度 /(mol·L^{-1})	1.0×10^{-3}		0		0
平衡浓度 /(mol·L^{-1})	$1.0\times10^{-3}-x$		x		x

其中 x mol·L^{-1}表示平衡时已解离的 $NH_3\cdot H_2O$ 的浓度。

因为$\frac{c_0}{K_b^\ominus}=\frac{1.0\times10^{-3}}{1.8\times10^{-5}}=55.6<400$,所以不能用公式(6-7)。

$$K_b^\ominus=\frac{c(OH^-)^2}{1.0\times10^{-3}-c(OH^-)}=1.8\times10^{-5},\quad 解得\ c(OH^-)=1.25\times10^{-4}\ mol\cdot L^{-1}$$

$$电离度\ \alpha=\frac{c(OH^-)}{c_0}=\frac{1.25\times10^{-4}}{1.0\times10^{-3}}=12.5\%$$

6.3.2 多元弱酸、弱碱的电离平衡

在学习中我们会发现,有些酸并不只电离出一个 H^+,我们将能电离出两个 H^+ 的酸称为二元酸,能电离出三个 H^+ 的酸称为三元酸,将能电离出一个以上 H^+ 的酸称为多元酸。对于多元酸的判断,并不能根据分子中有多少个氢离子来判断,而是要根据其能电离出多少氢离子来判断。例如,亚磷酸 H_3PO_3,它的分子中有三个氢原子,但它只是二元酸,因为亚磷酸只能电离出两个 H^+。

多元酸在水中是分步电离的,以氢硫酸 H_2S 的电离为例,它的电离是分为两步的:

第一步电离是 $H_2S\rightleftharpoons H^++HS^-$,平衡常数为 K_1,

$$K_1=\frac{c(H^+)c(HS^-)}{c(H_2S)}$$

第二步电离是 $HS^-\rightleftharpoons H^++S^{2-}$,平衡常数为 K_2,

$$K_2=\frac{c(H^+)c(S^{2-})}{c(HS^-)}$$

【例 6-4】 在常温常压下,H_2S 气体在水中的饱和浓度约为 0.10 mol·L^{-1},计算 H_2S 的饱和溶液中的 $c(H^+)$、$c(HS^-)$和 $c(S^{2-})$。

解 设平衡时已电离的氢硫酸的浓度为 x mol·L^{-1},则 $c(H^+)$、$c(HS^-)$近似等于 x mol·L^{-1},而 $c(H_2S)=(0.10-x)$ mol·$L^{-1}\approx0.10$ mol·L^{-1}

	H_2S	$\rightleftharpoons$	H^+	+	HS^-
起始浓度 /(mol·L^{-1})	0.10		0		0
平衡浓度 /(mol·L^{-1})	0.10		x		x

$$K_1=\frac{c(H^+)c(HS^-)}{c(H_2S)}=\frac{x^2}{0.10}=1.1\times10^{-7}$$

解得 $x=1.05\times10^{-4}$,即 $c(H^+)\approx c(HS^-)=1.05\times10^{-4}$mol·$L^{-1}$

在第二步电离平衡为 $HS^- \rightleftharpoons H^+ + S^{2-}$，则有

$$K_2 = \frac{c(H^+)c(S^{2-})}{c(HS^-)} = \frac{1.05 \times 10^{-4} c(S^{2-})}{1.05 \times 10^{-4}} = c(S^{2-})，求得 c(S^{2-}) = 1.3 \times 10^{-13} \mathrm{mol \cdot L^{-1}}$$

对二元弱酸 H_2S 来说，溶液的 $c(H^+)$ 由第一级电离决定，故比较二元弱酸的强弱，只需比较其第一级电离常数 $K_1^\ominus$ 即可。

HS^- 的第二步解离极小，可以被忽略，即 $c(HS^-) \approx c(H^+)$，$c(S^{2-}) = K_2$。如果将 $K_1^\ominus$ 和 $K_2^\ominus$ 的表达式相乘，即可得到 $H_2S \rightleftharpoons 2H^+ + S^{2-}$，平衡常数 $K^\ominus$ 的表达式为

$$K^\ominus = \frac{c(H^+)^2 c(S^{2-})}{c(H_2S)} = 1.4 \times 10^{-20}$$

从二元弱酸 H_2S 的讨论中可得到以下结论：

(1) 溶液的 $c(H^+)$ 由第一级电离决定；

(2) 负一价酸根浓度 $c(HS^-)$ 等于体系中的 $c(H^+)$；

(3) 负二价酸根浓度 $c(S^{2-})$ 等于第二级电离常数 $K_2^\ominus$。

上述结论完全适用于一般的二元弱酸和二元中强酸。必须注意的是，对于二元酸与其他物质的混合溶液，以上结论一般不适用。

和二元酸相似，三元酸也是分步电离的。由于 $K_1^\ominus, K_2^\ominus, K_3^\ominus$ 相差很大，三元酸的 $c(H^+)$ 也可以认为是由第一步电离决定的，负一价酸根离子的浓度等于体系中的 $c(H^+)$。

6.3.3　影响电离平衡的因素

影响电离平衡的因素有电解质本身的强弱程度、浓度和温度等。其中，电解质本身的强弱程度是决定因素，电解质越强，电离程度越大，电离平衡常数也就越大。一般电离是吸热的，所以升温促进电离；稀释促进电离；增大该电离平衡电离出的离子的浓度，抑制电离。

6.4　同离子效应　缓冲溶液

6.4.1　同离子效应

酸碱电离平衡是化学平衡的一种。当一种离子浓度改变时，旧的平衡就会被破坏，在新的条件下又建立起新的平衡。

若在 HAc 溶液中加入一些 NaAc，NaAc 会在溶液中完全解离，于是溶液中 Ac^- 离子浓度增加很多，使醋酸的解离平衡左移，从而降低 HAc 的电离度。

【例 6-5】 如果在 $0.10\ \mathrm{mol \cdot L^{-1}}$ 的 HAc 溶液中加入固体 NaAc，使 NaAc 的浓度达 $0.20\ \mathrm{mol \cdot L^{-1}}$，求该 HAc 溶液的 $c(H^+)$ 和电离度 α。

解

	HAc	$\rightleftharpoons$	H^+	+	Ac^-
起始浓度 $/(\mathrm{mol \cdot L^{-1}})$	0.10		0		0
平衡浓度 $/(\mathrm{mol \cdot L^{-1}})$	$0.10 - x$		x		$0.20 + x$

将各平衡浓度代入平衡常数表达式：

$$K_a^\ominus = \frac{x(0.20 + x)}{0.10 - x}$$

由于$\frac{c_0}{K_a^\ominus}>400$，同时可认为 $0.20+x\approx 0.20$，$0.10-x\approx 0.10$。故平衡常数表达式变为

$$K_a^\ominus = \frac{0.20x}{0.10}, \quad 因此\ x = \frac{0.10K_a^\ominus}{0.20} = \frac{0.10 \times 1.8 \times 10^{-5}}{0.20}$$

$$解得\ x = 9.0 \times 10^{-6}, \quad 即\ c(H^+) = 9.0 \times 10^{-6}\ mol \cdot L^{-1}$$

但是，由例 6-2 我们可知，$0.10\ mol \cdot L^{-1}$ 的 HAc 溶液中 $c(H^+) = 1.34 \times 10^{-3}\ mol \cdot L^{-1}$。通过比较两组数据，我们可以发现：在弱电解质的溶液中，加入与其具有共同离子的强电解质，使弱电解质的解离平衡左移，从而降低弱电解质的电离度。我们将这种影响叫做同离子效应。

6.4.2 缓冲溶液

有许多反应必须在一定的酸碱条件下才能反应，例如某反应只有在 pH=7 左右才能正常进行，但反应生成的氢离子会使反应溶液的 pH 变小，使反应无法继续下去。所以，控制反应体系的 pH 是保证反应正常进行的一个重要条件。因此人们研究了一种可以控制体系 pH 的溶液，即缓冲溶液。

缓冲溶液是由弱酸及其盐，或弱碱及其盐组成的混合溶液，能在一定程度上抵消、减轻外加强酸或强碱对溶液酸度的影响，从而保持溶液的 pH 相对稳定的溶液。例如 HAc 和 NaAc，$NH_3 \cdot H_2O$ 和 NH_4Cl，以及 NaH_2PO_4 和 Na_2HPO_4 等都可以配制成保持不同 pH 的缓冲溶液。

以 HCN 和 NaCN 构成的缓冲溶液为例，溶液中存在起始浓度为 $c_{酸}$ 的弱酸的电离平衡，由于起始浓度为 $c_{盐}$ 的强电解质弱酸盐 NaCN 的存在，故平衡时各物质的浓度如下：

	HCN	$\rightleftharpoons$	H^+	+	CN^-
平衡浓度	$c_{酸} - x$		x		$c_{盐} + x$

由于同离子效应，近似有 $c_{酸}-x\approx c_{酸}$，$c_{盐}+x\approx c_{盐}$，故

$$K_a^\ominus = \frac{c(H^+)c(CN^-)}{c(HCN)} \approx \frac{xc_{盐}}{c_{酸}}, \quad 因此\ pH = pK_a + \lg\frac{c_{盐}}{c_{酸}}$$

【例 6-6】 缓冲溶液中有 $1.0\ mol \cdot L^{-1}$ 的 HCN 和 $1.0\ mol \cdot L^{-1}$ 的 NaCN，试计算：(1) 缓冲溶液的 pH；(2) 将 10.0 mL $1.0\ mol \cdot L^{-1}$ HCl 溶液加入到 1.0 L 该缓冲溶液中引起的 pH 变化。

解 (1) 根据公式 $pH = pK_a^\ominus - \lg\frac{c_{酸}}{c_{盐}}$

$$pH = -\lg(6.2 \times 10^{-10}) - \lg\frac{1.0}{1.0} = 9.21$$

(2) 在 1.0 L 缓冲溶液中，含 HCN 和 NaCN 各是 1.0 mol，加入的 HCl 相当于 0.01 mol H^+，它将消耗 0.01 mol 的 NaCN 并生成 0.01 mol HCN，故有

$$\mathrm{HCN} \rightleftharpoons \mathrm{H^+} + \mathrm{CN^-}$$

平衡浓度 /$(mol \cdot L^{-1})$　$(1.0+0.01)/1.01$　$(1.0-0.01)/1.01$　x

根据公式可求

$$pH = -\lg(6.2\times10^{-10}) - \lg\frac{(1.0+0.01)/1.01}{(1.0-0.01)/1.01}$$

$$= -\lg(6.2\times10^{-10}) - \lg\frac{1.01}{0.98} = 9.20$$

6.5　盐类水解

通过中学的学习我们了解到，通过酸碱中和产生的盐的水溶液可能呈中性，也可能呈酸性或呈碱性。这是因为盐电离产生的离子与水作用，使水的电离平衡发生移动从而影响溶液的酸碱性，这种现象被称为盐类的水解。

6.5.1　弱酸强碱盐

由弱酸和强碱作用生成的盐称为弱酸强碱盐。以 NaAc 溶于水生成的溶液为例，可以写出 NaAc 的水解平衡式：

$$\mathrm{Ac^-} + \mathrm{H_2O} \rightleftharpoons \mathrm{HAc} + \mathrm{OH^-}$$

水解的结果使得溶液中 $c(OH^-) > c(H^+)$，NaAc 溶液显碱性。平衡常数表达式为

$$K_h^\ominus = \frac{c(\mathrm{HAc})c(\mathrm{OH^-})}{c(\mathrm{Ac^-})}$$

$K_h^\ominus$ 是水解平衡常数。在上式的分子分母中各乘以平衡体系中的 $c(H^+)$，上式变为

$$K_h^\ominus = \frac{c(\mathrm{HAc})c(\mathrm{OH^-})c(\mathrm{H^+})}{c(\mathrm{Ac^-})c(\mathrm{H^+})} = \frac{c(\mathrm{OH^-})c(\mathrm{H^+})}{\dfrac{c(\mathrm{Ac^-})c(\mathrm{H^+})}{c(\mathrm{HAc})}} = \frac{K_w^\ominus}{K_a^\ominus},\quad \text{即 } K_h^\ominus = \frac{K_w^\ominus}{K_a^\ominus}$$

弱酸强碱盐的水解平衡常数 $K_h^\ominus$ 等于水的离子积常数与弱酸的电离平衡常数的比值。例如 NaAc 的水解平衡常数为

$$K_h^\ominus = \frac{K_w^\ominus}{K_a^\ominus} = \frac{1.0\times10^{-14}}{1.8\times10^{-5}} = 5.6\times10^{-10}$$

由于盐的水解平衡常数相当小，故计算中可以采用近似的方法来处理。

6.5.2　强酸弱碱盐

由强酸和弱碱作用生成的盐称为强酸弱碱盐。以 NH_4Cl 为例，其水解平衡式为

$$\mathrm{NH_4^+} + \mathrm{H_2O} \rightleftharpoons \mathrm{NH_3\cdot H_2O} + \mathrm{H^+}$$

NH_4^+ 和 OH^- 结合成弱电解质，使 H_2O 的电离平衡发生移动，结果溶液中 $c(H^+) > c(OH^-)$，溶液显酸性。

可以推出强酸弱碱盐水解平衡常数 $K_h^\ominus$ 与弱碱的 $K_b^\ominus$ 之间的关系如下：

$$K_h^\ominus = \frac{K_w^\ominus}{K_b^\ominus}$$

6.5.3　弱酸弱碱盐

由弱酸和弱碱作用生成的盐称为弱酸弱碱盐。以 NH_4Ac 为例,其水解平衡式可写成

$$NH_4^+ + Ac^- + H_2O \rightleftharpoons NH_3 \cdot H_2O + HAc$$

平衡常数表达式为

$$K_h^\ominus = \frac{c(NH_3 \cdot H_2O)c(HAc)}{c(NH_4^+)c(Ac^-)} = \frac{c(NH_3 \cdot H_2O)c(HAc)c(H^+)c(OH^-)}{c(NH_4^+)c(Ac^-)c(H^+)c(OH^-)},\quad 即\ K_h^\ominus = \frac{K_w^\ominus}{K_a^\ominus K_b^\ominus}$$

NH_4Ac 的水解平衡常数 $K_h^\ominus$ 为

$$K_h^\ominus = \frac{K_w^\ominus}{K_a^\ominus K_b^\ominus} = \frac{1.0\times10^{-14}}{1.8\times10^{-5}\times1.8\times10^{-5}} = 3.1\times10^{-5}$$

与 NaAc 的 $K_h^\ominus$ 和 NH_4Cl 的 $K_h^\ominus$ 相比,NH_4Ac 的水解平衡常数扩大了 1.0×10^5 倍。显然,NH_4Ac 的双水解的趋势要比 NaAc 或 NH_4Cl 的单方向水解的趋势大得多。

6.5.4　强酸强碱盐

由强酸和强碱中和生成的盐称为强酸强碱盐。溶液一般呈中性,但亦有例外,如氟硼酸钠等氟硼酸盐,其对应的氟硼酸是强酸,但是氟硼酸钠因为其中氟硼酸根部分与水反应生成羟基氟硼酸而释放出 HF,所以其水溶液 pH 约为 2～4,显现较强的酸性。

6.5.5　水解平衡移动

根据勒夏特列原理我们知道,如果改变影响平衡的一个条件,平衡就会向能够减弱这种改变的方向移动。

在弱电解质的溶液中,加入与其具有共同离子的强电解质,将使电离平衡左移,从而降低弱电解质的电离度,这种影响叫做同离子效应。

在 HAc 中加入 NaAc,除了 Ac^- 离子对 HAc 的电离平衡产生同离子效应以外,Na^+ 离子对平衡也有一定的影响,这种影响称为盐效应。盐效应将使弱电解质的电离度增大。

习　题

6-1　根据酸碱质子理论,下列物质哪些是酸?哪些是碱?
$[Fe(H_2O)_6]^{3+}$, NO_2^-, $[Cr(H_2O)_5(OH)]^{2+}$, CO_3^{2-}, HSO_4^-, $H_2PO_4^-$, HPO_4^{2-}, NH_4^+, NH_3, Ac^-, OH^-, H_2O, S^{2-}, H_2S, HS^-

6-2　将 300 mL 0.20 mol·L^{-1} HAc 溶液稀释到什么体积,才能使电离度增加一倍?

6-3　缓冲溶液中有 1.00 mol·L^{-1}的 HCN 和 1.00 mol·L^{-1}的 NaCN,计算将 10.0 mL 1.00 mol·L^{-1} NaOH 溶液加入到 1.0 L 该缓冲溶液中引起的 pH 变化。

6-4　在 25℃、标准压力下,二氧化碳气体在水中的溶解度为 0.034 mol·L^{-1},求该溶液的碳酸根浓度和 pH。

6-5　某一元弱酸在 0.015 mol·L^{-1}时电离度为 0.80%,则当浓度为 0.10 mol·L^{-1}时电离度会变成多少?

6-6　H_3PO_4的 $K_1=7.5\times10^{-3}$,$K_2=6.2\times10^{-8}$,$K_3=1\times10^{-12}$,H_3PO_4的共轭碱的 K_b为多少?

6-7　计算含 0.10 mol·L^{-1}HCl 和 0.10 mol·$L^{-1}$$H_2S$ 的混合溶液中的 $c(S^{2-})$。

（已知 $K_{a_1}=5.7\times10^{-8}$，$K_{a_2}=1.2\times10^{-15}$）

6-8　计算 0.010 mol·L^{-1}的硫酸溶液中各离子的浓度，已知硫酸的 $K_2^\ominus=1.2\times10^{-2}$。

6-9　有一混酸溶液，其中 HF 的浓度为 1.0 mol·L^{-1}，HAc 的浓度为 0.10 mol·L^{-1}，求溶液中 H^+，F^-，Ac^-，HF，HAc 的浓度。

6-10　欲配制 pH=5.0 的缓冲溶液，需称取多少克 NaAc·$3H_2O$ 固体溶于 300 mL 0.5 mol·L^{-1}的 HAc 溶液中？

6-11　将 0.10 L 0.20 mol·L^{-1} HAc 和 0.050 L 0.20 mol·L^{-1} NaOH 溶液混合，求混合溶液的 pH。

6-12　欲配制 0.50 L、pH 为 9、其中 $c(NH_4^+)=1.0$ mol·L^{-1}的缓冲溶液，需要密度为 0.904 g·cm^{-3}、含氨质量分数为 26.0%的浓氨水的体积为多少？固体氯化铵多少克？

6-13　将 1.0 mol·L^{-1} Na_3PO_4 和 2.0 mol·L^{-1}盐酸等体积混合，求溶液的 pH。

第7章　沉淀溶解平衡

沉淀溶解平衡简称沉淀平衡，是指在一定温度下难溶强电解质饱和溶液中的离子与难溶物固体之间的多相动态平衡。因此，本章研究的对象是难溶性的强电解质。本章将讨论沉淀和溶解的方向，如何使沉淀完全，如何实现沉淀转化等问题，通过改变溶液的酸度或沉淀转化等方式使沉淀平衡发生移动，以及利用沉淀平衡对混合离子溶液进行分离。

7.1　溶度积常数

7.1.1　沉淀溶解平衡的实现

对于难溶物质 $BaCO_3$ 来说，构成这一难溶物质的组分 Ba^{2+} 和 CO_3^{2-} 称为构晶离子。在一定温度下将 $BaCO_3$ 投入水中时，由于水分子为极性分子，一些水分子将以其偶极的负端取向在 $BaCO_3$ 固体表面的 Ba^{2+} 周围，而有些水分子则以其偶极的正端取向在 $BaCO_3$ 固体表面的 CO_3^{2-} 周围。受到溶剂水分子的这种取向作用，大大削弱了固体中的 Ba^{2+} 和 CO_3^{2-} 间的吸引力，使得部分 Ba^{2+} 和 CO_3^{2-} 离开 $BaCO_3$ 固体表面，以水合离子的形式进入水中。这一过程称为溶解。另一方面，进入水中的水合离子在溶液中做无序运动碰到 $BaCO_3$ 固体表面时，受到其上异号构晶离子的吸引，又能重新回到固体表面。这种与前一过程相反的过程就称为沉淀。

溶解与沉淀的过程是相互矛盾的过程，在难溶物质投入水中的初期，溶液中水合 Ba^{2+} 和 CO_3^{2-} 的浓度极低，因此构晶离子脱离 $BaCO_3$ 固体表面的趋势占主导作用，即溶解速率较大，这时溶液是未饱和的。随着溶解的不断进行，溶液中水合构晶离子的浓度逐渐加大，水合 Ba^{2+} 和水合 CO_3^{2-} 返回 $BaCO_3$ 固体表面的趋势逐渐加大，即沉淀的速率逐渐加大。当溶解速率与沉淀速率相等时，便达到一种动态平衡，这时的溶液是饱和溶液。虽然这两个相反过程还在不断进行，但溶液中水合构晶离子的浓度不再改变，未溶解的 $BaCO_3$ 固体与溶液中水合 Ba^{2+} 和水合 CO_3^{2-} 间存在着如下平衡：

$$BaCO_3(s) \rightleftharpoons Ba^{2+}(aq)+CO_3^{2-}(aq)$$

这种固体物质与其构晶离子溶液共存的平衡也是多相离子平衡。根据质量作用定律，当 $BaCO_3$ 溶解或沉淀达到平衡时，构晶离子平衡浓度幂的乘积也是一个常数，用 $K_{sp}^{\ominus}$ 表示：

$$K_{sp}^{\ominus}=[c(Ba^{2+})/c^{\ominus}]\cdot[c(CO_3^{2-})/c^{\ominus}]$$

$K_{sp}^{\ominus}$ 称为溶度积常数，简称溶度积(solubility product)。为简便起见，一般上式可以简写为

$$K_{sp}^{\ominus}=c(Ba^{2+})\cdot c(CO_3^{2-})$$

与其他平衡常数相同，$K_{sp}^{\ominus}$ 与难溶物的本性以及温度等有关，它的大小可以用来衡量难溶物质生成或溶解能力的强弱。$K_{sp}^{\ominus}$ 越大，表明该难溶物质的溶解度越大，要生成该沉淀就相对不容易。在进行相对比较时，对同型难溶物质，如 $BaSO_4$ 和 $AgCl$，$K_{sp}^{\ominus}$ 越大，其溶解度就越大。

7.1.2　溶度积原理

有了平衡常数 $K_{sp}^{\ominus}$，就可以利用比较反应商 Q 和 $K^{\ominus}$ 的大小的方法来判断难溶性强电解质溶液中沉淀溶解反应进行的方向。这种方法在第 5 章化学平衡中曾学习过。某溶液中有如下反应：

$$A_aB_b(s) \rightleftharpoons aA^{b+}(aq) + bB^{a-}(aq)$$

其中 A_aB_b 为难溶性强电解质，某时刻其反应商 Q 可以表示为

$$Q = c(A^{b+})^a \cdot c(B^{a-})^b$$

式中，$c(A^{b+})$ 和 $c(B^{a-})$ 分别表示该时刻离子的非平衡浓度。由于反应式的左边为固体物质，所以这里的反应商实际上也是与平衡常数相似的乘积形式。

根据热力学公式：

$$\Delta G = -RT\ln K_{sp}^{\ominus} + RT\ln Q$$

当 $Q > K_{sp}^{\ominus}$ 时，则 $\Delta G > 0$，反应将向左进行，溶液为过饱和状态，沉淀从溶液中析出；

当 $Q = K_{sp}^{\ominus}$ 时，为饱和溶液，达到动态平衡；

当 $Q < K_{sp}^{\ominus}$ 时，则 $\Delta G < 0$，反应朝溶解的方向进行，溶液为未饱和状态，将无沉淀析出，若体系中有沉淀物，则沉淀物将发生溶解。

这就是溶度积原理，也叫溶度积规则。经常用它来判断沉淀的产生或溶解，或者沉淀和溶解是否处于平衡状态（饱和溶液）。

【例 7-1】 将 0.01 $mol \cdot L^{-1}$ $CaCl_2$ 和 0.01 $mol \cdot L^{-1}$ $(NH_4)_2SO_4$ 等体积混合，问是否有沉淀析出？$[K_{sp}^{\ominus}(CaSO_4) = 6.1 \times 10^{-5}]$

解　当两溶液等体积混合后 $c(Ca^{2+})$ 和 $c(SO_4^{2-})$ 都是原来的一半。

因为　$c(Ca^{2+}) = c(SO_4^{2-}) = (0.01 \times 1/2)\ mol \cdot L^{-1} = 0.005\ mol \cdot L^{-1}$

所以　$Q = c(Ca^{2+})c(SO_4^{2-}) = 0.005 \times 0.005 = 2.5 \times 10^{-5} < K_{sp}$

因此，无沉淀析出。

【例 7-2】 10 mL 0.10 $mol \cdot L^{-1}$ $MgCl_2$ 和 10 mL 0.010 $mol \cdot L^{-1}$ 氨水混合，是否有 $Mg(OH)_2$ 沉淀？（$NH_3 \cdot H_2O$ 的 $K_b^{\ominus} = 1.8 \times 10^{-5}$）

解　$c(Mg^{2+}) = (0.10 \times 10/20)\ mol \cdot L^{-1} = 0.050\ mol \cdot L^{-1}$

$c(NH_3) = (0.010 \times 10/20)\ mol \cdot L^{-1} = 0.0050\ mol \cdot L^{-1}$

设 $c(OH^-)$ 为 x $mol \cdot L^{-1}$

$$\begin{array}{ccccccc} NH_3 & + & H_2O & \rightleftharpoons & NH_4^+ & + & OH^- \\ 0.0050-x & & & & x & & x \end{array}$$

$$K_b^{\ominus} = \frac{c(OH^-)c(NH_4^+)}{c(NH_3)} = \frac{x^2}{0.0050-x} = 1.8 \times 10^{-5}$$

$$x = 2.8 \times 10^{-4}$$

$Q = c(Mg^{2+}) \cdot c(OH^-)^2 = 0.050 \times (2.8 \times 10^{-4})^2 = 3.9 \times 10^{-9} > K_{sp}^{\ominus}(Mg(OH)_2)$，有 $Mg(OH)_2$ 沉淀。

7.1.3 盐效应对溶解度的影响

沉淀剂加得越多,特别是其他强电解质的存在,使沉淀溶解度增大的现象,就称为沉淀反应的盐效应。例如,在配制溶液或进行化学反应时,有时计算的 Q 略大于 $K_{sp}^{\ominus}$,但是尚未观察到有沉淀生成。这可能是由于 Q 是按浓度而不是活度计算的。因此,盐效应主要是由于活度系数的改变而引起的。

表 7-1 中展示了 AgCl 在不同浓度的 KNO_3 溶液中的溶解度变化。很明显,随着 KNO_3 的浓度的不断增大,AgCl 的溶解度也随之增大。综上所述,盐效应使 AgCl 的溶解度增大。

表 7-1 AgCl 在 KNO_3 溶液中的溶解度(25 ℃)

$c(KNO_3)/(mol \cdot L^{-1})$	0.00	0.00100	0.00500	0.0100
AgCl 溶解度/$(10^{-5} mol \cdot L^{-1})$	1.278	1.325	1.385	1.427

盐效应引起的溶解度的变化很小,一般情况下不予考虑。

7.1.4 溶度积与溶解度的关系

溶度积 $K_{sp}^{\ominus}$从平衡常数角度表示难溶物溶解的程度。溶解度和难溶物饱和溶液的浓度也可以表示难溶物溶解的程度。利用溶度积可以计算以 $mol \cdot L^{-1}$ 为单位的难溶电解质的溶解度。

【例 7-3】 已知 25 ℃下 Ag_2CrO_4 和 AgCl 的溶度积分别为 1.12×10^{-12} 和 1.77×10^{-10},问:它们在纯水中哪个溶解度较大?

解 Ag_2CrO_4 的溶解度为 x $mol \cdot L^{-1}$

$$Ag_2CrO_4 \rightleftharpoons 2Ag^+ + CrO_4^{2-}$$

$$x \qquad\qquad 2x \qquad x$$

$$K_{sp}^{\ominus}(Ag_2CrO_4) = c(Ag^+)^2 \cdot c(CrO_4^{2-}) = (2x)^2 \cdot x = 4x^3 = 1.12 \times 10^{-12}$$

$$x = 1.04 \times 10^{-4}$$

AgCl 的溶解度为 y $mol \cdot L^{-1}$

$$AgCl \rightleftharpoons Ag^+ + Cl^-$$

$$y \qquad\qquad y \qquad y$$

$$K_{sp}^{\ominus}(AgCl) = c(Ag^+) \cdot c(Cl^-) = y^2 = 1.77 \times 10^{-10}$$

$$y = 1.33 \times 10^{-5}$$

从上面例子看到,$K_{sp}^{\ominus}$和溶解度之间具有明确的换算关系。同时也看到,两种类型不同的难溶电解质的溶度积大小不能直接反映出它们的溶解度的大小,$K_{sp}^{\ominus}$大的溶解度不一定就大。因为它们的溶度积与溶解度的关系式是不同的。

7.1.5　同离子效应对溶解度的影响

【例 7-4】 计算 AgCl 在 1.0×10^{-2} mol·L^{-1}的 HCl 中的溶解度，并将计算出的结果与上例 AgCl 在纯水中的溶解度对比。

解　设 AgCl 在 HCl 中的溶解度为 s，在纯水中溶解度为 s^*

$$AgCl(s) \rightleftharpoons Ag^+(aq) + Cl^-(aq)$$

	Ag^+	Cl^-
水溶液中达到平衡	s^*	s^*
添加 HCl 的初始状态	s^*	$s^* + 1.0\times10^{-2}$
添加 HCl 达到新平衡	s	$s + 1.0\times10^{-2}$

$$c(Cl^-) = s + 1.0\times10^{-2} \approx 1.0\times10^{-2}\ mol\cdot L^{-1}$$

$$K_{sp}^{\ominus}(AgCl) = c(Ag^+)c(Cl^-) = s\times1.0\times10^{-2} = 1.77\times10^{-10}$$

$$s = 1.77\times10^{-8} mol\cdot L^{-1}$$

计算表明，同离子效应的存在，使 AgCl 的溶解度减小了 1000 倍(水中为 1.33×10^{-5} mol·L^{-1})。在难溶强电解质饱和溶液中加入与其具有相同离子的易溶强电解质时，将使难溶性电解质溶解度下降，沉淀将更完全。这种现象称为沉淀反应的同离子效应。

【例 7-5】 求 298 K 时 $BaSO_4$ 在 0.010 mol·L^{-1} Na_2SO_4 溶液中的溶解度(g·L^{-1})。[$K_{sp}^{\ominus}(BaSO_4) = 1.08\times10^{-10}$]

解

$$Na_2SO_4 \rightleftharpoons 2Na^+ + SO_4^{2-}$$

$$BaSO_4 \rightleftharpoons Ba^{2+} + SO_4^{2-}$$

平衡　　s　　$0.010 + s \approx 0.010$

$$\because c(Ba^{2+})c(SO_4^{2-}) = 1.08\times10^{-10}$$

$$\therefore s\times0.010 = 1.08\times10^{-10}$$

$$s = 1.08\times10^{-8} mol\cdot L^{-1}$$

$$= 1.08\times10^{-8} mol\cdot L^{-1}\times233.3\ g\cdot mol^{-1}$$

$$= 2.52\times10^{-6} g\cdot L^{-1}$$

沉淀完全具有重要实际意义，但它是一个模糊概念，没有绝对的完全，只有相对的完全。沉淀完全与否主要根据不同应用领域的允许要求。一般来说，只有沉淀后溶液中被沉淀离子的浓度小于或等于 10^{-5} mol·L^{-1}，才可以认为该离子被定性沉淀完全了。一般沉淀剂过量 20%～50% 即可；加入沉淀剂浓度太大，有时还可能引起副反应(酸效应、配位效应)而使沉淀的溶解度增大。

7.2　沉淀生成的计算与应用

根据溶度积原理，当溶液中 $Q > K_{sp}^{\ominus}$ 时，将有沉淀生成。

【例 7-6】 向 1.0×10^{-2} mol·L^{-1} $CdCl_2$ 溶液中通入 H_2S 气体,求:(1) 开始有 CdS 沉淀生成时的 $c(S^{2-})$;(2) Cd^{2+} 沉淀完全时的 $c(S^{2-})$。[已知 $K_{sp}^{\ominus}(CdS)=8.0\times10^{-27}$]

解 (1) 由 $CdS \rightleftharpoons Cd^{2+}+S^{2-}$ 得

$$K_{sp}^{\ominus}(CdS)=c(Cd^{2+})c(S^{2-})$$

故
$$c(S^{2-})=K_{sp}^{\ominus}/c(Cd^{2+})=[(8.0\times10^{-27})/(1.0\times10^{-2})]\ mol\cdot L^{-1}$$
$$=8.0\times10^{-25}\ mol\cdot L^{-1}$$

当 $c(S^{2-})=8.0\times10^{-25}$ mol·L^{-1}时,开始有 CdS 沉淀生成。

一般情况下,离子与沉淀剂生成沉淀物后在溶液中的残留浓度低于 1.0×10^{-5} mol·L^{-1}时,则认为该离子已被沉淀完全。

(2) 依题意,$c(Cd^{2+})=1.0\times10^{-5}$ mol·L^{-1}时的 $c(S^{2-})$为所求。

$$CdS \rightleftharpoons Cd^{2+}+S^{2-}$$
$$K_{sp}^{\ominus}(CdS)=c(Cd^{2+})c(S^{2-})$$

故
$$c(S^{2-})=K_{sp}^{\ominus}/c(Cd^{2+})=[(8.0\times10^{-27})/(1.0\times10^{-5})]\ mol\cdot L^{-1}$$
$$=8.0\times10^{-22}\ mol\cdot L^{-1}$$

即当 $c(S^{2-})=8.0\times10^{-22}$ mol·L^{-1}时,Cd^{2+}已被沉淀完全。

使用与上例相同的计算方法,根据 $K_{sp}^{\ominus}(FeS)=6.3\times10^{-18}$,可使得 1.0×10^{-2} mol·L^{-1} Fe^{2+}开始沉淀的 $c(S^{2-})$等于 6.3×10^{-16} mol·L^{-1};而当 $c(S^{2-})=6.3\times10^{-13}$ mol·L^{-1}时,Fe^{2+}已被沉淀完全。这些数据表明,当溶液中同时存在适当浓度的 Cd^{2+} 和 Fe^{2+} 时,可以通过控制体系中 $c(S^{2-})$的做法使 Cd^{2+}沉淀而 Fe^{2+}保留在溶液中,从而实现分离 Cd^{2+} 和 Fe^{2+} 的目的。

控制体系中 $c(S^{2-})$,是采用在一定 pH 体系中通入 H_2S 气体来实现的。通过对下面例子的分析,会有一个较明确的认识。

【例 7-7】 向 0.10 mol·L^{-1} $FeCl_2$ 溶液中通 H_2S 气体至饱和(浓度约为 0.10 mol·L^{-1})时,溶液中刚好有 FeS 沉淀生成,求此时溶液的 $c(H^+)$。

解 此题涉及沉淀平衡和弱酸解离平衡的共平衡。溶液中的 $c(H^+)$将影响 H_2S 解离出的 $c(S^{2-})$,而 S^{2-} 又要与 Fe^{2+} 共处于沉淀溶解平衡之中。于是,可先求出与 0.10 mol·L^{-1} H_2S 平衡的 $c(H^+)$。

解
$$FeS \rightleftharpoons Fe^{2+}+S^{2-} \qquad K_{sp}^{\ominus}(FeS)=c(Fe^{2+})c(S^{2-})$$

故 $c(S^{2-})=K_{sp}^{\ominus}/c(Fe^{2+})=[(6.3\times10^{-18})/0.10]\ mol\cdot L^{-1}=6.3\times10^{-17}\ mol\cdot L^{-1}$

$$H_2S \rightleftharpoons 2H^+ +S^{2-} \qquad K_1^{\ominus}K_2^{\ominus}=\frac{c(H^+)^2c(S^{2-})}{c(H_2S)}$$

故
$$c(H^+)=\left[\frac{K_1^{\ominus}K_2^{\ominus}c(H_2S)}{c(S^{2-})}\right]^{1/2}$$
$$=\left[\frac{1.1\times10^{-7}\times1.3\times10^{-13}\times0.10}{6.3\times10^{-17}}\right]^{1/2}\ mol\cdot L^{-1}=4.8\times10^{-3}\ mol\cdot L^{-1}$$

这样大的 H^+ 浓度当然不会是通入的 H_2S 造成的,只能是 $FeCl_2$ 溶液原有的。如果原来

$FeCl_2$ 溶液的酸性再强一些，即 $c(H^+)$ 再大一些，那么即使 H_2S 饱和，也不会有足够浓度的 S^{2-} 致使 FeS 沉淀生成。

大多数金属氢氧化物是难溶的，但它们的溶解度千差万别。因此，控制溶液的 pH，可以使它们有的沉淀，有的溶解，常用于分离的目的。

原则上，只要知道氢氧化物的溶度积和金属离子的初始浓度，就可估算出氢氧化物开始沉淀和沉淀完全时溶液的 pH。

【例 7-8】 计算欲使 $0.01\ mol \cdot L^{-1}\ Fe^{3+}$ 开始沉淀和沉淀完全时的 pH。

[已知 $K_{sp}^{\ominus}(Fe(OH)_3)=1.1\times10^{-36}$]

解 (1) 开始沉淀所需 pH

$$Fe(OH)_3(s) \rightleftharpoons Fe^{3+}(aq) + 3OH^-(aq)$$

$$c(Fe^{3+})c(OH^-)^3 = 1.1\times10^{-36}$$

$$c(OH^-)^3 = 1.1\times10^{-36}/c(Fe^{3+}) = 1.1\times10^{-34}\ mol \cdot L^{-1}$$

$$c(OH^-) = 4.79\times10^{-12}\ mol \cdot L^{-1}$$

$$pOH = 12 - lg4.79 = 11.32$$

$$pH = 14 - 11.32 = 2.68$$

(2) 沉淀完全所需 pH

$$c(Fe^{3+})c(OH^-)^3 = 1.1\times10^{-36}$$

$$c(OH^-)^3 = [1.1\times10^{-36}/(1.0\times10^{-5})]mol \cdot L^{-1} = 1.1\times10^{-31}\ mol \cdot L^{-1}$$

$$c(OH^-) = 4.79\times10^{-11}\ mol \cdot L^{-1}$$

$$pOH = 11 - lg4.79 = 10.32$$

$$pH = 14 - 10.32 = 3.68$$

综上所述，以 $M(OH)_n$ 为难溶强电解质通式，则

$$K_{sp}^{\ominus} = c(M^{n+})c(OH^-)^n, \quad 即\ c(OH^-) = [K_{sp}^{\ominus}/c(M^{n+})]^{1/n}$$

设开始沉淀时金属离子浓度为 $0.010\ mol \cdot L^{-1}$，则

$$pH(开始沉淀) = 14 + \frac{1}{n}\lg(K_{sp}^{\ominus}/0.010)$$

设完全沉淀时金属离子浓度为 $10^{-5}\ mol \cdot L^{-1}$，则

$$pH(沉淀完全) = 14 + \frac{1}{n}\lg(K_{sp}^{\ominus}/10^{-5})$$

将一些金属离子开始沉淀和沉淀完全的 pH 制成图 7-1，使用起来十分方便。可以利用控制溶液 pH 左边金属离子沉淀完全，而右边金属离子不沉淀来进行分级沉淀(分步沉淀)。

【例 7-9】 在含有 $0.1\ mol \cdot L^{-1}$ 的 Cl^- 和 I^- 溶液中，逐滴加入 $AgNO_3$ 溶液。求：

(1) AgCl 和 AgI 开始出现沉淀所需的 $c(Ag^+)$；

(2) AgCl 开始沉淀时的 $c(I^-)$；

(3) AgCl 开始沉淀时 $c(Cl^-)$ 和 $c(I^-)$ 的比例。

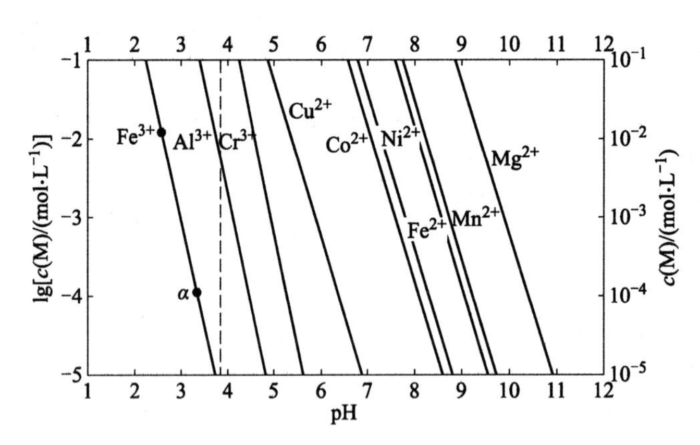

图 7-1 不同金属离子开始沉淀和完全以氢氧化物沉淀的 pH

解 (1) $Ag^+ + Cl^- \rightleftharpoons AgCl\downarrow$

$$c(Ag^+) = K_{sp}^{\ominus}(AgCl)/c(Cl^-) = (1.77\times10^{-10}/0.1)\ mol\cdot L^{-1}$$
$$= 1.77\times10^{-9}\ mol\cdot L^{-1}$$

$Ag^+ + I^- \rightleftharpoons AgI\downarrow$

$$c(Ag^+) = K_{sp}^{\ominus}(AgI)/c(I^-) = (8.51\times10^{-17}/0.1)\ mol\cdot L^{-1}$$
$$= 8.51\times10^{-16}\ mol\cdot L^{-1}$$

(2) AgI 首先沉淀析出。当 AgCl 也开始沉淀时,

$$c(Ag^+) = 1.56\times10^{-9}\ mol\cdot L^{-1}$$
$$K_{sp}^{\ominus}(AgI) = c(Ag^+)c(I^-) = 1.5\times10^{-16}$$
$$c(I^-) = [1.5\times10^{-16}/(1.56\times10^{-9})]mol\cdot L^{-1} = 9.6\times10^{-8}\ mol\cdot L^{-1}$$

(3) $c(Cl^-) = 0.1\ mol\cdot L^{-1}, c(I^-) = 9.6\times10^{-8}\ mol\cdot L^{-1}$

$$c(Cl^-)/c(I^-) = 0.1\ mol\cdot L^{-1}/(9.6\times10^{-8}\ mol\cdot L^{-1}) = 1.04\times10^{6}$$

综上可知:

(1) AgI 开始出现沉淀所需的 $c(Ag^+) = 1.5\times10^{-15}\ mol\cdot L^{-1}$

AgCl 开始出现沉淀所需的 $c(Ag^+) = 1.56\times10^{-9}\ mol\cdot L^{-1}$

(2) AgCl 开始沉淀时 $c(I^-) = 9.6\times10^{-8} mol\cdot L^{-1}$

(3) AgCl 开始沉淀时 $c(Cl^-)$和 $c(I^-)$的比例$=1.04\times10^{6}$

利用分步沉淀原理,可使两种离子分离,而且两种沉淀的溶度积相差愈大,分离愈完全。分级沉淀需要多次反复操作。

7.3 沉淀的溶解和转化

7.3.1 沉淀在酸中的溶解

沉淀物与饱和溶液共存,如果能使 $Q < K_{sp}^{\ominus}$,则沉淀物要发生溶解。通过氧化还原的方法和

通过生成配位化合物的方法可以使有关离子浓度变小，也可以采取使有关离子生成弱酸，从而达到使 $Q<K^{\ominus}_{sp}$ 的目的。本节主要讨论酸碱电离平衡对沉淀溶解平衡的影响。例如：

$$Zn^{2+} + H_2S \rightleftharpoons ZnS(s) + 2H^+$$

$$K = c(H^+)^2/[c(Zn^{2+})c(H_2S)], \quad c(H^+) = [Kc(H_2S)c(Zn^{2+})]^{1/2}$$

$$2Bi^{3+} + 3H_2S \rightleftharpoons Bi_2S_3(s) + 6H^+$$

$$K = c(H^+)^6/[c(Bi^{3+})^2c(H_2S)^3], \quad c(H^+) = [Kc(Bi^{3+})^2c(H_2S)^3]^{1/6}$$

综上所述，硫化物溶解：

$$MS(s) + 2H^+ \rightleftharpoons M^{2+} + H_2S$$

$$MS(s) \rightleftharpoons M^{2+} + S^{2-} \qquad K_{sp}$$

$$S^{2-} + H^+ \rightleftharpoons HS^- \qquad 1/K_2$$

$$MS(s) + 2H^+ \rightleftharpoons H_2S + M^{2+} \qquad 1/K_1$$

$$\begin{aligned} K &= c(H_2S)\ c(M^{2+})/c(H^+)^2 \\ &= K_{sp} \cdot (1/K_1) \cdot (1/K_2) \\ &= K_{sp}/(K_1K_2) \end{aligned}$$

$$K = K_{sp}/(K_1K_2) = c(M^{2+})c(H_2S)/c(H^+)^2$$

$$c(H^+) = [K_1\ K_2\ c(M^{2+})\ c(H_2S)/K_{sp}]^{1/2}$$

因此，欲使一定量硫化物溶解，所需 H^+ 离子浓度与 K_{sp} 的平方根成反比，K_{sp} 越小者，所需酸越浓。

【例 7-10】 使 0.010 mol ZnS 溶于 1 L 盐酸中，求所需盐酸的最低浓度。

已知 $K^{\ominus}_{sp}(ZnS)=2.5\times10^{-22}$；$H_2S$ 的 $K_1=1.1\times10^{-7}$，$K_2=1.3\times10^{-13}$。

解 通过总的方程式进行计算：

	ZnS	+	$2H^+$	$\rightleftharpoons$	H_2S	+	Zn^{2+}
起始浓度			$c_0(H^+)$		0		0
平衡浓度			$c_0(H^+)-0.020$		0.010		0.010

$$\begin{aligned} K &= c(H_2S)\ c(Zn^{2+})/c(H^+)^2 = c(H_2S)\ c(Zn^{2+})\ c(S^{2-})/[c(H^+)^2\ c(S^{2-})] \\ &= c(Zn^{2+})\ c(S^{2-})/[c(H^+)^2\ c(S^{2-})/c(H_2S)] = K^{\ominus}_{sp}/(K_1K_2) \\ &= 2.5\times10^{-22}/(1.1\times10^{-7}\times1.3\times10^{-13}) = 1.75\times10^{-2} \end{aligned}$$

即　$c(H_2S)\ c(Zn^{2+})/[c_0(H^+)-0.020]^2=1.75\times10^{-2}$，　$c_0(H^+)=0.096\ mol\cdot L^{-1}$

7.3.2　沉淀的转化

FeS 电离生成的 S^{2-} 与盐酸中的 H^+ 可以结合成弱电解质 H_2S，致使沉淀溶解平衡右移，引起 FeS 在酸中的溶解。这个过程涉及两个平衡：沉淀溶解平衡和酸碱电离平衡。若难溶性强电解质解离生成的离子，与溶液中存在的另一种沉淀剂结合而生成一种新的沉淀，则该过程称为沉淀的转化。可简单表示为

$$MX(s) + Y \rightleftharpoons MY(s) + X$$

大多数情况下,沉淀转化是将溶解度较大的沉淀转化为溶解度较小的沉淀。如在盛有白色 $BaCO_3$ 沉淀的试管中加入淡黄色的 K_2CrO_4 溶液,充分搅拌,白色沉淀将转化为黄色沉淀,反应式为

$$\underset{\text{白色}}{BaCO_3(s)} + CrO_4^{2-} \rightleftharpoons \underset{\text{黄色}}{BaCrO_4(s)} + CO_3^{2-}$$

该反应的平衡常数为 $K_{转化}=\dfrac{c(CO_3^{2-})}{c(CrO_4^{2-})}=\dfrac{K_{sp}^{\ominus}(BaCO_3)}{K_{sp}^{\ominus}(BaCrO_4)}=22$,即达到转化平衡时,溶液中的 $c(CO_3^{2-})$ 和 $c(CrO_4^{2-})$ 之比为 22。这表明,只要溶液中铬酸根离子的浓度大于 1/22 的 $c(CO_3^{2-})$,即保持 $c(CrO_4^{2-})>0.045\times c(CO_3^{2-})$,$BaCO_3$ 沉淀就可完全转化为 $BaCrO_4$。这样的转化在实验室中是可以实现的。

这类将溶解度较大的沉淀转化为溶解度较小的沉淀的方法在实践中十分有意义。例如,用 Na_2CO_3 溶液可以使锅炉的炉垢中的 $CaSO_4$ 转化为较疏松而易清除的 $CaCO_3$;用 Na_2SO_4 溶液处理工业残渣中的 $PbCl_2$,可将 $PbCl_2$ 转化为 $PbSO_4$,等等。

将溶解度较小的沉淀转化为溶解度较大的沉淀是否可行呢?在一定条件下也是可行的。最典型的例子是,钡的重要矿物资源之一是重晶石,即 $BaSO_4$,它不仅难溶,而且不溶于各种酸(如盐酸、硝酸、醋酸等)。以它为原料制取各种钡盐的方法之一,是将它转化为可以用盐酸溶解的 $BaCO_3$。

$$BaSO_4(s) + CO_3^{2-} \rightleftharpoons BaCO_3(s) + SO_4^{2-}$$

$$K_{转化}=\frac{c(SO_4^{2-})}{c(CO_3^{2-})}=\frac{K_{sp}^{\ominus}(BaSO_4)}{K_{sp}^{\ominus}(BaCO_3)}=1/24$$

实践中,用饱和 Na_2CO_3 溶液处理 $BaSO_4$,搅拌静置,取出上层清液,再加入饱和 Na_2CO_3 溶液,重复多次,就可使 $BaSO_4$ 完全转化为 $BaCO_3$。

习　题

7-1 (1)已知 25 ℃ 时 PbI_2 在纯水中溶解度为 $1.29\times10^{-3}\ mol\cdot L^{-1}$,求 PbI_2 的溶度积。

(2) 已知 25 ℃ 时 $BaCrO_4$ 在纯水中溶解度为 $2.91\times10^{-3}\ mol\cdot L^{-1}$,求 $BaCrO_4$ 的溶度积。

7-2 将 $0.01\ mol\cdot L^{-1}\ CaCl_2$ 和 $0.1\ mol\cdot L^{-1}\ (NH_4)_2SO_4$ 等体积混合,问是否有沉淀析出?[$K_{sp}^{\ominus}(CaSO_4)=6.1\times10^{-5}$]

7-3 $AgIO_3$ 和 $AgCrO_4$ 的溶度积分别为 9.2×10^{-9} 和 1.12×10^{-12},通过计算说明:

(1) 哪种物质在水中的溶解度大?

(2) 哪种物质在 $0.01\ mol\cdot L^{-1}$ 的 $AgNO_3$ 溶液中溶解度大?

7-4 室温下测得 AgCl 饱和溶液中 $c(Ag^+)$ 和 $c(Cl^-)$ 均约为 $1.3\times10^{-5}\ mol\cdot L^{-1}$。求反应 $AgCl(s) \rightleftharpoons Ag^+(aq)+Cl^-(aq)$ 的 $\Delta_r G_m^{\ominus}$。

7-5 在 $0.10\ mol\cdot L^{-1}$ HAc 和 $0.10\ mol\cdot L^{-1}\ CuSO_4$ 溶液中通入 H_2S 达到饱和,是否有 CuS 沉淀生成?

7-6 溶液中 Fe^{3+} 和 Mg^{2+} 的浓度均为 $0.01\ mol\cdot L^{-1}$,欲通过生成氢氧化物使二者分离,问溶液的 pH 应控制在什么范围?[$K_{sp}^{\ominus}(Fe(OH)_3)=2.79\times10^{-39}$,$K_{sp}^{\ominus}(Mg(OH)_2)=5.61\times10^{-12}$]

7-7 在 1 L 水中置入 0.1 mol 醋酸银(AgAc),求:

(1) 饱和溶液中 AgAc 的溶解度(s)及 pH;

(2) 加多少 HNO_3 可使醋酸银完全溶解?

已知：$pK_{sp}(AgAc)=2.7$，$pK_a(HAc)=4.8$。

7-8 把 Ag_2CrO_4 和 $Ag_2C_2O_4$ 固体同时溶于水中，直至两者在水中都达到饱和，求此溶液中的 $c(Ag^+)$。$[K_{sp}^{\ominus}(Ag_2CrO_4)=9.0\times10^{-12}, K_{sp}^{\ominus}(Ag_2C_2O_4)=6.0\times10^{-12}]$

7-9 今有一溶液，每毫升含 Fe^{2+} 和 Mg^{2+} 各 1 mg，试计算：析出 $Mg(OH)_2$ 和 $Fe(OH)_2$ 沉淀的最低 pH。$[K_{sp}^{\ominus}(Fe(OH)_2)=4.87\times10^{-17}, K_{sp}^{\ominus}(Mg(OH)_2)=5.61\times10^{-12}]$

7-10 0.20 L 1.5 $mol\cdot L^{-1}$的 Na_2CO_3 溶液可以使多少克 $BaSO_4$ 固体转化掉？

7-11 $Mg(OH)_2$ 在水中的溶解度为 1.12×10^{-4} $mol\cdot L^{-1}$，求溶度积常数 $K_{sp}^{\ominus}$。如果在 0.10 L 0.10 $mol\cdot L^{-1}$ $MgCl_2$ 溶液中加入 0.10 L 0.10 $mol\cdot L^{-1}$ $NH_3\cdot H_2O$，求需加入多少克 NH_4Cl 固体才能抑制$Mg(OH)_2$沉淀的生成？（已知 $NH_3\cdot H_2O$ 的 $K_b^{\ominus}=1.8\times10^{-5}$）

7-12 设有一金属 M，其二价离子不易变形，它与二元弱酸 H_2A 可形成化合物 MA。根据以下数据计算 MA 在水中的溶解度。

$$MA(s) \rightleftharpoons M^{2+}(aq) + A^{2-}(aq) \qquad K_{sp} = 4\times10^{-28}$$
$$H_2A \rightleftharpoons H^+ + HA^- \qquad K_1 = 1\times10^{-7}$$
$$HA^- \rightleftharpoons H^+ + A^{2-} \qquad K_2 = 1\times10^{-14}$$
$$H_2O \rightleftharpoons H^+ + OH^- \qquad K_w = 1\times10^{-14}$$

7-13 在 10 mL 0.20 $mol\cdot L^{-1}$ $MnCl_2$ 溶液中加入 10 mL 含 NH_4Cl 的 0.010 $mol\cdot L^{-1}$氨水溶液，计算含多少克 NH_4Cl 才不至于生成 $Mn(OH)_2$ 沉淀？

7-14 用 Na_2CO_3 和 Na_2S 溶液处理 AgI 固体，能不能将 AgI 固体转化为 Ag_2CO_3 和 Ag_2S？

7-15 定量分析中用 $AgNO_3$ 溶液滴定 Cl^- 离子溶液，加入 K_2CrO_4 为指示剂，达到滴定终点时，AgCl 沉淀完全，最后 1 滴 $AgNO_3$ 溶液正好与溶液中的 CrO_4^{2-} 反应生成砖红色的 Ag_2CrO_4 沉淀，指示滴定达到终点。问滴定终点时溶液中 CrO_4^{2-} 离子的浓度多大合适？设滴定终点时锥形瓶里溶液的体积为 50 mL，在滴定开始时应加入 0.1 $mol\cdot L^{-1}$的 K_2CrO_4 溶液多少毫升？

7-16 假设溶于水中的 $Mg(OH)_2$ 完全解离，试计算：

（1）$Mg(OH)_2$ 在水中的溶解度（$mol\cdot L^{-1}$）；

（2）$Mg(OH)_2$ 饱和溶液中的 $c(Mg^{2+})$和 $c(OH^-)$；

（3）$Mg(OH)_2$ 在 0.010 $mol\cdot L^{-1}$ NaOH 溶液中的 $c(Mg^{2+})$；

（4）$Mg(OH)_2$ 在 0.010 $mol\cdot L^{-1}$ $MgCl_2$ 中的溶解度（$mol\cdot L^{-1}$）。

7-17 已知反应：$Hg^{2+}(aq)+Hg \rightleftharpoons Hg_2^{2+}(aq)$，$K=80$。试通过有关计算说明，向 0.010 $mol\cdot L^{-1}$硝酸亚汞溶液中加入 $H_2S(aq)$，生成的硫化物沉淀是 HgS 还是 Hg_2S？（已知：HgS 和 Hg_2S 的 $K_{sp}^{\ominus}$分别等于 6.44×10^{-53}和 1×10^{-47}）

7-18 如果在 1.0 L Na_2CO_3 溶液中使 0.010 mol $BaSO_4$ 完全转化为 $BaCO_3$，所需要的 Na_2CO_3 的最低浓度是多少？

7-19 将 1.0 mL 1.0 $mol\cdot L^{-1}$的 $Cd(NO_3)_2$ 溶液加入到 1.0 L 5.0 $mol\cdot L^{-1}$氨水中，将生成 $Cd(OH)_2$ 还是 $[Cd(NH_3)_4]^{2+}$？通过计算说明之。

7-20 向 0.50 $mol\cdot L^{-1}$的 $FeCl_2$ 溶液中通入 H_2S 气体至饱和，若控制不析出 FeS 沉淀，求溶液 pH 的范围。（FeS 的 $K_{sp}^{\ominus}=6.3\times10^{-18}$，$H_2S$ 的 $K_a^{\ominus}=1.3\times10^{-20}$）

第8章 氧化还原反应

氧化还原反应是一类极其重要的化学反应。18世纪末,化学家在总结许多物质与氧的反应后,发现这类反应具有一些相似特征,提出了氧化还原反应的概念,即与氧化合的反应称为氧化反应;从含氧化合物中夺取氧的反应称为还原反应。随着化学的发展,人们发现许多反应与经典定义上的氧化还原反应有类似特征,19世纪发展化合价的概念后,化合价升高的一类反应并入氧化反应,化合价降低的一类反应并入还原反应。20世纪初,成键的电子理论被建立,于是又将失电子的半反应称为氧化反应,得电子的半反应称为还原反应。1948年,在价键理论和电负性的基础上,氧化数的概念被提出。1970年IUPAC对氧化数作出严格定义,氧化还原反应也得到了正式的定义:化学反应前后,元素的氧化数有变化的一类反应称为氧化还原反应。自然界中的燃烧、呼吸作用、光合作用,以及生产生活中的化学电池、金属冶炼、火箭发射等等都与氧化还原反应息息相关。研究氧化还原反应,对人类的进步具有极其重要的意义。

在学习了化学热力学基础和化学平衡的基础上,本章将重点讨论恒温恒压下有非体积功(即电功)的化学反应。通过讨论该类反应的进行程度,以及计算该类反应的平衡常数的特有的方法,提出该类反应自发进行的特有的热力学判据,从而掌握更加完整的化学热力学理论。

8.1 氧化还原反应基本概念

8.1.1 化合价和氧化数

在中学阶段已经认识到,一种元素一定数目的原子与其他元素一定数目的原子化合的性质,叫做这种元素的化合价。化合价有正价和负价。对于离子化合物,元素化合价的数值就是这种元素的一个原子得失电子的数目。失去电子的原子带正电,这种元素的化合价为正;得到电子的原子带负电,这种元素的化合价为负。对于共价化合物,元素化合价的数值就是这种元素的一个原子与其他元素的原子形成的共用电子对的数目。化合价的正负由电子对的偏移来决定。由于电子带有负电荷,电子对偏向哪种元素的原子,哪种元素就为负价;电子对偏离哪种元素的原子,哪种元素就为正价。化合价是一种元素的一个原子与其他元素的原子构成的化学键的数量。一个原子是由原子核和外围的电子组成的,电子在原子核外围是分层运动的,化合物的各个原子是以和化合价同样多的化合键互相连接在一起的。元素周围的价电子形成价键,单价原子可以形成一个共价键,双价原子可形成两个σ键或一个σ键加一个π键。化合价是物质中的原子得失的电子数或共用电子对偏移的数目。化合价也是元素在形成化合物时表现出的一种性质。

氧化数又叫氧化态,它是以化合价学说和元素电负性概念为基础发展起来的一个化学概念,它在一定程度上标志着元素在化合物中的化合状态。在根据化合价的升降值和电子转移情况来配平氧化还原反应方程式时,除简单的离子化合物外,对于其他物质,往往不易确定元素的化合价数值;对于一些结构复杂的化合物或原子团,更难确定它们在反应中的电子转移情况,因而难以表示物质中各元素所处的价态。

元素的化合价是元素的原子在形成化合物时所表现出的一种性质，因此在单质分子里，元素的化合价为零。

不论离子化合物还是共价化合物，正负化合价的代数和都等于零。

在运用化学键理论讨论化合物分子中原子之间成键问题时，曾遇到过这样的情况，即在同一化学式中同种元素的不同原子在与其他原子结合时表现出不同的能力与性质。如硫代硫酸根 $S_2O_3^{2-}$ 中的 S 元素，根据所给出的化学式计算，化合价为＋2 价。

硫代硫酸根中原子间的键连关系可以从其结构式看出(图 8-1)。居中的硫原子与邻近的 3 个氧原子共用 4 对电子，且共用电子对均偏向氧原子，故居中的硫原子显＋4 价。两个硫原子属于同种原子，可以认为它们的共用电子对与两个硫原子等距，于是可以认为右下的硫原子化合价为零。

还有另一种考虑方式：由于两个硫原子所处的位置和环境不同，它们的共用电子对实际上是不会像同核双原子分子的共用电子对那样，不偏不倚地处于两个原子的中间的。于是，可以认为居中的为＋6 价，右下的为－2 价。

再如连四硫酸根 $S_4O_6^{2-}$，可以认为两端的两个硫均为＋5 价，中间的两个硫为 0 价；也可以认为两端的两个硫均为＋6 价，中间的两个硫均为－1 价。这是从微观结构出发得出的结论，两种硫的化合价不同(图 8-2)。

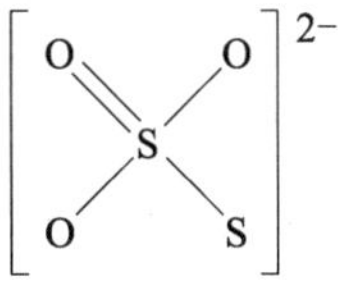

图 8-1　$S_2O_3^{2-}$ 的结构式

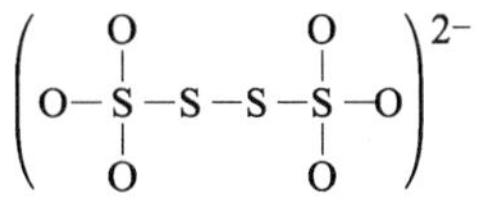

图 8-2　$S_4O_6^{2-}$ 的结构式

而从连四硫酸根的化学式 $S_4O_6^{2-}$ 出发，以氧元素的化合价为－2 价，可以算出硫元素的化合价为＋2.5 价。

在中学的化学课程中，也曾讨论过氧化还原反应。凡有元素化合价升降的化学反应就是氧化还原反应。含有化合价升高的元素的物质是还原剂，含有化合价降低的元素的物质是氧化剂。

讨论氧化还原反应及其相关问题，总离不开化合价概念。

化合价与分子、离子的微观结构有关。但是在讨论氧化还原反应时，面对的是物质的化学式，可以直接得到的就是从化学式出发算得的化合价。如前面提及的 $S_2O_3^{2-}$ 中的 S 元素化合价为＋2 价，连四硫酸根中的 S 元素化合价为＋2.5 价。

为了区别这种从化学式出发算得的化合价与从物质的微观结构出发得到的化合价，将从化学式出发算得的化合价定义为氧化数。即 $S_2O_3^{2-}$ 中 S 元素的氧化数为＋2，连四硫酸根中 S 元素的氧化数为＋2.5。

在前面的讨论中看到，从物质的微观结构出发得到的化合价只能为整数，但氧化数却可以为整数，也可以为分数。一般来说，元素的最高化合价等于其所在的族数，但是元素的氧化数却可以高于其所在的族数。如在 CrO_5 中 Cr 的氧化数为＋10，但是从其结构式(图 8-3)中，可以看出

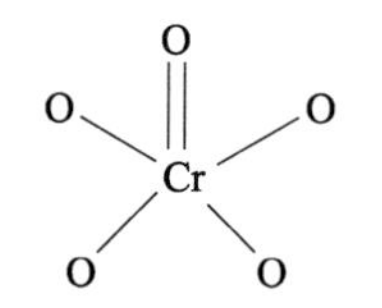

图 8-3 CrO_5 的结构式

Cr 的化合价为+6 价,这是 Cr 的最高价态,等于其所在的族数。

氧化数概念非常适用于讨论氧化还原反应,可以说凡有元素氧化数升降的化学反应就是氧化还原反应。含有氧化数升高的元素的物质是还原剂,含有氧化数降低的元素的物质是氧化剂。

本章中,也将用到"氧化态"这一术语,这是以氧化数为基础的概念,意思是某元素以一定氧化数存在的形式。例如,氯元素的各种氧化态 $HClO_4$,$HClO_3$,HClO,Cl_2 和 Cl^-,其中 Cl 的氧化数分别为+7,+5,+1,0 和-1。

8.1.2 氧化还原反应方程式的配平

配平氧化还原反应的方法很多。这里介绍两种方法:氧化数法和半反应法。

氧化数法是首先单独考察发生氧化数改变的元素,确定反应前后的氧化态,配平电子得失,然后把它们改写成主要存在形态,使方程式配平。这种方法由简入繁,条理清晰,便于把握。

1. 氧化数法

(1) 根据实验事实写出反应物和生成物,并注明反应条件;

(2) 标出氧化剂和还原剂反应前后的氧化数的变化;

(3) 按照氧化还原反应同时发生,氧化数升高和降低总数相等的原则,首先配平氧化剂和还原剂的系数;

(4) 根据反应的实际情况,用 H^+、OH^- 和 H_2O 等配平氧化数未发生变化的元素,使得方程两端各元素的原子个数均相等。

【例 8-1】 酸性介质中,$K_2Cr_2O_7$ 氧化 $FeSO_4$,生成 $Fe_2(SO_4)_3$ 和绿色 $Cr_2(SO_4)_3$,配平反应方程式。

解 氧化数确定:

反应物:$K_2Cr_2O_7$ [+6] $FeSO_4$ [+2]

生成物:$Cr_2(SO_4)_3$ [+3] $Fe_2(SO_4)_3$ [+3]

每个 Cr 原子氧化数变化=3 每个 Fe 原子氧化数变化=1

$$Cr_2O_7^{2-} + 6Fe^{2+} + 14H^+ = 2Cr^{3+} + 6Fe^{3+} + 7H_2O$$

【例 8-2】 配平 I_2 与 NaOH 溶液反应生成 NaI 和 $NaIO_3$ 的反应方程式。

解 氧化数确定:

反应物:I_2 [0]

生成物:NaI [-1] $NaIO_3$ [+5]

每个 I 原子氧化数降低=1 每个 I 原子氧化数增高=5

$$3I_2 + 6OH^- = 5I^- + IO_3^- + 3H_2O$$

2. 半反应法(离子-电子法)

将总反应分解为氧化反应和还原反应。配平原则:

(1) 反应过程中氧化剂得到的电子数等于还原剂失去的电子数。

(2) 反应前后各元素的原子总数相等。

注意：只能用于水溶液中的氧化还原反应，不能用于配平气相或固相反应方程式。

配平步骤：

(1) 用离子式写出主要反应物和产物(气体、纯液体、固体和弱电解质则写分子式)。

(2) 分别写出两个半反应(写出氧化剂被还原和还原剂被氧化的半反应)。配平两个半反应方程式，等号两边的各种元素的原子总数各自相等且电荷数相等。

(3) 确定两个半反应方程式得、失电子数目的最小公倍数，使两个半反应得、失电子数目相同。然后，将两者合并，就得到了配平的氧化还原反应的离子方程式。有时根据需要可将其改为分子方程式。

【例 8-3】 配平稀 H_2SO_4 中，$KMnO_4$ 氧化 $H_2C_2O_4$ 溶液的反应方程式。

解 (1) 根据实验现象，写出主要产物，以离子方程式表示：

$$MnO_4^- + H^+ + H_2C_2O_4 \longrightarrow Mn^{2+} + CO_2$$

(2) 写出半反应：氧化反应　$H_2C_2O_4 \longrightarrow CO_2$　　$+3 \rightarrow +4$

还原反应　$MnO_4^- \longrightarrow Mn^{2+}$　　$+7 \rightarrow +2$

(3) 配平半反应原子数和电荷数：

氧化反应　$H_2C_2O_4 = CO_2 + 2H^+ + 2e^-$

还原反应　$MnO_4^- + 8H^+ + 5e^- = Mn^{2+} + 4H_2O$

(4) 总反应＝5×氧化反应＋2×还原反应

$$2MnO_4^- + 6H^+ + 5H_2C_2O_4 = 10CO_2 + 2Mn^{2+} + 8H_2O$$

【例 8-4】 $KMnO_4 + K_2SO_3 \xrightarrow{\text{酸性溶液中}} MnSO_4 + K_2SO_4$，配平反应方程式。

解 (1) $MnO_4^- + SO_3^{2-} \longrightarrow SO_4^{2-} + Mn^{2+}$

(2) $MnO_4^- + 8H^+ + 5e^- = Mn^{2+} + 4H_2O$　①

$SO_3^{2-} + H_2O = SO_4^{2-} + 2H^+ + 2e^-$　②

(3) ①×2，②×5 得

$$2MnO_4^- + 16H^+ + 10e^- = 2Mn^{2+} + 8H_2O \quad ③$$

$$5SO_3^{2-} + 5H_2O = 5SO_4^{2-} + 10H^+ + 10e^- \quad ④$$

③＋④得

$$2MnO_4^- + 5SO_3^{2-} + 6H^+ = 2Mn^{2+} + 5SO_4^{2-} + 3H_2O$$

$$2KMnO_4 + 5K_2SO_3 + 3H_2SO_4 = 2MnSO_4 + 6K_2SO_4 + 3H_2O$$

8.2 原　电　池

8.2.1 原电池概述

原电池是将化学能转变成电能的装置(图 8-4)。所以，根据定义，普通的干电池、燃料电池都可以称为原电池。组成原电池的基本条件是：将两种活泼性不同的金属(或石墨)用导线连接后插入电解质溶液中。电流的产生是由于氧化反应和还原反应分别在两个电极上进行的结果。原电池中,较活泼的金属做负极,较不活泼的金属做正极。负极本身易失电子发生氧化反应,电子沿导线流向正极;正极上一般为电解质溶液中的阳离子得电子发生还原反应。在原电池中,外电路为电子导电,电解质溶液中为离子导电。

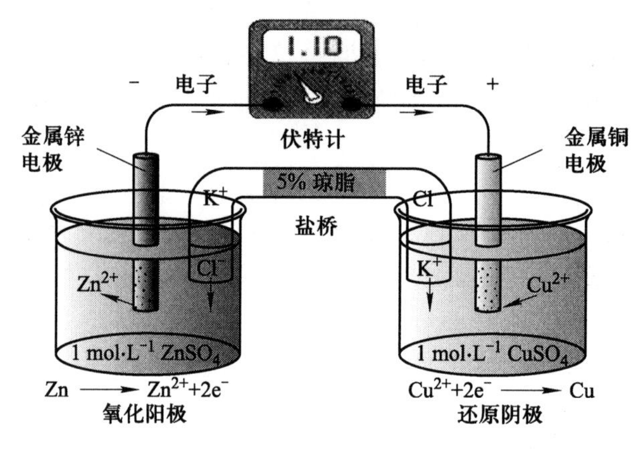

图 8-4 原电池装置

图 8-4 的左池中,锌片插在 1 mol·L^{-1}的 $ZnSO_4$溶液中;右池中,铜片插在 1 mol·L^{-1}的 $CuSO_4$ 溶液中。两池之间倒置的 U 形管叫做盐桥。检流计表明,电子从锌片流向铜片。左侧为负极,右侧为正极。

在左侧锌极上发生的反应是:负极(电子流出), $Zn(s) \Longrightarrow 2e^- + Zn^{2+}(aq)$,电子留在锌片上,发生氧化反应;在右侧铜极上发生的反应是:正极(电子流入), $Cu^{2+}(aq) + 2e^- \Longrightarrow Cu(s)$,从锌片上过来的电子,使 Cu^{2+} 还原成 Cu,沉积在铜片上,发生还原反应。所以电池反应(氧化还原反应)方程式为

$$Zn + Cu^{2+} \Longrightarrow Cu + Zn^{2+}$$

分别发生在两极的反应称为半电池反应,或半反应。原则上,任何一个氧化还原反应均可以用原电池的方式完成,当然也可以表示为两个半电池反应。电池反应是一个简单明了的氧化还原反应,很容易表示为两个半电池反应。

8.2.2 盐桥

盐桥常出现在原电池中,是由琼脂和饱和氯化钾或饱和硝酸铵溶液构成的,用来在两种溶液之间转移电子(图 8-5)。

在两种溶液之间插入盐桥以代替原来的两种溶液的直接接触,减免和稳定液接电势(当组成或活度不同的两种电解质接触时,在溶液接界处由于正负离子扩散通过界面的离子迁移速率不同,造成正负电荷分离而形成双电层,这样产生的电势差称为液体接界扩散电势,简称液接电势),使液接电势减至最小,以至接近消除。防止试液中的有害离子扩散到参比电极的内盐桥溶液中影响其电极电势。

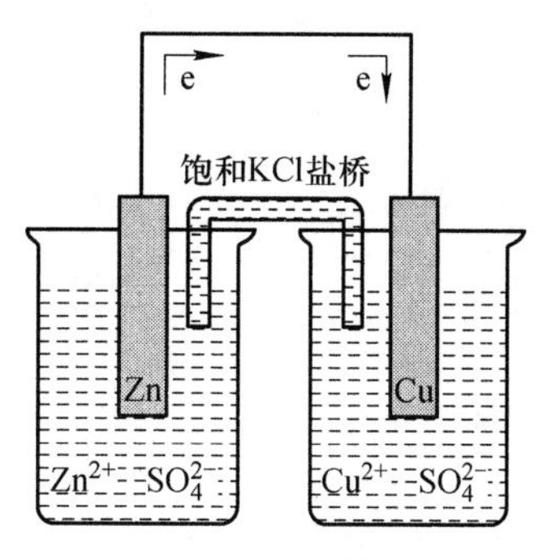

图 8-5　盐桥的组成

8.2.3　电池符号

原电池可以用电池符号表示，上述的 Cu-Zn 电池可表示如下：

$$(-)Zn(s)\,|\,Zn^{2+}(c)\,\|\,Cu^{2+}(c)\,|\,Cu(s)(+)$$

(1) 一般把负极(如 Zn 棒与 Zn^{2+} 离子溶液)写在电池符号表示式的左边，正极(如 Cu 棒与 Cu^{2+} 离子溶液)写在电池符号表示式的右边。

(2) 以化学式表示电池中各物质的组成，溶液要标上活度或浓度($mol \cdot L^{-1}$)；若为气体物质，应注明其分压(Pa)，还应标明当时的温度。如不写出，则温度为 298.15 K，气体分压为 101.325 kPa，溶液浓度为 1 $mol \cdot L^{-1}$。

(3) 以符号“|”表示不同物相之间的接界，用“‖”表示盐桥。同一相中的不同物质之间用“,”隔开。

(4) 非金属或气体不导电，因此非金属元素以不同氧化数构成的氧化还原电对做半电池时，需外加惰性导体(如铂或石墨等)做电极导体。其中，惰性导体不参与电极反应，只起导电(输送或接收电子)的作用，故称为“惰性”电极。

8.3　电极电势和电池电动势

8.3.1　电极电势

Cu-Zn 电池中，为什么电子从锌片流向铜片？为什么 Cu 为正极，Zn 为负极？或者说为什么铜片的电势比锌片的高？这些是我们首先要回答的问题。

在中学化学课程里，依据金属活动性顺序表判断原电池的正负极。但原电池和电极是多种多样的，仅靠这一方法去判断是远不够的，必须学习一些新的概念，以掌握一些新的方法。

Zn 插入 Zn^{2+} 的溶液中，构成新电极，这种电极属于“金属-金属离子电极”。当金属 M 与其离子 M^{2+} 接触时，有两种过程可能发生：

过程 a，金属电离给出电子：　　$M = M^{2+} + 2e^-$

过程 b，金属离子与电子结合：　　$M^{2+} + 2e^- = M$

金属越活泼，溶液越稀，则过程 a 进行的程度越大：金属越不活泼，溶液越浓，则过程 b 进行的程度越大。达到平衡时,对于 Zn/Zn^{2+} 电极来说,一般认为是锌片上留下负电荷,而 Zn^{2+} 进入溶液,故溶液的电势高于极板。在 Zn 和 Zn^{2+} 溶液的界面上,形成双电层,如图 8-6(a)所示。

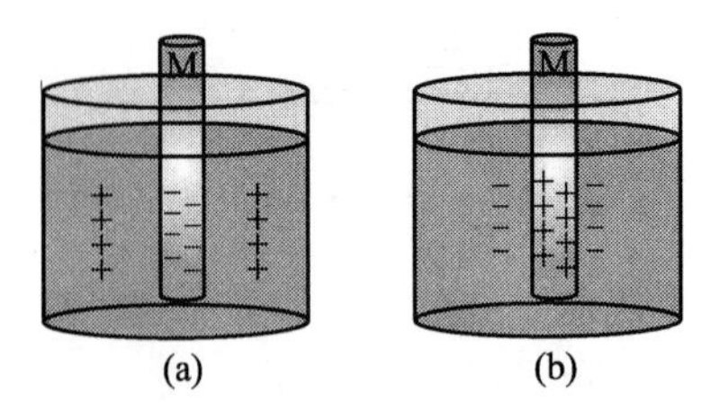

图 8-6 金属电极的双电层

双电层之间的电势差就是 Zn/Zn^{2+} 电极的电极电势,用 E 表示。本书中双电层之间的电势差是指金属高出溶液的电势差,所以 Zn/Zn^{2+} 电极的电极电势为负值。当 Zn 和溶液中的 Zn^{2+} 均处于标准态时,这个电极电势称为锌电极的标准电极电势,用 $E^{\ominus}$ 表示。上述锌电极的标准电极电势为 -0.76 V,表示为

$$E^{\ominus}(Zn^{2+}/Zn) = -0.76 \text{ V}$$

( )内斜线"/"的左边写氧化数高的物质,右边写氧化数低的物质。

铜电极的双电层的结构与锌电极的相反,如图 8-6(b)所示。

达到平衡时,对于 Cu/Cu^{2+} 电极来说,可以认为是 Cu^{2+} 沉积在极板上,铜片上的正电荷过剩,故极板的电势高于溶液。故有 $E^{\ominus}(Cu^{2+}/Cu) = +0.34$ V。

8.3.2 原电池的电动势

电极电势 E 表示电极中极板与溶液之间的电势差。当盐桥将两个电极的溶液连通时,认为两溶液之间的电势差被消除,则两电极的电极电势之差就是两极板之间的电势差,也就是原电池的电动势。用 $E_{池}$ 表示原电池的电动势,则有

$$E_{池} = E_{(+)} - E_{(-)}$$

若构成两电极的各物质均处于标准状态,即电池具有标准电动势 $E^{\ominus}_{池}$,且

$$E^{\ominus}_{池} = E^{\ominus}_{(+)} - E^{\ominus}_{(-)}$$

原电池中电极电势 E 大的电极为正极,故电池的电动势 $E_{池}$ 的值为正。有时计算的结果 $E_{池}$ 为负值,这说明计算之前对于正负极的判断与实际情况不符。$E>0$,说明氧化还原反应可以原电池方式完成。

本章前面提到的用电池符号

$$(-)Zn|Zn^{2+}(1 \text{ mol} \cdot L^{-1})\|Cu^{2+}(1 \text{ mol} \cdot L^{-1})\ |\ Cu(+)$$

表示的铜-锌原电池,当两池的电势被盐桥拉平时,铜片的电势当然比锌片的高,电子自然要从锌片流向铜片,Cu 为正极,Zn 为负极。标准电动势若用 $E^{\ominus}_{池}$ 表示,则有

$$E^{\ominus}_{池} = E^{\ominus}_{(+)} - E^{\ominus}_{(-)} = [0.34 - (-0.76)] \text{ V} = 1.10 \text{ V}$$

所以氧化还原反应 $Zn + Cu^{2+} = Cu + Zn^{2+}$ 可以原电池方式完成。

8.3.3 标准氢电极

测定一个电极的电极电势 E,例如测定金属-金属离子电极的电势,也就是要测定金属极板

与离子溶液之间的电势差，必须组成一个电路。组成电路就必须有两个电极，其中一个是待测电极，而另一个应该是已知 E 的参比电极。测出由待测电极和参比电极组成的原电池的电动势 $E_{池}$，由公式 $E_{池}=E_{(+)}-E_{(-)}$ 和参比电极的 E，就可以计算出待测电极的电极电势。

现在的问题在于，用什么电极作为参比电极？参比电极的电极电势如何得知？

铂连接着涂满铂黑（一种极细的铂微粒）的铂片，作为极板插入到标准态的 $c(H^+)=1\ mol \cdot L^{-1}$ 的溶液中，并向其中通入标准态的 H_2(100 kPa) 构成标准氢电极。电化学和热力学上规定，标准氢电极的电极电势为零，即 $E^{\ominus}(H^+/H_2)=0\ V$，氢电极作为原电池正极时的半反应为

$$2H^+ + 2e^- = H_2$$

氢电极属于气体-离子电极。标准氢电极作为负极时，在电池符号中可以表示为

$$Pt \mid H_2(100\ kPa) \mid H^+\ (1\ mol \cdot L^{-1})$$

标准氢电极与标准铜电极组成的原电池，用电池符号表示为

$$(-)Pt \mid H_2(p^{\ominus}) \mid H^+\ (1\ mol \cdot L^{-1}) \parallel Cu^{2+}(1\ mol \cdot L^{-1}) \mid Cu(+)$$

测得该电池的电动势　$E^{\ominus}_{池}=0.34\ V$

由公式　$E^{\ominus}_{池}=E^{\ominus}_{(+)}-E^{\ominus}_{(-)}$

得　$E^{\ominus}_{(+)}=E^{\ominus}_{池}+E^{\ominus}_{(-)}$

故　$E^{\ominus}(Cu^{2+}/Cu)=E^{\ominus}_{池}+E^{\ominus}(H^+/H_2)=0.34\ V+0\ V=0.34\ V$

为测锌电极的电极电势，将其与标准氢电极组成原电池

$$(-)Zn \mid Zn^{2+}(1\ mol \cdot L^{-1}) \parallel H^+\ (1\ mol \cdot L^{-1}) \mid H_2(p^{\ominus}) \mid Pt(+)$$

测得该电池的电动势　$E^{\ominus}_{池}=0.76\ V$

则　$E^{\ominus}_{(-)}=E^{\ominus}_{(+)}-E^{\ominus}_{池}=0\ V-0.76\ V=-0.76\ V$

即待测电极——锌电极的电极电势为 -0.76 V。

必须注意的是，$E^{\ominus}(H^+/H_2)=0\ V$ 是一种规定。右上角的符号"⊖"代表标准态。

标准态要求：电极处于标准压力(100 kPa 或 1 bar，1 bar=10^5 Pa)下，组成电极的固体或液体物质都是纯净物质；气体物质其分压为 100 kPa；组成电对的有关离子(包括参与反应的介质)的浓度为 $1\ mol \cdot L^{-1}$(严格的概念是活度)，通常测定的温度为 298 K。

8.4　电池反应的热力学

8.4.1　电动势 $E^{\ominus}$ 和电池反应的 $\Delta_r G^{\ominus}_m$ 的关系

从热力学的学习中已经了解到自发进行的反应自由能变化为负值，即 $\Delta_r G<0$，而在本章我们又看到氧化还原反应自发进行的方向是电池电动势大于零的方向。将这两种判断结合在一起考虑，就可知体系的自由能在恒温恒压下减少的值等于体系做最大有用功的能力(非膨胀功)，即 $\Delta_r G_m=-W$。在电池中，如果非膨胀功只有电功一种，那么自由能变和电池电动势关系为

$$电功=电量\times电动势=q \cdot E=nFE \tag{8-1}$$

$$\Delta_r G_m=-nFE \tag{8-2}$$

$\Delta_r G_m$ 是自由能变化(kJ)，n 是在反应中电子的转移数，F 是法拉第常数($96.487\ kJ \cdot V^{-1} \cdot mol^{-1}$)，

E 是电动势(V)。

当各反应物均为标准态时,E 即是 $E^{\ominus}$,则式(8-2)变为

$$\Delta_r G_m^{\ominus} = -nFE^{\ominus} \tag{8-3}$$

E 和 $E^{\ominus}$的关系,相当于 $\Delta_r G_m$ 和 $\Delta_r G_m^{\ominus}$ 的关系,关于这一点后面还要详细地讨论。

【例 8-5】 求电池(−)Pt | H_2(100 kPa) | H^+ (1 mol · L^{-1}) ‖ Cl^- (1 mol · L^{-1}) | AgCl | Ag(+)的 $E_{池}^{\ominus}$和 $E^{\ominus}$(AgCl,Cl^-/Ag)。已知:$1/2H_2 + AgCl = Ag + HCl$ 的 $\Delta_r H_m^{\ominus} = -40.4\ kJ \cdot mol^{-1}$,$\Delta_r S_m^{\ominus} = -63.6\ J \cdot mol^{-1}$。

解 负极:$H_2 = 2H^+ + 2e^-$

正极:$AgCl + e^- = Ag + Cl^-$

$\Delta_r G_m = \Delta_r H_m^{\ominus} - T\Delta_r S_m^{\ominus} = -21.4\ kJ \cdot mol^{-1}$

$\Delta_r G_m^{\ominus} = -nFE_{池}^{\ominus}$

$E_{池}^{\ominus} = 0.22$ V(反应正向自发进行)

$E_{池}^{\ominus} = E_{(+)}^{\ominus} - E_{(-)}^{\ominus} = E^{\ominus}(AgCl,Cl^-/Ag)$

$E^{\ominus}(AgCl,Cl^-/Ag) = 0.22$ V

8.4.2 $E^{\ominus}$和电池反应的 $K^{\ominus}$的关系

由 $\Delta_r G_m^{\ominus} = -RT\ln K^{\ominus}$和 $\Delta_r G_m^{\ominus} = -nFE^{\ominus}$得

$$nFE^{\ominus} = RT\ln K^{\ominus}$$

故
$$E^{\ominus} = (RT/nF)\ln K^{\ominus}$$

换底得
$$E^{\ominus} = (2.303RT/nF)\lg K^{\ominus} \tag{8-4}$$

298 K 时,可以写成

$$E^{\ominus} = (0.059\ V/n)\lg K^{\ominus} \tag{8-5}$$

从而可以由 $E^{\ominus}$求得氧化还原反应的平衡常数 $K^{\ominus}$,以讨论反应进行的方向和限度。

【例 8-6】 求反应 $Zn + Cu^{2+} = Cu + Zn^{2+}$,298 K 时的 $K^{\ominus}$。

解 将反应分解成两个半反应,从附录中查出 $E^{\ominus}$。

$$Cu^{2+} + 2e^- = Cu \qquad E_{(+)}^{\ominus} = +0.34\ V$$

$$Zn^{2+} + 2e^- = Zn \qquad E_{(-)}^{\ominus} = -0.76\ V$$

$$E_{池}^{\ominus} = E_{(+)}^{\ominus} - E_{(-)}^{\ominus} = 0.34\ V - (-0.76\ V) = 1.10\ V$$

由式(8-5)得 $\lg K^{\ominus} = nE^{\ominus}/0.0592$ V。将 $E_{池}^{\ominus} = 1.10$ V,$n=2$ 代入得

$$\lg K^{\ominus} = 37.3,\quad 故\ K^{\ominus} = 2.0 \times 10^{37}$$

【例 8-7】 利用 $E^{\ominus}$计算下列反应在 298 K 的平衡常数。

$$2Cu(s) + 2HI(aq) = 2CuI(s) + H_2(g)$$

解 把题示反应设计为一个原电池:

负极(氧化反应): $2Cu(s) + 2I^-(aq) = 2CuI(s) + 2e^-$

正极(还原反应): $2H^+(aq) + 2e^- = H_2(g)$

相应的电池符号为

$$(-)Cu(s)\,|\,CuI(s)\,|\,HI(1\ mol\cdot L^{-1})\,|\,H_2(1p^{\ominus})\,|\,Pt(+)$$

$$E^{\ominus}_{池}=E^{\ominus}_{(+)}-E^{\ominus}_{(-)}=E^{\ominus}(H^+/H_2)-E^{\ominus}(CuI/Cu)$$

$$=[0-(-0.1852)]\ V=0.1852\ V$$

原电池放电总反应：$n=2$

$$\lg K^{\ominus}=nFE^{\ominus}/(2.303RT)$$

$$=(2\times 96484\ C\cdot mol^{-1}\times 0.1852\ V)/(2.303\times 8.314\ J\cdot mol^{-1}\cdot K^{-1}\times 298\ K)$$

$$=6.263$$

$$K^{\ominus}=1.83\times 10^6$$

【例 8-8】 求 $KMnO_4$ 在稀硫酸溶液中与 $H_2C_2O_4$ 反应的平衡常数 $K^{\ominus}$（温度 298.15 K）。

解　先将该氧化还原反应设计成原电池：

$$5H_2C_2O_4+2MnO_4^-+6H^+ = 10CO_2+2Mn^{2+}+8H_2O$$

正极：　$MnO_4^-+8H^++5e^- = Mn^{2+}+4H_2O$　　$E^{\ominus}_{(+)}=1.507\ V$

负极：　$H_2C_2O_4 = 2CO_2+2H^++2e^-$　　$E^{\ominus}_{(-)}=-0.49\ V$

$$\lg K^{\ominus}=\frac{nE^{\ominus}_{池}}{0.0592}=\frac{10\times[1.507-(-0.49)]}{0.0592}=337.3$$

$$K^{\ominus}=2.14\times 10^{337}$$

8.4.3　E 和 $E^{\ominus}$ 的关系——能斯特方程

1. 电动势的能斯特方程

对于电池反应 $aA+bB = cC+dD$，有化学反应等温式

$$\Delta_r G_m=\Delta_r G^{\ominus}_m+RT\ln\frac{c(C)^c c(D)^d}{c(A)^a c(B)^b}$$

将 $\Delta_r G_m=-nFE$ 和 $\Delta_r G^{\ominus}_m=-nFE^{\ominus}$ 代入式中，换底，得

$$E=E^{\ominus}-\frac{2.303RT}{nF}\lg\frac{c(C)^c c(D)^d}{c(A)^a c(B)^b}$$

298 K 时

$$E=E^{\ominus}-\frac{0.0592\ V}{n}\lg\frac{c(C)^c c(D)^d}{c(A)^a c(B)^b},\quad 即\ E=E^{\ominus}-\frac{0.0592\ V}{n}\lg Q \tag{8-6}$$

上式反映了 298 K 时非标准电动势和标准电动势的关系，即在非标准浓度时电动势偏离标准电动势的状况。这个方程式是 1889 年由德国人能斯特（W. H. Nernst）提出的，称为能斯特方程。

2. 电极电势的能斯特方程

电池反应　$aA+bB = cC+dD$

正极　$aA = cC$　　A：氧化型　　C：还原型

负极　$dD = bB$　　D：氧化型　　B：还原型

其电子转移数为 n。则电池反应电动势的能斯特方程为

$$E=E^{\ominus}+\frac{2.303RT}{nF}\lg\frac{[氧化型]}{[还原型]}$$

在 298 K 时，能斯特方程为

$$E = E^{\ominus} + \frac{0.0592\ \text{V}}{n} \lg \frac{[\text{氧化型}]}{[\text{还原型}]} \tag{8-7}$$

上式称为电极电势的能斯特方程。它反映了 298 K 时非标准电极电势和标准电极电势的关系，或者说反映了电极电势与浓度的关系。从能斯特方程中可以看出：

(1) 离子浓度(或气体分压)对电极电势有影响。

(2) 氧化态物质浓度(或分压)增大，电极电势上升。

(3) 还原态物质浓度(或分压)增大，电极电势下降。

(4) 有 H^+ 或 OH^- 参加反应时，它们的浓度对电极电势有较大的影响。

能斯特方程可以计算任何时刻电对的电极电势，但书写时要注意：

(1) 反应方程式中物质的系数在本方程中是指数。

(2) 反应方程式中某物质是固体或纯液体时，浓度为 1 mol · L^{-1}。

(3) H^+ 或 OH^- 作为介质参加反应时，它们的浓度该如何表示？

(4) 有 H_2O 参加时，$c(H_2O)$不写入。

能斯特方程中的[氧化型]、[还原型]必须严格地按照电极反应式写，可以通过下面两个例子来说明这个问题。

【例 8-9】 298 K 时，写出下列反应的能斯特方程。

(1) $Cr_2O_7^{2-} + 14H^+ + 6e^- = 2Cr^{3+} + 7H_2O$

(2) $2H^+ + 2e^- = H_2$

(3) $O_2 + 4H^+ + 4e^- = H_2$

(4) $I_2(s) + 2e^- = 2I^-$

解 (1) $E = E^{\ominus} + \frac{0.0592\ \text{V}}{6} \lg \frac{c(Cr_2O_7^{2-})c(H^+)^{14}}{c(Cr^{3+})^2}$

(2) $E = E^{\ominus} + \frac{0.0592\ \text{V}}{2} \lg \frac{c(H^+)^2}{p(H_2)/p^{\ominus}}$

(3) $E = E^{\ominus} + \frac{0.0592\ \text{V}}{4} \lg \frac{\frac{p(O_2)}{p^{\ominus}} c(H^+)^4}{1}$

(4) $E = E^{\ominus} + \frac{0.0592\ \text{V}}{2} \lg \frac{1}{c(I^-)^2}$

8.5 影响电极电势的因素

对于电极电势的能斯特方程

$$E = E^{\ominus} + \frac{0.0592\ \text{V}}{n} \lg \frac{[\text{氧化型}]}{[\text{还原型}]}$$

若电对的[氧化型]增大，则 E 增大，比 $E^{\ominus}$ 要大；若电对的[还原型]增大，则 E 减小，比 $E^{\ominus}$ 要小。

于是，凡影响[氧化型]、[还原型]的因素，都将影响电极电势的值。下面从酸度的影响、沉淀物生成的影响和配合物生成的影响等三个方面对此加以讨论。

8.5.1　酸度对电极电势的影响

许多氧化剂，如 H_3AsO_4，$KMnO_4$，$K_2Cr_2O_7$ 等物质中都含有“O”，还原后“O”的数目减少(与溶液中 H^+ 结合成 H_2O)。由于溶液中有 H^+ 参加反应，所以酸度将对 E 产生影响，而且这种影响往往是较大的。

【例 8-10】　已知电极反应 $H_3AsO_4 + 2H^+ + 2e^- \rightleftharpoons H_3AsO_3 + H_2O \quad E^\ominus = 0.58\ V$。当 $c(H_3AsO_4) = c(H_3AsO_3) = 1\ mol \cdot L^{-1}$ 时，分别计算 $c(H^+) = 10\ mol \cdot L^{-1}$ 和 $pH = 8$ 时的 $E(H_3AsO_4/H_3AsO_3)$。

解　当 $c(H^+) = 10\ mol \cdot L^{-1}$ 时

$$E = E^\ominus(H_3AsO_4/H_3AsO_3) + \frac{0.0592}{2}\lg\frac{c(H_3AsO_4)c(H^+)^2}{c(H_3AsO_3)}$$

$$= \left(0.58 + \frac{0.0592}{2}\lg\frac{10^2}{1}\right)\ V = 0.64\ V$$

当 $pH = 8$ 时

$$E = E^\ominus(H_3AsO_4/H_3AsO_3) + \frac{0.0592}{2}\lg\frac{c(H_3AsO_4)c(H^+)^2}{c(H_3AsO_3)}$$

$$= \left[0.58 + \frac{0.0592}{2}\lg\frac{(10^{-8})^2}{1}\right]\ V = 0.11\ V$$

【例 8-11】　已知：$E^\ominus(MnO_4^-/Mn^{2+}) = +1.51\ V$，$c(MnO_4^-) = c(Mn^{2+}) = 1.0\ mol \cdot L^{-1}$，$c(H^+) = 10.0\ mol \cdot L^{-1}$，计算 $E(MnO_4^-/Mn^{2+})$。

解　电极反应 $MnO_4^- + 8H^+ + 5e^- \rightleftharpoons Mn^{2+} + 4H_2O$

$$E(MnO_4^-/Mn^{2+}) = E^\ominus(MnO_4^-/Mn^{2+}) + \frac{0.0592}{5}\lg\frac{\left[\frac{c(MnO_4^-)}{c^\ominus}\right]\left[\frac{c(H^+)}{c^\ominus}\right]^8}{\left[\frac{c(Mn^{2+})}{c^\ominus}\right]}$$

$$= +1.51\ V + \frac{0.0592\ V}{5}\lg\frac{(1.0\ mol \cdot L^{-1}) \times (10.0\ mol \cdot L^{-1})^8}{1.0\ mol \cdot L^{-1}}$$

$$= +1.62\ V$$

$c(H^+)$ 越大，E 越大，即含氧酸盐在酸性介质中其氧化性越强。

8.5.2　沉淀和配位对电极电势的影响

由于沉淀剂的加入，使得电对中的物质浓度因沉淀生成而发生变化，必将引起电极电势的变化。根据能斯特方程，若氧化型浓度变小，则电极电势减小；若还原型浓度变小，则电极电势增大。

【例 8-12】 已知 $E^{\ominus}(Cu^{2+}/Cu^{+})=0.153\ V$,若在 Cu^{2+}/Cu^{+} 溶液中加入 I^{-},则有 CuI 沉淀生成,假设平衡后溶液中 Cu^{2+} 及 I^{-} 的浓度为 $1.00\ mol\cdot L^{-1}$,计算 $E(Cu^{2+}/Cu^{+})$。已知 CuI 的 $K_{sp}=1.29\times10^{-12}$。

解 $Cu^{+}+I^{-}=\!=\!=CuI$

$$K_{sp}=c(Cu^{+})c(I^{-})=1.29\times10^{-12}$$

$$c(Cu^{+})=\frac{K_{sp}}{c(I^{-})}=1.29\times10^{-12}(mol\cdot L^{-1})$$

$$Cu^{2+}+e^{-}=\!=\!=Cu^{+}\quad E^{\ominus}(Cu^{2+}/Cu^{+})=0.153\ V$$

$$E(Cu^{2+}/Cu^{+})=E^{\ominus}(Cu^{2+}/Cu^{+})+\frac{0.0592}{n}\lg\frac{c(Cu^{2+})}{c(Cu^{+})}$$

$$=\left(0.153+\frac{0.0592}{1}\lg\frac{1}{1.29\times10^{-12}}\right)\ V=0.857\ V$$

【例 8-13】 已知 $E^{\ominus}(Ag^{+}/Ag)=0.800\ V$,若在电极溶液中加入 Cl^{-},则有 AgCl 沉淀生成,假设平衡后溶液中 Cl^{-} 的浓度为 $1.00\ mol\cdot L^{-1}$,计算 $E(Ag^{+}/Ag)$。

解 沉淀平衡: $Ag^{+}+Cl^{-}=\!=\!=AgCl$ $\quad K_{sp}=1.76\times10^{-10}$

电极反应: $Ag^{+}+e^{-}=\!=\!=Ag$ $\quad E^{\ominus}(Ag^{+}/Ag)=0.800\ V$

改变浓度后:
$$E(Ag^{+}/Ag)=E^{\ominus}(Ag^{+}/Ag)+\frac{0.0592}{n}\lg c(Ag^{+})$$

$$=\left[0.800+\frac{0.0592}{1}\lg(1.76\times10^{-10})\right]\ V=0.223\ V$$

【例 8-14】 在含有 $1.0\ mol\cdot L^{-1}\ Fe^{3+}$ 和 $1.0\ mol\cdot L^{-1}\ Fe^{2+}$ 的溶液中加入 KCN(s),有 $[Fe(CN)_6]^{3-}$、$[Fe(CN)_6]^{4-}$ 配离子生成。当系统中 $c(CN^{-})=1.0\ mol\cdot L^{-1}$,$c([Fe(CN)_6]^{3-})=c([Fe(CN)_6]^{4-})=1.0\ mol\cdot L^{-1}$,计算 $E(Fe^{3+}/Fe^{2+})$。已知:$[Fe(CN)_6]^{3-}$、$[Fe(CN)_6]^{4-}$ 配离子的稳定常数分别为 $10^{43.6}$ 和 $10^{35.4}$。

解 $Fe^{3+}+e^{-}=\!=\!=Fe^{2+}$

加 KCN 后,发生下列配位反应:

$$Fe^{3+}+6CN^{-}=\!=\!=[Fe(CN)_6]^{3-},\quad Fe^{2+}+6CN^{-}=\!=\!=[Fe(CN)_6]^{4-}$$

$$K_{稳}([Fe(CN_6)]^{3-})=\frac{c([Fe(CN_6)]^{3-})}{c(Fe^{3+})c(CN^{-})^6},\quad K_{稳}([Fe(CN_6)]^{4-})=\frac{c([Fe(CN_6)]^{4-})}{c(Fe^{2+})c(CN^{-})^6}$$

当 $c(CN^{-})=c([Fe(CN)_6]^{3-})=c([Fe(CN)_6]^{4-})=1.0\ mol\cdot L^{-1}$ 时

$$c(Fe^{3+})=\frac{1}{K_{稳}([Fe(CN)_6]^{3-})}=10^{-43.6},\quad c(Fe^{2+})=\frac{1}{K_{稳}([Fe(CN)_6]^{4-})}=10^{-35.4}$$

$$E(Fe^{3+}/Fe^{2+})=E^{\ominus}(Fe^{3+}/Fe^{2+})+0.0592\lg\frac{c(Fe^{3+})}{c(Fe^{2+})}$$

$$=\left(0.771+0.0592\lg\frac{10^{-43.6}}{10^{-35.4}}\right)\ V$$

$$=0.29\ V$$

总反应: $[Fe(CN)_6]^{3-}+e^{-}=\!=\!=[Fe(CN)_6]^{4-}$

当 $c([Fe(CN)_6]^{3-})=c([Fe(CN)_6]^{4-})=1.0\ mol\cdot L^{-1}$ 时

$$
\begin{aligned}
E([Fe(CN)_6]^{3-}/[Fe(CN)_6]^{4-}) &= E(Fe^{3+}/Fe^{2+}) \\
&= E^{\ominus}(Fe^{3+}/Fe^{2+}) + 0.0592\lg\frac{c(Fe^{3+})}{c(Fe^{2+})} \\
&= \left(0.771 + 0.0592\lg\frac{10^{-43.6}}{10^{-35.4}}\right)\ \mathrm{V} \\
&= 0.29\ \mathrm{V}
\end{aligned}
$$

当氧化型和还原型都形成配合物时，E 的变化看配合物 $K^{\ominus}_{稳}$ 的相对大小。若 $K^{\ominus}_{稳}$(氧化型)$>K^{\ominus}_{稳}$(还原型)，则 E 减小；反之，则 E 增大。

8.6　电势图和电动势的应用

8.6.1　元素电势图

在特定的 pH 条件下，将元素各种氧化数的存在形式依氧化数降低的顺序从左向右排成一行；用线段将各种氧化态连接起来，在线段上写出其两端的氧化态所组成的电对的 $E^{\ominus}$ 值，便得到该 pH 下该元素的元素电势图。元素电势图是由拉提莫(W. M. Latimer)在其著作中首次提出并应用的，因此也称为拉提莫图。

经常以 pH=0 和 pH=14 两种条件作图，横线上的 $E^{\ominus}$ 分别表示 $E^{\ominus}_{A}$ 和 $E^{\ominus}_{B}$。画图的原则是：① 元素氧化态由高到低从左向右排列；② 写出存在的物质形式(离子、分子等)；③ 两氧化态间用直线相连，直线上标上直线两端物质组成电对时的标准电极电势。

下面是溴的元素电势图：

$E^{\ominus}_{A}/\mathrm{V}$

$$BrO_4^- \xrightarrow{+1.85} BrO_3^- \xrightarrow{+1.45} HBrO \xrightarrow{+1.60} Br_2 \xrightarrow{+1.07} Br^-$$

$E^{\ominus}_{B}/\mathrm{V}$

$$BrO_4^- \xrightarrow{+1.02} BrO_3^- \xrightarrow{+0.53} HBrO \xrightarrow{+0.46} Br_2 \xrightarrow{+1.07} Br^-$$

$$\underbrace{BrO_3^- \quad\cdots\quad Br^-}_{+0.52}$$

从元素电势图中可以获得如下信息：

1. 酸性的强弱

从元素电势图上，可以看出一些酸的强弱，以及非强酸在给定的 pH 条件下的电离方式。

从上面溴元素的酸式图看出，在强酸性介质中，高溴酸的存在形式为 BrO_4^-，完全电离，故高溴酸是强酸。同理，溴酸和氢溴酸也是强酸，因为在酸中它们的存在形式分别为 BrO_3^- 和 Br^-。而次溴酸则是弱酸，因为在酸性条件下它以分子态 HBrO 存在，并不发生电离。

2. 计算电对的电极电势

某些电对的电极电势，尤其是相邻氧化态构成的电对的电极电势，在元素电势图上可以直接读出。但是图中更多的是不相邻的氧化态，其间并无线段直接相连。这些互不相连的氧化态两两之间的电对的电极电势，将如何通过元素电势图上的信息去求得呢？例如，下图是酸性体系中碘元素电势图的一部分：

$$E^{\ominus}/V \qquad IO_3^- \xrightarrow{+1.14} HIO \xrightarrow{+1.45} I_2$$

可以从图中直接得到 IO_3^-/HIO 和 HIO/I_2 两个已知电对的电极电势。现在的问题是，如何求得不相邻的 IO_3^- 和 I_2 组成的未知电对的电极电势？

写出两个已知电对和一个未知电对的电极反应：

$$(1)\ IO_3^- + 5H^+ + 4e^- = HIO + 2H_2O \qquad E_1^{\ominus} = 1.14\ V$$

$$(2)\ HIO + H^+ + e^- = \frac{1}{2}I_2 + H_2O \qquad E_2^{\ominus} = 1.45\ V$$

$$(3)\ IO_3^- + 6H^+ + 5e^- = \frac{1}{2}I_2 + 3H_2O \qquad E_3^{\ominus} = ?$$

由于反应(3)=(1)+(2)，故有

$$\Delta_r G_m^{\ominus}(3) = \Delta_r G_m^{\ominus}(1) + \Delta_r G_m^{\ominus}(2)$$

$$\Delta_r G_m^{\ominus} = -nFE^{\ominus}$$

$$-5FE_3^{\ominus} = (-4FE_1^{\ominus}) + (-FE_2^{\ominus})$$

$$E_3^{\ominus} = \frac{4E_1^{\ominus} + E_2^{\ominus}}{5} = \frac{4 \times 1.14 + 1 \times 1.45}{5}V = 1.20\ V$$

结论是，$E_3^{\ominus}$ 不能通过 $E_1^{\ominus}$ 和 $E_2^{\ominus}$ 的简单相加得到，而要利用 $\Delta G^{\ominus}$ 进行转换，才能得到正确的结果。

3. 判断某种氧化态的稳定性

某元素电势图上的三个氧化态 A，B 和 C：

$$A \xrightarrow{E_{左}^{\ominus}} B \xrightarrow{E_{右}^{\ominus}} C$$

若 $E_{右}^{\ominus} > E_{左}^{\ominus}$，就会满足 B 作为氧化型时的电对 B/C 的 $E_2^{\ominus}$ 大于其作为还原型时的电对 A/B 的 $E_1^{\ominus}$，于是 B 要发生歧化反应，B 不稳定。

同理，若 $E_{右}^{\ominus} < E_{左}^{\ominus}$，则 B 稳定，B 不发生歧化反应；而是 A 和 C 共存时将发生逆歧化反应生成 B。

【例 8-15】 锰元素在碱性溶液中的部分元素电势图如下：

$$E_A^{\ominus}/V$$

$$MnO_4^- \xrightarrow{+0.564} MnO_4^{2-} \xrightarrow{+0.60} MnO_2$$

解 因为 $E_{右}^{\ominus} = 0.60\ V > E_{左}^{\ominus} = 0.564\ V$，所以，$MnO_4^{2-}$ 能够发生歧化反应。

反应式为：$3MnO_4^{2-} + 2H_2O = 2MnO_4^- + MnO_2 + 4OH^-$

8.6.2 电势-pH 图

1. 电势-pH 图的基本概念

通过上面的讨论可知，电极反应式中有 H^+ 或 OH^- 时，其电极电势 E 要受 pH 的影响。以 pH 为横坐标，以 E 为纵坐标作图，即得该电极反应的电势-pH 图。

电对 H_3AsO_4/H_3AsO_3 的电极反应为

$$H_3AsO_4 + 2H^+ + 2e^- = H_3AsO_3 + H_2O \quad E^{\ominus} = 0.56\ V$$

其能斯特方程为

$$E = E^{\ominus} + \frac{0.0592\ \text{V}}{2}\lg\frac{c(H_3AsO_4)c(H^+)^2}{c(H_3AsO_3)}$$

当 $c(H_3AsO_4)=c(H_3AsO_3)$ 时，有

$$E = E^{\ominus} + 0.0592\lg c(H^+) = 0.56 - 0.0592\text{pH}$$

上式是 H_3AsO_4 和 H_3AsO_3 均处于标准态时 E 与 pH 的关系式，这是一直线方程。取两点（pH $=0, E=0.56$ V）和（pH$=2, E=0.44$ V），作出该电极反应的电势-pH 图，得图 8-7 中的 As 线。

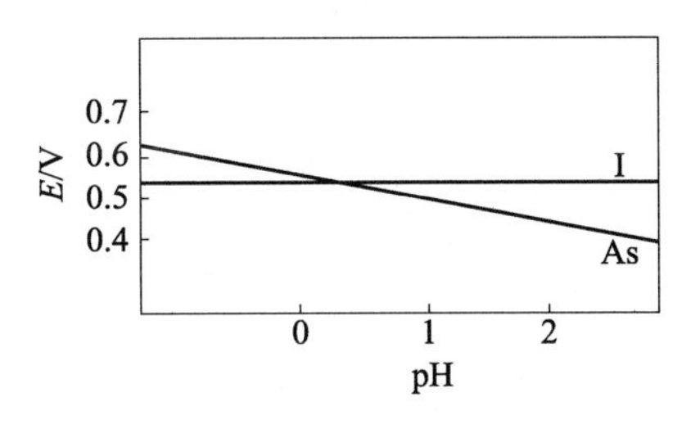

图 8-7　电势-pH 图

由此可见，电势-pH 图相当于讨论酸度对电极电势影响的能斯特方程在直角坐标系中的图像，用图像讨论问题有比解析式直观的优点。

在 As 线的上方，电极电势高于电对 H_3AsO_4/H_3AsO_3 的 E 值，所以 H_3AsO_3 将被氧化成 H_3AsO_4；在 As 线的下方，电极电势低于电对 H_3AsO_4/H_3AsO_3 的 E 值，所以 H_3AsO_4 将被还原成 H_3AsO_3。所以，As 线的上方氧化型 H_3AsO_4 稳定，As 线的下方还原型 H_3AsO_3 稳定。

一个重要的结论是：电对的电势-pH 线上方，是该电对的氧化型的稳定区；电对的电势-pH 线下方，是该电对的还原型的稳定区。

电对 I_2/I^- 的电极反应为

$$I_2 + 2e^- \xlongequal{\quad} 2I^- \qquad E^{\ominus} = 0.54\ \text{V}$$

该反应式中没出现 H^+ 和 OH^-，故 E 值与 pH 无关。它的电势-pH 图是一条与横坐标轴平行的直线，见图 8-7 中的 I 线。

在 I 线的上方，电极电势高于电对 I_2/I^- 的 E 值，所以 I^- 将被氧化成 I_2；在 I 线的下方，电极电势低于电对 I_2/I^- 的 E 值，所以 I_2 将被还原成 I^-。即 I 线的上方是氧化型 I_2 的稳定区，I 线的下方是还原型 I^- 的稳定区。

将电对 H_3AsO_4/H_3AsO_3 和电对 I_2/I^- 的电势-pH 图画在同一坐标系中，可以用来分析和判断两电对之间的氧化还原反应。

当 pH$=0$ 或在更强的酸性介质中，电对 H_3AsO_4/H_3AsO_3 的电极电势高于电对 I_2/I^- 的电极电势，体系中将发生的反应是 H_3AsO_4 氧化 I^-，还原产物为 H_3AsO_3，氧化产物为 I_2。用离子-电子法可以很容易地配平反应方程式。

当 pH$=1$ 或在 pH 更大些的介质中，电对 H_3AsO_4/H_3AsO_3 的电极电势低于电对 I_2/I^- 的电极电势，体系中将发生的反应是 I_2 氧化 H_3AsO_3，还原产物为 I^-，氧化产物为 H_3AsO_4。

2. 铬体系的电势-pH 图

以上的几个电势-pH 图都很简单，只是一两个电极反应的图示。现在来考察一个氧化数复

杂的体系——铬体系(图 8-8)。

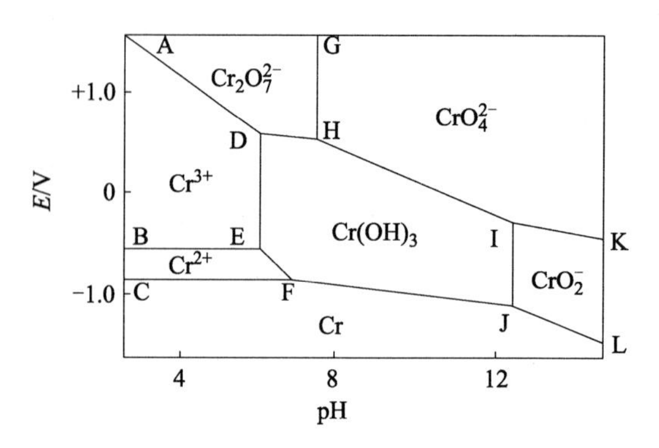

图 8-8 铬体系的电势-pH 图

图 8-8 中一些线段所表示的电极反应如下:

$$\text{AD} \quad Cr_2O_7^{2-} + 14H^+ + 6e^- \Longrightarrow 2Cr^{3+} + 7H_2O$$

$$\text{HI} \quad CrO_4^{2-} + 4H_2O + 3e^- \Longrightarrow Cr(OH)_3 + 5OH^-$$

$$\text{JL} \quad CrO_2^- + 2H_2O + 3e^- \Longrightarrow Cr + 4OH^-$$

以上三条线不与坐标轴平行,因为它们表示的电极反应中有 H^+ 和 OH^-。

$$\text{BE} \quad Cr^{3+} + e^- \Longrightarrow Cr^{2+}$$

这条线与横轴平行,因为它表示反应中没有 H^+ 或 OH^-。

$$\text{GH} \quad Cr_2O_7^{2-} + H_2O \Longrightarrow 2CrO_4^{2-} + 2H^+$$

这条线与纵轴平行,因为它表示的不是电极反应。稳定区域在图中也有所体现,例如 $Cr_2O_7^{2-}$ 的稳定区域是四边形 ADHG,而 $Cr(OH)_3$ 的稳定区域是多边形 DEFJIH。

8.6.3 电动势的应用

1. 比较氧化剂和还原剂的强弱

对于还原电势表,电极电势越小,该电对的还原态物质的还原性越强,而其对应的氧化态物质的氧化性越弱(共轭关系)。如:

$$E^\ominus(Li^+/Li) < E^\ominus(K^+/K) < E^\ominus(Na^+/Na)$$

故

还原性: $Li > K > Na$

氧化性: $Na^+ > K^+ > Li^+$

若某电对的电极电势越大,那么该电对的氧化态物质的氧化性越强,而其对应的还原态物质的还原性越弱(共轭关系)。如:

$$E^\ominus(F_2/F^-) = 2.87\ \text{V}, \quad E^\ominus(Cl_2/Cl^-) = 1.36\ \text{V}$$

那么,F_2 的氧化性就大于 Cl_2,而 Cl^- 的还原性大于 F^-。

2. 判断氧化还原反应进行的方向

例如:

$$2Fe^{3+} + Sn^{2+} \Longrightarrow 2Fe^{2+} + Sn^{4+}$$

请判断反应向哪边进行？

我们先来观察一个已知反应方向的情况：

$$Zn + Cu^{2+} \longrightarrow Zn^{2+} + Cu$$

查表：

$$E^{\ominus}(Zn^{2+}/Zn) = -0.763\ V,\quad E^{\ominus}(Cu^{2+}/Cu) = 0.345\ V$$

根据氧化剂、还原剂的强弱可以看出该反应发生氧化还原的方向是正向进行的：

(较强还)＋(较强氧)＝(较弱氧)＋(较弱还)

那么，什么是强氧化剂，什么是强还原剂？强氧化剂就是电极电势代数值大的氧化态物质；强还原剂就是电极电势代数值小的还原态物质。所以，氧化还原反应的方向可归结成：电极电势代数值大的氧化态物质可以和电极电势代数值小的还原态物质进行反应。

再回到刚才的例子：

$$2Fe^{3+} + Sn^{2+} \longrightarrow 2Fe^{2+} + Sn^{4+}$$

判断反应方向。

先查表：

$$E^{\ominus}(Fe^{3+}/Fe^{2+}) = 0.77\ V,\quad E^{\ominus}(Sn^{4+}/Sn^{2+}) = 0.15\ V$$

电极电势代数值大的氧化态物质(Fe^{3+})可以和电极电势代数值小的还原态物质(Sn^{2+})进行反应，所以，反应正向进行。

【例 8-16】 $2Fe^{2+} + I_2 \longrightarrow 2Fe^{3+} + 2I^-$，问反应向何方进行？

已知：$E^{\ominus}(I_2/I^-) = 0.5355\ V$，$E^{\ominus}(Fe^{3+}/Fe^{2+}) = 0.77\ V$。

解 电极电势代数值大的氧化态物质(Fe^{3+})可以和电极电势代数值小的还原态物质(I^-)进行反应。所以，反应逆向进行。

【例 8-17】 在一个含有 Cl^-、Br^-、I^- 的混合溶液中，欲使 I^- 氧化为 I_2，而 Br^-、Cl^- 不被氧化，问在 Fe^{3+} 和 MnO_4^- 两种氧化剂中，选择何种比较合适？

解 将各电对的标准电极电势由小到大排列：

$$E^{\ominus}(I_2/I^-) = 0.5355\ V$$
$$E^{\ominus}(Fe^{3+}/Fe^{2+}) = 0.771\ V$$
$$E^{\ominus}(Br_2/Br^-) = 1.0873\ V$$
$$E^{\ominus}(Cl_2/Cl^-) = 1.36\ V$$
$$E^{\ominus}(MnO_4^-/Mn^{2+}) = 1.51\ V$$

显然，应选择 Fe^{3+} 做氧化剂为好。

【例 8-18】 反应 $H_3AsO_4 + 2I^- + 2H^+ \longrightarrow H_3AsO_3 + I_2 + H_2O$

(1) 在标准状态下，反应朝何方进行？

(2) 欲使反应改变方向，溶液的 pH 应该是多少(其他物质不变)？

解 (1) 查表：$E^{\ominus}(I_2/I^-) = 0.535\ V$，$E^{\ominus}(H_3AsO_4/H_3AsO_3) = 0.58\ V$

可知：反应正向进行。

(2) 欲使反应改变方向，则需要

$$E(H_3AsO_4/H_3AsO_3) < E^{\ominus}(I_2/I^-)$$

$$E(H_3AsO_4/H_3AsO_3)=E^{\ominus}(H_3AsO_4/H_3AsO_3)+\frac{0.0592}{2}\lg c(H^+)^2<0.54\ V$$

$c(H^+)<0.21\ mol\cdot L^{-1}$

$pH>0.68$

3. 判断原电池的正负极,计算原电池的电动势

由氧化还原反应方程式组成原电池,电极电势代数值大的做正极,而电极电势代数值小的做负极。

$$E_{池}=E_{(+)}-E_{(-)}$$

【例 8-19】 原电池 $Pt|H_2|H^+\|Cu^{2+}|Cu$,判断其正负极,并计算电动势。

解 $E_{池}=E(Cu^{2+}/Cu)-E(H^+/H_2)=(0.345-0.00)\ V=0.345\ V$

4. 判断反应进行程度,计算反应的平衡常数

设有反应:

$$A_{氧}+B_{还}=\!=\!=A_{还}+B_{氧}$$

电对 A 的电极电势为

$$E_A=E_A^{\ominus}+\frac{0.0592}{n}\lg\frac{c(A_{氧})}{c(A_{还})}$$

电对 B 的电极电势为

$$E_B=E_B^{\ominus}+\frac{0.0592}{n}\lg\frac{c(B_{氧})}{c(B_{还})}$$

当反应到达平衡时,不再有电子转移,即两极的电势相等(电动势 $E=0$)。即

$$E_A=E_B$$

$$E_A^{\ominus}+\frac{0.0592}{n}\lg\frac{c(A_{氧})}{c(A_{还})}=E_B^{\ominus}+\frac{0.0592}{n}\lg\frac{c(B_{氧})}{c(B_{还})}$$

$$E_A^{\ominus}-E_B^{\ominus}=\frac{0.0592}{n}\lg\frac{c(B_{氧})}{c(B_{还})}-\frac{0.0592}{n}\lg\frac{c(A_{氧})}{c(A_{还})}$$

也可以这样推导:将一氧化还原反应设计成原电池,则在恒温恒压下,电池所做的最大有用功就是电功。

$$W_{电}=EQ=EnF$$

$$\Delta G=-W_{电}=-EQ=-nFE$$

式中,F 为法拉第常数,$F=96485\ C\cdot mol^{-1}$;n 为电池反应中转移电子数。

标态下

$$\Delta G^{\ominus}=-nFE^{\ominus}$$

$$\lg K^{\ominus}=\frac{nFE^{\ominus}}{2.303RT}=\frac{nE^{\ominus}}{0.0592}=\frac{n(E_A^{\ominus}-E_B^{\ominus})}{0.0592}$$

最终得

$$\lg K^{\ominus}=\frac{nE^{\ominus}}{0.0592}=\frac{n(E^{\ominus}_{氧}-E^{\ominus}_{还})}{0.0592}$$

5. 化学能源与电解

(1) 化学电源简介

电池作为化学电源被广泛应用于科学研究、生产与生活各个领域，这是电化学理论在实际中应用的结果。

① 锌锰电池

锌锰电池的构造如图 8-9 所示，中央的石墨棒是正极板，其周围有 MnO_2。锌皮是负极。两极间有 NH_4Cl、$ZnCl_2$ 和淀粉，呈糊状。这种锌锰电池称为干电池。

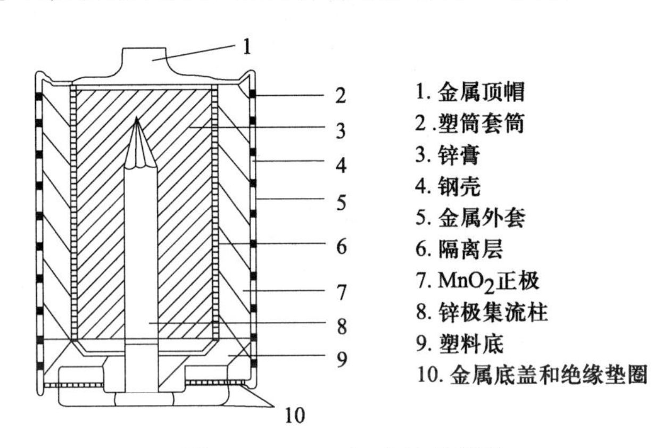

图 8-9　Zn-MnO_2 电池示意图

正极反应　$2NH_4^+ + 2e^- \longrightarrow 2NH_3 + H_2$

生成的氢气要除掉　$H_2 + 2MnO_2 \longrightarrow Mn_2O_3 + H_2O$

或者将整个正极反应写成

$$2NH_4^+ + 2MnO_2 + 2e^- \longrightarrow 2NH_3 + Mn_2O_3 + H_2O$$

负极反应　$Zn \longrightarrow Zn^{2+} + 2e^-$

这是一种酸性电池，随着生成的 NH_3 不断溶于体系中，pH 将逐渐升高。

锌锰电池属于一次性电池，放电后不能充电再生。

② 银锌电池

银锌电池的特点是质量轻，体积小。电子手表、计算器等使用的纽扣电池都是银锌电池。其负极是 Zn，正极是 Ag_2O 和石墨混合成的膏状物质。银锌电池属于碱性电池，电解质是浓 KOH 溶液。

正极反应　$Ag_2O_2 + 2H_2O + 4e^- \longrightarrow 2Ag + 4OH^-$

负极反应　$Zn + 2OH^- \longrightarrow Zn(OH)_2 + 2e^-$

③ 铅蓄电池

铅蓄电池是一种单液电池(图 8-10)。其电池符号为

$$(-)\ Pb\,|\,PbSO_4(s)\,|\,H_2SO_4(浓度)\,\|\,PbSO_4(s)\,|\,PbO_2\,|\,Pb(+)$$

电池的负极是海绵状态的金属铅，其正极的铅板上涂有二氧化铅，两极同时与密度为 1.28 g·

cm^{-3}的硫酸接触。

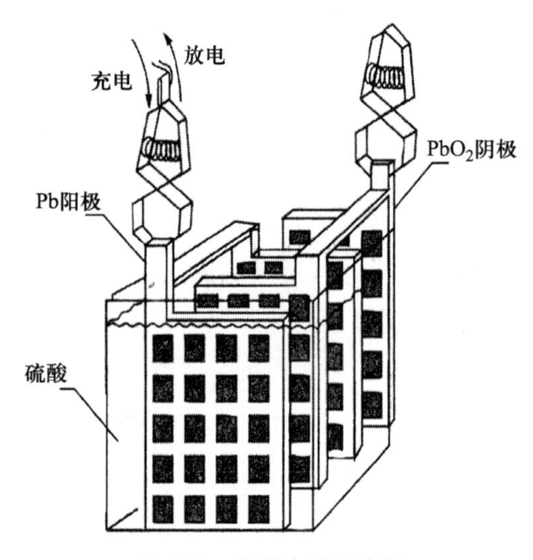

图 8-10　铅蓄电池示意图

正极反应　　$PbO_2 + SO_4^{2-} + 4H^+ + 2e^- \longrightarrow PbSO_4 + 2H_2O$

负极反应　　$Pb + SO_4^{2-} \longrightarrow PbSO_4 + 2e^-$

电池反应　　$PbO_2 + Pb + 2H_2SO_4 \longrightarrow 2PbSO_4 + 2H_2O$

铅蓄电池常用于汽车,很笨重,是一种可充电电池。

④ 燃料电池

若将 H_2 或碳氢化合物的燃烧反应以电池方式进行,则形成燃料电池。图 8-11 所示为氢氧燃料电池。

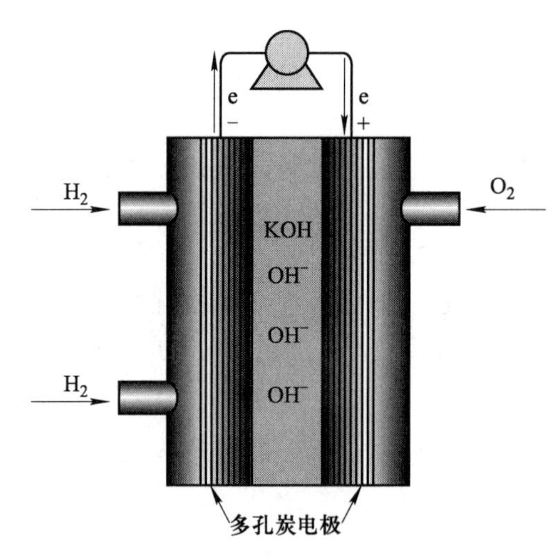

图 8-11　H_2-O_2 燃料电池示意图

电池反应　　$2H_2 + O_2 \longrightarrow 2H_2O$　(是在碱性体系中完成的)

正极反应　$O_2+2H_2O+4e^- \longrightarrow 4OH^-$

负极反应　$H_2+2OH^- \longrightarrow 2H_2O+2e^-$

电池反应是自发反应。燃料电池的成功在于选择适当的电极材料和催化剂，使得反应物能够顺利进行电极反应。燃料电池的关键是动力学问题。

⑤ 镍氢电池

它是镍-镉电池技术和燃料电池技术相结合的产物。正极为 Ni-Cd 电池用的氧化镍电极，负极是燃料电池用的氢电极，气体电极和固体电极共存是镍氢电池的特点。负极的活性物质是氢气，其压强在 $3\times10^5\sim40\times10^5$ Pa 之间。镍氢电池是高压密封的可充电电池。

电池符号　$(-)Pt|H_2|KOH(或 NaOH)|NiOOH(+)$

正极反应　$NiOOH+H_2O+e^- \longrightarrow Ni(OH)_2+OH^-$

负极反应　$\frac{1}{2}H_2+OH^- \longrightarrow H_2O+e^-$

电池反应　$NiOOH+\frac{1}{2}H_2 \longrightarrow Ni(OH)_2$

该电池的工作寿命很长，适于卫星和航天飞机等。

⑥ 锂电池

锂电池是用金属锂作为负极活性物质的电池的总称。目前生产的多是一次性锂电池，商品化的锂电池有 Li-I_2、Li-Ag_2CrO_4、Li-MnO_2、Li-SO_2 和 Li-$SOCl_2$ 电池。

锂电池的负极反应　$Li \longrightarrow Li^+ + e^-$

锂的标准电极电势很低(－3.04 V)。以锂为负极组成的电池具有比能量高、电池电压高、放电电势平稳、工作温度范围宽、低温性能好、储存寿命长等优点，但是安全性值得注意。

⑦ 锂离子电池

锂离子电池是 Li^+ 嵌入化合物为正负极的可充电电池。正极采用锂化合物 Li_xCoO_2、Li_xNiO_2 或 $LiMnO_4$，负极采用锂-碳层间化合物 Li_xC_6，电解质为溶解有锂盐 $LiPF_6$、Li_xAs_6 等的有机溶液。

电池反应　$Li_{1-x}CoO_2+Li_xC_6 \longrightarrow LiCoO_2+6C$

在充放电过程中，Li^+ 在两个电极之间往返嵌入和脱嵌，被形象地称为"摇椅电池"。

目前已商品化的锂离子电池正极是 $LiCoO_2$，负极是层状石墨。

锂离子电池工作电压高，一般为 3.3～3.8 V。它体积小，比能量高，自放电小，循环寿命长，可达 500～1000 次，且使用温度范围较宽，可在－20～55 ℃之间工作。该电池设有安全装置，不仅使用安全，而且不会对环境造成污染，被称为绿色电池。目前的研究工作在向电动汽车用的能源方向努力。锂离子电池被认为是 21 世纪应发展的理想能源。

(2) 分解电压与超电压

迄今为止所讨论的电极电势，都是指以可逆的方式完成电池反应时电极所表现出的电势。可逆电极电势在解决电池反应热力学时有着十分重要的作用。

例如，在标准状态下，在酸性介质中，以氢氧原电池方式完成反应：

$$2H_2+O_2 \longrightarrow 2H_2O$$

正极反应　$O_2+4H^++4e^- \longrightarrow 2H_2O$　　$E^\ominus=1.23$ V

负极反应　　$H_2 = 2H^+ + 2e^-$　　$E^\ominus = 0\ V$

这里涉及的就是可逆电极电势。

现在要通电流用电解的方法使反应逆转，即以通电流的方法完成下面的分解反应：

$$2H_2O = 2H_2 + O_2$$

这时这个氢氧原电池就变成一个电解池。作为外电源的原电池的正极与电解池的阳极，也就是氧电极相连。电解池的阳极发生的反应是

$$2H_2O = O_2 + 4H^+ + 4e^-$$

作为外电源的原电池的负极与电解池的阴极，也就是氢电极相连。电解池的阴极发生的反应是

$$2H^+ + 2e^- = H_2$$

电解池的两极经常用阳极和阴极表示：发生氧化反应的是阳极，而发生还原反应的是阴极。

理论上，要外加 1.23 V 的直流电即可完成电解反应，1.23 V 称为理论分解电压。实际情况如何？当外电压小于和等于理论分解电压 1.23 V 时，电解池的电流极小且变化很不显著。当电压超过 1.70 V 后，电流迅速增大，两极有大量气泡，电解明显发生。1.70 V 被称为分解电压。

分解电压与理论分解电压之间的电压差称为超电压。电解过程中超电压的产生与两极反应的超电压有关。而电极反应的超电压直接受极板材料和析出物质的种类影响。

例如，电解 $CuSO_4$ 的水溶液，阴极产物是 Cu。这与根据电极电势判断的结论是一致的。因为

$$Cu^{2+} + 2e^- = Cu \qquad E^\ominus = 0.34\ V$$

$$2H^+ + 2e^- = H_2 \qquad E^\ominus = 0\ V$$

以 Zn 为电极电解 $ZnSO_4$ 的水溶液时，根据电极电势判断的结论是在阴极产生 H_2。因为

$$Zn^{2+} + 2e^- = Zn \qquad E^\ominus = -0.76\ V$$

$$2H^+ + 2e^- = H_2 \qquad E^\ominus = 0\ V$$

而实际上是 Zn 在极板上析出。原因何在？原因就是 H_2 在 Zn 极板上析出时的超电压很大，显然大于 0.76 V，故难于析出，致使 Zn 在极板上沉积。

$$Mg^{2+} + 2e^- = Mg \qquad E^\ominus = -2.37\ V$$

$E^\ominus$ 过于小，足以克服氢气的超电压，故电解 $MgSO_4$ 的水溶液时会得到 H_2。

习　题

8-1 配平下列反应方程式。

(1) 在碱性介质中，过氧化氢氧化三氯化铬为铬酸盐。

(2) $CuS + CN^- + OH^- \longrightarrow [Cu(CN)_4]^{3-} + NCO^- + S$

(3) 在碱性介质中，磷歧化成膦和亚磷酸一氢盐。

(4) $KMnO_4 + FeSO_4 + H_2SO_4 \longrightarrow MnSO_4 + Fe_2(SO_4)_3 + K_2SO_4 + H_2O$

(5) $I_2(s) + OH^- \longrightarrow I^- + IO_3^-$

(6) $Cr(OH)_3(s) + Br_2(l) + KOH \longrightarrow K_2CrO_4 + KBr$

(7) 电对 $Cr_2O_7^{2-}/Cr^{3+}$ 的电极反应。

(8) $MnO_4^- + H_2SO_3 \longrightarrow Mn^{2+} + SO_4^{2-}$

8-2 配平下列氧化还原反应方程式。

(1) $HClO_3 + P_4 \longrightarrow HCl + H_3PO_4$

(2) $KMnO_4 + K_2SO_3 \longrightarrow MnSO_4 + K_2SO_4$(在酸性溶液中)

(3) $MnO_4^- + H_2O_2 + H^+ \longrightarrow Mn^{2+} + O_2 + H_2O$

(4) $Al + NO_3^- + OH^- + H_2O \longrightarrow Al(OH)_4^- + NH_3$

(5) $Ni(OH)_2 + Br_2 + NaOH \longrightarrow NiO(OH) + NaBr$

(6) $Cr_2O_7^{2-} + H_2O_2 + H^+ \longrightarrow Cr^{3+} + O_2 + H_2O$

(7) $MnO_4^- + Cl^- + H^+ \longrightarrow Mn^{2+} + Cl_2 + H_2O$

(8) $MnO_4^- + SO_3^{2-} + OH^- \longrightarrow MnO_4^{2-} + SO_4^{2-}$

(9) $Hg + NO_3^- + H^+ \longrightarrow Hg_2^{2+} + NO$

(10) $Cl_2 + KOH \longrightarrow KClO_3 + KCl + H_2O$

(11) $Cu + HNO_3 \longrightarrow Cu(NO_3)_2 + NO + H_2O$

(12) $FeS + HNO_3 \longrightarrow NO + H_2SO_4 + Fe(NO_3)_3 + H_2O$

8-3 将下列水溶液化学反应的方程式先改写为离子方程式,然后分解为两个半反应式。

(1) $2H_2O_2 = 2H_2O + O_2$

(2) $Cl_2 + H_2O = HCl + HClO$

(3) $3Cl_2 + 6KOH = KClO_3 + 5KCl + 3H_2O$

(4) $2KMnO_4 + 10FeSO_4 + 8H_2SO_4 = K_2SO_4 + 5Fe_2(SO_4)_3 + 2MnSO_4 + 8H_2O$

(5) $K_2Cr_2O_7 + 3H_2O_2 + 4H_2SO_4 = K_2SO_4 + Cr_2(SO_4)_3 + 3O_2 + 7H_2O$

8-4 将下列反应设计成原电池并以原电池符号表示。

$$2Fe^{2+}(1.0\ mol \cdot L^{-1}) + Cl_2(101325\ Pa) \longrightarrow 2Fe^{3+}(0.1\ mol \cdot L^{-1}) + 2Cl^-(2.0\ mol \cdot L^{-1})$$

8-5 将反应 $SnCl_2 + FeCl_3 \longrightarrow SnCl_4 + FeCl_2$ 组成一个原电池,写出其电池组成及正负极的电极反应。

8-6 写出由下列反应组成的原电池符号。

(1) $H_2 + 2Ag^+ = 2H^+ + 2Ag$

(2) $MnO_2 + 2Cl^- + 4H^+ = Mn^{2+} + Cl_2 + 2H_2O$

(3) $Sn^{2+} + 2Fe^{3+} = Sn^{4+} + 2Fe^{2+}$

8-7 将下列氧化还原反应拆成两个半电池反应,并写出电极组成和电池组成式。

(1) $2MnO_4^- + 5H_2O_2 + 6H^+ = 2Mn^{2+} + 8H_2O + 5O_2$

(2) $2MnO_4^- + 16H^+ + 10Cl^- = 2Mn^{2+} + 5Cl_2 + 8H_2O$

8-8 写出并配平下列各电池的电极反应、电池反应,并说明电极的种类。

$$(-)\ Pb, PbSO_4(s) \mid K_2SO_4 \parallel KCl \mid PbCl_2(s), Pb(+)$$

8-9 若往习题 8-8 中原电池的正极加入 Na_2S 并使平衡时 $c(S^{2-}) = 1.00\ mol \cdot L^{-1}$,写出新组成的原电池符号,并计算电动势。

8-10 氯元素电势图如下:

$$E_B^{\ominus}/V \quad ClO^- \xrightarrow{+0.32} Cl_2 \xrightarrow{+1.36} Cl^-$$

(1) 计算当 pH=8(其余物质均处于标准态)时, Cl_2 能否发生歧化反应?

(2) 若能,写出歧化反应方程式。

(3) 写出由此歧化反应组成的原电池符号。

8-11 (1) 求 Cu^{2+}/Cu 的电极电势 E?

(2) 求 Zn^{2+}/Zn 的 E?

8-12 原电池 $Pt \mid Fe^{2+}(1.00\ mol \cdot L^{-1}), Fe^{3+}(1.00 \times 10^{-4} mol \cdot L^{-1}) \parallel I^-(1.0 \times 10^{-4} mol \cdot L^{-1}) \mid I_2, Pt$

已知: $E^{\ominus}(Fe^{3+}/Fe^{2+}) = 0.770\ V$, $E^{\ominus}(I_2/I^-) = 0.535\ V$。

(1) 求 $E(Fe^{3+}/Fe^{2+})$、$E(I_2/I^-)$和电动势 E;

(2) 写出电极反应和电池反应;

(3) 计算 $\Delta_r G_m$。

8-13 计算下列原电池在 298 K 时的电动势,指出正、负极,并写出电池反应式。

$$Pt \mid Fe^{2+}(1.0\ mol\cdot L^{-1}), Fe^{3+}(0.10\ mol\cdot L^{-1}) \parallel NO_3^-(1.0\ mol\cdot L^{-1}),$$
$$HNO_2(0.010\ mol\cdot L^{-1}), H^+(1.0\ mol\cdot L^{-1}) \mid Pt$$

8-14 判断 25 ℃ 时,处于指定状态下,所给反应是否自发?

$$Pb^{2+}(aq) + Sn(s) \xlongequal{\quad} Pb(s) + Sn^{2+}(aq)$$

(1) 标准态时;

(2) 当 $c(Sn^{2+})=c^{\ominus}$,$c(Pb^{2+})=0.1c^{\ominus}$时。

8-15 已知:Ag 不能溶于 1 $mol\cdot L^{-1}$的盐酸放出氢气,判断 25 ℃ 时,Ag 能否溶于 1 $mol\cdot L^{-1}$的氢碘酸放出氢气?

8-16 求算 25 ℃ 时 AgCl 的溶度积。

8-17 已知 25 ℃ 时,$E^{\ominus}(Ag^+/Ag)=0.7996$ V,若在银电极中加入 NaBr 溶液,使 AgBr 沉淀达平衡,平衡时 $c(Br^-)=1.0\ mol\cdot L^{-1}$,求银电极的电极电势。

8-18 由 $E^{\ominus}(H^+/H_2)=0.000$ V,$E^{\ominus}(Pb^{2+}/Pb)=-0.126$ V,知 $2H^+ + Pb \xlongequal{\quad} H_2 + Pb^{2+}$ 反应能自发进行(标态)。若在氢电极中加 NaAc,并使平衡后溶液中 HAc 及 Ac^- 的浓度均为 1.00 $mol\cdot L^{-1}$,$p(H_2)$ 为 100 kPa,上述反应能自发进行吗?

8-19 电池(−) Pt,$H_2(p^{\ominus})$ | HA(1.0 $mol\cdot L^{-1}$),A^-(1.0 $mol\cdot L^{-1}$) ‖ H^+(1.0 $mol\cdot L^{-1}$) | $H_2(p^{\ominus})$,Pt(+),在 298 K 时测得电池电动势为 0.551 V,试计算 HA 的 K_a。

8-20 298 K 时,在 Ag^+/Ag 电极中加入过量 I^-,设达到平衡时 $c(I^-)=0.10\ mol\cdot L^{-1}$,而另一个电极为 Cu^{2+}/Cu,$c(Cu^{2+})=0.010\ mol\cdot L^{-1}$,现将两电极组成原电池,写出原电池的符号、电池反应式,并计算电池反应的平衡常数。

8-21 试计算 298 K 时,$Zn^{2+}(0.01\ mol\cdot L^{-1})/Zn$ 的电极电势。

8-22 向标准 Ag/Ag^+ 电极中加入 KCl,使得 $c(Cl^-)=1.0\times10^{-2}\ mol\cdot L^{-1}$,求 E 值。

8-23 求 $AgI + e^- \xlongequal{\quad} Ag + I^-$ 的 $E^{\ominus}$值。

已知 $Ag^+ + e^- \xlongequal{\quad} Ag$,$E^{\ominus}=0.800$ V,$K_{sp}(AgI)=8.52\times10^{-17}$。

8-24 标准氢电极的电极反应为 $2H^+ + 2e^- \xlongequal{\quad} H_2$,$E^{\ominus}=0$ V。若 H_2 的分压保持不变,将溶液换成 1.0 $mol\cdot L^{-1}$ HAc,求其电极电势 E。

8-25 利用半反应 $Cu^{2+} + 2e^- \xlongequal{\quad} Cu$(0.34 V) 和 $Cu(NH_3)_4^{2+} + 2e^- \xlongequal{\quad} Cu + 4NH_3$ 的标准电极电势(−0.065 V)计算配位反应 $Cu^{2+} + 4NH_3 \xlongequal{\quad} Cu(NH_3)_4^{2+}$ 的平衡常数。

8-26 判断 $2Fe^{3+} + 2I^- \xlongequal{\quad} 2Fe^{2+} + I_2$ 在标准状态时反应方向如何?在非标准状态,$c(Fe^{3+})=0.001\ mol\cdot L^{-1}$,$c(I^-)=0.001\ mol\cdot L^{-1}$,$c(Fe^{2+})=1\ mol\cdot L^{-1}$ 时反应方向如何?[$E^{\ominus}(I_2/I^-)=0.535$ V,$E^{\ominus}(Fe^{3+}/Fe^{2+})=0.770$ V]

8-27 判断 $H_3AsO_4 + 2I^- + 2H^+ \xlongequal{\quad} HAsO_2 + I_2 + 2H_2O$ 在标准状态时反应方向如何?在非标准状态,$c(H_3AsO_4)=0.001\ mol\cdot L^{-1}$,$c(I^-)=0.001\ mol\cdot L^{-1}$,$c(HAsO_2)=1\ mol\cdot L^{-1}$,$c(H^+)=1\ mol\cdot L^{-1}$ 时反应方向如何?[$E^{\ominus}(I_2/I^-)=0.535$V,$E^{\ominus}(H_3AsO_4/HAsO_2)=0.580$ V]

8-28 由 $Cu^{2+} + 2e^- \xlongequal{\quad} Cu$ 和 $Cu^+ + e^- \xlongequal{\quad} Cu$ 的标准电极电势求算 $Cu^{2+} + e^- \xlongequal{\quad} Cu^+$ 的标准电极电势,并判断 Cu^+ 能否发生歧化反应。[$E^{\ominus}(Cu^{2+}/Cu)=0.338$ V, $E^{\ominus}(Cu^+/Cu)=0.522$ V]

8-29 用半反应法配平下列氧化还原反应方程式(写出配平的全部过程)。

(1) 在酸性溶液中:$N_2H_4 + BrO_3^- \longrightarrow N_2 + Br^-$

(2) 在碱性溶液中:$CrI_3 + Cl_2 \longrightarrow CrO_4^{2-} + IO_3^- + Cl^-$

8-30 已知：$PbO_2 \xrightarrow{1.455} Pb^{2+} \xrightarrow{-0.126} Pb$，$K_{sp}(PbSO_4)=1.0\times10^{-8}$。

(1) 以 H_2SO_4 作介质，通过计算设计电动势为 2.05 V 的铅蓄电池；

(2) 充电时，阳极上发生什么反应？（写出电极反应式，H_2SO_4 作为二元强酸。）

8-31 过量的汞加入到 0.001 mol·L^{-1} Fe^{3+} 酸性溶液，在 25 ℃ 反应达平衡时，有 95% Fe^{3+} 转化为 Fe^{2+}，求 $E^{\ominus}(Hg^{2+}/Hg)$？[已知 $E^{\ominus}(Fe^{3+}/Fe^{2+})=0.771$ V]

8-32 10 mL 0.5 mol·L^{-1}的 $FeCl_3$ 溶液中加入 30 mL 2 mol·L^{-1}的 KCN 溶液，然后再加入 10 mL 1 mol·L^{-1}的 KI 溶液。计算有无碘析出。假定反应前 $c(Fe^{2+})=c(I_2)=10^{-6}$ mol·L^{-1}，$E^{\ominus}(Fe^{3+}/Fe^{2+})=0.77$ V，$E^{\ominus}(I_2/I^-)=0.54$ V，$K^{\ominus}(Fe(CN)_6^{3-})=1.0\times10^{42}$，$K^{\ominus}(Fe(CN)_6^{4-})=1.0\times10^{35}$。

8-33 下图是铬体系的电势-pH 图。写出图中 DH，EF，FJ，IK，CF，DE，IJ 各线所表示的反应。

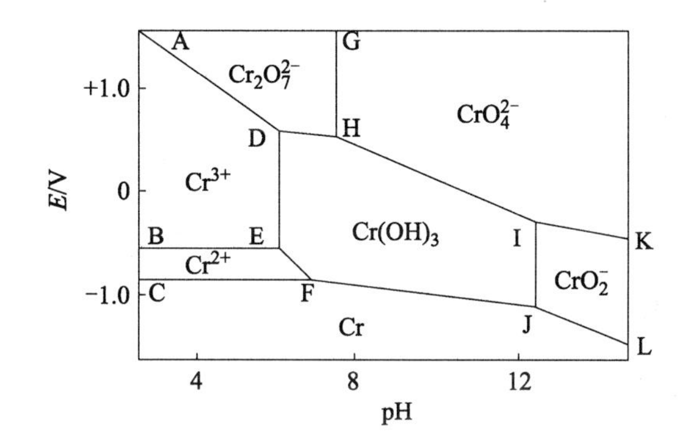

第9章 原子结构与元素周期律

原子是物质发生化学反应的基本微粒，物质的许多宏观化学和物理性质，很大程度上是由原子内部结构决定的。物质发生化学反应时，原子核外电子运动状态的差异导致原子间结合方式的改变，随之产生性质各异的不同物质。本章从简单的氢原子结构入手，讨论原子核外电子的特征和运动状态，进而扩展到多电子原子结构、能级和核外电子排布。最后，介绍元素周期表和元素基本性质的周期性变化规律。

9.1 氢原子结构

9.1.1 核外电子的特征

1. 氢原子光谱和玻尔理论

(1) 氢原子光谱

氢原子光谱是最简单的原子光谱，对人们认识原子结构起过非常重要的作用。目前发现的氢原子光谱共由六组线系组成，分别由不同的科学家发现。1885年，瑞士数学教师巴耳末(J. J. Balmer)发现氢原子可见光波段光谱的巴耳末系，并给出经验公式。1908年，德国物理学家帕邢(F. Paschen)发现了氢原子光谱的帕邢系，谱线位于红外光波段。1914年，美国物理学家莱曼(T. Lyman)发现氢原子光谱的莱曼系，位于紫外光波段。1922年，美国物理学家布莱克特(F. Brackett)发现氢原子光谱的布莱克特系，位于近红外光波段。1924年，美国物理学家芬德(A. Pfund)发现氢原子光谱的芬德系，位于远红外光波段。1953年，美国物理学家汉弗莱(C. J. Humphreys)发现氢原子光谱的汉弗莱系，位于远红外光波段。

氢原子光谱是原子发射光谱，且是不连续的线状光谱。其可见光区的光谱可由简单的实验获得：在接有两个电极的真空管中充入少量氢气，通电后通过电极放电，真空管中发出肉眼可见的光，这些光经过三棱镜分成一系列按波长大小排列的线状光谱，可以在黑色屏幕上看到4条颜色不同的谱线，分别呈现红、青、紫蓝和紫色，用 H_α、H_β、H_γ、H_δ 表示(图9-1)。它们的波长分别为656.28 nm、486.13 nm、434.05 nm和410.17 nm。

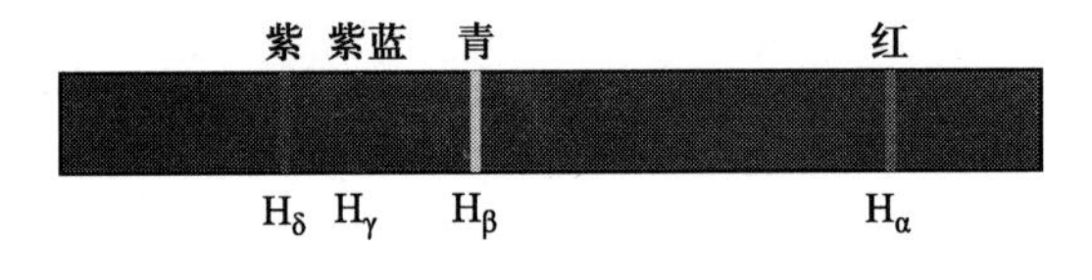

图9-1 氢原子可见光区的光谱

科学家们通过研究发现，氢原子光谱中各谱线的频率具有一定的规律性。1913年瑞典物理学家里德伯(J. R. Rydberg)在巴耳末经验公式的基础上提出了适用于氢原子光谱中各条谱线的里德伯公式：

$$\frac{1}{\lambda}=R_{\infty}\left(\frac{1}{n_1^2}-\frac{1}{n_2^2}\right) \tag{9-1}$$

式中，λ 为谱线波长；R_{∞} 称为里德伯常数，实验确定其值为 $1.09737\times10^{7}\ \mathrm{m^{-1}}$；$n_1$ 和 n_2 为不大的正整数，且 $n_2>n_1$。也就是说，巴耳末系是里德伯公式中当 n_1 取 2，n_2 取 3，4，5，6 时的特例。此时，得到的波长值分别对应于氢原子可见光谱中 4 条谱线的波长。上面提到的六组线系对应的 n_1 和 n_2 的取值见表 9-1。

表 9-1　里德伯公式中 n_1 和 n_2 的取值

线系	n_1	n_2
莱曼系	1	2,3,4,…
巴耳末系	2	3,4,5,…
帕邢系	3	4,5,6,…
布莱克特系	4	5,6,7,…
芬德系	5	6,7,8,…
汉弗莱系	6	7,8,9,…

如果我们将频率 ν 与波长 λ 的关系 $\nu=\frac{c}{\lambda}$ 代入式(9-1)，并取 $c=2.998\times10^{8}\ \mathrm{m\cdot s^{-1}}$，可以得到谱线的频率公式：

$$\nu=3.289\times10^{15}\left(\frac{1}{n_1^2}-\frac{1}{n_2^2}\right)\ \mathrm{s^{-1}} \tag{9-2}$$

科学家们发现，谱线频率与还未有明确物理意义的正整数 n_1、n_2 之间的关系导致了氢原子光谱的不连续性，这其实是暗示了原子内部能量量子化这一事实。这是玻尔氢原子结构的量子化模型的基础。

(2) 玻尔理论

1913 年丹麦物理学家玻尔(N. Bohr)在卢瑟福(E. Rutherford)的原子核式结构模型、普朗克(M. Planck)的量子理论和爱因斯坦(A. Einstein)的光子学说的基础上，提出了著名的玻尔理论，由此获得了 1922 年的诺贝尔物理学奖。玻尔理论提出的氢原子结构的量子力学模型基于如下假设：

① 定态假设。氢原子的核外电子不能沿着任意轨道运动，只能在固定的轨道上绕核运动。这些轨道具有确定的能量，电子在这些轨道上运动时，并不释放能量，这种稳定状态称为定态。当氢原子在离核最近的轨道上时，能量最低，称为基态。能量高于基态的定态叫做激发态。

② 量子化假设。氢原子核外电子的轨道是不连续的，在轨道上运行的电子具有一定的角动量 L：

$$L=mvr=n\frac{h}{2\pi} \tag{9-3}$$

式中,m 和 v 分别为电子的质量和速度;r 为轨道半径;h 为普朗克常数;n 叫做量子数,取 1,2,3 等正整数。轨道角动量的量子化说明轨道半径的量子化,也意味着轨道能量的量子化。n 取 1 时就是基态,取大于 1 的值时为激发态,各激发态的能量随 n 值的增大而增高。正常情况下,氢原子处于基态,当吸收能量后变为激发态。

③ 跃迁规则。电子吸收光子就会跃迁到能量较高的激发态,激发态的电子不稳定,会释放出光子,返回基态或能量较低的激发态。光子的能量由跃迁前后两条轨道的能量之差决定。根据普朗克公式,发生跃迁的两条轨道之间的能量差与释放出的光子频率成正比:

$$\Delta E = E_2 - E_1 = h\nu \tag{9-4}$$

式中,E_1 为低能态轨道的能量,E_2 为高能态轨道的能量,ν 为光子的频率。

玻尔理论可以满意地解释实验观察到的氢原子光谱。氢原子在基态时不会发光。当氢原子得到能量被激发时,电子由基态跃迁到能量较高的激发态。而处于激发态的电子回到能量较低的轨道时,会以光子的形式释放出能量。由于两个轨道间的能量差是确定的,所以发射出具有一定频率的光子,该频率符合式(9-4)。可见光区的 4 条谱线是电子从 $n=3,4,5,6$ 能级跃迁到 $n=2$ 能级时所放出的光。因为能级是不连续的,即量子化的,故氢原子光谱是不连续的线状光谱。

将式(9-2)代入式(9-4),可以得到氢原子光谱中各能级间的能量关系式:

$$\begin{aligned}\Delta E &= h\nu = 6.626 \times 10^{-34} \times 3.289 \times 10^{15}\left(\frac{1}{n_1^2} - \frac{1}{n_2^2}\right)\ \text{J} \\ &= 2.179 \times 10^{-18}\left(\frac{1}{n_1^2} - \frac{1}{n_2^2}\right)\ \text{J}\end{aligned} \tag{9-5}$$

如果电子位于离核无穷远处,此时可将氢原子视为电离,即 $n=\infty$,电子与氢原子核之间不再有吸引作用,相对于核而言该电子的能量为零。当 $n_1=1, n_2=\infty$ 时,$\Delta E = 2.179\times10^{-18}$ J,即一个氢原子的电离能。如果能量单位为 $\text{kJ}\cdot\text{mol}^{-1}$,则氢原子的电离能为 1312 $\text{kJ}\cdot\text{mol}^{-1}$。

通常,氢原子的能级单位用电子伏来表示,根据电子伏与能量单位焦耳的换算关系 1 eV= $1.602176565\times10^{-19}$ J,式(9-5)化为

$$\Delta E = 13.6\left(\frac{1}{n_1^2} - \frac{1}{n_2^2}\right)\ \text{eV} \tag{9-6}$$

由公式(9-6)可以计算出氢原子各能级的能量。我们令 $n_2=\infty$,此时无穷远处能级为零,则 $E_1 = -\Delta E$,将 n_1 值代入式(9-6),可得

$$n_1 = 1,\quad E_1 = -\frac{13.6}{1^2}\ \text{eV} = -13.6\ \text{eV}$$

$$n_2 = 2,\quad E_2 = -\frac{13.6}{2^2}\ \text{eV} = -3.40\ \text{eV}$$

$$n_3 = 3,\quad E_3 = -\frac{13.6}{3^2}\ \text{eV} = -1.51\ \text{eV}$$

…

$$n_n = n,\quad E_n = -\frac{13.6}{n^2}\ \text{eV}$$

由此,可以画出氢原子的能级图,如图 9-2 所示。

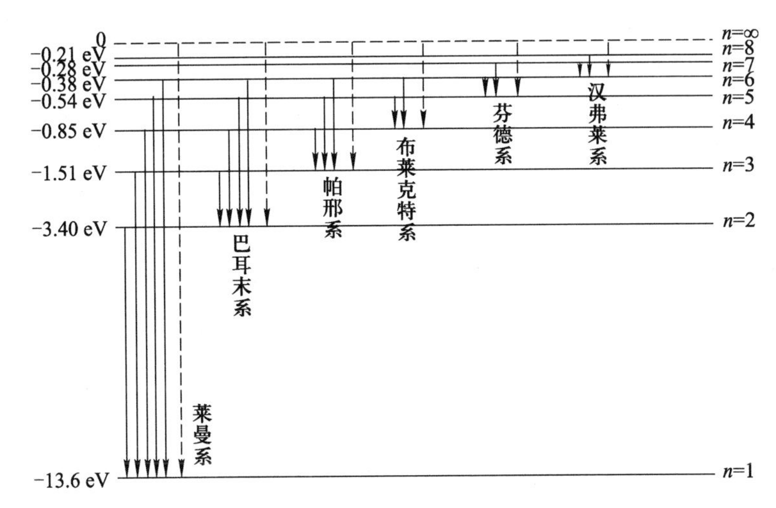

图 9-2　氢原子能级及光谱

玻尔理论的提出是一个创举，初步揭示了微观世界的基本特征。玻尔理论引入能级和量子化概念，成功解释了氢原子光谱及其不连续的特点。但是，玻尔原子模型只能解释单电子体系如氢原子、Li^+ 离子等的光谱，不能解释多电子体系的光谱，也不能说明氢原子光谱的精细结构。玻尔理论本身仍是以经典力学理论为基础，没有认识到电子具有波粒二象性，不能全面反映微观粒子的运动规律。

2. 电子的波粒二象性和不确定原理

(1) 电子的波粒二象性

电子具有粒子性的特点早在人们发现它时就已经知道，但是电子具有波动性的性质很难被理解。直到 1924 年，年轻的法国物理学家德布罗意(L. de Broglie)在光的波粒二象性的启示下提出一个假说，认为波粒二象性不只是光子才有，一切微观粒子，包括电子、质子和中子等，都具有波粒二象性。他把光子的动量与波长的关系式推广到一切微观粒子上，指出具有质量 m 和速度 v 的运动粒子也具有波动性，这种波的波长等于普朗克常数 h 与粒子动量的比：

$$\lambda = \frac{h}{P} = \frac{h}{mv} \tag{9-7}$$

式中，P 为动量。这个关系式被称为德布罗意公式，它将微观粒子的波动性和粒子性定量地联系起来。由此式可知，微粒的波长与动量成反比，动量越大，波长就越短。

但是，这个公式仅是理论预测，还不具有很强的说服力。在三年后的 1927 年，通过两个独立的电子衍射实验，证明电子确实具有波动性，德布罗意的大胆假设也因此被证实。在英国的阿伯丁大学，汤姆逊(G. P. Thomson)将电子束照射穿过薄金属片，并且观察到电子的干涉现象。在美国的贝尔实验室，戴维森(C. J. Davisson)和革末(L. H. Germer)做实验将低速电子入射于镍晶体，在感光底片上获得了一系列明暗相间的衍射花纹(图 9-3)，这结果符合理论预测。

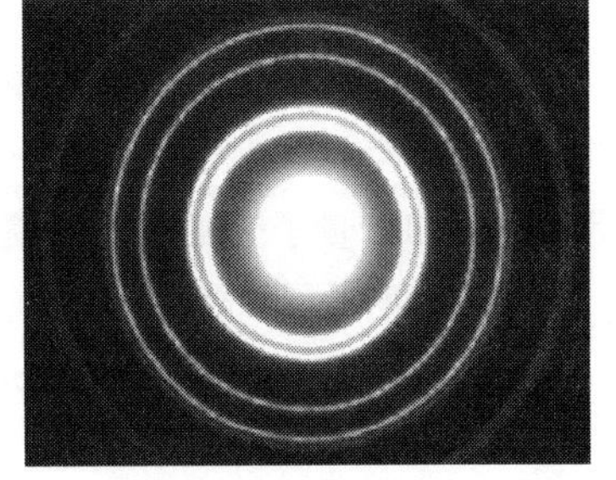

图 9-3　电子衍射图

根据德布罗意公式可以计算出任何物体的波长。但需要注意的是,宏观物体的波长小到根本无法测量。假定有一质量为1.0 kg的物体,以$1.0\times10^3\ \mathrm{m\cdot s^{-1}}$速度飞行,计算得到的波长为$6.6\times10^{-37}$ m。这个数量级的波长用再先进的仪器也测不出来。所以,宏观物体主要表现出粒子性,遵循经典力学的运动规律。只有像电子、质子、中子等符合量子力学原理的微观粒子,才会表现出波粒二象性。

(2) 海森堡不确定性原理

1927年,德国物理学家海森堡(W. Heisenberg)提出了他那著名的不确定性原理。该原理可以通俗地表达为:处于运动中的微观粒子,其精确位置和精确动量不能同时被确定。其数学表达式称为不确定性关系式:

$$\Delta x\cdot\Delta p\geqslant\frac{h}{4\pi}\tag{9-8}$$

式中,Δx为微观粒子位置的不精确量,Δp为微观粒子动量的不精确量,h为普朗克常数。不确定性关系式表明,微观粒子的Δx越小,它的动量Δp就越大。也就是动量测定得越准确,测得的位置就越不准确;反之,亦然。测量这动作不可避免地搅扰了被测量粒子的运动状态,因此产生不确定性。

海森堡的不确定性原理让许多科学家难以接受。爱因斯坦直到去世,一直坚持认为科学家还没能找到亚原子世界的真实规律;一旦找到,一切不确定性将会消失。直到现在,依然没有哪位科学家能够设计出一种既不改变微观粒子位置、也不改变微观粒子动量的实验方法,来同时精确测定其位置和动量。不确定性原理是量子力学的基本原理,反映了微观粒子的基本运动规律,即微观粒子运动轨迹的不确定性。因此,玻尔理论存在缺陷,电子不可能按照玻尔模型中描述的在固定的轨道上运动,其动量也是不确定的。对于原子中的电子,我们无法知道每个电子出现在原子核外的哪个位置,但统计结果可以描述电子在原子核外不同区域出现的机会(概率)。

不确定性原理反映了微观粒子运动轨迹的不确定性,但它并不意味着微观粒子的运动状态是不可认知的。以薛定谔为代表的科学家通过数学方法处理电子的波动性,并建立量子力学的模型来描述微观粒子的运动状态。

9.1.2 核外电子的运动状态

1. 描述电子运动状态的量子数

玻尔理论引入了量子化概念,用一个量子数来描述电子的轨道;而量子力学中需要用三个量子数来描述电子的轨道。这三个量子数分别是主量子数n、角量子数l和磁量子数m,统称轨道量子数。它们是在数学解析薛定谔方程过程中引入的。因为核外电子运动状态的变化不是连续的,而是量子化的,所以量子数的取值也不是连续的,只能取一组整数。另外,为了描述电子运动状态,需要引入第四个量子数,称为自旋量子数m_s。它的提出是为了描述电子自旋运动,与轨道无关。四个量子数的取值和它们之间的关系如下:

(1) 主量子数n

主量子数表示原子中电子出现概率最大的区域离核的远近(电子层数),是决定电子能级的主要量子数。n只能取1,2,3等正整数。迄今为止,已知的最大值是7。n值越大,轨道能量越高。一个n值表示一个电子层。n取1~7时对应的电子层符号分别为K、L、M、N、O、P和Q。

表 9-2 中列出了量子数、电子层、轨道和轨道数的关系(通常只列出主量子数取 1～4 时对应的 4 个电子层 K、L、M 和 N)。对氢原子,其能量只取决于 n;但对多电子原子,电子的能量除受电子层影响外,还因原子轨道形状不同而异,即受角量子数影响。

表 9-2　量子数、电子层、轨道和轨道数的关系

主量子数 n	1	2		3			4			
电子层	K	L		M			N			
角量子数 l	0	0	1	0	1	2	0	1	2	3
电子亚层	s	s	p	s	p	d	s	p	d	f
磁量子数 m	0	0	0 ±1	0	0 ±1	0 ±1 ±2	0	0 ±1	0 ±1 ±2	0 ±1 ±2 ±3
原子轨道	1s	2s	2p	3s	3p	3d	4s	4p	4d	4f
原子轨道数	1	1	3	1	3	5	1	3	5	7
	1	4		9			16			
自旋量子数 m_s	$\pm\frac{1}{2}$ ↑↓	$\pm\frac{1}{2}$ ↑↓	$\pm\frac{1}{2}$ ↑↓	$\pm\frac{1}{2}$ ↑↓	$\pm\frac{1}{2}$ ↑↓	$\pm\frac{1}{2}$ ↑↓	$\pm\frac{1}{2}$ ↑↓	$\pm\frac{1}{2}$ ↑↓	$\pm\frac{1}{2}$ ↑↓	$\pm\frac{1}{2}$ ↑↓

(2) 角量子数 l

角量子数是决定轨道角动量的量子数,故全称叫轨道角动量量子数。也可直观地将角量子数看做决定轨道形状或电子亚层(同一 n 层中的不同分层)的量子数。角量子数 l 的意义在于,在多电子原子中,它与主量子数一起决定了电子的能量。l 的取值取决于主量子数 n,只能取 0,1,2,3,…,($n-1$),见表 9-2。一个取值对应于一个亚层,亚层的数目随 n 值的增大而增多。与电子层一样,亚层也可以用相应的符号表示,l 为 0,1,2,3 的亚层分别叫 s 亚层、p 亚层、d 亚层和 f 亚层。同一电子层中,亚层的能级按 s,p,d,f 的顺序增高。

(3) 磁量子数 m

磁量子数决定了原子轨道在空间的不同伸展方向,这是因为同一亚层中各条轨道对原子核有不同的取向。磁量子数同时还决定了角动量在空间的给定方向上的分量大小。磁量子数用 m 表示,它的取值由角量子数 l 决定,取在 $+l$ 到 $-l$ 之间的正、负整数和 0,见表 9-2。例如 $l=1$ 时,对应 p 亚层,m 的取值为 +1,0,−1。实际上,就是 p 亚层有三条取向不同的等价轨道(n 和 l 相同时,能级相同的轨道)。同理,s,p,d 亚层的轨道数分别为 1,5,7。对于一个电子层来说,其轨道总数等于各亚层轨道数之和。例如,电子层 M 有三个电子亚层 s,p,d,分别对应于轨道数 1,3,5,则轨道总数为 9。

(4) 自旋量子数 m_s

原子光谱实验发现,使用高分辨的光谱仪观察氢原子光谱时,每条谱线均由两条靠得很近的谱线(波长稍有差异)组成,人们将其归因于电子的自旋。电子自旋现象最早是由两位德国物理学家斯特恩(O. Stern)和盖拉赫(W. Gerlach)通过著名的斯特恩-盖拉赫实验发现的。1925 年,两位美国物理学家古兹密特(S. A. Goudsmit)和乌伦贝克(G. E. Uhlenbeck)提出了电子自旋假设,认为电子除了绕原子核运动外,还会绕自身轴旋转。这就类似于地球除了绕太阳公转外,还会自转。

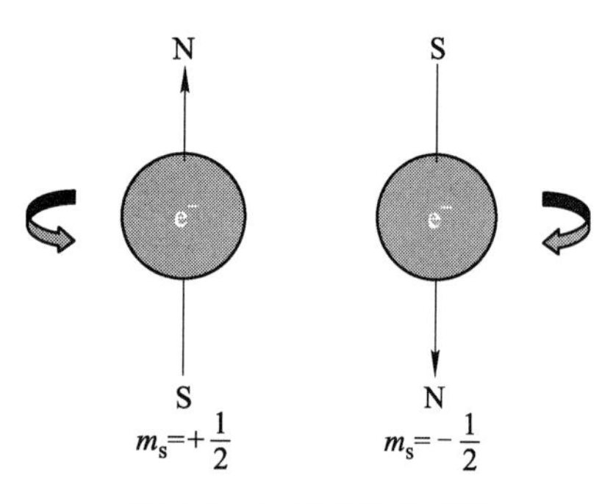

图 9-4 电子自旋示意图

图 9-4 是假想的电子自旋示意图。电子只有两种不同方向的自旋,即顺时针方向和逆时针方向的自旋,自旋量子数 m_s 的取值分别为 $+\frac{1}{2}$ 和 $-\frac{1}{2}$,通常用向上箭头↑和向下箭头↓来表示这两种自旋方式,见表 9-2。如果轨道中有未成对电子存在,则会产生磁性。但当有成对电子时,由于自旋相反的两个电子产生反向磁场相互抵消,则不显示磁性。

2. 薛定谔方程和波函数

宏观物体的运动遵循经典力学原理,而微观粒子的运动状态则需要量子力学来描述。在描述氢原子的运动状态时,玻尔人为假定了量子数 n 这一概念。而量子力学中不需事先假定描述原子轨道的三个量子数(n,l,m),而是求解薛定谔方程的自然结果。1926 年奥地利物理学家薛定谔(E. Schrödinger)提出了描述微观粒子运动状态的波动方程,称为薛定谔方程。其表达式为一个二阶偏微分方程:

$$\frac{\partial^2\psi}{\partial x^2}+\frac{\partial^2\psi}{\partial y^2}+\frac{\partial^2\psi}{\partial z^2}=-\frac{8\pi^2 m}{h^2}(E-V)\psi \tag{9-9}$$

式中,ψ 为描述微观粒子运动状态的函数,称为波函数;x、y、z 为微观粒子的空间坐标;m 是微观粒子的质量;h 是普朗克常数;E 为体系的总能量;V 是势能。通过求解薛定谔方程,可以得到描述微观粒子运动状态的波函数 ψ 及相应的能量 E。薛定谔方程是量子力学的基本方程,方程中既包含体现微观粒子的粒子性的物理量(如 m,E 等),也包含体现波动性的物理量 ψ。

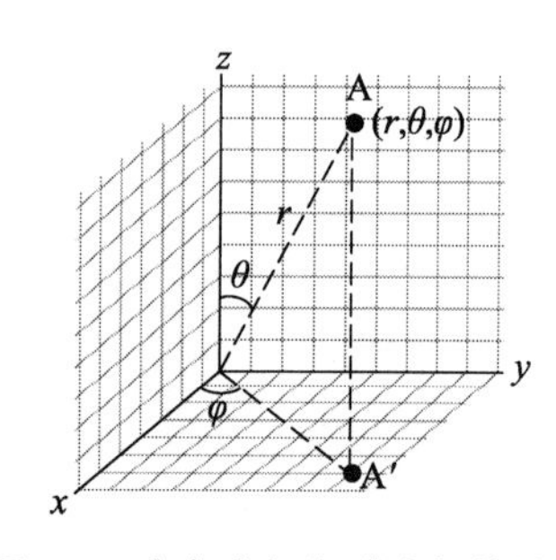

图 9-5 直角坐标与球坐标的关系

求解薛定谔方程得到的波函数 ψ 是一个包含三个常数项(n,l,m)和三个变量(x,y,z)的函数式,而不是具体的数值。通常在求解的时候将直角坐标 x、y、z 变换成球坐标 r、θ、φ(图 9-5)。这是因为原子核具有球对称的库仑场,用球坐标表示更直观。直角坐标和球坐标的关系为

$$x=r\sin\theta\cos\varphi$$

$$y=r\sin\theta\sin\varphi$$

$$z=r\cos\theta$$

$$r=\sqrt{x^2+y^2+z^2}$$

经过坐标变换,就得到了在球坐标系中的薛定谔方程。再对该方程进行变量分离,将含有三个变量 r、θ、φ 的偏微分方程化成三个各自只含有一个变量的常微分方程,然后分别求解,得到三个函数 $R(r)$、$\Theta(\theta)$ 和 $\Phi(\varphi)$。将 $R(r)$、$\Theta(\theta)$ 和 $\Phi(\varphi)$ 相乘,即得到波函数 $\psi(r,\theta,\varphi)$。

$$\psi(r,\theta,\varphi)=R(r)\cdot\Theta(\theta)\cdot\Phi(\varphi) \tag{9-10}$$

通常将与角度有关的 $\Theta(\theta)$ 和 $\Phi(\varphi)$ 合并，令 $Y(\theta,\varphi)=\Theta(\theta)\cdot\Phi(\varphi)$，则式(9-10)变为

$$\psi(r,\theta,\varphi)=R(r)\cdot Y(\theta,\varphi) \tag{9-11}$$

式中，$R(r)$ 称为波函数的径向部分，$Y(\theta,\varphi)$ 称为波函数的角度部分。

数学上求解薛定谔方程可以得到多个 $\psi(r,\theta,\varphi)$，但并不是每个结果都是合理的。为了保证结果的合理性，三个常数项(n,l,m)只能按一定的规则取值，这样就很自然地得到三个轨道量子数。当确定一组取值合理的量子数 n、l 和 m 后，就能解得一个合理的波函数 $\psi_{n,l,m}(r,\theta,\varphi)$。例如，对于氢原子来说，当 $n=1,l=0,m=0$ 时，解得的波函数 $\psi_{1,0,0}(r,\theta,\varphi)$ 即为其基态波函数。

3. 原子轨道及其图形描述

既然 n,l,m 是描述原子轨道的量子数，那么波函数就表示原子轨道。在量子力学中，原子轨道是用单电子波函数 $\psi_{n,l,m}(r,\theta,\varphi)$ 来表示的。不同 n,l,m 条件下得到的波函数表示电子的不同运动状态，即不同的原子轨道。例如，$n=2,l=0,m=0$ 的波函数称为 2s 轨道；$n=2,l=1,m=0$ 的波函数称为 $2p_z$ 轨道。

求解薛定谔方程得到的波函数是一系列复杂的方程，以此来表示原子轨道非常抽象。因此，建立原子轨道的形象化概念，有助于后续章节中对化学键和分子空间结构的理解。量子力学中讲的轨道并不是行星绕太阳运行的轨道，也不是电子在原子中的运动途径，只是描述原子中电子运动状态的函数关系式，一个原子轨道代表原子核外电子的一种运动状态。事实上，由于波函数是 r,θ,φ 的函数，在空间难以画出其图像。

前面我们介绍了波函数是由径向部分 $R(r)$ 和角度部分 $Y(\theta,\varphi)$ 组成的。这里我们主要讨论角度部分 $Y(\theta,\varphi)$ 的图像。以氢原子为例，取 $n=1,l=0,m=0$，也就是氢原子的 1s 轨道，解薛定谔方程得到氢原子的基态波函数为

$$\psi_{1s}=R(r)Y(\theta,\phi)=\sqrt{\frac{1}{\pi a_0^3}}\,e^{-r/a_0} \tag{9-12}$$

其中角度部分为

$$Y(\theta,\varphi)=\sqrt{\frac{1}{4\pi}}$$

式中，$a_0=53$ pm，称为玻尔半径。可以发现，1s 轨道的 $Y(\theta,\varphi)$ 为常数，不随 θ,φ 的变化而变化。那么，在三维空间画出其图像是一个以 Y 为半径的球面，它是球对称的，如图 9-6 所示。因为 $Y(\theta,\varphi)$ 恒为正，故球面上的点均为正值。同样，在 $n=2,l=0,m=0$ 的条件下，解薛定谔方程得到氢原子另一个波函数 ψ_{2s}，其角度部分 $Y(\theta,\varphi)$ 与 1s 轨道的相同，因此图形也是球对称的。但与 1s 轨道不同的是，2s 轨道的径向部分会出现一个函数值为零的面，数学上将其称为节面。节面的存在体现了微观粒子的波动性。

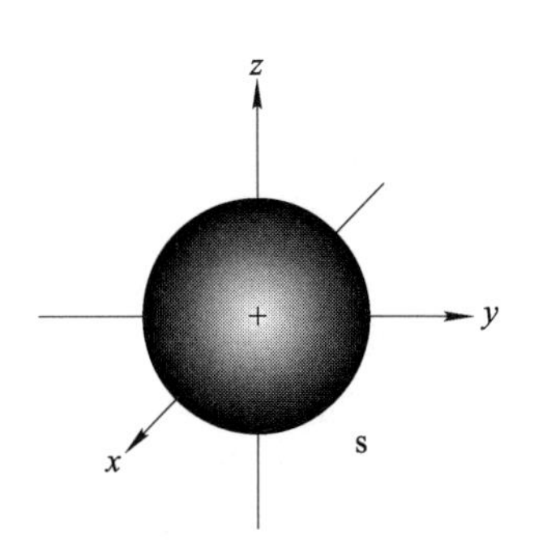

图 9-6　1s 轨道角度部分图像

此外，我们对薛定谔方程求解，还可以得到氢原子的三条 2p 轨道和五条 3d 轨道的波函数。与 s 轨道不同的是，p 轨道的波函数除了与 r 有关外，还与 θ 有关。因此，波函数的角度部分 $Y(\theta,\varphi)$ 的值随 θ 的改变而改变，其值有正有负。由此，可以作出三条 p 轨道的角度部分 Y_{p_x}、Y_{p_y}、Y_{p_z} 的图像，其均为两个外切的等径圆，分别位于 x 轴、y 轴和 z 轴上，如图 9-7 所示。如果将所得的图形再分别绕 x 轴、y 轴和 z 轴旋转

180°,可以得到两个外切的等径球面,也就是 Y_{p_x}、Y_{p_y}、Y_{p_z} 空间立体图。图中的 p 轨道角度部分有正、负号之分。

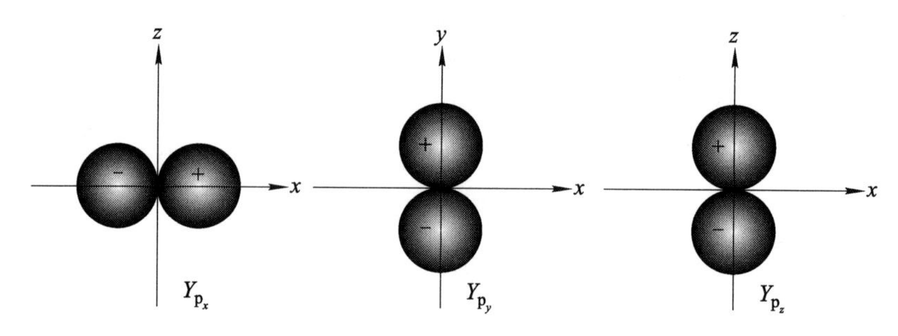

图 9-7 p 轨道角度部分图像(平面图)

3d 轨道的波函数对应的角度部分图像比 s 和 p 轨道的复杂,也有正、负号之分,如图 9-8 所示。其中,d_{xy}、d_{xz}、d_{yz} 和 $d_{x^2-y^2}$ 均为花瓣形,但 $d_{x^2-y^2}$ 的花瓣沿 x 和 y 轴取向,而 d_{xy}、d_{yz} 和 d_{xz} 取向于 xy、yz 和 xz 平面上相关坐标夹角的中线。比较特殊的是 d_{z^2},其形状为沿 z 轴的两个数值较大的正叶瓣,而在 xy 平面附近出现救生圈状的小叶瓣,沿 y 轴是负叶瓣。

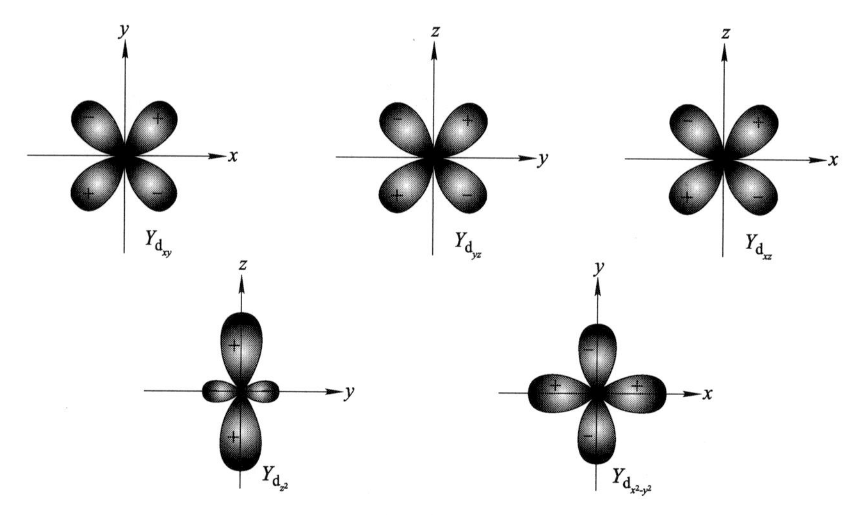

图 9-8 d 轨道角度部分图像

4. 概率密度和电子云

原子轨道是一个数学函数,本身并没有明确的物理意义。我们只能将其想象为电子在原子核外空间某个区域出现的可能性的数学描述。微观粒子所具有的波动性可以与粒子行为的统计规律联系在一起,以“概率密度”来描述原子中电子的运动特征。ψ 虽然没有明确物理意义,但 ψ^2 可以表示电子在原子空间的某点附近单位体积内出现的概率。也就是说,ψ^2 就是概率密度。而电子出现的概率等于概率密度与电子在原子核外某个区域体积的乘积。为了形象地表示电子在核外空间出现的概率分布情况,可以用小黑点的疏密程度来表示电子在核外空间各处的概率密度 ψ^2。小黑点所描绘的图形称为电子云图像。

以 1s 轨道为例,其电子概率有两种表示方法。图 9-9(a)为从原子核引出的一条直线上各点

的 ψ^2，电子离核越近，概率密度越大；反之，概率密度越小，无限远处接近零。图 9-9(b)为小黑点描述的电子云图，原子核处于中心位置。离核越近，小黑点越密，则概率密度越大。实际上，1s 电子云在三维空间是球对称的等密度面，电子在此界面内出现的概率大于 90%。如果画出 2s 轨道的电子云图，就会发现，其有两个概率密度大的区域，一个离核较近，一个离核较远，在这两个密集区域之间有一个概率密度为零的节面。

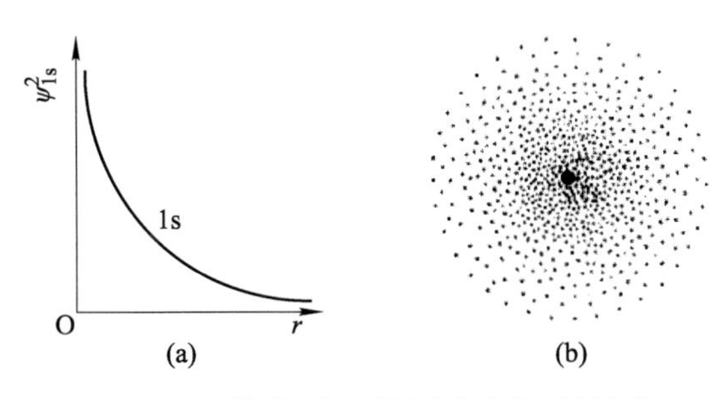

图 9-9　1s 轨道 ψ^2-r 图(a)和电子云图(b)

2p 和 2d 轨道电子云角度部分的图形如图 9-10 所示。可以发现，它们的电子云都不是球对称的，2p 电子云角度分布图为哑铃形，而 2d 电子云角度分布图与原子轨道(波函数)的角度分布图相似，但要瘦一些。这是因为角度部分 Y 值小于 1，平方以后 Y^2 值更小所致。值得注意的是，原子轨道有正、负之分，而电子云的角度部分由于平方以后均为正值。

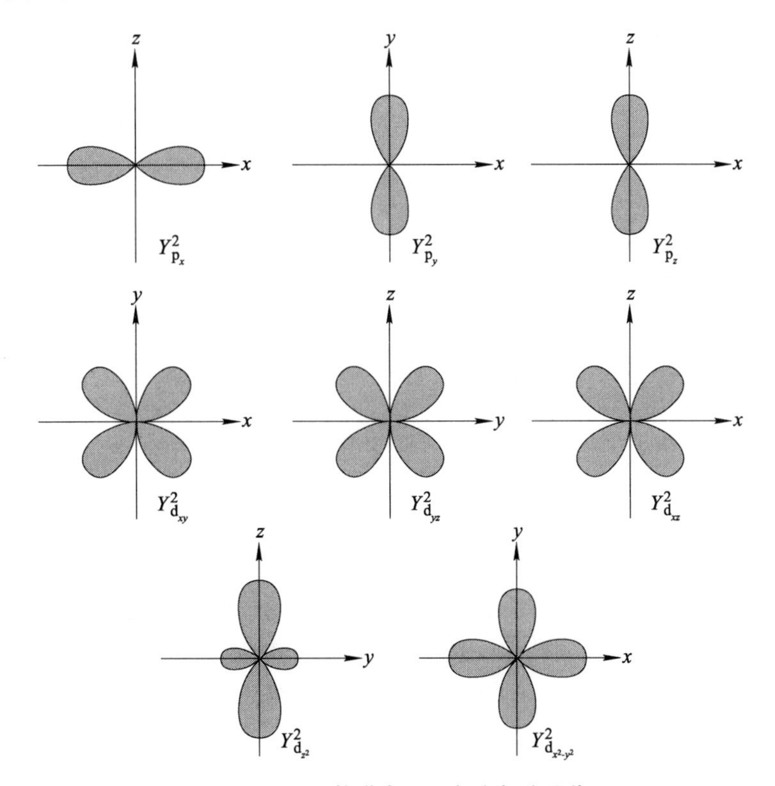

图 9-10　p、d 轨道电子云角度部分图像

9.2 多电子原子结构

核外只有一个电子时,由于该电子仅受到原子核的吸引,如氢原子或类氢离子,其波函数可以精确求解。但多电子原子其核外有两个以上的电子,电子除受核的作用外,还受到其他电子对它的排斥作用,情况要复杂得多,故量子力学中采用近似方法进行处理。

9.2.1 多电子原子的能级

电子的每一运动状态都与某一确定的能量相对应,能量也是薛定谔方程的精确解。之前讲过,主量子数 n 可以和角量子数 l 一起决定电子的能量。电子各种状态的能量有高有低,就像阶梯一样,称为能级。

1. 鲍林近似能级图

1939 年,美国化学家鲍林(L. C. Pauling)根据大量的光谱实验数据计算得出多电子原子中轨道能量的近似能级顺序,即原子轨道的近似能级图(图 9-11)。

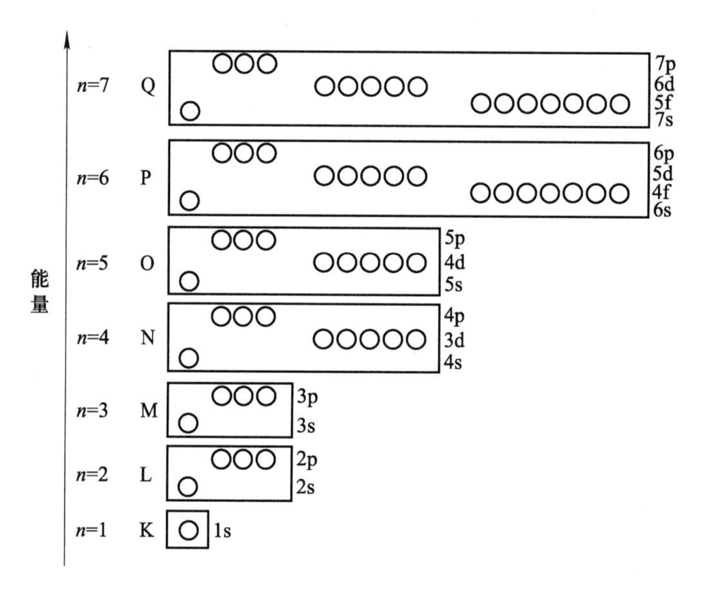

图 9-11 鲍林原子轨道近似能级图

图 9-11 中每个空心小圆圈代表一条轨道,能量相近的轨道为一组,图中用方框框起来,称为能级组。这样的能级组分为 7 个,排在图下方的轨道能量低,排在上方的能量高。能量按 $n=1$, 2,3,…的顺序分别叫做第一能级组、第二能级组等。不同能级组之间能量差别大,同一能级组内各能级之间能量差别小。各能级组均以 s 轨道开始并以 p 轨道结束(第一能级组除外)。要注意的是,这个能级顺序是基态原子的电子在核外排布时的填充顺序,与电子填充后的顺序不一致。

由鲍林近似能级图可以看出:

(1) 主量子数 n 相同时,轨道的能级由 l 决定。l 值越大,能级越高。n 值相同而轨道能级不同的现象称为“能级分裂”。例如:

$$E_{ns} < E_{np} < E_{nd} < E_{nf}$$

(2) 角量子数 l 相同时，能级的能量高低由主量子数 n 决定。例如：

$$E_{1s} < E_{2s} < E_{3s} < E_{4s} < \cdots$$

(3) 主量子数 n 和角量子数 l 均不同时的情况较为复杂，主量子数小的能级可能高于主量子数大的能级，出现“能级交错”现象。能级交错出现于第四能级组开始的各能级组中，例如：

$$E_{5s} < E_{4d} < E_{5p}$$

需要注意的是，鲍林近似能级图只适用于多电子原子，而氢原子的能级图就很简单，其轨道能级仅取决于主量子数 n，故不发生能级分裂。此外，鲍林能级图中，所有元素的原子轨道能级次序都相同，这显然是不合理的。

2. 科顿能级图

1962 年，美国化学家科顿(F. A. Cotton)发现了能级与原子序数的关系，进而提出了新的原子轨道能级图，即科顿能级图(图 9-12)。

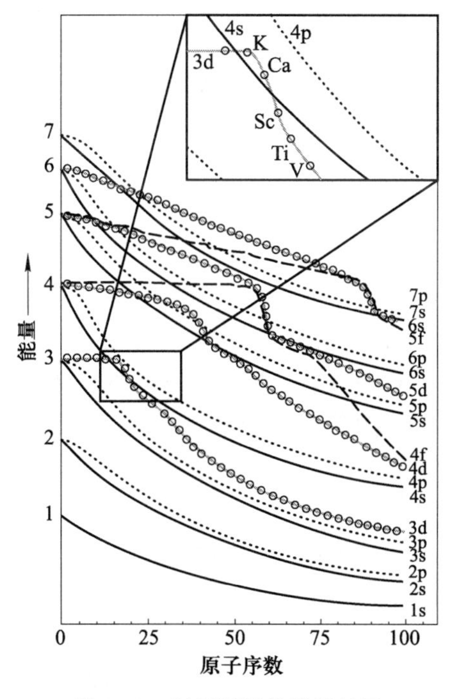

图 9-12　科顿原子轨道能级图

从图 9-12 中可以得到如下信息：

(1) 原子序数为 1 的氢原子，其轨道能级只与 n 有关，具有简并性。而其他原子的轨道均发生能级分裂。

(2) 同名原子轨道的能量随着原子序数的增大而降低。

要注意的是，原子轨道能量下降的幅度随着原子序数增大而不同。原子序数为 19(K)和 20(Ca)附近发生能级交错(放大图)，这是由于它们的 3d 轨道能量大于 4s 轨道能量所致。而从 Sc 开始的 3d 轨道能量又低于 4s。我们从鲍林近似能级图上看不到这种现象，显然，科顿能级图更合理。

3. 屏蔽效应和钻穿效应

(1) 屏蔽效应

对多电子原子中的电子而言,除受原子核的吸引外,还会受到其他电子的排斥。这种排斥作用实质是其他电子在原子核周围的电子云对某一电子产生了电荷屏蔽,导致原子核对该电子的引力被削弱或抵消了,这种作用被称为屏蔽效应。假定原来核电荷数为 Z,由于存在屏蔽效应,该电子能够感受到的核电荷数降低至 Z^*,Z^* 就叫做有效核电荷。那么,两者之间的关系可以表示为

$$Z^* = Z - \sigma$$

式中,σ 称为屏蔽常数,相当于被抵消的核电荷,反映屏蔽作用的大小。通常认为,外层电子对内层电子的屏蔽可以忽略。电子只受处于内层和处于同层的其他电子的屏蔽,内层电子对外层电子的屏蔽作用较大,同层电子的屏蔽作用较小。

(2) 钻穿效应

多电子原子中,某一电子既被其他电子屏蔽,也对其他电子进行屏蔽。而被屏蔽的程度,依赖于该电子与原子核的距离。距原子核越近,受其他电子屏蔽作用越小,受到原子核的吸引越强而更靠近原子核,意味着"钻"到原子内部空间越深,这种作用称为钻穿效应。以 $n=2$ 的轨道中的电子为例,2s 电子比 2p 电子离核更近,2s 电子受到的屏蔽比 2p 电子受到的屏蔽小,钻穿能力强。在多电子原子中,一般对主量子数 n 一定的电子而言,有效核电荷的值随角量子数 l 的增大而减小,反映到电子的钻穿能力上有如下规律:

$$n\mathrm{s} > n\mathrm{p} > n\mathrm{d} > n\mathrm{f}$$

电子所处的能级与它的有效核电荷有关,如 2s 电子的有效核电荷较 2p 电子大,故比 2p 电子的能级低;同理,可得 3p 电子比 3d 电子能级低,4d 电子比 4f 低。因此,多电子原子中,n 一定时,亚层轨道能级随 l 的增大而升高。这就可以解释能级分裂这一事实。对于"能级交错"现象,可以认为是能级分裂非常强烈导致的结果。前面列出的能级交错的例子中,5s 轨道的能量低于 4d 轨道,这可以看做 5s 轨道强烈的钻穿效应造成的。

9.2.2 核外电子排布

根据原子光谱实验和量子力学理论,总结出基态原子的核外电子层排布遵循以下三个规则或原理。

1. 能量最低原理

电子在原子轨道上分布时,尽可能优先占据能量最低的轨道,然后再占据能量较高的轨道,使得系统的能量最低,这一原理称为能量最低原理。电子填入轨道的顺序依次为

$$1s<2s<2p<3s<3p<4s<3d<4p<5s<4d<5p<6s<4f<5d<6p<7s<5f<6d<7p$$

在实际排列中,有时候因为电子的磁量子数和自旋量子数的原因,能级轨道的能量高低也不是绝对按上面的顺序,比如Ⅷ族元素 Pt[Xe]$4f^{14}5d^{9}6s^{1}$,6s 轨道还没有排完,下一个电子就排到 5d 轨道了。

2. 泡利不相容原理

1925 年,奥地利物理学家泡利(W. Pauli)提出:同一原子中,不能有四个量子数完全相同的两个电子存在。或者说,每个原子轨道最多能容纳两个自旋方式相反的电子(n,l,m 相同,但 m_s 不同)。既然一个轨道只能容纳两个电子,结合三个轨道量子数之间的关系,可以计算出各电子层和电子亚层的最大容量等于 $2n^2$。各层最大容量与主量子数之间的关系如表 9-3 所示。

表 9-3　电子层和亚层的最大电子容量

主量子数 *n*	电子层	电子亚层	轨道数	电子最大容量	电子层总容量
1	K	1s	1	2	2
2	L	2s	1	2	8
		2p	3	6	
3	M	3s	1	2	18
		3p	3	6	
		3d	5	10	
4	N	4s	1	2	32
		4p	3	6	
		4d	5	10	
		4f	7	14	

3. 洪德规则

德国物理学家洪德(F. Hund)总结大量光谱实验数据提出洪德规则：在满足泡利不相容原理的基础上，原子中电子在等价轨道上排布时尽可能分占不同轨道，且自旋方向相同，使整个原子能量最低。例如 Si 原子 3p 轨道中的两个电子的排布方式为

[Ne] (↑↓) (↑)(↑)( )

而不是

[Ne] (↑↓) (↑↓)( )( )

同理，P 原子 3p 轨道中的三个电子应该分占三个轨道且自旋平行。可以看到，上面的例子中，虽然 Si 原子的电子总数为偶数，但是仍然有未成对电子，结果就是 Si 原子显示出顺磁性，也就是受磁场吸引的性质。反之，受磁场排斥的性质称为反磁性。显然，s、p、d 和 f 亚层中未成对电子的最大数目为 1,3,5 和 7，刚好等于相应的轨道数。

基于上述原理和规则，可以写出基态原子的电子排布情况，也就是电子构型。通常只标明电子亚层轨道，并将电子填入亚层轨道以形成序列。例如基态 Li 原子($Z=3$)的电子构型为

$$1s^2 2s^1 \quad 或 \quad [He]2s^1$$

又如 K 原子($Z=19$)的电子构型为

$$1s^2 2s^2 2p^6 3s^2 3p^6 4s^1 \quad 或 \quad [Ar]4s^1$$

式中，[He]和[Ar]称为“类氦原子芯”和“类氩原子芯”。这里的“原子芯”指原子的电子排布中与稀有气体原子的电子排布相同的那一部分。这样做的好处是可以简化电子构型的写法。

表 9-4 列出了所有元素基态原子的电子构型。需要注意的是，表中出现了不服从上述原理的一些特殊情况。比如，Cu 原子的电子构型为$[Ar]3d^{10}4s^1$ 而不是$[Ar]3d^9 4s^2$；Mo 原子的电子构型为$[Kr]4d^5 5s^1$ 而不是$[Kr]4d^4 5s^2$。此外，Cr、Ag 和 Au 等原子的电子构型也属于这种情况，说明原子的亚层轨道处于半满和全满的状态时具有相对稳定性。s、p、d 和 f 轨道的半满状态分别为 s^1、p^3、d^5 和 f^7。另外，镧系和锕系中的某些元素的电子排布较为复杂，难以用上述的原理和规则来概括。主要是由于 *n* 值较大的情况下，亚层轨道之间的能量差太小导致的。

表 9-4 基态原子的电子构型

原子序数	元素名称	元素符号	电子构型
1	氢	H	$1s^{1}$
2	氦	He	$1s^{2}$
3	锂	Li	[He]$2s^{1}$
4	铍	Be	[He]$2s^{2}$
5	硼	B	[He]$2s^{2}2p^{1}$
6	碳	C	[He]$2s^{2}2p^{2}$
7	氮	N	[He]$2s^{2}2p^{3}$
8	氧	O	[He]$2s^{2}2p^{4}$
9	氟	F	[He]$2s^{2}2p^{5}$
10	氖	Ne	[He]$2s^{2}2p^{6}$
11	钠	Na	[Ne]$3s^{1}$
12	镁	Mg	[Ne]$3s^{2}$
13	铝	Al	[Ne]$3s^{2}3p^{1}$
14	硅	Si	[Ne]$3s^{2}3p^{2}$
15	磷	P	[Ne]$3s^{2}3p^{3}$
16	硫	S	[Ne]$3s^{2}3p^{4}$
17	氯	Cl	[Ne]$3s^{2}3p^{5}$
18	氩	Ar	[Ne]$3s^{2}3p^{6}$
19	钾	K	[Ar]$4s^{1}$
20	钙	Ca	[Ar]$4s^{2}$
21	钪	Sc	[Ar]$3d^{1}4s^{2}$
22	钛	Ti	[Ar]$3d^{2}4s^{2}$
23	钒	V	[Ar]$3d^{3}4s^{2}$
24	铬	Cr	[Ar]$3d^{4}4s^{2}$
25	锰	Mn	[Ar]$3d^{5}4s^{2}$
26	铁	Fe	[Ar]$3d^{6}4s^{2}$
27	钴	Co	[Ar]$3d^{7}4s^{2}$
28	镍	Ni	[Ar]$3d^{8}4s^{2}$
29	铜	Cu	[Ar]$3d^{10}4s^{1}$
30	锌	Zn	[Ar]$3d^{10}4s^{2}$
31	镓	Ga	[Ar]$3d^{10}4s^{2}4p^{1}$
32	锗	Ge	[Ar]$3d^{10}4s^{2}4p^{2}$
33	砷	As	[Ar]$3d^{10}4s^{2}4p^{3}$
34	硒	Se	[[Ar]$3d^{10}4s^{2}4p^{4}$
35	溴	Br	[Ar]$3d^{10}4s^{2}4p^{5}$
36	氪	Kr	[Ar]$3d^{10}4s^{2}4p^{6}$
37	铷	Rb	[Kr]$5s^{1}$
38	锶	Sr	[Kr]$5s^{2}$
39	钇	Y	[Kr]$4d^{1}5s^{2}$
40	锆	Zr	[Kr]$4d^{2}5s^{2}$
41	铌	Nb	[Kr]$4d^{4}5s^{1}$
42	钼	Mo	[Kr]$4d^{5}5s^{1}$
43	锝	Tc	[Kr]$4d^{5}5s^{2}$
44	钌	Ru	[Kr]$4d^{7}5s^{1}$
45	铑	Rh	[Kr]$4d^{8}5s^{1}$
46	钯	Pd	[Kr]$4d^{10}$
47	银	Ag	[Kr]$4d^{10}5s^{1}$
48	镉	Cd	[Kr]$4d^{10}5s^{2}$
49	铟	In	[Kr]$4d^{10}5s^{2}5p^{1}$
50	锡	Sn	[Kr]$4d^{10}5s^{2}5p^{2}$
51	锑	Sb	[Kr]$4d^{10}5s^{2}5p^{3}$
52	碲	Te	[Kr]$4d^{10}5s^{2}5p^{4}$
53	碘	I	[Kr]$4d^{10}5s^{2}5p^{5}$
54	氙	Xe	[Kr]$4d^{10}5s^{2}5p^{6}$
55	铯	Cs	[Xe]$6s^{1}$
56	钡	Ba	[Xe]$6s^{2}$
57	镧	La	[Xe]$5d^{1}6s^{2}$
58	铈	Ce	[Xe]$4f^{1}5d^{1}6s^{2}$
59	镨	Pr	[Xe]$4f^{3}6s^{2}$
60	钕	Nd	[Xe]$4f^{4}6s^{2}$
61	钷	Pm	[Xe]$4f^{5}6s^{2}$
62	钐	Sm	[Xe]$4f^{6}6s^{2}$
63	铕	Eu	[Xe]$4f^{7}6s^{2}$
64	钆	Gd	[Xe]$4f^{7}5d^{1}6s^{2}$
65	铽	Tb	[Xe]$4f^{9}6s^{2}$
66	镝	Dy	[Xe]$4f^{10}6s^{2}$
67	钬	Ho	[Xe]$4f^{11}6s^{2}$
68	铒	Er	[Xe]$4f^{12}6s^{2}$
69	铥	Tm	[Xe]$4f^{13}6s^{2}$
70	镱	Yb	[Xe]$4f^{14}6s^{2}$
71	镥	Lu	[Xe]$4f^{14}5d^{1}6s^{2}$
72	铪	Hf	[Xe]$4f^{14}5d^{2}6s^{2}$
73	钽	Ta	[Xe]$4f^{14}5d^{3}6s^{2}$
74	钨	W	[Xe]$4f^{14}5d^{4}6s^{2}$
75	铼	Re	[Xe]$4f^{14}5d^{5}6s^{2}$
76	锇	Os	[Xe]$4f^{14}5d^{6}6s^{2}$
77	铱	Ir	[Xe]$4f^{14}5d^{7}6s^{2}$
78	铂	Pt	[Xe]$4f^{14}5d^{9}6s^{1}$
79	金	Au	[Xe]$4f^{14}5d^{10}6s^{1}$
80	汞	Hg	[Xe]$4f^{14}5d^{10}6s^{2}$
81	铊	Tl	[Xe]$4f^{14}5d^{10}6s^{2}6p^{1}$
82	铅	Pb	[Xe]$4f^{14}5d^{10}6s^{2}6p^{2}$
82	铋	Bi	[Xe]$4f^{14}5d^{10}6s^{2}6p^{3}$
84	钋	Po	[Xe]$4f^{14}5d^{10}6s^{2}6p^{4}$
85	砹	At	[Xe]$4f^{14}5d^{10}6s^{2}6p^{5}$
86	氡	Rn	[Xe]$4f^{14}5d^{10}6s^{2}6p^{6}$
87	钫	Fr	[Rn]$7s^{1}$
88	镭	Ra	[Rn]$7s^{2}$
89	锕	Ac	[Rn]$6d^{1}7s^{2}$
90	钍	Th	[Rn]$6d^{2}7s^{2}$
91	镤	Pa	[Rn]$5f^{2}6d^{1}7s^{2}$
92	铀	U	[Rn]$5f^{3}6d^{1}7s^{2}$
93	镎	Np	[Rn]$5f^{4}6d^{1}7s^{2}$
94	钚	Pu	[Rn]$5f^{6}7s^{2}$
95	镅	Am	[Rn]$5f^{7}7s^{2}$
96	锔	Cm	[Rn]$5f^{7}6d^{1}7s^{2}$
97	锫	Bk	[Rn]$5f^{9}7s^{2}$
98	锎	Cf	[Rn]$5f^{10}7s^{2}$
99	锿	Es	[Rn]$5f^{11}7s^{2}$
100	镄	Fm	[Rn]$5f^{12}7s^{2}$
101	钔	Md	[Rn]$5f^{13}7s^{2}$
102	锘	No	[Rn]$5f^{14}7s^{2}$
103	铹	Lr	[Rn]$5f^{14}6d^{1}7s^{2}$
104	𬬻	Rf	[Rn]$5f^{14}6d^{2}7s^{2}$
105	𬭊	Db	[Rn]$5f^{14}6d^{3}7s^{2}$
106	𬭳	Sg	[Rn]$5f^{14}6d^{4}7s^{2}$
107	𬭛	Bh	[Rn]$5f^{14}6d^{5}7s^{2}$
108	𬭶	Hs	[Rn]$5f^{14}6d^{6}7s^{2}$
109	鿏	Mt	[Rn]$5f^{14}6d^{7}7s^{2}$
110	𫟼	Ds	[Rn]$5f^{14}6d^{8}7s^{2}$
111	𬬭	Rg	[Rn]$5f^{14}6d^{9}7s^{2}$
112	鿔	Cn	[Rn]$5f^{14}6d^{10}7s^{2}$

9.3　元素周期表

人们一直在探索事物的内在规律性。为了找出元素的性质与相对原子质量之间的关系，1869 年俄国化学家门捷列夫(D. Mendeleev)总结出了元素周期律并给出了第一张元素周期表。他指出，如果将元素按原子序数(或原子量)增加的顺序排列起来，其性质表现出明显的周期性。元素周期律总结了各种元素的性质，揭示了元素间的相互联系，至今仍是指导化学家研究各种物质的重要规律。

现代元素周期律可以这样表述：元素及其所形成的化合物的物理和化学性质随着原子序数的增加而呈现周期性变化。元素性质的周期性暗示了原子结构的周期性。本书后面所附的元素周期表为长式周期表，是在研究核外电子排布之后提出来的，可以更清楚地反映元素的原子结构特征。元素周期表是指导化学学习和研究工作的重要工具。

9.3.1　元素的周期

元素周期表中的横行叫周期，共有七个周期(图 9-13)，分别对应于七个能级组，各周期从 s 区元素开始，到 p 区元素结束。各周期元素与相应能级组的关系见表 9-5。

表 9-5　周期与元素数目、能级和电子容量的关系

周期	元素数目	相应能级组中的原子轨道	最大电子容量
1	2	1s	2
2	8	2s,2p	8
3	8	3s,3p	8
4	18	4s,3d,4p	18
5	18	5s,4d,5p	18
6	32	6s,4f,5d,6p	32
7	26(未完)	7s,5f,6d(未完)	未填满

对照表 9-4、表 9-5 和元素周期表可知：

(1) 从各元素的电子层结构可知，当主量子数 n 每增加一个数值时，元素就增加一个新的电子层，周期表上就增加一个周期。也就是周期数等于元素的最外电子层数，即第一周期元素原子有一个电子层，第二周期有两个电子层，以此类推(Pd 例外，电子构型为[Kr]$4d^{10}$)。

(2) 每一个周期所含原子数目与对应能级组最多能容纳的电子数目一致。第一、二、三周期都是短周期，第一周期只有两种元素(H 和 He)，也称特短周期；第四、五、六周期为长周期；第七周期有 32 种元素，现已全部发现并被确认，IUPAC 已正式命名。

(3) 在第四周期中，从 21 号元素钪(Sc)到 30 号元素锌(Zn)，39 号元素钇(Y)到 48 号元素镉(Cd)，71 号元素镥到 80 号元素汞，103 号元素铹(Lr)到 112 号元素鿔(Cn)，它们新增的电子分别都是填充到 3d、4d、5d、6d 轨道上，这些元素称为第四、五、六周期过渡元素。第六周期中 57

号元素镧到 70 号元素镱，习惯上称为镧系元素；而第七周期中 89 号元素锕到 102 号元素锘，习惯上称为锕系元素。

9.3.2 元素的族

周期表中共有 7 个主族，其族号用 A 表示，采用罗马数字编号写成ⅠA～ⅦA(图 9-13)。主族元素电子结构的特点是内层轨道全充满，最后一个电子填入 ns 或 np 亚层上。主族元素价层电子的总数等于族号数，即等于 ns 和 np 两个亚层电子数之和。例如，氧族元素的价电子构型是 ns^2np^4，电子总数为 6，其族号为ⅥA。稀有气体习惯上称为 0 族，最外层为满态，呈稳定结构。过渡元素包括Ⅰ～Ⅶ副族元素(族号用 B 表示)及Ⅷ族元素，全部为金属元素。ⅢB～ⅦB 族元素的族号数等于这些原子的$(n-1)$d 和 ns 两个亚层电子数之和。例如 Ti 元素的价电子构型为 $3d^24s^2$，电子总数为 4，其族号为ⅣB。ⅠB～ⅡB 族元素的族号数则等于最外层 s 电子数。镧系和锕系元素称为内过渡元素，通常单独列出，在周期表中排在ⅢB 族元素之前。

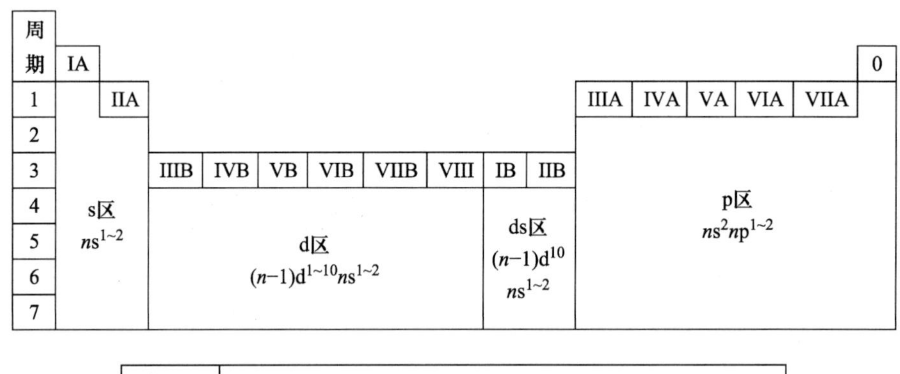

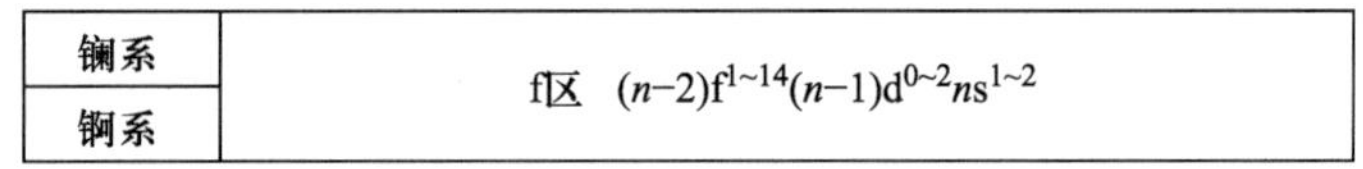

图 9-13 周期表分区、族及各区电子构型示意图

同一主族，外层电子数相同。例如，ⅠA 族碱金属的最外层电子构型都是 ns^1。同一副族，最外层的$(n-1)$d 和 ns 能级上的电子数之和相同。而Ⅷ族元素的电子结构则没有明显的规律。

9.3.3 元素的分区

周期表中的元素根据原子结构特征分成 5 个区，即 s 区、p 区、d 区、ds 区和 f 区(图 9-13)。ⅠA、ⅡA 族为 s 区，ⅢA～ⅦA 族与 0 族为 p 区，ⅢB～ⅦB 族及Ⅷ族为 d 区，ⅠB、ⅡB 族为 ds 区，镧系和锕系元素为 f 区。各区的元素原子的电子结构特点分别为：

(1) s 区元素：最后一个电子填充在最外层 ns 轨道上，价电子构型为 $ns^{1\sim2}$，位于周期表的左侧。它们是活泼金属元素，容易失去电子成为+1 和+2 价离子。

(2) p 区元素：最后一个电子填充在最外层 np 轨道上，价电子构型为 $ns^2np^{1\sim6}$，位于周期表最右侧，大部分为非金属元素。

(3) d 区元素：最后一个电子填充在次外层的$(n-1)$d 轨道上，价电子构型为 $(n-1)d^{1\sim10}ns^{1\sim2}$，位于周期表中部。这些都是金属元素，常有可变化的氧化数。

(4) ds 区元素：最后一个电子填充在最外层的 s 轨道上，价电子构型为$(n-1)d^{10}ns^{1\sim2}$，原子次外层的电子是满态。既不同于 s 区，也不同于 d 区，故称 ds 区。它位于 d 区和 p 区之间。这些元素也都是金属元素。

(5) f 区元素：最后一个电子填充在次外层的 f 轨道上，价电子构型为$(n-2)f^{1\sim14}(n-1)d^{0\sim2}ns^2$，这一区单独列在元素周期表下方。这些元素的最外层电子数相同，次外层电子数大部分相同，只有外数第三层数目不同。它们都为金属元素且每个系内元素的性质极为相似。

9.4　元素基本性质的周期性变化规律

元素的基本性质包括金属性、非金属性、氧化还原性等性质。我们都知道结构决定性质，所以这些性质与原子结构密切相关。化学上，将表示原子特征的原子半径、电离能、电子亲和能、电负性等称为原子参数，这些参数均随原子序数呈周期性变化，故元素及其化合物的基本性质也出现周期性规律。

9.4.1　原子半径

原子半径是描述原子大小的参数之一。通常，化学上将原子当做球体，通过测定相邻原子的核间距来确定原子半径。但实际上，原子没有明确的界面，这是由于波动力学模型不承认电子云存在明确的边界。根据原子为球体的假设，测得的原子半径分为共价半径、金属半径和范德华半径。

共价半径定义为同种元素相同原子以共价单键结合所得核间距的一半，如图 9-14(a)所示。而金属原子结合为金属晶体时，金属半径定义为两个相邻金属原子核间距的一半，如图 9-14(b)所示。在分子晶体中，分子间是以范德华(van der Waals)力结合的，以稀有气体为例，其形成单原子分子晶体时，原子核间距离的一半即为范德华半径，如图 9-14(c)所示。

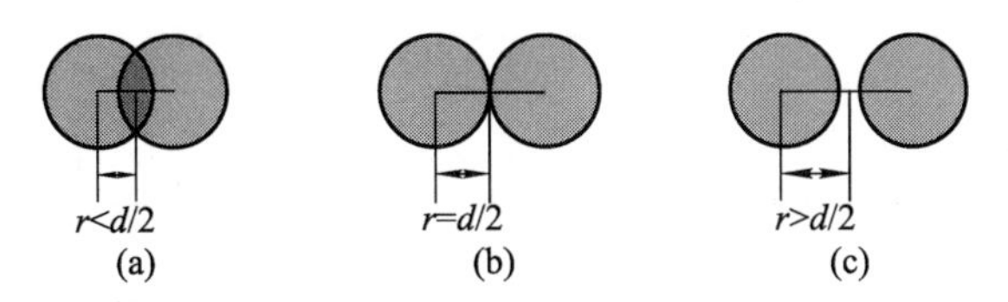

图 9-14　共价半径(a)、金属半径(b)和范德华半径(c)

原子半径主要受电子层数、有效核电荷数和最外层电子数三个因素影响。一般来说，电子层数越多，有效核电荷数越小，最外层电子数越少，原子半径越大。这也使得原子半径在元素周期表上有明显的周期递变性规律。表 9-6 列出了各元素原子半径随原子序数变化的数据。由表中数据可以看出：

(1) 同周期元素随原子序数的增加，原子半径表现出从左向右减小的趋势，主族、过渡和内过渡元素原子半径减小的快慢不同。主族元素减小最快；过渡元素总体上表现为减小，但不规则且减小较慢；内过渡元素减小最慢。各周期末尾稀有气体的半径较大，是范德华半径。

同一周期，主族元素的电子填充在最外层，从左向右，虽然电子层数不增加，但有效核电荷数增加很快,半径减小也快。过渡元素和内过渡元素,电子并未填充在最外层,而是分别填充在$(n-1)$层和$(n-2)$层,故半径减小缓慢。镧系元素原子半径从左到右缓慢减小的现象称为镧系收缩。这是由于新增加的电子填入外数第三层上,对外层电子的屏蔽效应更大,外层电子所受到的有效核电荷增加的影响更小,因此半径减小更不显著。由于镧系收缩,导致镧系以后的元素Hf、Ta、W等原子半径与第五周期的相应同族元素Zr、Nb、Mo等非常接近,性质也非常相似,在自然界的矿石中经常共生在一起,分离困难。

(2) 同族元素随原子序数的增加,原子半径自上而下增大,电子层数成为决定原子半径的主要因素。主族元素的变化明显,过渡元素的变化不明显,特别是镧系以后的各元素(由于镧系效应,Nb与Ta半径一样)。第六周期原子半径比同族第五周期的原子半径增加不多,有的甚至减少(Hf比Zr的半径小)。

表 9-6 原子半径(单位:pm)

H 37																	He 122
Li 152	Be 111											B 88	C 77	N 70	O 66	F 64	Ne 160
Na 186	Mg 160											Al 143	Si 117	P 110	S 104	Cl 99	Ar 191
K 227	Ca 197	Sc 161	Ti 145	V 132	Cr 125	Mn 124	Fe 124	Co 125	Ni 125	Cu 128	Zn 133	Ga 122	Ge 122	As 121	Se 117	Br 114	Kr 198
Rb 248	Sr 215	Y 181	Zr 160	Nb 143	Mo 136	Tc 136	Ru 133	Rh 135	Pd 138	Ag 144	Cd 149	In 163	Sn 141	Sb 141	Te 137	I 133	Xe 217
Cs 265	Ba 217	* Lu 173	Hf 159	Ta 143	W 137	Re 137	Os 134	Ir 136	Pt 136	Au 144	Hg 160	Tl 170	Pb 175	Bi 155	Po 153		

La	Ce	Pr	Nd	Pm	Sm	Eu	Gd	Tb	Dy	Ho	Er	Tm	Yb
188	183	183	182	181	180	204	180	178	177	177	176	175	194

9.4.2 电离能

电离能是分级的。基态气体原子失去最外层一个电子成为气态+1价离子所需要的最小能量称为第一电离能。再从气态正离子相继逐个失去电子所需要的最小能量称为第二、第三、……电离能。各级电离能符号分别用I_1、I_2、I_3等表示。随着原子逐步失去电子,所形成的离子正电荷数越来越多,失去电子变得越来越难。因此,各级电离能数值之间的关系为$I_1<I_2<I_3<\cdots$。通常说的电离能,如果不加以注明,指的是第一电离能I_1。表9-7列出了周期表中各元素的第一

电离能。电离能是一种能量，表中的数据为能量单位，这样更容易理解。

电离能的大小反映了原子失去电子的难易程度及金属活泼性的强弱。电离能的大小主要取决于原子的有效核电荷、半径和电子层结构。电离能随原子序数的增加呈现出周期性变化(图 9-15)：

(1) 同一周期，从左向右，电离能变化的总趋势是逐渐增大。主族元素的原子半径依次减少，原子的最外层上的电子数依次增加，电离能逐个增大，原子失去电子越困难，金属活泼性降低。副族元素，由于有效核电荷数增加不多，原子半径减小缓慢，电离能增加不如主族元素明显。各周期元素的电离能均以碱金属最小，稀有气体最大。

(2) 同一主族元素，由于最外层电子数相同，原子半径逐渐增大，原子核对核外电子的吸引作用逐渐减弱，电子逐渐变得易于失去，电离能依次减小。同一副族，电离能变化不规则。

(3) 值得注意的是，N、P、As 等元素的电离能较大，Be、Mg 的电离能也较大，均高于其后面的元素。Zn、Cd、Hg 的电离能高于各自左右的两种元素。这是由于它们的电子构型分别处于半满和全满状态，相对稳定，较难失去电子。

表 9-7　元素的第一电离能 I_1(kJ·mol^{-1})

H 1312																	He 2372
Li 520	Be 900											B 801	C 1086	N 1402	O 1314	F 1681	Ne 2081
Na 496	Mg 738											Al 578	Si 787	P 1012	S 1000	Cl 1251	Ar 1521
K 419	Ca 590	Sc 633	Ti 659	V 651	Cr 653	Mn 717	Fe 763	Co 760	Ni 737	Cu 746	Zn 906	Ga 579	Ge 762	As 945	Se 941	Br 1140	Kr 1351
Rb 403	Sr 550	Y 600	Zr 640	Nb 652	Mo 684	Tc 702	Ru 710	Rh 720	Pd 804	Ag 731	Cd 868	In 558	Sn 709	Sb 831	Te 869	I 1008	Xe 1170
Cs 376	Ba 503	* Lu 524	Hf 659	Ta 728	W 759	Re 756	Os 814	Ir 865	Pt 864	Au 890	Hg 1007	Tl 598	Pb 716	Bi 703	Po 812	At	Rn 1037
Fr 393	Ra 509	Lr															

La 538	Ce 534	Pr 527	Nd 533	Pm 538	Sm 545	Eu 547	Gd 593	Tb 566	Dy 573	Ho 581	Er 589	Tm 597	Yb 603
Ac 499	Th 609	Pa 568	U 598	Np 605	Pu 581	Am 576	Cm 581	Bk 601	Cf 608	Es 619	Fm 627	Md 635	No 642

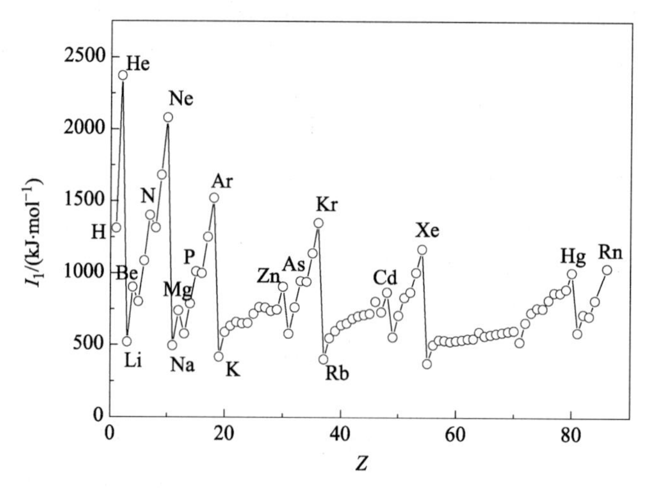

图 9-15 元素第一电离能随原子序数的变化规律

9.4.3 电子亲和能

元素的气态原子在基态时获得一个电子成为气态－1 价离子所放出或吸收的能量称为电子亲和能。像电离能一样,电子亲和能也有第一、第二电子亲和能之分,以 E_{ea_1}、E_{ea_2} 表示。如果不加以注明,都是指第一电子亲和能。表 9-8 列出了某些主族元素的第一电子亲和能。电子亲和能测定困难,其数据远不如电离能数据完整。负值表示放出的能量,正值表示吸收的能量。

表 9-8 主族元素的第一电子亲和能(kJ·mol^{-1})

H 73							He 48
Li 60	Be 48	B 27	C 122	N 7	O 141	F 328	Ne 116
Na 53	Mg 39	Al 43	Si 134	P 72	S 200	Cl 349	Ar 97
K 48	Ca 29	Ga 29	Ge 116	As 78	Se 195	Br 325	Kr 97
Rb 47	Sr 29	In 29	Sn 116	Sb 103	Te 190	I 295	Xe 77

电离能用来衡量原子失去电子的难易程度,而电子亲和能则是用来衡量原子得到电子的难易程度。元素的电子亲和能越大,原子获得电子的能力越强,也就是非金属性越强。非金属原子的第一电子亲和能总是负值,而金属原子的电子亲和能一般为较小的负值或正值。稀有气体的电子亲和能均为正值。电子亲和能的大小也取决于原子的有效核电荷、半径和电子层结构:

(1) 同一周期，从左到右，原子半径逐渐减小，最外层电子数逐渐增多，元素的电子亲和能减小。碱土金属电子亲和能为正值，这是因为其半径大且有 ns^2 电子构型，难以结合电子。卤族元素的电子亲和能最小。稀有气体具有 8 电子稳定构型，因此电子亲和能大。

(2) 同一主族，从上到下，电子亲和能变化规律不明显。元素的电子亲和能有些呈现变大的趋势，而有些则呈相反趋势。需要注意的是，电子亲和能最小的不是 F 原子，而是 Cl 原子。造成这种现象的原因是，F 原子的半径很小，电子云更密集，导致电子间更强的排斥力，结合的电子会受到原有电子较强的排斥，外来电子进入原子变得比 Cl 原子困难。

9.4.4 电负性

为了比较分子中原子间争夺电子的能力，引入了元素电负性的概念。1932 年，鲍林首先提出了元素电负性的概念：认为电负性是原子在分子中吸引电子的能力。与电离能和电子亲和能不同的是，电负性是量纲为 1 的量。鲍林将 F 的电负性定为 3.98，根据组成化学键的两个原子的电负性之差与键解离能之间的关系，求得其他元素的电负性。表 9-9 列出了部分元素的电负性数据，这些数据是后人在鲍林电负性数据的基础上修改而来的。

表 9-9　元素的电负性(Pauling)

H 2.20																
Li 0.98	Be 1.57											B 2.04	C 2.55	N 3.04	O 3.44	F 3.98
Na 0.93	Mg 1.31											Al 1.61	Si 1.90	P 2.19	S 2.58	Cl 3.16
K 0.82	Ca 1.00	Sc 1.36	Ti 1.54	V 1.63	Cr 1.66	Mn 1.55	Fe 1.83	Co 1.88	Ni 1.91	Cu 1.90	Zn 1.65	Ga 1.81	Ge 2.01	As 2.18	Se 2.55	Br 2.96
Rb 0.82	Sr 0.95	Y 1.22	Zr 1.33	Nb 1.6	Mo 2.16	Tc 2.10	Ru 2.2	Rh 2.28	Pd 2.20	Ag 1.93	Cd 1.69	In 1.78	Sn 1.96	Sb 2.05	Te 2.1	I 2.66
Cs 0.79	Ba 0.89	* Lu 1.0	Hf 1.3	Ta 1.5	W 1.7	Re 1.9	Os 2.2	Ir 2.2	Pt 2.2	Au 2.4	Hg 1.9	Tl 1.8	Pb 1.8	Bi 1.9	Po 2.0	At 2.2

La 1.10	Ce 1.12	Pr 1.13	Nd 1.14	Pm	Sm 1.17	Eu	Gd 1.20	Tb	Dy 1.22	Ho 1.23	Er 1.24	Tm 1.25	Yb
Ac 1.1	Th 1.3	Pa 1.5	U 1.7	Np 1.3	Pu 1.3	Am	Cm	Bk	Cf	Es	Fm	Md	No

电负性随原子序数增大发生有规律的变化，同一周期中，元素的电负性从左向右增大；而同

一族中,元素的电负性从上到下减小。电负性可以用来综合衡量各种元素的金属性和非金属性。在鲍林电负性数据中,金属和非金属电负性的分界大体为 2.0,金属元素的电负性一般低于 2.0,而非金属元素的一般高于 2.0。所有元素中 F 元素的电负性最大,Cs 元素的电负性最小。同一周期,从左到右,非金属性增强,金属性减弱。同一主族,从上到下,非金属性减弱,金属性增强。

习　题

9-1 氢原子光谱频率公式中的正整数 n_1、n_2 代表什么?令 $n_1=2$,$n_2=3, 4, 5, 6$,求出氢原子可见光区四条谱线的频率。

9-2 利用玻尔理论解释氢原子光谱并说明玻尔理论的局限性。

9-3 微观粒子运动的特征是什么?

9-4 描述电子运动状态的量子数有哪些?它们之间的关系是什么?

9-5 下列各组量子数中哪一组是错误的?请将正确的各组量子数用原子轨道符号表示。

(1) $n=2$, $l=1$, $m=0$;　　(2) $n=3$, $l=3$, $m=-1$;

(3) $n=4$, $l=0$, $m=0$;　　(4) $n=3$, $l=2$, $m=0$。

9-6 电子层 K、L、M 和 N 中各含有多少原子轨道?能容纳的电子总数各为多少?一个原子中,量子数为 $n=4$, $l=3$, $m=2$ 时可允许的电子数最多是多少?

9-7 在离氢原子核 52.9 pm 的球壳上,1s 电子出现的概率最大,我们是否可以说氢原子 1s 电子云的界面图的半径也是 52.9 pm?

9-8 p 轨道和 d 轨道都具有方向性,对吗?

9-9 描述一个原子轨道和原子核外电子的运动状态各需要几个量子数?

9-10 鲍林原子轨道近似能级图和科顿原子轨道能级图之间的区别是什么?

9-11 确定一个基态原子的电子排布需要遵循哪些规则?下列电子排布式各自违反了哪一规则?

(1) ${}_{7}N$: $1s^2 2s^2 2p_x^2 2p_y^1$;

(2) ${}_{28}Ni$: $1s^2 2s^2 2p^6 3s^2 3p^6 3d^{10}$;

(3) ${}_{22}Ti$: $1s^2 2s^2 2p^6 3s^2 3p^{10}$。

9-12 写出下列元素基态原子的电子构型,并指出它们属于第几周期、第几主族或副族。

(1) ${}_{19}K$;　(2) ${}_{24}Cr$;　(3) ${}_{33}As$;　(4) ${}_{47}Ag$;　(5) ${}_{82}Pb$。

9-13 写出下列各基态原子的电子构型代表的元素名称及符号。

(1) [Ne]$3s^2 3p^5$;　(2) [Ar]$3d^7 4s^2$;　(3) [Kr]$4d^{10} 5s^2 5p^4$;　(4) [Xe]$4f^{14} 5d^9 6s^1$。

9-14 元素的周期与元素数目、能级和电子容量之间分别存在何种关系?元素周期表有几个分区,各包括哪些元素?

9-15 下列元素的基态原子未成对电子数最多和最少的分别是哪一个?

(1) Li;　(2) Mg;　(3) S;　(4) Al;　(5) Si;　(6) P。

9-16 下列电子构型中,属于原子激发态的是哪一个?

(1) $1s^2 2s^1 2p^1$;　(2) $1s^2 2s^2 2p^6$;　(3) $1s^2 2s^2 2p^6 3s^2$;　(4) $1s^2 2s^2 2p^6 3s^2 3p^6 4s^1$。

9-17 下列离子中,哪一个具有 Kr 的电子构型?

(1) Ti^{4+};　(2) Fe^{2+};　(3) Br^-;　(4) P^{3-};　(5) Cu^{2+};　(6) Na^+。

9-18 已知某元素基态原子的电子构型为 $1s^2 2s^2 2p^6 3s^2 3p^6 3d^{10} 4s^2 4p^6 4d^{10} 5s^2 5p^1$,该元素是什么元素,原子序数是多少?属于第几周期、第几族?是主族还是过渡元素?

9-19 有两种元素的原子在 $n=4$ 的电子层上都有两个电子,在次外层 $l=2$ 的轨道中电子数分别为 0 和 10。请回答:

(1) 这两种元素分别是什么？位于周期表中第几周期、第几族？

(2) 写出它们原子的电子构型。

9-20 元素周期表中，主族元素和过渡元素的原子半径随着原子序数的增加，从上到下和从左到右分别有什么规律？

9-21 写出下列原子或离子半径由大到小的顺序。

(1) Si, Cl, S, Mg；　(2) P, As, Sb, N, Bi；　(3) K^+, V^{5+}, Ni^{2+}, Br^-, Sc^{3+}。

9-22 什么是电离能和电子亲和能？元素的第一电离能和第一电子亲和能在同周期和同族中有何变化规律？

9-23 第二周期元素从 Li 到 Ne 中第一电离能数据出现尖端的元素是哪些？这些元素的原子结构特点是什么？

9-24 写出下列元素第一电离能由大到小的顺序。

(1) Na；　(2) Al；　(3) Cl；　(4) K；　(5) F。

9-25 什么是电负性？其在同周期和同族中有何变化规律？电负性最大和最小的元素分别是什么？

第10章　分子结构

分子是构成物质的微小粒子，是能单独存在并保持物质原有物理化学性质的最小单元。也就是说，它们是参与化学反应的最基本单元，也决定了物质的物理化学性质。分子的性质由分子的内部结构所决定，因此探索分子结构对了解分子的性质以至于了解物质的性质具有极其重要的意义。分子是由原子按照一定的比例构成的。那么，原子为什么要结合成分子？原子又是如何结合成分子的呢？要解决这两个问题，就需要了解分子间化学键的本质和分子的几何构型。人们对分子结构的认识是一个逐渐深入的过程，从经典共价键理论发展到现代价键理论、杂化轨道理论、价层电子对互斥理论，再到分子轨道理论。本章将逐一对这些理论进行简单的介绍。

10.1　价键理论

20世纪初，人们认识到稀有气体具有最稳定的 ns^2np^6（以及 He 原子的 $1s^2$）电子构型。1916年，美国化学家路易斯(G. N. Lewis)据此结合大量实验事实对分子结构提出了新的观点，认为分子中的原子可以通过共用电子对的方式达到稀有气体稳定的电子构型，并称这种以共用电子对结合的原子间作用力为共价键。因此，后人称该理论为路易斯理论或经典共价键理论。通常用短线表示一对共用电子对(或共价键)，用小黑点表示非成键的孤电子，由此表示出的分子结构式称为路易斯结构式(图10-1)。

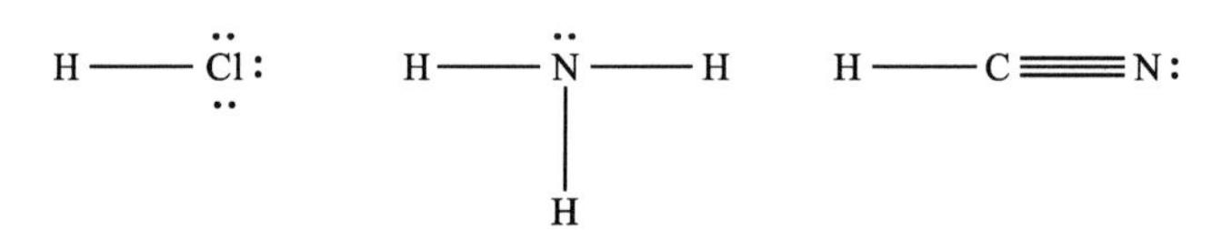

图10-1　HCl、NH_3、HCN分子的路易斯结构式

路易斯理论成功解释了由相同原子构成的分子结构或电负性差值较小的元素原子成键的事实。但是，由于路易斯理论是建立在早期人们对少数化学元素认知的基础上的，所以在解释由第二周期以外的元素原子形成的分子结构时适应性并不强。比如，BCl_3 和 PCl_5，分子结构式如图10-2(a)(b)所示，可见分子中的中心原子最外层 p 电子层都没有达到稀有气体的8电子结构，而是6和10。用路易斯理论则无法解释这样的分子结构为什么能稳定存在。同时，用路易斯理论去解释一些分子的性质的时候，也遇到了不少困难。比如，分子中有不成对的单电子时，分子显顺磁性，表现为在外磁场中显磁性。O_2 分子的路易斯结构式如图10-2(c)所示，由此可知结构中没有成单电子，但是实验证明 O_2 分子却是顺磁性物质。路易斯理论也无法解决这一矛盾。此外，路易斯理论也没能说明“为什么共用电子对能使原子结合成分子”的本质以及共价键本身存在的一些特性。

1927年，德国化学家海特勒(W. Heitler)和伦敦(F. Londen)首次成功地将量子力学的成果应用

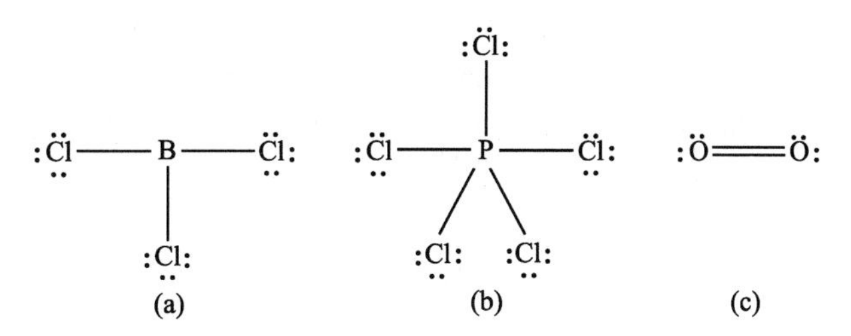

图 10-2　BCl_3、PCl_5 和 O_2 分子的路易斯结构式

于分析分子结构，初步揭示了共价键的本质。之后，美国化学家鲍林(L. C. Pauling)等人对这一理论加以发展，建立了现代价键理论，进而对共价键的本质和一些特性有了更加深入的认识。

10.1.1　共价键的形成与本质

海特勒和伦敦根据量子力学的基本原理来处理两个 H 原子结合成 H_2 分子的过程时，得出了 H_2 分子的能量(E)与两个 H 原子核之间的距离(R)之间的关系，如图 10-3 所示。

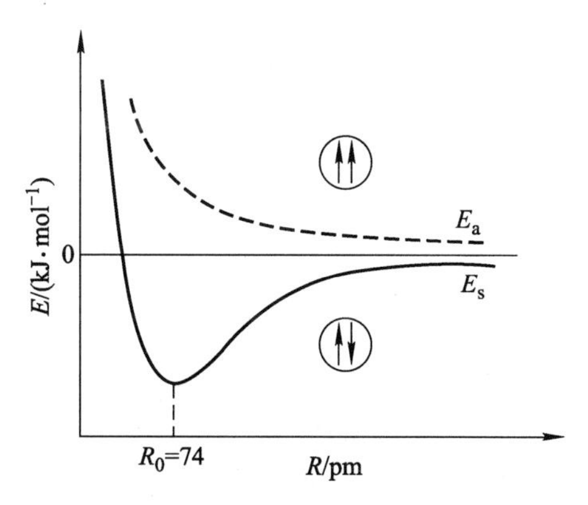

图 10-3　H_2 分子形成过程 E-R 曲线图

当两个 H 原子相距很远时，它们之间基本上不存在相互作用力。若两个 H 原子相互靠近，当两原子中的 1s 单电子采取自旋相反的方式时，随着两核之间的距离逐渐减小，体系的能量逐渐降低。用量子力学原理分析这一过程：当两个 H 原子中的 1s 单电子自旋相反且相互靠近时，两个原子轨道 ψ_{1s}同号叠加，因此在两个原子核之间形成了一个电子云密度高的区域[图 10-4(a)]，这一负电区域的形成既减小了两原子核之间的正电排斥，又由于静电吸引分别抓牢了两个原子核，故此体系趋于稳定，能量降低。原子轨道重叠部分越大，体系能量越低。当两核间距减小至 R_0(理论值为 87 pm，实验值为 74 pm)时，体系能量达到最低，低于两个 H 原子单独存在时的能量。实验测知 H 原子的玻尔半径为 53 pm，而 R_0 值小于两个 H 原子的玻尔半径，由此可见，H_2 分子中两个 H 原子的 1s 轨道确实发生了重叠。此时，H_2 分子体系稳定，两个 H 原子间形成了共价键，这种状态称为 H_2 分子的基态，见图 10-3 中 E_s 曲线。实验表明，此时体系能量下降的最高值与 H_2 分子的键能相接近。之后，两原子核间距若进一步减小，原子核间的排斥力迅速增大，导致体系能量又开始升高。

若两个 H 原子中的 1s 单电子采取自旋相同的方式，随着两原子逐渐靠近，两原子轨道 ψ_{1s} 异号叠加，在两核间形成了一个电子云密度空白的区域[图 10-4(b)]，在该区域电子云密度稀疏，几乎为零。因此随着两原子的靠近，两核之间没有负电区域的吸引和抵消，只有正电排斥且越来越强烈，从而导致体系能量一直不断升高，且都高于两个 H 原子单独存在时的能量。此时体系不稳定，故不能成键，不能形成稳定的 H_2 分子，这种状态称为 H_2 分子的排斥态，见图 10-3 中 E_a 曲线。

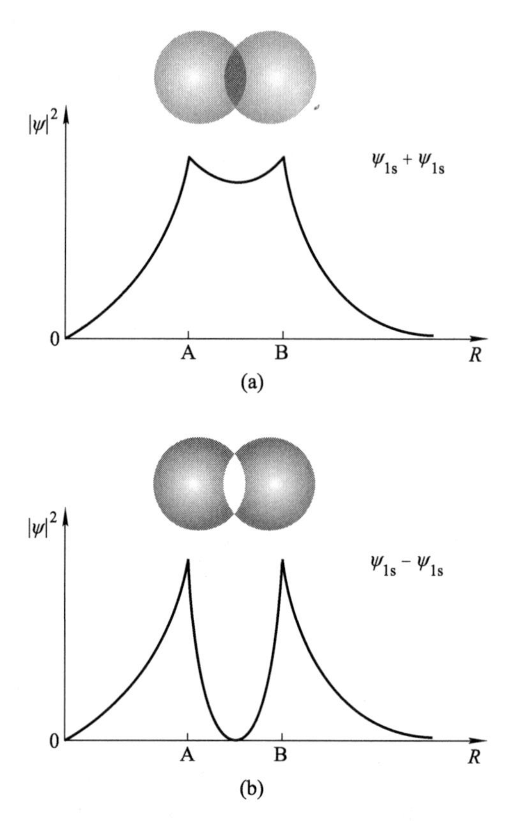

图 10-4　H_2 分子基态(a)和排斥态(b)电子概率密度与轨道重叠示意图

由 H_2 分子的形成过程可以得出共价键的本质：当两原子相互接近时，两个单电子自旋相反，原子轨道发生重叠，原子核间电子概率密度增大，从而吸引原子核，降低体系能量，形成稳定的共价键。

10.1.2　价键理论的基本要点

鲍林等人将量子力学处理 H_2 分子的结果推广至其他双原子分子或多原子分子，发展成为现代价键理论(简称为 VB 法)，或称为电子配对法。价键理论认为，共价键的形成需要满足以下几个条件：

(1) 欲成键的两个原子都需要有至少一个成单电子，且以自旋相反的方式两两配对形成稳定的共价键，这与泡利不相容原理相一致。若两原子各提供一个单电子，则形成共价单键；若两原子各提供两个或三个单电子，则两两配对形成共价双键或叁键。

(2) 原子成键时，能量相近且对称性相同，即波函数 ψ 的符号(正或负)相同的原子轨道必须发生最大限度的重叠。因为原子轨道重叠后能在键合原子之间形成电子云较密集的区域，进而降低体系能量，形成稳定的共价键。原子轨道重叠部分越大，体系能量越低，形成的共价键越牢固，分子越稳定。所以，成键时成键电子的原子轨道尽可能地发生最大限度的重叠，从而使得体系能量最低。

由上述成键条件决定了共价键具有以下特征：

(1) 共价键具有饱和性。共价键的成键条件之一是成键原子需要提供至少一个成单电子，与另一个原子的成单电子以自旋相反的方式两两配对成键。因为每个原子能提供的成单电子数是一定的，所以能与其发生键合的成单电子数目也是一定的。也就是说，对于一个原子来说，成键的总数或能与其成键的原子数目是一定的。例如，H 原子($1s^1$)最外层有一个未成对的 1s 单电子，它与另一个 H 原子 1s 轨道上的单电子配对成键形成双原子 H_2 分子后，每个 H 原子就不再具有单电子了，即使再有第三个 H 原子与 H_2 分子靠近，也不可能形成 H_3 分子。再比如，N 原子([He]$2s^2 2p^3$)最外层有三个未成对的 2p 单电子，所以两个 N 原子的成单电子可以两两配对形成共价叁键，从而结合成 N_2 分子；此外，一个 N 原子中的三个单电子也可以与三个 H 原子的 1s 单电子分别配对，形成三个共价单键，结合成 NH_3 分子。

(2) 共价键具有方向性。共价键成键的另一个重要条件是成键的两个原子轨道需要发生最大限度的重叠，才能使得体系能量降到最低，形成稳定的共价键。原子轨道都有一定的形状和空间取向(s 轨道的球形分布除外)，所以只有沿着某些特定的方向才能达到最大限度的重叠，因此形成的共价键在空间具有一定的取向，即共价键的方向性。例如，F 原子([He]$2s^2 2p^5$)只有一个成单的 2p 电子，设其处于 $2p_x$ 轨道上。当 H 原子与其接近时，H 原子的 1s 轨道与 F 原子的 $2p_x$ 轨道要发生重叠，重叠方式可以多样，图 10-5 只列举了其中的三种。若两个轨道采取(a)方式接近，异号轨道叠加相互抵消；若采取(b)方式接近，则同号叠加部分较少；只有当两个轨道采取(c)方式接近，H 原子沿着 x 轴(即 $2p_x$ 轨道的对称轴方向)与 F 原子接近时，才能发生最大限度的重叠，从而形成稳定的 HF 分子。

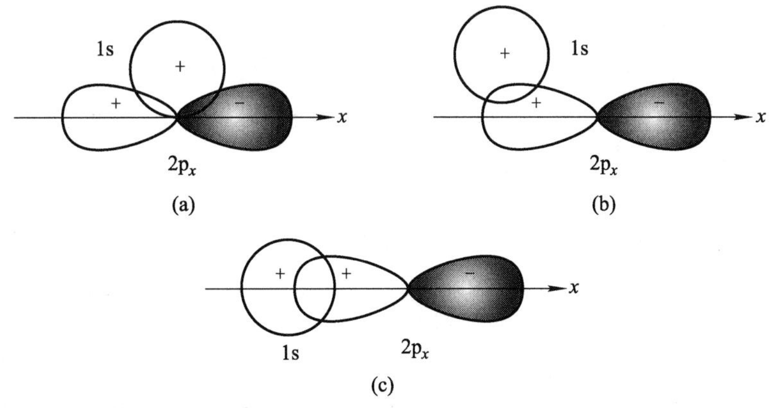

图 10-5　HF 分子成键时轨道重叠示意图

(3) 共价键的本质是电性的。从共价键的形成来看，共价键的本质其实也是电性的。但这有别于离子键中纯粹的正、负离子之间的静电作用力，共价键的结合力是两个原子核对共用电子对所形成的负电区域的吸引力。

10.1.3 共价键的类型

1. σ 键和 π 键

当两个成键原子的原子轨道发生重叠时,由于原子轨道形状不同,重叠方式不同,从而可以形成不同类型的共价键,有 σ 键、π 键、共轭体系中的大 π 键、有机金属化合物中的 δ 键、π 酸配合物中的反馈键、硼烷中的多中心键等等。本小节只介绍 σ 键和 π 键这两种相对最为简单常见的共价键,大 π 键将在后面章节中介绍,其他类型的共价键请读者根据需要自行查阅,本书不作赘述。

(1) σ 键

成键的两个原子核间的连线称为键轴。当两个原子轨道沿键轴方向按"头碰头"的方式发生同号重叠,所形成的共价键称为 σ 键。如图 10-6 所示,s-s、s-p、p-p、d-d 等轨道重叠都能形成 σ 键。

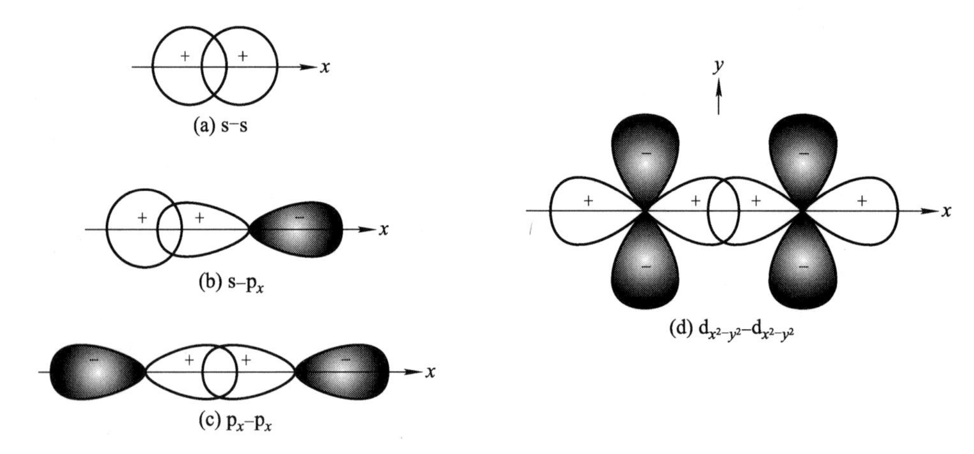

图 10-6 s-s、s-p、p-p、d-d 轨道重叠形成 σ 键示意图

由图 10-6 可见,对于 σ 键,键轴是成键原子轨道的对称轴,绕键轴旋转时成键原子轨道的图形和符号均不发生变化。σ 键中原子轨道能够发生最大限度的重叠,所以 σ 键具有键能大、稳定性高的特点。通常分子的骨架构型由 σ 键所决定。

(2) π 键

当成键的两个原子轨道按"肩并肩"的方式发生重叠,所形成的共价键称为 π 键。如图 10-7 所示,p-p、p-d、d-d 等轨道重叠都能形成 π 键。

由图 10-7 可见,π 键中成键的原子轨道对通过键轴的一个节面呈反对称性,也就是成键轨道在该节面上下两部分图形一样,但符号相反。π 键中轨道重叠程度要比 σ 键中的重叠程度小,所以 π 键较 σ 键而言,键能低、稳定性差。然而也正因为此,π 键上的电子较为活跃,易发生化学反应。

由于原子轨道空间排布的原因,两原子间的成键,一般来说单键形成 σ 键,双键形成一个 σ 键和一个 π 键,叁键形成一个 σ 键和两个 π 键。由此可见,π 键一般不单独存在,总是和 σ 键一起形成双键或叁键。例如,N 原子([He]$2s^2 2p^3$)最外层有三个未成对的 2p 电子,因此,两个 N 原子间可以形成共价叁键。N_2 分子成键情况如图 10-8 所示,当两个 N 原子沿 x 轴方向相接近时,

p_x 与 p_x 轨道形成“头碰头”的 σ 键，另外两个垂直于 x 轴的 p_y 和 p_z 轨道就只能采取“肩并肩”的方式重叠形成两个 π 键。

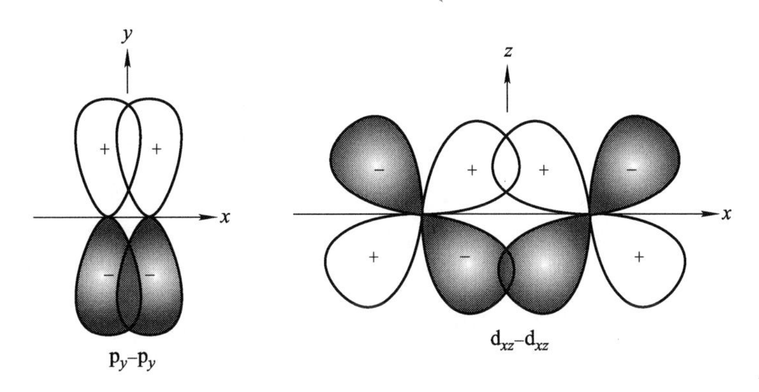

图 10-7　p-p、d-d 轨道重叠形成 π 键示意图

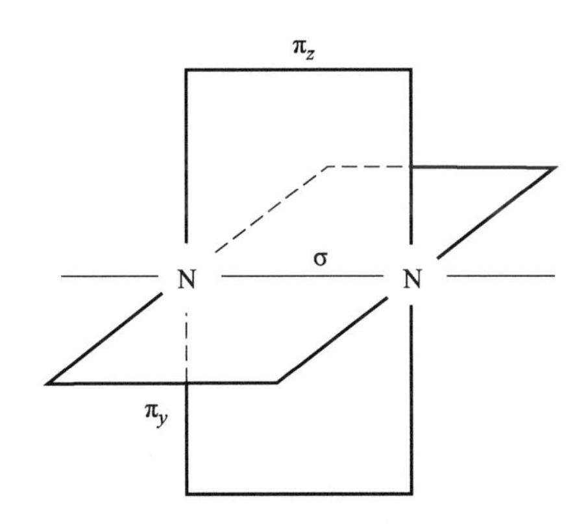

图 10-8　N_2 分子成键示意图

2. 正常共价键和配位共价键

根据共价键中电子的来源不同，可以分为正常共价键和配位共价键。前面提到的 σ 键和 π 键两种共价键，共用电子对都是由成键的两个原子分别提供一个电子所组成的，都属于正常共价键，比如 H_2、O_2、HF 等分子。还有一类共价键，其共用电子对只是由成键原子中的一个原子单方面提供，这种共价键称为配位共价键，或简称配位键。提供电子对的原子称为电子对供体，接受电子对的原子称为电子对受体。在结构示意图中，通常以指向电子对受体的箭头来表示配位键。例如 CO 分子中，C 原子（[He]$2s^2 2p^2$）最外层有两个未成对的 2p 单电子，O 原子（[He]$2s^2 2p^4$）最外层也有两个未成对的 2p 单电子，两原子的单电子两两配对形成共价键，其中 1 个 σ 键，1 个 π 键；此外，O 原子最外层还有一对 2p 孤电子对，单独提供给 C 原子的 2p 空轨道构成一个配位键，结构如图 10-9 所示。由此可见，形成配位键必须具备两个条件：① 成键原子中，其中一个原子的价电子层有孤电子对；② 另一个原子的价电子层有空轨道。

$:\mathrm{C} \overset{\longleftarrow}{=\!=} \mathrm{O}:$

图 10-9　CO 分子配位键示意图

10.2 杂化轨道理论

价键理论揭示了共价键的形成过程和本质,并对共价键的一些特性,如方向性和饱和性也给出了比较明确的阐述。然而,在分析某些分子的空间结构时却无法得出满意的解释。比如 CH_4 分子,实验结果表明分子的空间构型为正四面体,四个 C—H 键强度相同,∠HCH=109°28′。CH_4 分子的这一几何构型用价键理论却无法解释。因为按照价键理论,分子的中心 C 原子([He]$2s^2 2p^2$)最外层只有两个未成对的 2p 电子,因此,应该只能与两个 H 原子形成两个共价键;而且因为 p 轨道间夹角为 90°,所以∠HCH 也应该约为 90°。这显然与实验事实不符。若考虑 C 原子中 2s 电子受激发后形成四个单电子,再与四个 H 原子成键,但由于 s 球形轨道与 p 哑铃形轨道能量不同,所形成的四个 C—H 键应该不均等,那么这与实验事实也不符。因此,为了能更好地解释多原子分子的实际空间构型和性质,1931 年,鲍林从电子具有波动性,而波可以叠加的观点出发,以科学的想象和逻辑推理,提出了杂化轨道理论,进一步发展了现代价键理论。1953 年,我国著名理论化学家唐敖庆等人成功处理了更为复杂的 s-p-d-f 轨道杂化,提出了轨道杂化的一般方法,更加完善了杂化轨道理论的内容。

10.2.1 杂化轨道的概念

那么,用鲍林的杂化轨道理论如何能合理地分析出 CH_4 分子结构呢?杂化轨道理论认为:首先 C 原子中 2s 电子受激发后形成 $2s^1 2p^3$ 四个价层单电子,之后为了增强轨道的成键能力,四个能量相近的 2s 轨道与 2p 轨道发生“混合”、能量重排,得到四个能量和形状相同但都不同于原来轨道的新原子轨道,为了达到轨道间斥力最小,四个新轨道以 109°28′的夹角(即分别指向正四面体的四个顶点)在空间均匀分布,再与 H 原子轨道发生重叠,最终形成四个相同的 C—H 键,∠HCH=109°28′,从而得到正四面体结构的 CH_4 分子,如图 10-10 所示。C 原子这种在形成分子的过程中,由于受到其他原子的影响,若干不同类型、能量相近的原子轨道经混杂叠加、重新分配轨道能量和调整空间伸展方向,组成一组新的原子轨道的过程,称为轨道杂化。在杂化过程中所形成的新的原子轨道称为杂化轨道。

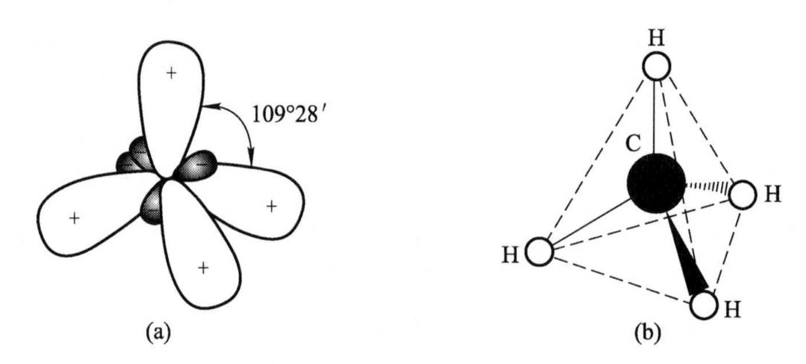

图 10-10 (a) sp^3 杂化轨道空间排布;(b) CH_4 分子结构示意图

s 轨道和 p 轨道杂化后得到的轨道形状有所变化,形成了“一头大一头小”的不对称哑铃形(图 10-11)。在“大头”一侧,杂化轨道的电子云分布更为集中,显然成键时以“大头”一侧轨道发生重叠，则重叠部分更大，即轨道杂化后的成键能力比杂化前增强了，进而形成的分子更稳定。正因为轨道杂化是为了增强轨道的成键能力，所以原子只有在形成分子的过程中才会发生轨道杂化，而孤立的原子是不可能发生杂化的。同时，只有能量比较相近的原子轨道才能发生杂化，比如上例 CH_4 分子中的 2s 轨道和 2p 轨道能量接近，可以发生杂化；而 1s 轨道和 2p 轨道能量相差太大，则不能发生杂化。发生杂化后得到的轨道数目与参与杂化的轨道总数相等。比如，由一个 2s 轨道和三个 2p 轨道杂化后，可以形成四个杂化轨道。

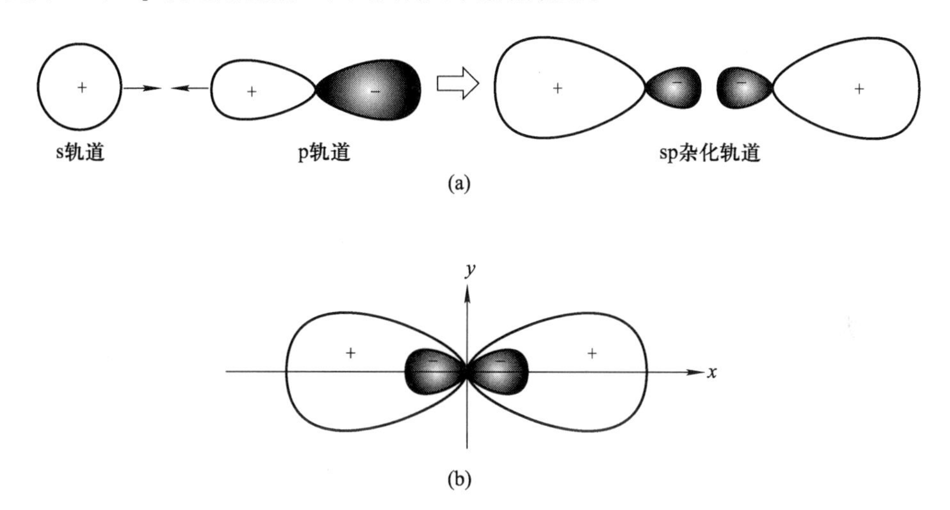

图 10-11 (a) s 轨道和 p 轨道杂化得到 sp 杂化轨道示意图；(b) sp 杂化轨道的空间排布

借由上例分析 CH_4 分子的形成过程可以得出，原子在形成分子的过程中，通常经过激发、杂化、轨道重叠等过程。但这些步骤并不是依次进行，而是同时发生的。杂化轨道与其他原子轨道重叠形成化学键时，与杂化前原子轨道一样，需要满足原子轨道最大重叠原理。原子轨道重叠部分越多，形成的化学键越稳定。杂化轨道有利于形成 σ 键，但不能形成 π 键。由于分子的空间几何构型是以 σ 键为骨架的，故杂化轨道的构型就决定了其分子的几何构型，例如 CH_4 分子是正四面体结构。

10.2.2 杂化轨道类型

根据参与杂化的原子轨道的类型和数目，杂化轨道可以分成不同的类型。只有 ns、np 轨道参与的杂化称为 s-p 型杂化，主要有三种类型：sp 杂化、sp^2 杂化和 sp^3 杂化。当能量接近的($n-1$)d 或者 nd 轨道也一起参与杂化时，则形成 s-p-d 型杂化，比如过渡金属元素的($n-1$)d、ns、np 轨道能级接近，可形成 dsp^2 杂化、d^2sp^3 杂化等类型；p 区元素的 ns、np、nd 轨道能级接近，可形成 sp^3d 杂化、sp^3d^2 杂化等类型。以下只简单介绍几种类型的杂化。

1. sp 杂化

sp 杂化轨道由 1 个 ns 轨道和 1 个 np 轨道杂化形成。sp 杂化轨道形状既不同于 s 轨道也不同于 p 轨道，在空间的伸展方向呈直线形，夹角为 180°。每个 sp 杂化轨道都含有 $\frac{1}{2}$s 轨道成分和 $\frac{1}{2}$p 轨道成分，这里的成分指的是原子轨道的能量。

sp 轨道杂化的典型例子是 $BeCl_2$ 分子。实验测得 $BeCl_2$ 分子构型是直线形:Cl—Be—Cl。Be 电子构型为[He]$2s^2$,Cl 电子构型为[Ne]$3s^23p^5$($3s^23p_x^23p_y^23p_z^1$),当 Be 原子与 Cl 原子接近时,基态 Be 原子 2s 轨道中的一个电子激发到 2p 轨道,一个 s 轨道和一个 p 轨道发生杂化,形成两个夹角为 180°的 sp 杂化轨道,杂化过程如图 10-12 所示。并与两个 Cl 原子的 3p 轨道重叠形成 σ 键,得到直线形的 $BeCl_2$ 分子(图 10-13)。

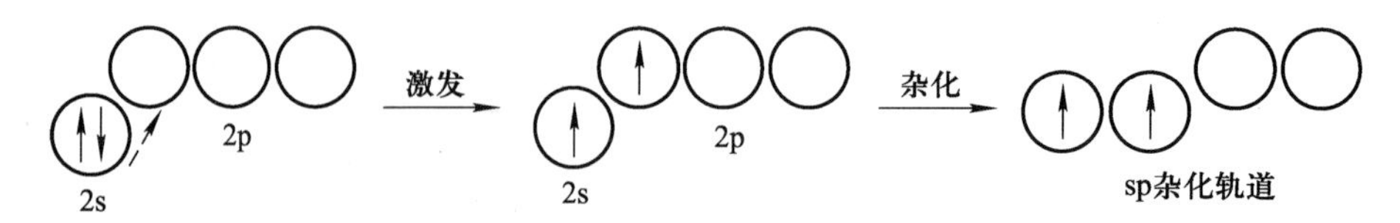

图 10-12　$BeCl_2$ 分子中 Be 原子的 sp 轨道杂化示意图

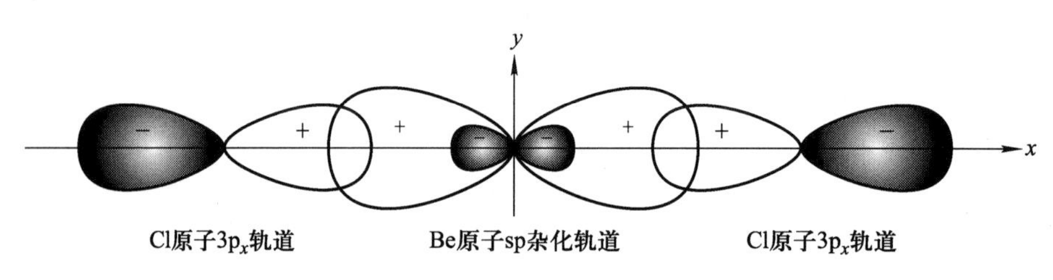

图 10-13　$BeCl_2$ 分子成键轨道示意图

2. sp^2 杂化

sp^2 杂化轨道由 1 个 ns 轨道和 2 个 np 轨道组合而成。杂化轨道成平面三角形分布,轨道间夹角为 120°。每个杂化轨道含有$\frac{1}{3}$s 轨道成分和$\frac{2}{3}$p 轨道成分。

以 BF_3 分子的成键过程来说明 sp^2 轨道杂化。B 电子构型为[He]$2s^22p^1$,F 电子构型为[He]$2s^22p^5$($2s^22p_x^22p_y^22p_z^1$)。当 B 原子与 F 原子接近时,基态 B 原子 2s 轨道中的一个电子激发到 2p 轨道上,一个 s 轨道和两个 p 轨道发生杂化,形成三个 sp^2 杂化轨道,轨道间夹角为 120°,杂化过程如图 10-14 所示。三个 sp^2 杂化轨道分别与三个 F 原子的 2p 轨道重叠形成 σ 键,构成正三角形的 BF_3 分子,如图 10-15 所示。这与实验事实相一致。

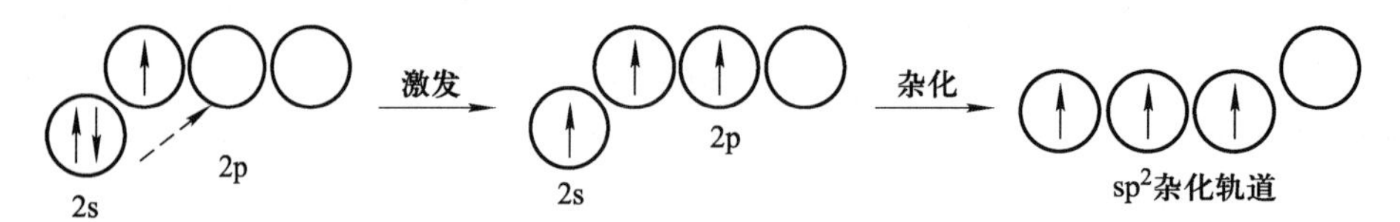

图 10-14　BF_3 分子中 B 原子的 sp^2 轨道杂化示意图

3. sp^3 杂化

sp^3 杂化轨道由 1 个 ns 轨道和 3 个 np 轨道组合而成。sp^3 杂化轨道间夹角为 109°28′,空间构型为正四面体形。每个杂化轨道含有$\frac{1}{4}$s 轨道成分和$\frac{3}{4}$p 轨道成分。sp^3 轨道杂化的最典型例

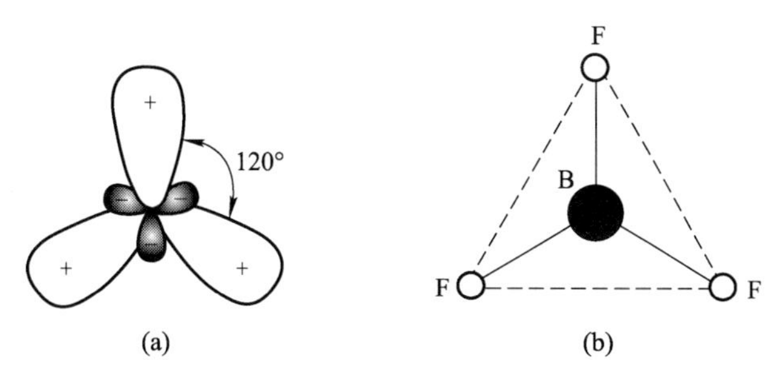

图 10-15 (a) sp^2 杂化轨道空间排布；(b) BF_3 分子结构示意图

子就是 CH_4 分子，杂化成键过程如前文所述（图 10-16），所得正四面体形分子结构如图 10-10 所示。

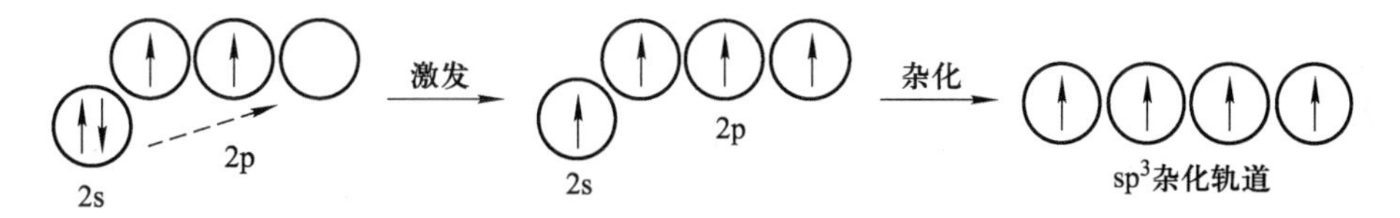

图 10-16 CH_4 分子中 C 原子的 sp^3 轨道杂化示意图

4. sp^3d 杂化

sp^3d 杂化轨道由 1 个 ns 轨道、3 个 np 轨道和 1 个 nd 轨道参与杂化而成。sp^3d 杂化轨道的特点是五个杂化轨道在空间呈三角双锥形分布，轨道间夹角分别为 90°，120°或者 180°。每个杂化轨道含有$\frac{1}{5}$s 轨道成分，$\frac{3}{5}$p 轨道成分和$\frac{1}{5}$d 轨道成分。

sp^3d 杂化轨道的典型例子有 PCl_5 分子。P 电子构型为[Ne]$3s^2 3p^3$，Cl 电子构型为[Ne]$3s^2 3p^5$（$3s^2 3p_x^2 3p_y^2 3p_z^1$）。当 P 原子与 Cl 原子接近时，基态 P 原子 3s 轨道中的一个电子激发到空的 3d 轨道上，一个 s 轨道、三个 p 轨道和一个 d 轨道发生杂化，形成五个 sp^3d 杂化轨道，杂化过程如图 10-17 所示。五个能量简并的杂化轨道在空间呈三角双锥形分布，三角平面上三个轨道间夹角为 120°，两个垂直于平面的轨道互成 180°，且与平面中轨道夹角为 90°。五个 sp^3d 杂化轨道分别与五个 Cl 原子的 3p 轨道重叠形成 σ 键，从而构成三角双锥形的 PCl_5 分子，如图 10-18 所示。

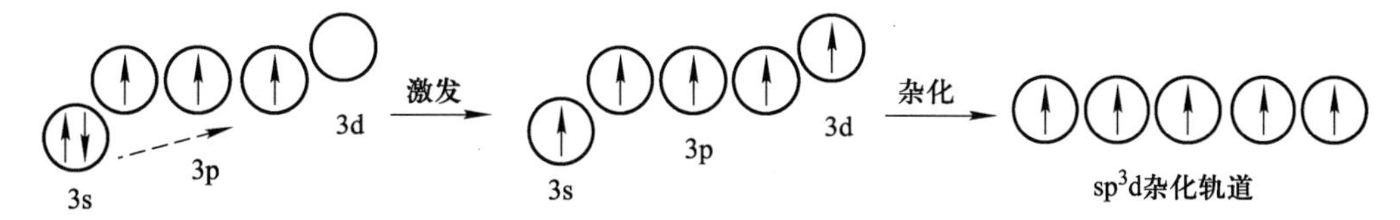

图 10-17 PCl_5 分子中 P 原子的 sp^3d 轨道杂化示意图

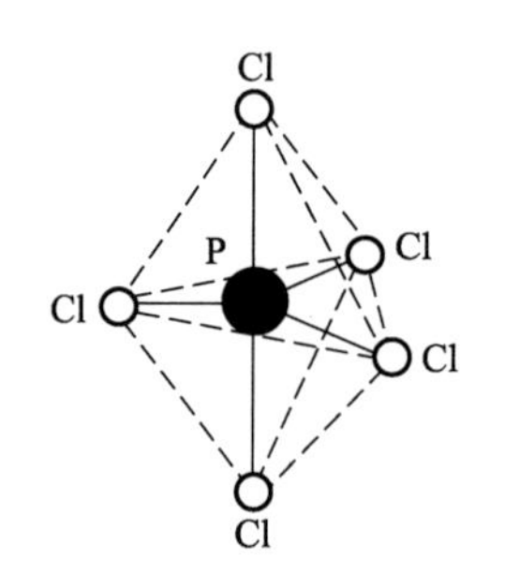

图 10-18 PCl_5 分子结构图

5. sp^3d^2 杂化

sp^3d^2 杂化轨道由 1 个 ns 轨道、3 个 np 轨道和 2 个 nd 轨道组合而成。sp^3d^2 杂化轨道的特点是六个杂化轨道分别指向正八面体的六个顶点,轨道间夹角为 90°或 180°。每个杂化轨道含有 $\frac{1}{6}$s 轨道成分,$\frac{3}{6}$p 轨道成分和 $\frac{2}{6}$d 轨道成分。

下面以 SF_6 分子为典型例子来说明 sp^3d^2 轨道杂化过程。S 电子构型为[Ne]$3s^23p^4$,F 电子构型为[He]$2s^22p^5(2s^22p_x^22p_y^22p_z^1)$。当 S 原子与 F 原子接近时,基态 S 原子 2s 轨道中的一个电子和 3p 轨道上已成对的其中一个电子分别激发到两个空的 3d 轨道上,一个 s 轨道、三个 p 轨道和两个 d 轨道发生杂化,形成六个 sp^3d^2 杂化轨道,杂化过程如图 10-19 所示。六个能量简并的杂化轨道在空间的分布是分别指向正八面体的六个顶点,并与六个 Cl 原子的 3p 轨道重叠形成 σ 键,从而得到正八面体的 SF_6 分子构型,如图 10-20 所示。

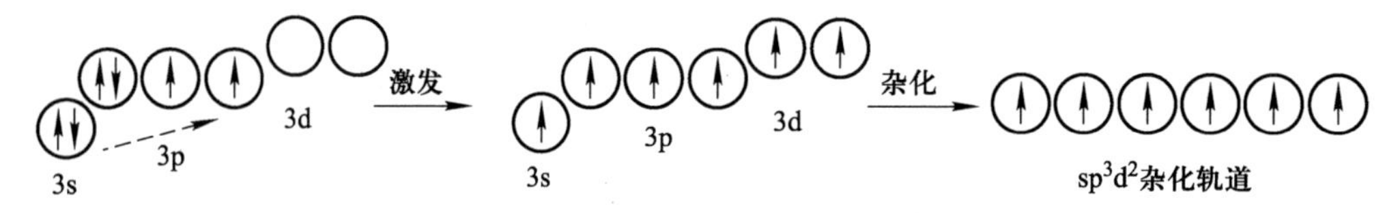

图 10-19 SF_6 分子中 S 原子的 sp^3d^2 杂化轨道示意图

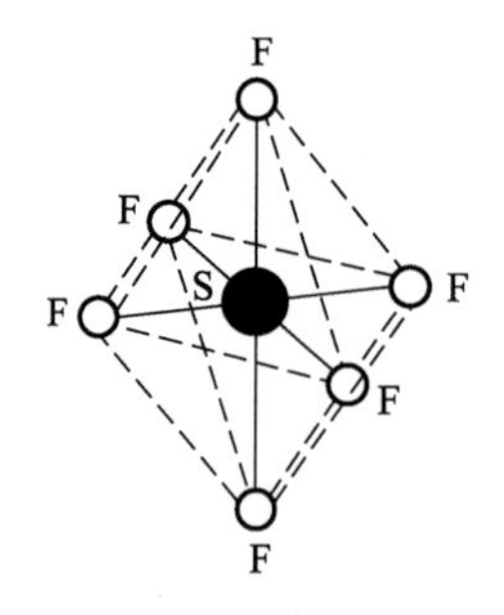

图 10-20 SF_6 分子结构图

上述几种杂化轨道的类型、成分以及空间构型之间的关系总结于表 10-1 中。

表 10-1 几种杂化轨道的类型、空间构型以及成键能力之间的关系

杂化轨道	s成分	p成分	d成分	键角	分子构型	实例
sp	1/2	1/2	—	180°	直线形	$BeCl_2$
sp^2	1/3	2/3	—	120°	正三角形	BF_3
sp^3	1/4	3/4	—	109°28′	正四面体	CH_4
sp^3d	1/5	3/5	1/5	90°,120°,180°	三角双锥体	PCl_5
sp^3d^2	1/6	3/6	2/6	90°,180°	正八面体	SF_6

6. 等性杂化与不等性杂化

以上介绍的几种类型的轨道杂化，杂化后得到的每条轨道中的s、p、d等成分相等，且都能量简并，这样的杂化过程称为等性杂化。如上面讨论过的CH_4分子中的sp^3杂化、BF_3分子中的sp^2杂化、$BeCl_2$分子中的sp杂化等均属于等性杂化。还有另一种轨道杂化，杂化后得到的轨道中的s、p、d等成分并不相等，轨道的能量也不相同，这种杂化称为不等性杂化。

当参与轨道杂化的原子轨道中不仅包含未成对电子，也包含成对电子时，这种情况下的杂化经常是不等性杂化。例如，H_2O分子中O原子就是典型的sp^3不等性杂化。O电子构型为[He]$2s^2 2p^4$($2s^2 2p_x^2 2p_y^1 2p_z^1$)。当O原子与H原子接近结合成$H_2O$分子时，采取$sp^3$杂化形成四个$sp^3$杂化轨道，其中两个轨道各有一个未成对的单电子，分别与两个H原子的1s轨道重叠形成σ键；而另两个杂化轨道则被已成对的孤电子对所填充。因为两对孤电子对不参加成键，与成键电子不同，只受到中心原子的吸引，所以电子云集中在O原子周围，对成键电子对所占据的杂化轨道有较强的排斥作用，从而导致两个H—O—H键之间的夹角减小为104°45′，所以得到的H_2O分子构型与sp^3等性杂化所得到的正四面体构型略有不同，如图10-21所示。NH_3分子中的N原子也是比较典型的sp^3不等性杂化。四个sp^3杂化轨道中，其中一个被一对孤电子对所占据，因此对其他三个成键轨道起到较强的排斥作用，使得H—N—H键角从109°28′减小至107°18′，从而形成了NH_3分子三角锥形的分子构型，如图10-22所示。

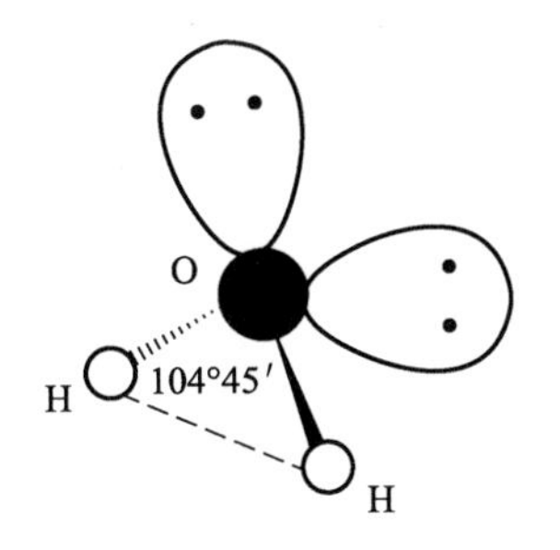

图 10-21 H_2O分子构型图

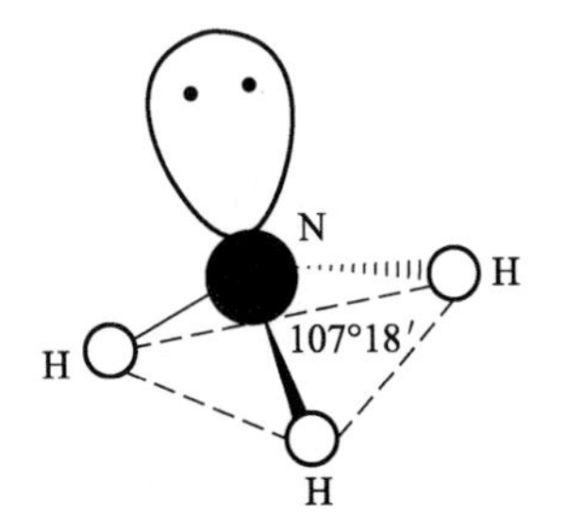

图 10-22 NH_3分子构型图

10.3 共轭大π键

10.1节价键理论中介绍的π键是由两个原子的p轨道或d轨道“肩并肩”重叠构成的共价

键,π键中的电子对看做在这两原子之间运动,因此这种共价键也称为定域键。还有另一种π型共价键,由多个(三个或三个以上)原子共同提供一组p轨道或d轨道,以"肩并肩"的方式依次重叠而成,此时轨道中的电子不再局限在某两个原子之间,而是在多个原子间运动,这种化学键称为共轭大π键,或离域π键。根据参与成键轨道类型的不同,共轭大π键可以分为p-p共轭和p-d共轭两种。p-d大π键由p轨道和d轨道参与形成,电子云图比较复杂;在这里我们只介绍p-p大π键,即参与成键的轨道都是p轨道。通常用符号Π_n^m来表示共轭大π键,其中n为参与成键的p轨道数,m为p轨道中的离域电子数。

形成共轭大π键,通常需要满足以下几个条件:

(1) 参与形成共轭大π键的原子必须在同一平面上,因此成键原子只有采取sp(直线形)、sp^2(平面三角形)和dsp^2(平面正方形)三种杂化,才有可能形成共轭大π键。

(2) 每一个原子都能提供一个相互平行的p轨道。

(3) p轨道中的离域电子总数要小于参与成键的p轨道数目的两倍,即共轭大π键Π_n^m中,$m<2n$。

共轭大π键在有机物中相当普遍,如苯(C_6H_6)分子中有大π键Π_6^6,1,3-丁二烯(C_4H_6)分子中有大π键Π_4^4等;无机物中也常会遇到,如CO_2分子中有大π键Π_3^4,NO_2分子中有大π键Π_3^3,O_3分子中有大π键Π_3^4,等等。下面列举几个含有共轭大π键的分子分别进行讨论。

1. 苯(C_6H_6)分子中的共轭大π键

苯(C_6H_6)分子里的每个C原子(电子构型[He]$2s^22p^2$)与三个原子相邻,因此采取sp^2杂化,分别与三个原子形成σ键,键角为120°,由此构成了苯环的平面构型。每个C原子仍有一个未参与杂化的p轨道,与sp^2杂化轨道垂直,因此也就垂直于苯分子的σ骨架平面。6个C原子中未参与杂化的p轨道互相平行,依次重叠构成了共轭大π键。那么,苯分子中的共轭大π键中有多少离域电子呢?首先计算出苯分子中所有原子所包含的价电子总数:6×1(H)+6×4(C)=30;之后给每个σ键中各填充上2个电子:6×2(C—C)+6×2(C—H)=24;从价电子总数中减去σ键中用掉的电子数,即得到苯分子中大π键里的离域电子数:30−24=6。因此,苯分子中有共轭大π键Π_6^6,由6个C原子各提供一个平行的p轨道,各提供一个单电子而形成(图10-23)。

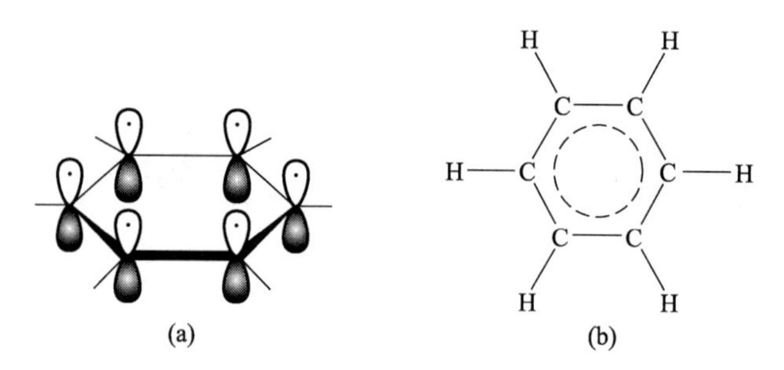

图10-23 苯(C_6H_6)分子中的共轭大π键:(a) 轨道分布图;(b) 分子结构式

由上例可以总结出计算共轭大π键中离域电子数的一般方法:

(1) 计算出分子或离子中所有参与成键的原子所包含的价电子总数。

(2) 找出分子或离子中所有σ键,并各填充2个电子;若在不与大π键平行的p轨道中有未参与成键的孤电子对，找出所有这样的孤电子对，计算出孤电子对总数。

(3) 大π键中离域电子数＝价电子总数－σ键中电子数－孤电子对总数。

2. 1,3-丁二烯(C_4H_6)分子中的共轭大π键

1,3-丁二烯(C_4H_6)分子中每个C原子与三个原子相邻，因此均采取sp^2杂化，分别与相邻的三个原子形成σ键，所有原子均在一个平面上。每个C原子上还有一个未参与杂化的p轨道与分子的σ骨架平面垂直，因此四个C原子的p轨道相互平行，依次重叠形成共轭大π键。1,3-丁二烯(C_4H_6)分子中大π键里的离域电子数计算如下：① 分子中价电子总数＝6×1(H)＋4×4(C)＝22；② 计算σ键中的电子数：3×2(C—C)＋6×2(C—H)＝18；③ 共轭大π键里的离域电子数：22－18＝4。因此，1,3-丁二烯(C_4H_6)分子中有共轭大π键Π_4^4，由4个C原子各提供一个互相平行的p轨道，各提供一个单电子而形成(图10-24)。

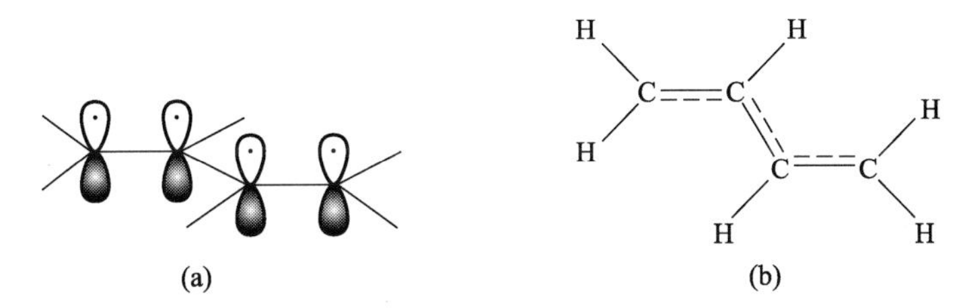

图10-24 1,3-丁二烯(C_4H_6)分子中的共轭大π键：(a) 轨道分布图；(b) 分子结构式

3. SO_3分子中的共轭大π键

SO_3分子中的中心S原子[Ne]$3s^23p^4$($3s^23p_x^23p_y^13p_z^1$)与三个O原子[He]$2s^22p^4$($2s^22p_x^22p_y^12p_z^1$)相邻，因此采取sp^2杂化。当S原子与O原子接近而成键时，有两个sp^2杂化轨道上各填充了一个电子，分别与两个O原子的p轨道重叠形成σ键；另一个sp^2杂化轨道上填充了一对孤电子对，因此要与O原子成键的前提是O原子p轨道上电子需要重排，由$2p_x^22p_y^12p_z^1$重新排布成$2p_x^22p_y^22p_z^0$，从而空出一个p轨道来接受S原子的孤电子对，形成σ型配位键。这样，S原子三个sp^2杂化轨道分别与三个O原子轨道重叠，构成了SO_3分子平面三角形的分子构型。S原子中还有一对未参与杂化的3p轨道，它在空间的取向是垂直于σ键骨架分子平面，轨道中有一对孤电子对，三个O原子中也各有一个垂直于分子平面的2p轨道，其中发生电子重排的O原子在该2p轨道中有一对孤电子对，其他两个O原子的2p轨道中各填充有一个单电子，因此四个平行的p轨道共提供了2＋2＋1＋1＝6个p电子，依次重叠从而形成共轭大π键Π_4^6(图10-25)。

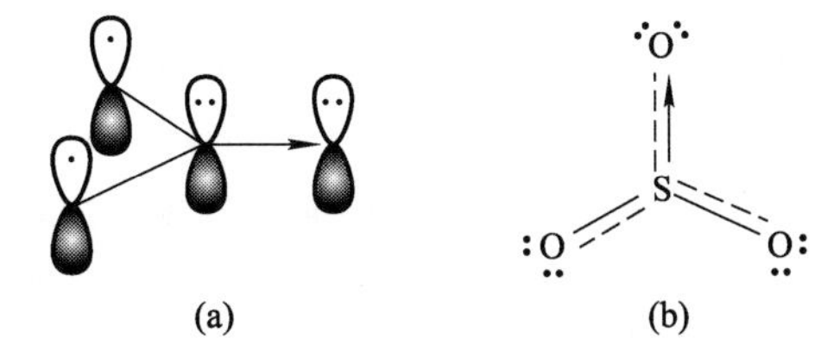

图10-25 SO_3分子中的共轭大π键：(a) 轨道分布图；(b) 分子结构式

同样,也可以用上述方法来计算 SO_3 分子中大 π 键里的离域电子数:① 分子中价电子总数 $=1\times6(S)+3\times6(O)=24$;② 计算 σ 键中的电子数和非平行 p 轨道中孤电子对数:3×2(S—O)$+6\times2$(每个 O 原子上有 2 对孤电子对)$=18$;③ 共轭大 π 键里的离域电子数:$24-18=6$。因此,SO_3 分子中有共轭大 π 键 Π_4^6。

4. CO_2 分子中的共轭大 π 键

根据杂化轨道理论,CO_2 是直线形分子,中心 C 原子采取 sp 杂化,轨道中没有孤电子对,4 个价电子分别填充在两个 sp 轨道和两个 2p 轨道中。C 原子中仍有两个未参与杂化的 p 轨道,在空间的取向是与 sp 杂化轨道的轴呈正交的关系,即两个 p 轨道与 sp 杂化轨道的轴三者相互垂直。当 O 原子与 C 原子靠近成键时,两个 O 原子的 $2p_x$ 轨道分别沿轴向与 C 原子的 sp 轨道重叠形成 σ 键,与此同时,两个 O 原子的 $2p_y$ 轨道与 C 原子的一个 2p 轨道平行,且发生重叠形成一个由三个 p 轨道构成的共轭大 π 键。同样,两个 O 原子的 $2p_z$ 轨道与 C 原子的另一个 2p 轨道平行,且重叠形成另一个平行的共轭大 π 键。由此分析可知,CO_2 分子中有两个由 O—C—O三个原子分别提供 3 个 p 轨道而形成的相互平行的共轭大 π 键(图 10-26)。

按照上述方法来计算 CO_2 分子中大 π 键里的离域电子数:① 分子中价电子总数 $=4\times1(C)+6\times2(O)=16$;② 计算 σ 键中的电子数和非平行 p 轨道中孤电子对数:2×2(C—O)$+2\times1\times2$(每个 O 原子上 1 对孤电子对)$=8$;③ 每个共轭大 π 键里的离域电子数:$\frac{1}{2}\times(16-8)=4$。因此,$CO_2$ 分子中有两个平行的共轭大 π 键 Π_3^4。

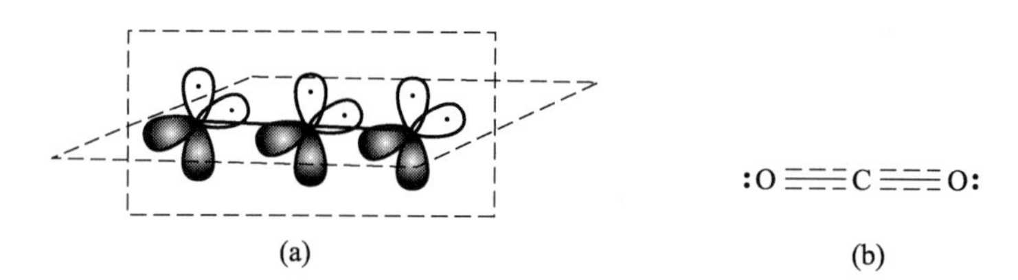

图 10-26 CO_2 分子中的共轭大 π 键:(a) 轨道分布图;(b) 分子结构式

5. 石墨分子中的共轭大 π 键

石墨分子是平面层状结构,每层由无限个 C 六元环所组成(图 10-27)。每个 C 原子与三个 C 原子相邻,故均采取 sp^2 杂化,与苯的结构类似。每个 C 原子仍有一个未参与杂化的 p 轨道垂直于分子平面,且相互平行依次重叠,每个平行的 p 轨道中各有一个单电子,共同形成了 p-p 型共轭大 π 键 Π_n^n。正因为石墨分子中存在由 n 个 p 电子弥散在整层 n 个碳原子上下形成的大 π 键 Π_n^n,且电子可以在这大 π 键中自由移动,所以石墨具有很好的导电性。

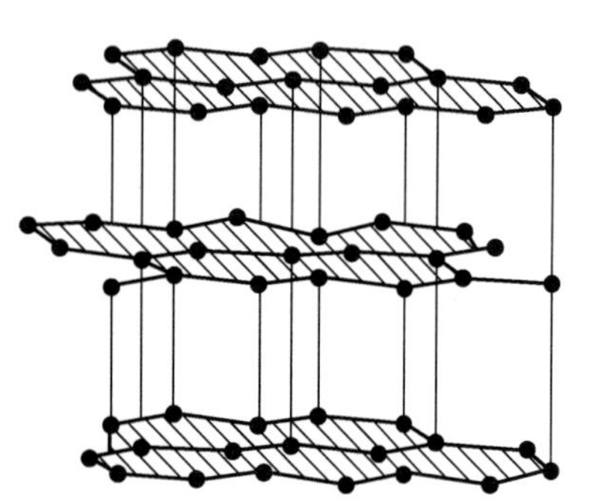

图 10-27 石墨分子结构示意图

由于共轭大 π 键的离域作用,当组成共轭体系的任何一个原子受到外界影响时,体系的其他部分会立即有所反应。因此,共轭分子中的共轭大 π 键是化学反应的关键所在。

10.4 价层电子对互斥理论

杂化轨道理论在解释共价键的方向性，分析和预判一些分子的空间构型方面无疑是比较成功的。20世纪50年代又发展了一种新的理论——价层电子对互斥理论，简称VSEPR法，在分析和判断共价分子的构型方面更为简便实用。这一理论的最初理论模型是由西奇威克(N. V. Sidgwick)和鲍威尔(H. M. Powell)在1940年最先提出，后经吉莱斯皮(R. J. Gillespie)和尼霍姆(R. S. Nyholm)加以发展而成的。这个理论无需原子轨道的概念，只是定性地推断共价分子的几何构型，尽管也有例外，但事实证明，对于常见的共价分子，用VSEPR法预判的几何构型与实验事实基本相符。

10.4.1 价层电子对互斥理论的基本要点

(1) 价层电子对互斥理论认为：当中心原子A和n个配位原子或原子团X形成AX_n型单原子中心共价分子或离子时，分子的构型取决于中心原子A的价层电子对的空间构型，而A原子价层电子对如何排布主要取决于电子对的数目、类型以及电子对间的排斥作用。价层电子对的类型包括成键电子对和未成键的孤电子对。分子的几何构型总是采取电子对间相互排斥作用最小的结构。

(2) 若以符号L表示孤电子对，当中心原子的价层中有m对孤电子对，则分子式可改写为AX_nL_m。如果分子结构中只含共价单键，则其价层电子对总数是$n+m$。若分子结构中存在多重键，即中心原子与配位原子之间通过双键或叁键结合，则每一个多重键只当做一个共价单键处理，即只计算为一对电子对。

(3) 价层电子对互相排斥作用的大小，主要取决于电子对间的夹角、电子对的类型和电子对的成键情况。一般规律如下：

① 电子对间夹角越小，排斥力越大。因此，为了使价层电子对之间的排斥作用达到最小，电子对间的夹角应尽可能地增大，使得电子对之间的距离最大。由此，价层电子对排布方式如表10-2所示。

表10-2 价层电子对排布方式

价层电子对数	2	3	4	5	6
价层电子对排布方式	直线形	平面三角形	正四面体形	三角双锥形	正八面体形
价层电子对构型				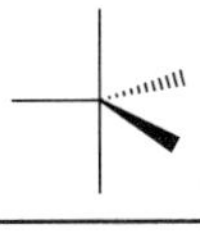	

② 由于孤电子对不同于成键电子对，只受到中心原子核的吸引，所以电子云比较集中在中心原子周围，电子云图也显示比成键电子对要“肥大”，因此对邻近的其他电子对的排斥作用比较

大。不同类型电子对之间排斥作用的顺序为

孤电子对-孤电子对＞孤电子对-成键电子对＞成键电子对-成键电子对

③ 由于多重键(双键、叁键)比单键包含的电子数多,排斥力大,所以不同的成键电子对之间排斥作用的顺序为

叁键＞双键＞单键

因为分子构型主要取决于 σ 键,所以多重键中 π 键电子并不能改变分子的基本形状,但对键角有一定的影响。一般来说,由于多重键的排斥作用,含多重键的键角要大于单键键角(图 10-28)。

图 10-28　C_2H_4(a)和 $COCl_2$(b)分子中的键角

(4) 价层电子对间排斥作用的大小还与中心原子和配位原子的电负性有关。比如当中心原子 A 相同时,配位原子 X 的电负性越强,成键电子对越接近配位原子而远离中心原子,则电子对间斥力越小,电子对间夹角也越小;若配体原子 X 相同,中心原子 A 的电负性越强,成键电子对越接近中心原子,则电子对间斥力越大,电子对间夹角也越大。例如:

分子	中心原子电负性	配位原子电负性	键角
NF_3	3.0	4.0	102°6′
NH_3	3.0	2.1	107°18′
PH_3	2.1	2.1	93°18′
AsH_3	2.0	2.1	91°5′

10.4.2　共价分子结构的判断

根据 VSEPR 理论判断共价分子或离子的空间构型的具体步骤如下:

(1) 确定中心原子的价层电子对数目。可以采取以下公式计算:

$$价层电子对数=\frac{1}{2}\times(中心原子价层电子数+配位原子提供电子数-离子电荷代数值)$$

中心原子 A 的价层电子数等于 A 所在的族数,比如,碳族原子价层电子数是 4,氮族原子价层电子数是 5,氧族原子价层电子数是 6,卤素原子价层电子数是 7,等等。配位原子 X 通常是 H、氧族和卤素原子。作为配位原子时,H 和卤素原子各提供 1 个价电子;而氧族原子可认为不提供价电子,即 O 原子和 S 原子提供的电子数为 0,比如 SO_2 中 O 原子提供的电子数为 0。

如果是共价型离子,在计算价层电子对数目时,要减去离子所带电荷的代数值。比如,PO_4^{3-}

离子的中心原子P的价层电子对数：$\frac{1}{2}\times[5+0\times4-(-3)]=4$；$NH_4^+$ 离子的中心原子N的价层电子对数：$\frac{1}{2}\times(5+1\times4-1)=4$。

如果中心原子的价电子总数为奇数，即除以2后还余一个电子，则把单电子作为一对电子对处理，如 NO_2 分子中，中心N原子的价电子总数为5，则电子对数为3。

(2) 根据中心原子价层电子对数判断相应的电子对构型。按照电子对间排斥作用最小的原则，参考表10-2，根据计算所得中心原子价层电子对的数目得出电子对构型。

(3) 确定中心原子的孤电子对数，并结合考虑不同类型电子对间排斥作用以及多重键的存在对分子构型的影响，推断出分子的空间构型。

如果中心原子周围都是成键电子对，每一对电子对连接一个配位原子(即都以单键连接)，则中心原子价层电子对的空间构型就是分子的几何构型。如果给每个配位原子都结合一对电子对后还有剩余的电子对没有连接上配位原子，则这对电子对即为孤电子对，这时候要根据孤电子对与成键电子对之间排斥力的大小顺序，来确定出排斥力最小的分子构型。一般来说，电子对构型中键角最小的位置电子对间的排斥力最大，所以在这个位置上孤电子对数目应该达到最少。若结构中存在多重键，还需要考虑到多重键对其他成键电子对存在较大的斥力，因而会导致分子构型偏离理想模型而发生畸变。

【例10-1】 试判断 BrF_3 分子的几何构型。

解 (1) 中心原子Br的价层电子对数 $=\frac{1}{2}\times(7+1\times3)=5$；

(2) 参考表10-2可知，价层电子对排布呈三角双锥形：

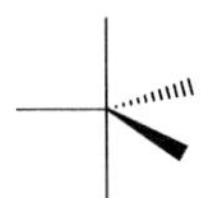

(3) 分子中有3个配位原子F，结合上3对成键电子对，所以还有2对孤电子对。

那么，现在的问题就是这两对孤电子对该排布在什么位置合理？

根据电子对排布的位置，分子构型有三种可能，如下图：

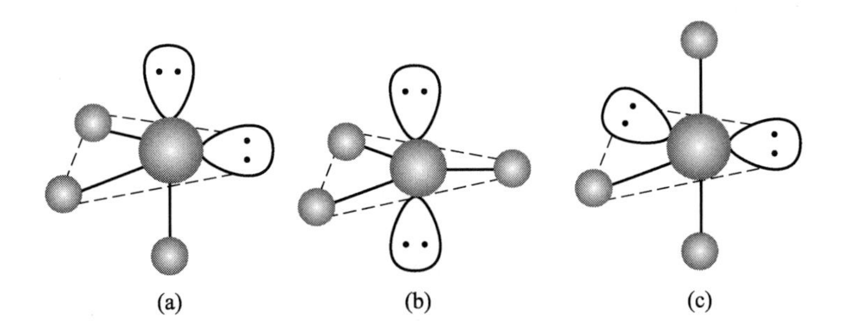

三角双锥形分子构型中有90°，120°，180°三种键角，其中最小的键角为90°，在这个键角上的电子对排斥力最大，因此若在这个键角处排布的电子对间排斥作用达到最小，则分子结构最稳

定。(a) 构型中 90°键角处存在一个排斥作用最强的“孤电子对-孤电子对”,所以相对最不稳定;(b) 构型中 6 个 90°键角都是“孤电子对-成键电子对”;(c) 构型中 90°键角处有 4 个“孤电子对-成键电子对”,还有 2 个排斥力较弱的“成键电子对-成键电子对”。所以,经比较可知(c)分子构型最稳定。

因此,BrF_3 属于 AX_3L_2 型分子,几何构型为 T 形。

根据 VSEPR 理论,可以判断大多数主族元素的共价分子或离子的空间构型,现把常见的共价分子 AX_nL_m 的构型与价层电子对总数、成键电子对数及孤电子对数的关系总结于表 10-3 中。

表 10-3 AX_nL_m 型共价分子(或离子)中心原子 A 的价层电子对排布方式和分子的几何构型

中心原子 A 价层电子对数	m	n	AX_nL_m	中心原子 A 价层电子对构型	分子几何构型	实例
2	2	0	AX_2		直线形	$BeCl_2$、CO_2
3	3	0	AX_3	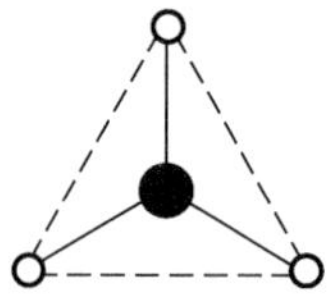	平面三角形	BF_3、BCl_3
	2	1	AX_2L	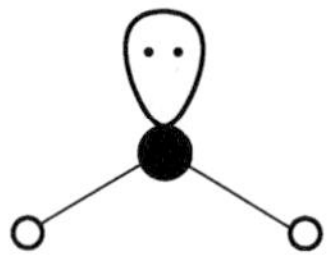	V 形	$SnCl_2$、$PbCl_2$
4	4	0	AX_4	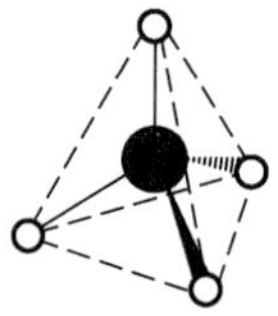	四面体	CH_4、CCl_4、NH_4^+
	3	1	AX_3L	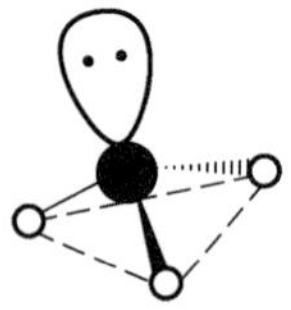	三角锥形	NH_3、SO_3^{2-}
	2	2	AX_2L_2	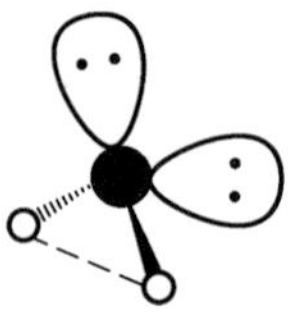	V 形	H_2O

续表

中心原子A价层电子对数	m	n	AX_nL_m	中心原子A价层电子对构型	分子几何构型	实例
5	5	0	AX_5	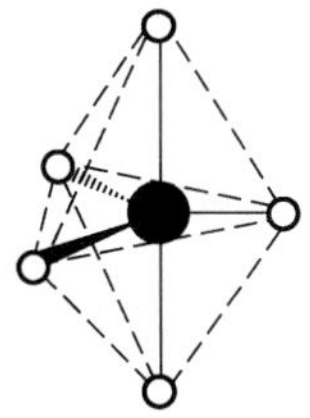	三角双锥形	PCl_5、AsF_5
	4	1	AX_4L	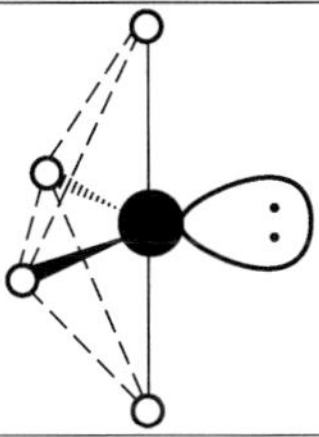	变形四面体（跷跷板形）	$TeCl_4$、SF_4
	3	2	AX_3L_2	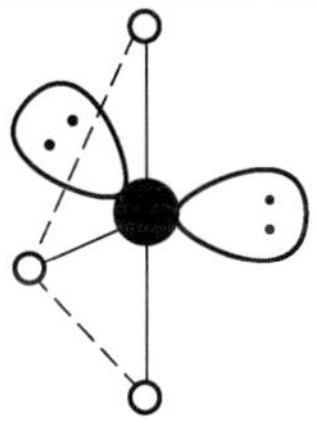	T形	ClF_3、XeF_3^+
	2	3	AX_2L_3	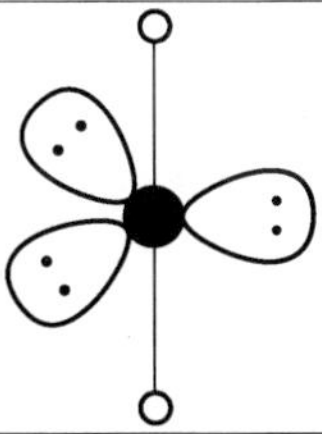	直线形	XeF_2
6	6	0	AX_6	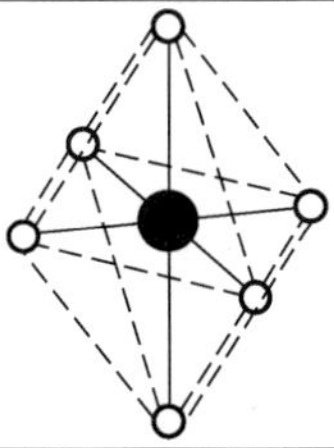	八面体形	SF_6、AlF_6^{3-}
	5	1	AX_5L	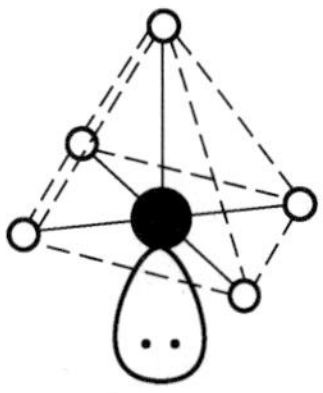	四方锥形	ClF_5、BrF_5
	4	2	AX_4L_2	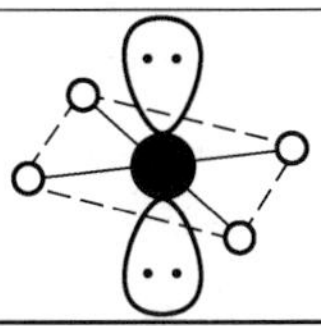	平面正方形	XeF_4、ICl_4^-

10.5 分子轨道理论

1932 年美国化学家马利肯(R. S. Mulliken)和德国化学家洪德(F. Hund)提出了分子轨道理论。它是处理双原子分子及多原子分子结构的一种有效的近似方法,原子轨道理论对分子的自然推广,在现代价键理论中占有很重要的地位。价键理论采用了路易斯电子配对的概念,着重于用原子轨道的重组杂化成键来理解化学键,把成键的共用电子对定域在相邻两个原子之间。而分子轨道理论注重于分子轨道的认知,即认为分子中的电子围绕整个分子运动而不局限于某个原子。价键理论无法解释的如 H_2^+ 的成键、氧分子的顺磁性以及许多有机化合物分子的结构等问题,均可以由分子轨道理论来回答。

10.5.1 分子轨道

量子力学中将电子在原子核外某一空间出现机会(概率)最大的区域称为原子轨道。类似地,我们将分子轨道定义为:具有特定能量的某个电子在相互键合的两个或多个原子核附近空间出现机会(概率)最大的区域。它是描述单电子行为的波函数,其所对应的单电子能量称为能级。分子轨道理论认为,原子在形成分子时,所有电子都有贡献,分子中的电子不再从属于某个原子,而是在整个分子空间范围内运动。这点与原子轨道描述的电子运动不同。在原子中,电子的运动只受一个原子核的作用,原子轨道是单核系统;而在分子中,电子则在所有原子核作用下运动,分子轨道是多核系统。

处理分子轨道时,要弄清分子轨道的数目和能级并计算出电子的填充数目,然后按一定规则将电子填入分子轨道。电子在分子轨道中填充时也同样要遵循:

(1) 能量最低原理:尽可能先占据能量最低的轨道,填满后再填入能级较高的轨道。

(2) 泡利不相容原理:每个分子轨道最多能容纳两个自旋相反的电子。

(3) 洪德规则:在等价分子轨道上排布时,总是尽可能分占轨道。

分子轨道可以通过相应的原子轨道线性组合而成。有几个原子轨道相组合,就形成几个分子轨道。即分子轨道的数目等于键合原子的原子轨道数之和。例如,当两个原子靠近时,两个原子轨道 ψ_1 和 ψ_2 可以组合成两个分子轨道:

$$\Psi_1 = c_1\psi_1 + c_2\psi_2$$

$$\Psi_2 = c_1\psi_1 - c_2\psi_2$$

式中,系数 c_1 和 c_2 分别表示原子轨道对分子轨道贡献的程度。对于同核双原子分子,$c_1 = c_2$;而对于异核双原子分子,则 $c_1 \neq c_2$。

原子形成分子后,电子填入分子轨道会产生能量不同的分子轨道。所谓分子轨道能量,指的是在分子轨道中填入电子时系统能量的降低或升高。只有当系统的能量低于未键合原子能量的情况下,才能形成稳定的化学键。可以算出与分子轨道 Ψ_1 和 Ψ_2 相应的能量 E_1 和 E_2。计算表明,E_1 低于原子轨道的能量,而 E_2 则高于原子轨道的能量。分子轨道和原子轨道能量示意图如图 10-29 所示。图中,能量较低的分子轨道 Ψ_1 称为成键轨道,能量较高的分子轨道 Ψ_2 称为反键轨道。成键分子轨道的能级低于成键原子轨道的能级,而反键分子轨道的能级高于成键原子轨道的能级。形成稳定共价键时,电子应尽可能先排布在能量较低的成键轨道中,以使系统能量最低。

原子轨道的名称用s、p、d等符号表示，而分子轨道名称则相应地用σ、π等符号表示。原子轨道可采取不同方式组合形成不同的分子轨道。成键轨道是原子轨道同号重叠形成的，即波函数相加而成。占据分子轨道的电子在核间区域概率密度大，对两个核产生强烈的吸引作用，所形成的键强度大。而反键轨道是原子轨道异号重叠形成的，即波函数相减而成。两核之间出现节面($\Psi=0$)，占据分子轨道的电子在核间出现概率密度减小，对成键不利，系统能量提高。两个原子的s轨道线性组合形成分子轨道只有一种方式："头对头"，如图10-30所示。图中，σ_s为成键轨道，σ_s^*为反键轨道。

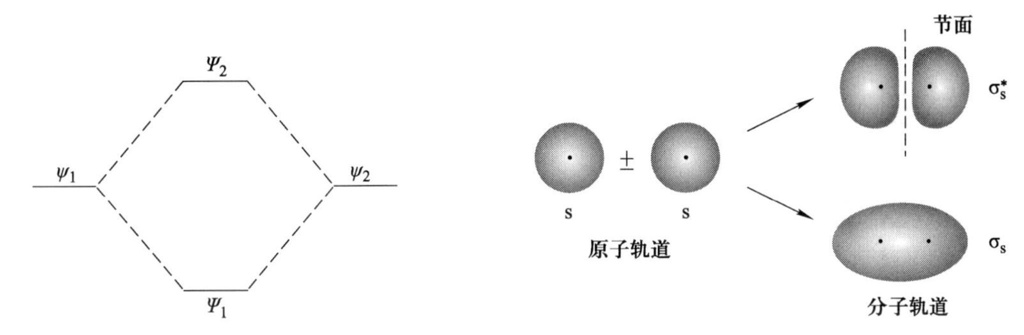

图10-29 分子轨道和原子轨道能量示意图

图10-30 s轨道形成分子轨道

两个原子的p轨道线性组合形成分子轨道则有两种方式："头对头"和"肩并肩"。一种是两个p_x轨道沿着x轴方向重叠，两者相加组合成σ_p成键轨道，相减组合成σ_p^*反键轨道；另一种是两个p_y轨道(或两个p_z轨道)侧面重叠，两者相加组合成π_{2p_y}(或π_{2p_z})成键轨道，相减组合成$\pi_{2p_y}^*$(或$\pi_{2p_z}^*$)成键轨道。两种方式形成的分子轨道如图10-31所示。

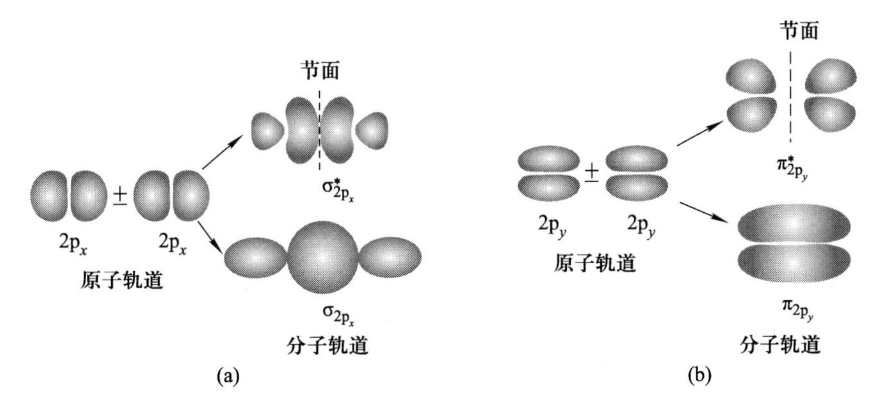

图10-31 p轨道形成分子轨道

原子轨道线性组合要遵循下列三个原则：

(1) 对称性匹配原则：只有对称性匹配的原子轨道，才能组合成分子轨道。原子轨道的角度分布函数的几何图形对于某些点、线、面等有着不同的空间对称性。对称性是否匹配，可将两个原子轨道的角度分布图进行两种对称性操作，即旋转和反映操作。旋转是绕键轴(以x轴为键轴)转动 180°;反映是包含键轴的某一个平面(xy 或者 xz)进行映射,即照镜子。若操作以后它们的空间位置、形状以及波瓣符号均未改变,称为旋转或者反映操作对称;若改变,则称为反对称。两个原子轨道进行旋转、反映两种操作均为对称或者反对称,就称为对称性匹配。s 和 p_x 原子轨道对于旋转以及反映两个操作均为对称;而 p_y 和 p_z 原子轨道均是反对称,所以它们都是属于对称性匹配,可以组成分子轨道。同理,p_y-p_y、p_z-p_z 组成的分子轨道也是对称性匹配。

(2) 能量近似原则:只有能量相近的原子轨道,才能有效地组合成分子轨道。原子轨道之间的能量相差越小,组成的分子轨道成键能力越强。

(3) 轨道最大重叠原则:在满足能量近似原则、对称性匹配原则的前提下,原子轨道重叠程度越大,形成的成键轨道能量下降就越多,成键效果就越强,即形成的化学键越牢固。例如,两个原子轨道各沿 x 轴方向相互接近时,s-s 以及 p_x-p_x 之间有最大重叠区域,可以组成分子轨道;而 s-p_x 轨道之间只要能量相近,也可以组成分子轨道。但 p_x-p_y 轨道因为没有重叠区域,所以不能组成分子轨道。

10.5.2 同核双原子分子

同核双原子分子是指相同元素原子组成的双原子分子。第一周期共有两种元素 H 和 He。氢分子是最简单的同核双原子分子。当两个 H 原子相互接近时,由两个 1s 原子轨道组合能得到能级不同、空间扩展区域也不同的两个分子轨道。能级较低的一个叫 σ_{1s} 成键轨道,能级较高的一个叫 σ_{1s}^* 反键轨道,如图 10-32 所示。两个分子轨道可以排布 4 个电子,来自两个 H 原子的 1s 电子,优先填入能量较低的 σ_{1s} 轨道而让 σ_{1s}^* 轨道空置。这样便形成单键,H_2 的分子轨道电子构型可以写成 $H_2[(\sigma_{1s})^2]$。当两个 He 原子相互接近时情况类似,两个 He 原子的 1s 轨道组合得到一个 σ_{1s} 成键轨道和一个 σ_{1s}^* 反键轨道。所不同的是,共有 4 个电子待排布,这样恰好填满 σ_{1s} 和 σ_{1s}^* 轨道,He_2 的分子轨道电子构型为 $He_2[(\sigma_{1s})^2(\sigma_{1s}^*)^2]$。成键电子数和反键电子数相等,净结果是降低的能量和升高的能量相抵消,所以两个 He 原子不能形成共价键,即不能形成稳定的 He_2 分子。这与 He 是气态单原子分子这一事实相一致。

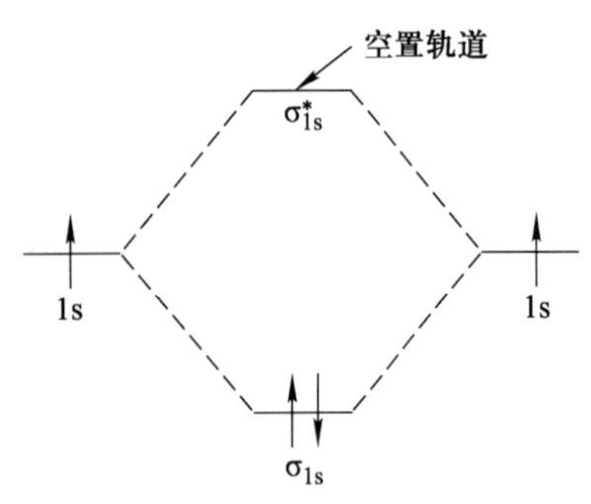

图 10-32 氢的原子轨道和分子轨道能级图

第二周期元素原子共有 5 个原子轨道,包括一个 1s 轨道,一个 2s 轨道和三个 2p 轨道。与第一周期元素原子不同的是,这里的 1s 原子轨道是内层轨道。1s 电子基本保持原子特征,组合成分子轨道时可不予考虑。处于这种轨道上的电子叫非键电子,该轨道称为非键轨道。第二周期 n 值为 2 的 4 个原子轨道组合产生 8 个分子轨道,这些轨道的能级如图 10-33 所示,这种图称为分子轨道能级图。

图 10-33 中,两个 2s 原子轨道组成两个分子轨道 σ_{2s} 和 σ_{2s}^*;6 个 2p 原子轨道组成 6 个分子轨道,其中两个是 σ 分子轨道(σ_{2p} 和 σ_{2p}^*),4 个是 π 分子轨道(两个 π_{2p} 和两个 π_{2p}^*)。带 * 号的均为反键轨道,不带 * 号的为成键轨道。值得注意的是,两个 π_{2p} 轨道的能级与 σ_{2p} 接近。通常情况下,σ_{2p} 轨道能级低于 π_{2p},原因是 σ 键通常更强。在有些分子中,上述两种轨道的能级十分接近,以致相互颠倒过来。迄今为止得到的实验结果表明,第二周期较轻的双原子分子(从 Li_2 到 N_2)的 σ_{2p}

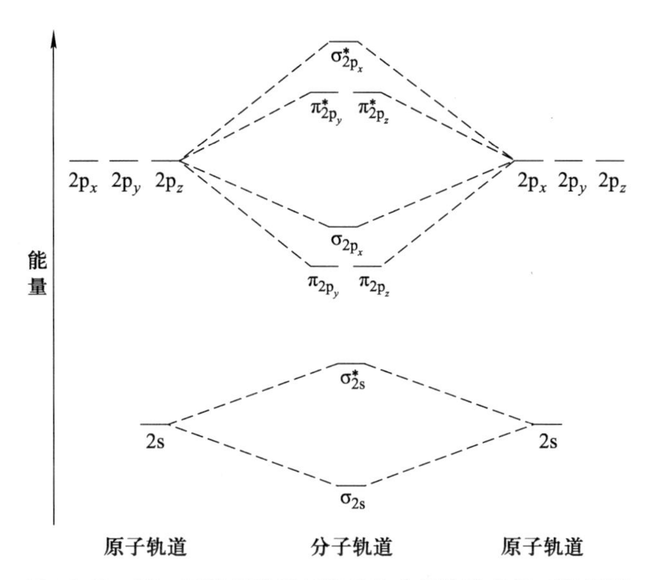

图 10-33　第二周期元素原子轨道和分子轨道的相对能级图

能级高于 π_{2p}，而 O_2 和 F_2 分子中的 σ_{2p} 能级低于 π_{2p}。

第二周期双原子分子包括 Li_2、Be_2、B_2、C_2、N_2、O_2、F_2 和 Ne_2。像原子的电子构型一样，分子的电子构型也是按一定规则将电子逐个填入轨道而得到的一种序列。它们的电子构型如下：

$Li_2[(\sigma_{1s})^2(\sigma^*_{1s})^2(\sigma_{2s})^2]$

$Be_2[(\sigma_{1s})^2(\sigma^*_{1s})^2(\sigma_{2s})^2(\sigma^*_{2s})^2]$

$B_2[(\sigma_{1s})^2(\sigma^*_{1s})^2(\sigma_{2s})^2(\sigma^*_{2s})^2(\pi_{2p_y})^1(\pi_{2p_z})^1]$

$C_2[(\sigma_{1s})^2(\sigma^*_{1s})^2(\sigma_{2s})^2(\sigma^*_{2s})^2(\pi_{2p_y})^2(\pi_{2p_z})^2]$

$N_2[(\sigma_{1s})^2(\sigma^*_{1s})^2(\sigma_{2s})^2(\sigma^*_{2s})^2(\pi_{2p_y})^2(\pi_{2p_z})^2(\sigma_{2p_x})^2]$

$O_2[(\sigma_{1s})^2(\sigma^*_{1s})^2(\sigma_{2s})^2(\sigma^*_{2s})^2(\sigma_{2p_x})^2(\pi_{2p_y})^2(\pi_{2p_z})^2(\pi^*_{2p_y})^1(\pi^*_{2p_z})^1]$

$F_2[(\sigma_{1s})^2(\sigma^*_{1s})^2(\sigma_{2s})^2(\sigma^*_{2s})^2(\sigma_{2p_x})^2(\pi_{2p_y})^2(\pi_{2p_z})^2(\pi^*_{2p_y})^2(\pi^*_{2p_z})^2]$

$Ne_2[(\sigma_{1s})^2(\sigma^*_{1s})^2(\sigma_{2s})^2(\sigma^*_{2s})^2(\sigma_{2p_x})^2(\pi_{2p_y})^2(\pi_{2p_z})^2(\pi^*_{2p_y})^2(\pi^*_{2p_z})^2(\sigma^*_{2p_x})^2]$

由于 π_{2p} 轨道的能级与 σ_{2p} 接近，导致分子轨道能级图出现差异，因而电子构型也会出现差异，典型的例子为 N_2 和 O_2。N_2 分子由两个 N 原子组成。N 原子的电子构型是 $1s^22s^22p^3$，N_2 分子共有 14 个电子填入分子轨道：4 个填入非键轨道，4 个填入 σ_{2s} 和 σ^*_{2s} 轨道，4 个填入 π_{2p_y} 和 π_{2p_z} 轨道，其余 2 个成对填入 σ_{2p_x} 轨道。分子轨道中 $(\sigma_{1s})^2$ 和 $(\sigma^*_{1s})^2$ 的能量与 1s 原子轨道相比一低一高，$(\sigma_{2s})^2$ 和 $(\sigma^*_{2s})^2$ 的能量与 2s 轨道相比也是一低一高，它们对成键的贡献其实很小；而对成键有贡献的主要是 $(\pi_{2p_y})^2$、$(\pi_{2p_z})^2$ 和 $(\sigma_{2p_x})^2$ 这三对电子，它们形成两个 π 键和一个 σ 键。因此，N_2 为叁键结构。

根据价键理论，O_2 分子中的两个 O 原子之间的 2p 电子应该两两配对，形成一个 σ 键和一个 π 键的双键结构，其余电子也都成对。而根据分子轨道理论，O_2 分子的 σ_{2p_x} 轨道能级低于 π_{2p_y} 和 π_{2p_z}。O 原子的电子构型是 $1s^22s^22p^4$。O_2 分子共有 16 个电子填入分子轨道：前 14 个电子按能级由高到低的顺序填至 π_{2p_y} 和 π_{2p_z} 轨道;最后 2 个电子进入 π^*_{2p} 轨道,根据洪德规则,它们分占能量相等的两个反键轨道,每个轨道里有一个电子,它们的自旋方式相同。这样 O_2 分子中存在两个未成对电子,故 O_2 分子具有顺磁性,这与实验事实相符。解释 O_2 分子顺磁性是分子轨道理论取得的最大成功之一。O_2 分子中对成键有贡献的是 $(\sigma_{2p_x})^2$、$(\pi_{2p_y})^2$ 和 $(\pi_{2p_z})^2$ 这三对电子,即一个 σ 键和两个 π 键,在 $(\pi^*_{2p})^2$ 反键轨道上的电子抵消了一部分 $(\pi_{2p_y})^2$ 和 $(\pi_{2p_z})^2$ 这两个 π 键的能量。与 N_2 分子中的双电子 π 键不同的是,O_2 分子中的 π 键是由两个成键电子和一个反键电子组成的三电子 π 键。可见,把两个氧原子结合在一起的是叁键,而不是像价键理论所画出的双键。由于三电子 π 键中有一个反键电子,削弱了键的强度,故三电子 π 键不及双电子 π 键牢固。

10.5.3 异核双原子分子

不同原子有不同的电子结构,不同原子间的相同轨道的能级差可以很大。但是,一般最外层轨道能级高低却是相近的。通常,异核双原子分子的轨道可以认为是两原子最外层轨道组合而成的。由于是不同原子轨道组合成的分子轨道,故异核双原子分子的电子构型不能用同核双原子分子轨道的下标 σ_{ns}、σ_{np}、π_{np} 等表示,代以 $n\sigma$、$n\pi$ 表示。n 表示 σ、π 型轨道的能量高低次序。我们以 HF 分子为例来说明异核双原子分子的结构。H 原子的电子构型是 $1s^1$,F 原子的电子构型为 $1s^2 2s^2 2p^5$。当 H 原子与 F 原子形成分子时,根据分子轨道理论,能量相近的两个原子轨道才能有效地组合成分子轨道。F 原子的 1s 和 2s 轨道的能量远低于氢原子的 1s 轨道能量。只有 F 原子的 2p 轨道能量与氢原子的 1s 轨道能量相近,它们可以相互作用组成分子轨道,如图 10-34 所示。

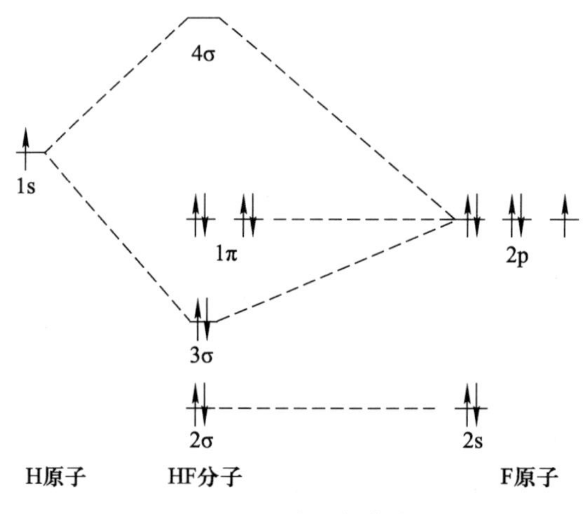

图 10-34 HF 分子轨道能级图

F 原子的 1s 和 2s 轨道的能量与原子轨道的能量基本相同,组成的分子轨道为非键轨道 1σ 和 2σ。F 原子有 3 个能量相同的 2p 轨道,当 H 原子与 F 原子相互接近时,H 原子的 1s 轨道和 F 的 $2p_x$ 轨道可组合成两个分子轨道,其中成键轨道 3σ 的能量低于 F 原子的 2p 轨道能量,反键轨道 4σ 的能量则高于 H 原子的 1s 轨道的能量。F 原子的 2p 轨道对成键分子轨道的贡献较大,而 H 原子的 1s 轨道则对反键分子轨道的贡献较大。F 原子的 $2p_y$ 和 $2p_z$ 轨道不能与 H 原子的 1s 轨道有效组合,故形成两个非键轨道 1π。因此,HF 分子中共有 3 个非键轨道,即有 3 对孤电子对。使 HF 分子能量降低的是进入 3σ 轨道中的两个电子。HF 分子的电子构型为 HF$[(1\sigma)^2(2\sigma)^2(3\sigma)^2(1\pi)^4]$。由于成键 3σ 轨道中含 F 原子 $2p_x$ 轨道成分多，所以 3σ 轨道上一对电子偏向于 F 原子，形成极性共价键。这就是异核双原子分子多为极性分子的原因。

10.6　键　参　数

共价键的性质可以用键级、键能、键长、键角和键矩等物理量来描述，它们统称为共价键参数。下面对这些键参数逐个加以说明。

10.6.1　键级

分子轨道理论中提出了键级的概念，它是共价键的参数之一，反映了键的牢固程度，其定义为

$$\text{键级}=\frac{1}{2}(\text{成键轨道中的电子数}-\text{反键轨道中的电子数})$$

例如，H_2 的键级为 1，而 He_2 的键级为 0。N_2 的键级为 3，为叁键结构，与价键理论的结果一致。可以算出 O_2 的键级为 2。但 O_2 分子并不是双键结构，它含有三电子 π 键，是叁键，结构式可表示为 $:O\overset{\cdots}{\underset{\cdots}{—}}O:$。与组成分子的原子系统相比，成键轨道中的电子数目越多，使分子系统的能量降低得越多，增强了分子的稳定性；反之，如果反键轨道中电子数目增多，则会削弱分子的稳定性。所以键级越大，分子越稳定。

10.6.2　键能

共价键的强弱可以用键断裂时所需的能量大小来衡量。在 298.15 K、100 kPa 时，1 mol 气态双原子分子 AB 的共价键断裂成为气态中性原子 A 和 B 所需要的能量称为键解离能。键解离能用符号 D 表示。例如，$D(\text{H—H})=436\ \text{kJ}\cdot\text{mol}^{-1}$，$D(\text{H—F})=570\ \text{kJ}\cdot\text{mol}^{-1}$。在气态多原子分子中断裂分子中的某一个键，形成两个原子或原子团时所需的能量称为该键的解离能。对双原子分子来说，键能就是键的解离能；而对于多原子分子来说，键能和键的解离能是不同的。例如多原子分子 NH_3，三个 N—H 键的解离能数值不同，分别为 D_1、D_2 和 D_3，则键能 E_B 表示为

$$E_B=\frac{1}{3}(D_1+D_2+D_3)$$

所以，键能可定义为：在标准状态下断裂气态分子中某种键成为气态原子时，所需能量的平均值。键能是表示化学键强弱的物理量。键解离能指的是解离分子中某一特定键所需的能量，而键能指的是某种键的平均能量。不同类型的化学键有不同的键能，如离子键的键能是晶格能，金属键的键能是内聚能。这里提到的则是共价键的键能。一般键能越大，表明键越牢固，由该键构成的分子也就越稳定。一些共价键的键能见表 10-4。

表 10-4 一些共价键的键能和键长

共价键	键长 l/pm	键能 E_B/(kJ · mol^{-1})	共价键	键长 l/pm	键能 E_B/(kJ · mol^{-1})
H—H	74	436	C—C	254	346
H—F	92	570	C—C	134	602
H—Cl	127	432	C—C	120	835
H—Br	141	366	N—N	145	159
H—I	161	298	N—N	110	946
F—F	141	159	C—H	109	414
Cl—Cl	199	243	N—H	101	389
Br—Br	228	193	O—H	96	464
I—I	267	151			

键能是热力学能的一部分。在化学反应中,键的形成或破坏都涉及系统热力学能的变化。但通常实验中测得的是键焓数据。通常,忽略反应中的体积功,键能就可以用焓变近似地代替。气相反应的标准摩尔焓变可以利用键能数据进行估算。计算反应焓变的通式为

$$\Delta_r H_m^\ominus = \sum E_B(\text{反应物}) - \sum E_B(\text{生成物})$$

即气体反应的标准摩尔焓变等于所有反应物的键能之和减去所有生成物的键能之和。

10.6.3 键长

形成共价键的两个原子之间的核间距称为键长。例如,H_2 分子中两个 H 原子的核间距为 74 pm,所以 H—H 键长就是 74 pm。键长和键能都是共价键的重要性质,可由实验测知。一般键长越长,原子核间距离越大,键的强度越弱,键能越小。如表 10-4 中,H—F、H—Cl、H—Br、H—I 键长依次增加,键能依次减小,分子的热稳定性依次降低。键长与成键原子的半径和所形成的共用电子对等有关。

10.6.4 键角

一个原子周围如果形成几个共价键,其中两个共价键之间的夹角称为键角。键角一定,表明共价键具有方向性。键角和键长是描述分子空间构型的重要参数,分子的许多性质与它们有关。例如,CO_2 分子中的两个 C═O 键的键角为 180°,空间构型为直线形;H_2O 分子中两个 O—H 键之间的夹角是 104.5°,空间构型则为 V 形。再比如,CH_4 分子中任何两个 C—H 键的键角均为 109.5°,所以空间构型为正四面体形。键角主要通过光谱等实验技术测定。

习 题

10-1 画出 N_2、SF_4、H_2SO_4、$(CH_3)_2O$、ClO_3^- 的路易斯结构式。

10-2 如何理解共价键具有方向性和饱和性的特征?

10-3 s-s、s-p、p-p 等轨道以"头碰头"的方式发生同号轨道重叠都能形成 σ 键,试判断以下分子中 σ 键的类型。

(1) LiH； (2) HCl； (3) Cl_2； (4) CH_4。

10-4 简述 σ 键和 π 键的各自特征。

10-5 通过对 H_2O、NH_3、CH_4 分子结构的分析，说明为什么只存在 H_3O^+ 和 NH_4^+，而不存在 CH_5^+？

10-6 分析 NI_3、CH_3Cl、CO_2、BrF_3、OF_2 分子中轨道杂化情况。

10-7 解释下列分子或离子结构中形成的共轭大 π 键。

(1) NO_3^-，Π_4^6； (2) O_3，Π_3^4。

10-8 下列两组分子中两个分子的中心原子氧化数和配位数都相同，而分子构型却不同，试分析中心原子的杂化类型和分子构型的区别。

(1) BCl_3 和 NCl_3； (2) CO_2 和 SO_2。

10-9 用价层电子对互斥理论推测下列分子或离子的空间结构。

(1) NO_2^-； (2) $SnCl_3^-$； (3) SO_2Cl_2； (4) BrF_3； (5) I_3^-； (6) SO_3^{2-}； (7) SO_4^{2-}； (8) CO_3^{2-}； (9) IF_5； (10) ClO_2^-。

10-10 分别比较下列几组分子或离子的键角大小。

(1) H_2O，BF_3，CO_2，NH_3，CH_4；

(2) PH_3，NH_3，AsH_3。

10-11 已知丁三烯是平面分子，试画出该分子结构，并说明分子中四个C原子的轨道杂化情况以及各个键角分别为多少。结构中是否存在共轭大 π 键？若有，说明大 π 键的组成。

10-12 分子轨道是由原子轨道线性组合而成的，这种组合必须要遵循的三个原则是什么？试举例说明。

10-13 用分子轨道理论说明：为什么两组同周期同核双原子分子 H_2 和 He_2，Li_2 和 Ne_2 中，H_2 和 Li_2 分子稳定，而 He_2 和 Ne_2 分子不稳定？写出电子排布式并计算键级。

10-14 用分子轨道理论解释：为什么 O_2 具有顺磁性，而 N_2 却具有反磁性？

10-15 NO^+ 是 N_2 的等电子体，NO^- 是 O_2 的等电子体，试计算它们的键级并说明磁性。

10-16 多原子分子中，键的解离能与键的键能相等，对吗？

10-17 相同原子间的双键和叁键的键能分别是单键键能的两倍和三倍，对吗？

10-18 举例说明：如何用键能和键长来说明分子的稳定性？

10-19 利用键能数据估算 C_2H_6 的标准摩尔燃烧焓 $\Delta_c H_m^\ominus(C_2H_6,g)$[$E_B(O=O)=498\ kJ\cdot mol^{-1}$，$E_B(C=O)=803\ kJ\cdot mol^{-1}$，$\Delta_{vap}H_m^\ominus(H_2O)=44\ kJ\cdot mol^{-1}$，其他键能数据查本章表10-4]。

10-20 试用分子轨道理论说明：为什么共轭大 π 键 Π_n^m 中，$m<2n$？为什么一旦 $m=2n$，整个共轭大 π 键就会崩溃？

第 11 章 晶体结构

能源、信息和材料是现代社会发展的三大支柱，而材料又是能源和信息的物质基础。几乎所有的材料都是固体物质，而地球上 90%的元素单质和大部分无机化合物在常温下也均为固体，因此，固体在人类生活中起着举足轻重的作用，人们也随之对固体的结构与性质进行了广泛深入的研究。

固体有晶体、非晶体与准晶体之分，自然界中绝大多数的固体都是晶体，所以本章以晶体结构为重点，着重研究晶体的特征、分类及晶体中微粒之间的作用力和这些微粒在空间的排布情况。

11.1 晶体的特征与类型

有关晶体的概念、外形和内部结构在第 2 章“固体”中略有阐述，在此，对“晶体”再进行一个严格的定义：晶体是由原子、离子或分子在空间按一定规律周期性地重复排列构成的固体。其中，粒子在固体状态中排列的特性是划分晶体和非晶体的主要特征。

11.1.1 晶体的特征

晶体周期性排列的基本结构特征使它具有以下共同的性质：

(1) 有一定的几何外形。这是指物质凝固或从溶液中结晶的自然生长过程中出现的外形。非晶体不会自发地形成多面体外形，从熔融状态冷却下来时，内部粒子还来不及排列整齐，就固化成表面圆滑的无定形体，如玻璃。

(2) 有固定的熔点。晶体在熔化时，在未熔化完之前，其体系温度不会上升；只有熔化后温度才上升。非晶体如玻璃受热渐渐软化成液态，有一段较宽的软化温度范围。

(3) 各向异性。一块晶体的某些性质，如光学性质、力学性质、导电导热性质、机械强度等，从晶体的不同方向去测定常不同。各向异性只有在单晶中才能表现出来。非晶体的各种物理性质不随测定的方向而改变。

晶体的这三大特性是由晶体内部结构决定的。晶体内部的质点以确定的位置在空间作有规则的排列，这些点本身有一定的几何形状，称为结晶格子或晶格。每个质点在晶格中所占的位置称为晶体的结点。每种晶体都可找出其具有代表性的最小重复单位，称为单元晶胞，简称晶胞。晶胞在三维空间无限重复，就产生晶体。故晶体的性质是由晶胞的大小、形状和质点的种类以及质点间的作用力所决定的。其中，有关“晶格”“晶胞”的定义和 7 种晶系、14 种晶格结构在 2.3.3 小节“晶体的内部结构”中已述及，在此不再详述。

11.1.2 晶体的类型

晶体有多种分类方法。按功能，晶体可分为半导体晶体、磁光晶体、激光晶体、电光晶体、声光晶体、非线性光学晶体、压电晶体、热释电晶体、铁电晶体、闪烁晶体、绝缘晶体、敏感晶体、光色晶体、超导晶体以及多功能晶体等20余种。如果按晶格结构分，又可以分成氯化钠结构、闪锌矿结构、纤维锌矿结构、金刚石结构等。从空间结构上分，晶体又分为单晶体和多晶体。前者是由一个晶核（微小的晶体）各向均匀生长而成，其内部的粒子基本上按某种规律整齐排列，如冰糖、单晶硅等；后者是由很多单晶体杂乱聚结而成，失去了各向异性特征。此外，根据组成晶体的粒子的种类及粒子之间作用力的不同，又可将晶体分成四种基本类型：离子晶体、金属晶体、分子晶体和原子晶体。

1. 离子晶体

离子晶体是由正、负离子组成的。破坏离子晶体时，要克服离子间的静电引力。若离子间静电引力较大，那么离子晶体的硬度大，熔点也高。多电荷离子组成的晶体更为突出。例如，NaF硬度3.0，熔点995 ℃；MgO硬度6.5，熔点2800 ℃。此外，离子晶体熔融后都能导电。

在离子晶体中离子的堆积方式与金属晶体是类似的。由于离子键没有方向性和饱和性，所以离子在晶体中常常趋向于采取紧密堆积方式，但不同的是，各离子周围接触的是带异号电荷的离子。一般负离子半径较大，可把负离子看做等径圆球进行密堆积，而正离子有序地填充在负离子密堆积形成的空隙中。

2. 金属晶体

金属晶体是金属原子或离子彼此靠金属键结合而成的。金属键没有方向性，因此在每个金属原子周围总是有尽可能多的邻近金属离子紧密地堆积在一起，以使系统能量最低。金属晶体内原子都以具有较高的配位数为特征。元素周期表中约2/3的金属原子是配位数为12的紧密堆积结构，少数金属晶体配位数是8，只有极少数为6。

金属具有许多共同的性质：有金属光泽，能导电、传热，富有延展性等。这些通性与金属键的性质和强度有关。金属键的强度可用金属的原子化焓来衡量。一般来说，原子化焓愈大，金属的硬度愈大，熔点愈高。而原子化焓随着成键电子数增加而变大。如第六周期元素钨的熔点最高，达3390 ℃；而汞熔点最低，室温下是液体。金属的硬度差异也不小，例如，铬的硬度为9.0，而铅的硬度仅为1.5。这些性质都与金属键的复杂性有关。金属键理论将在下面进一步讨论。

3. 分子晶体

非金属单质（如O_2、Cl_2、S、I_2等）和某些化合物（如CO_2、NH_3、H_2O、苯甲酸和尿素等）在降温凝聚时可通过分子间力聚集在一起，形成分子晶体。虽然分子内部存在着较强的共价键，但分子之间是较弱的分子间力或氢键。因此，分子晶体的硬度不大，熔点不高。

由于分子间作用力没有方向性和饱和性，所以球形或近似球形的分子也采用紧密的堆积方式，配位数可高达12。

4. 原子晶体

原子晶体的晶格结点是中性原子，原子与原子间以共价键结合，构成一个巨大分子。例如，金刚石是原子晶体的典型代表，每一个C原子以sp^3杂化轨道成键，每一个C原子与邻近的4个C原子形成共价键，无数个C原子构成三维空间网状结构。金刚砂（SiC）、石英（SiO_2）都是原子晶体。破坏原子晶体时必须破坏共价键，需要耗费很大能量，因此原子晶体硬度大，熔点高。例如：金刚石的硬度为10，熔点约3570 ℃；金刚砂的硬度为9～10，熔点约2700 ℃。

原子晶体一般不能导电。但硅、碳化硅等有半导体性质，在一定条件下它们能导电。由于共价键的方向性和饱和性,使得原子晶体不再采取紧密堆积方式,只能是低配位数、低密度。

上述四类晶体中,原子晶体靠共价键结合,第 10 章已经详细讨论过共价键,在本章中不再介绍。本章将在后面分别讨论离子晶体、金属晶体和分子晶体。需要指出的是,上述对晶体种类的划分仅仅是对晶体简单的分类,通过 X 射线单晶衍射测定得到的越来越多的晶体结构数据表明,绝大多数晶体都不是纯的离子晶体、金属晶体或原子晶体,尤其是在一些复杂的包括有机、无机配体和生物大分子的晶体结构中,原子或分子间存在着多种多样的作用形式,其中以共价键、氢键和分子间作用力为主。因此,要明确指出一个晶体究竟属于上述分类中的哪一种晶体类型是比较困难的,有时也是没有必要的。

11.2 离子晶体

离子晶体是由离子间静电引力结合成的晶体,大多是活泼金属和非金属原子形成的化合物,如 NaCl、KCl、MgO 等。离子晶体中静电作用力较大,故它们有共同的特点:熔点较高,硬度较大、难挥发,但质脆,一般易溶于水,其水溶液或熔融态能导电。为了说明这类化合物的键合情况,进而阐明结构和性质的关系,人们提出了离子键理论。

11.2.1 离子键理论

1916 年,德国化学家科塞尔(A. Kossel)根据稀有气体具有稳定结构的事实提出了离子键理论。其观点是,不同原子在相互化合时,通过电子得失形成稳定的正、负离子,由正、负离子依靠静电引力结合形成离子型化合物。具体如下:

(1) 当活泼金属的原子与活泼的非金属原子相互化合时,均有通过得失电子而达到稳定电子构型的倾向;对主族元素,稳定结构是指具有稀有气体的电子结构,如钠和氯;对过渡元素,d 轨道一般处于半充满,例外较多。

(2) 原子间发生电子转移而形成具有稳定结构的正、负离子,当正、负离子的吸引和排斥力达到平衡时则形成离子键。从能量的角度来看,就是新体系的能量达到最低时即形成稳定的离子键。

1. 离子键的形成与特点

当电负性小的金属原子和电负性大的非金属原子在一定条件下相遇时,原子间首先发生电子转移,形成正离子和负离子,然后正负离子间靠静电作用形成的化学键称为离子键。由离子键形成的化合物称为离子型化合物。离子键的本质是静电作用力。离子键的特点是没有方向性和饱和性。可与任何方向的电性不同的离子相吸引,所以无方向性。只要是正负离子之间,则彼此吸引,即无饱和性。

形成离子键的重要条件是两成键原子的电负性差值较大。在周期表中,活泼金属如Ⅰ、Ⅱ主族元素与活泼非金属元素如卤素、氧等电负性相差较大,它们之间所形成的化合物中均存在着离子键。相互作用的元素电负性差值越大,它们之间键的离子性也就越大。一般地说,两元素电负性相差 1.7,以上时,即 $\Delta\chi > 1.7$,往往形成离子键。因此,若两个原子电负性差值大于 1.7 时,可判断它们之间形成离子键;反之,则可判断它们之间主要形成共价键。但化合物中不存在百分之百的离子键,即使是 CsF 的化学键(92%离子性),其中也有共价键的成分。即除离子间靠静电相互吸引外，尚有共用电子对的作用。这里所说的 $\Delta\chi>1.7$，实际上是指离子键的成分大于50%。表11-1给出了AB型化合物单键的离子性百分数与电负性差值之间的关系。

表11-1　AB型化合物单键的离子性百分数与电负性差值的关系

电负性差 $\Delta\chi$	离子性百分数 i/(%)	电负性差 $\Delta\chi$	离子性百分数 i/(%)
0.2	1	1.8	55
0.4	4	2.0	63
0.6	9	2.2	70
0.8	15	2.4	76
1.0	22	2.6	82
1.2	30	2.8	86
1.4	39	3.0	89
1.6	47	3.2	92

另外，形成离子键的另一条件是易形成稳定离子。例如 Na^+：$2s^22p^6$，Cl^-：$3s^23p^6$，只转移少数的电子就达到稀有气体型稳定结构。还有，形成离子键时释放能量多。例如：$Na(s)+\frac{1}{2}Cl_2(g) = NaCl(s)$　$\Delta H=-410.9\ kJ\cdot mol^{-1}$，在形成离子键时，以放热的形式释放较多的能量，从而使体系的能量降到最低，有利于晶体结构的稳定。

2. 离子的性质

离子型化合物的性质与离子键的强度有关，而离子键的强度又与正、负离子的性质有关，因此离子的性质在很大程度上决定着离子型化合物的性质。一般离子具有三个重要特征：离子的电荷、离子的电子层构型和离子半径。

(1) 离子的电荷

离子的电荷就是相应原子的得失电子数，其中正离子的电荷数就是相应原子失去的电子数；负离子的电荷数就是相应原子得到的电子数。那么，原子到底能失去或得到多少个电子呢？

实验和理论计算表明，稀有气体的原子结构是比较稳定的。例如Na原子的电子层构型为 $1s^22s^22p^63s^1$，它失去一个电子变为 Na^+，这时只需消耗496 $kJ\cdot mol^{-1}$ 的能量；而 Na^+ 的电子构型($1s^22s^22p^6$)是稳定的稀有气体氖的结构，若再失去一个电子变成 $1s^22s^22p^5$，则需消耗4562 $kJ\cdot mol^{-1}$ 的能量。因此，Na原子通常易失去一个电子，形成带一个正电荷的 Na^+。一般在元素周期表中，ⅠA族的碱金属和ⅡA族的碱土金属容易失去最外层的s电子达到稳定的8电子构型(或氦原子的2电子构型)，从而形成带一个正电荷的 M^+ 离子和带两个正电荷的 M^{2+}；而对于ⅦA族的卤族元素，它们最外层的电子构型是 ns^2np^5，只接受一个电子就达到稳定的8电子构型，因此，在化合时卤素易形成带一个负电荷的 X^- 离子。在离子型化合物中，电荷越高，离子键越强。正离子的电荷通常多为+1、+2，最高为+3、+4，更高电荷的正离子不存在；负离子的电荷为−3或−4，多数为含氧酸根或配离子。

(2) 离子的电子层构型

原子究竟能形成何种电子层构型的离子，除了由原子本身的性质和电子层构型本身的稳定性决定外，还与其相作用的其他原子或分子有关。一般简单的负离子(如 F^-、Cl^- 等)，其最外层都具有稳定的 8 电子结构；然而对于正离子来说，情况比较复杂。现对几种常见的离子的电子层构型介绍如下：

① 2 电子型：最外层是 s^2 结构，是稳定的氦型结构，如 Li^+、Be^{2+}。

② 8 电子型：最外层是 s^2p^6 结构，是稳定的惰气型结构，如除 Li 之外的碱金属一价正离子(如 Na^+、K^+ 等)，除 Be 外的碱土金属二价正离子(Mg^{2+}、Ca^{2+})，以及 Al^{3+}、Sc^{3+}、Y^{3+}、La^{3+} 等正离子；卤族元素一价负离子(如 Cl^-)、氧族元素二价负离子(如 O^{2-})。

③ 18 电子型：最外层是 $s^2p^6d^{10}$ 结构，也是较稳定的，如 Zn^{2+}、Cd^{2+}、Hg^{2+}、Pb^{4+}、Ag^+、Cu^+。

④ 18+2 电子型：最外层是 $s^2p^6d^{10}s^2$ 结构，如 Tl^+、Pb^{2+}、Sn^{2+}、Bi^{3+}。

⑤ 不规则结构：最外层是 $s^2p^6d^x$(x 为 1～9)结构，也称为 8～18 的不饱和结构离子，多为过渡金属离子，如 $Fe^{2+}(3s^23p^63d^6)$、$Fe^{3+}(3s^23p^63d^5)$、$Cr^{3+}(3s^23p^63d^3)$等。

离子的电子层构型同离子的作用力，即离子键的强度有密切关系。在离子的半径和电荷大致相同的条件下，不同构型的正离子对同种负离子的结合力的大小规律如下：

8 电子构型离子＜9～17 电子构型离子＜18 或 18+2 电子构型的离子

这是因为内层电子(d 电子)比 s 和 p 电子对原子核正电荷有较大的屏蔽作用，这种关系必然影响到化合物的性质。

(3) 离子半径

由于原子核外电子不是沿固定的轨道运动，因此原子或离子的半径无法严格确定。但是，当正负离子通过离子键形成离子晶体时，正负离子间存在静电吸引力和核外的电子与电子之间以及原子核与原子核之间的排斥力。当这种吸引作用和排斥作用达到平衡时，使正负离子间保持一定的平衡距离，这个距离叫做核间距，结晶学上常以符号 d 表示。将离子晶体中的离子看成相切的球体，正负离子的核间距 d 是 r_+ 和 r_- 之和，如图 11-1 所示。公式表示为

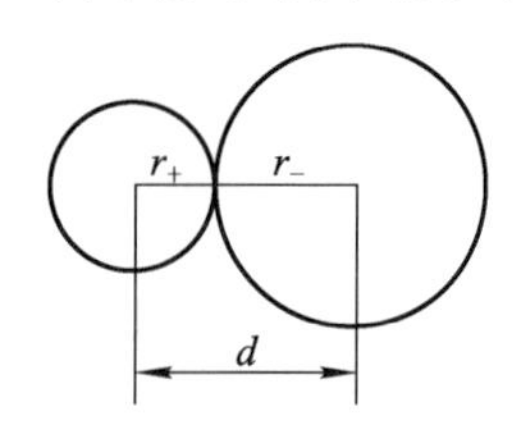

图 11-1 正负离子半径与核间距的关系

$$d = r_+ + r_- \tag{11-1}$$

d 可由晶体的 X 射线衍射实验测定得到。若已知一个球体的半径，即其中一种离子的半径，则可求得另一种离子的半径。例如，MgO 的 d = 210 pm，则有

$$d = r_{Mg^{2+}} + r_{O^{2-}} = 210\ \text{pm}$$

$$r_{Mg^{2+}} = d_{MgO} - r_{O^{2-}} = (210 - 132)\ \text{pm} = 78\ \text{pm}$$

但是，实际上这是一个很复杂的问题，因为在晶体中正负离子并不是相互接触的，而是保持着一定的距离。因此，这样测得的半径应看做有效的离子半径，即正负离子相互作用时所表现的半径，通常简称为离子半径。

推算离子半径的方法很多。1926 年，哥德希密特(Goldschmidt)用光学方法测得了 F^- 和 O^{2-} 的半径，分别为 133 pm 和 132 pm；结合 X 射线衍射所得的 d 值，得到一系列离子半径，称为哥德希密特半径。

1927 年，鲍林(L. C. Pauling)把最外层电子到核的距离，定义为离子半径。他考虑到离子大小取决于最外层电子的分布，对于相同电子层构型的离子，其半径大小与作用于这些最外层电子

上的有效核电荷成反比。并利用有效核电荷等数据，求出一套离子半径数值，被称为鲍林半径。计算公式为

$$r=\frac{c_n}{Z-\sigma} \tag{11-2}$$

Z 为核电荷数，σ 为屏蔽常数，c_n 为取决于最外电子层主量子数 n 的一个常数。

鲍林同时考虑了配位数、几何构型等其他因素的影响，使离子半径的计算更合理些，因此，本书主要采用鲍林离子半径数据。表 11-2 给出了部分离子的鲍林半径。此外，1976 年，桑诺(Shannon)通过归纳氧化物中正负离子核间距数据并考虑配位数、几何构型和电子自旋等因素，由此提出了一套新数据。

表 11-2 部分离子的鲍林半径(pm)

	H^-	He^+(g)	Li^+	Be^{2+}	
	154	93	68	35	
O^{2-}	F^-	Ne^+(g)	Na^+	Mg^{2+}	Al^{3+}
140	133	112	97	66	51
S^{2-}	Cl^-	Ar^+(g)	K^+	Ca^{2+}	Sc^{3+}
184	181	154	133	99	73.2
Se^{2-}	Br^-	Kr^+(g)	Rb^+	Sr^{2+}	Y^{3+}
191	196	169	147	112	89.3
Te^{2-}	I^-	Xe^+(g)	Cs^+	Ba^{2+}	La^{3+}
211	220	190	167	134	106.1

实际上，离子半径还随着晶体的配位数、温度等因素的改变而改变。例如 OH^- 离子半径，在 $Ca(OH)_2$ 中为 168 pm，而在 α-AlO(OH)晶体中为 133 pm。

无论采用哪种方法，离子半径大致都有如下变化规律：

① 同周期的主族元素，随族数增加，正离子电荷数升高，最高价离子半径减小。例如，离子半径 $Na^+>Mg^{2+}>Al^{3+}$；$K^+>Ca^{2+}$。过渡元素，离子半径变化规律不明显。

② 同一主族元素，自上而下随电子层增加，具有相同电荷数的同族离子半径增加。例如，$Li^+<Na^+<K^+<Rb^+<Cs^+$；$F^-<Cl^-<Br^-<I^-$。

③ 相邻两主族，左上方和右下方两元素的正离子半径相近。例如：

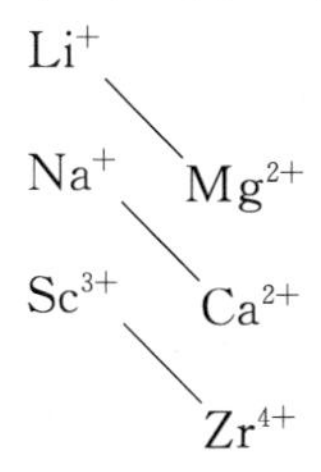

④ 同一元素正离子的正价增加，则半径减小，例如，$Fe^{2+}>Fe^{3+}$；$Ti^{3+}>Ti^{4+}$。

⑤ 正离子的半径较小，约在 10～170 pm 之间；负离子半径较大，约在 130～250 pm 之间。

由于离子半径是决定离子间引力大小的重要因素，因此离子半径的大小对离子化合物性质

有显著影响。离子半径越小,离子间的引力越大,要拆开它们所需的能量就越大,因此离子化合物的熔、沸点就越高。

11.2.2　离子晶体的结构

由于离子的大小不同、电荷数不同以及正离子最外层电子构型不同等因素的影响,离子晶体中正、负离子在空间的排布情况是多种多样的。对于简单的AB型离子晶体来说,常见的结构类型有CsCl型、NaCl型、ZnS型;AB_2型离子晶体,有CaF_2型和金红石(TiO_2)型。

1. 典型的几种离子晶体类型

(1) CsCl型晶体结构如图11-2所示,晶胞为体心立方,阴阳离子均构成空心立方体,且相互成为对方立方体的体心;每个阳离子周围有8个阴离子,每个阴离子周围也有8个阳离子,即阴阳离子配位数均为8,均形成立方体;每个晶胞中有1个阴离子和8×1/8=1个阳离子,组成为1∶1。异号离子间的距离d可根据几何位置计算,即$d=\frac{\sqrt{3}}{2}a=0.866a$($a$是立方体的边长),对于CsCl晶体来说,$a=411$ pm,$d=356$ pm。TlCl、CsBr、CsI等均属此类型晶体。

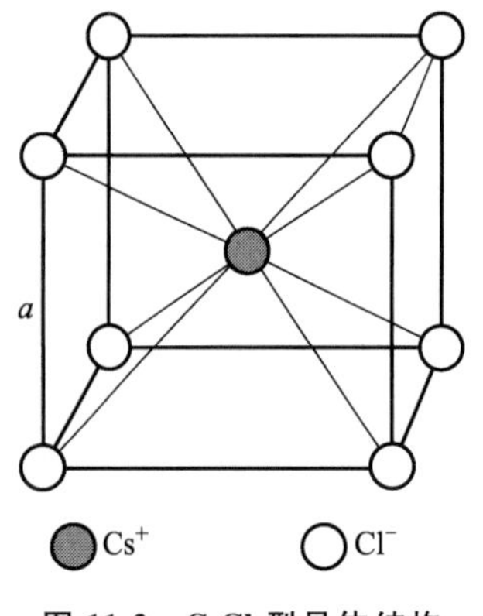

图11-2　CsCl型晶体结构

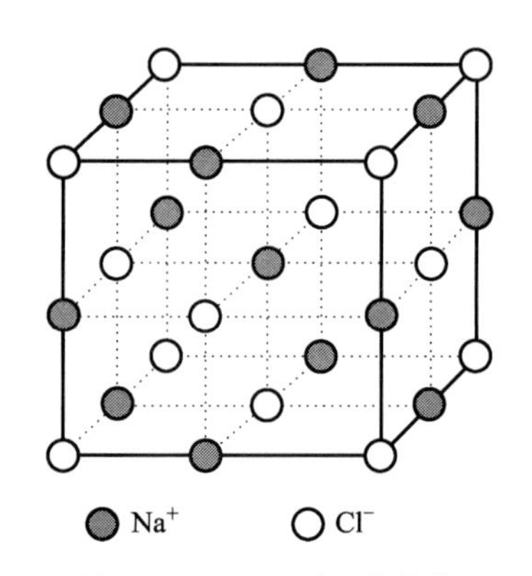

图11-3　NaCl型晶体结构

(2) NaCl型晶体结构如图11-3所示,晶胞为面心立方,阴阳离子均构成面心立方且相互穿插而形成;每个阳离子周围紧密相邻有6个阴离子,每个阴离子周围也有6个阳离子,即阴阳离子配位数均为6,均形成正八面体;每个晶胞中Na^+有12×1/4+1=4个,Cl有8×1/8+6×1/2=4个,组成为1∶1。异号离子间距离$d=0.5a$(a是立方体的边长),对于NaCl晶体来说,$a=562$ pm,$d=281$ pm。KI、NaI、LiF、CsF、NaBr、MgO、CaS等均属此类。

(3) ZnS型晶体有两种结构类型,一种是闪锌矿型,另一种是纤锌矿型,如图11-4和图11-5所示。闪锌矿S^{2-}成面心立方密堆积,半数的四面体空隙被Zn^{2+}占据;每个阳离子周围有4个阴离子,每个阴离子周围也有4个阳离子,即阴阳离子配位数均为4,均形成正四面体;晶胞中Zn^{2+}有4个,S^{2-}有6×1/2+8×1/8=4个,组成为1∶1,如CuCl、CdS、HgS和ZnSe等属于此类型。纤锌矿与闪锌矿不同,S^{2-}采用六方密堆积,但Zn^{2+}填充在一部分四面体空隙之中,配位比也是4∶4,这与闪锌矿相同,MnS、BeO、ZnO、AgI等属于此类型。

此外,还有如下类型的离子晶体:① 萤石CaF_2型离子晶体,此类型阳离子构成面心立方点阵，阴离子构成空心立方点阵，阴离子处于阳离子形成的 8 个正四面体空穴中（ 1/8 晶胞）；阳离子的配位数为 8，阴离子的配位数为 4，配位比为 2∶1。② 金红石 TiO_2 型，此类型中阳离子形成体心四方点阵，阴离子形成八面体，八面体嵌入体心四方点阵中；每个阳离子周围有 6 个阴离子，每个阴离子周围有 3 个阳离子，配位比为 2∶1。SnO_2、MnO_2 和 MgF_2 均属于此类型。③ 钙钛矿（$CaTiO_3$）结构是许多 ABX_3 型结构的代表，它是立方结构，每个 A 原子周围有 12 个 X 原子，而每个 B 原子周围有 6 个 X 原子。A 和 B 两种离子的电荷总数必须等于 6。$CaTiO_3$ 可看成 CaO 和 TiO_2 的混合物，$BaTiO_3$ 和 $SrTiO_3$ 也属于此类型。

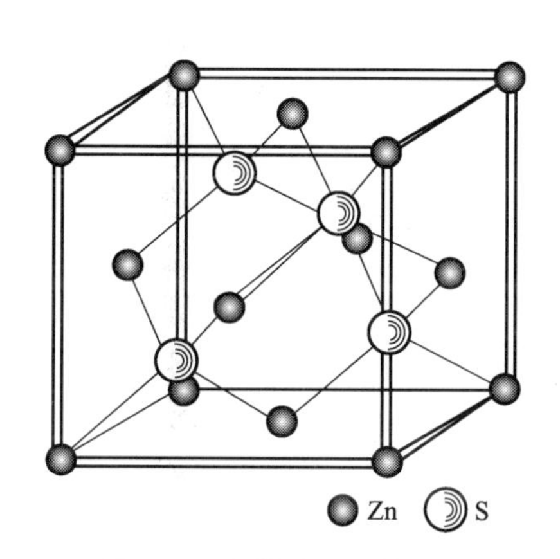

图 11-4　闪锌矿型晶体结构

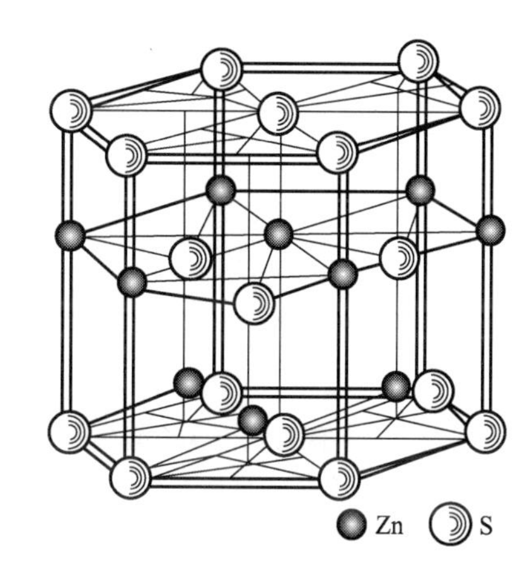

图 11-5　纤锌矿型晶体结构

2. 晶体结构与正负离子半径比

为什么不同的正、负离子结合成离子晶体时会形成配位数不同的空间构型呢？这是因为在某种结构下该离子化合物的晶体最稳定，体系的能量最低，一般决定离子晶体构型的主要因素有正、负离子的半径比和离子的电子层构型等。下面从配位数为 6 的介稳状态出发，探讨晶体结构中半径比与配位数之间的关系。

如图 11-6 所示，根据直角三角形的勾股定理 $AB=\sqrt{2}AC$，即 $2(r_+ + r_-)=\sqrt{2}(2r_-)$，$r_+ = (\sqrt{2}-1)r_-$，得出 $r_+/r_- = 0.414$，此时，正、负离子直接接触，负离子也两两接触。

$r_+/r_- < 0.414$，即 r_+ 小些，则负离子同号相切（排斥），而正负离子接触不良，如图 11-7(a) 所示。这种结构不稳定，易使晶体中离子的配位数下降，从而转入 4∶4 配位，形成 ZnS 型晶体结构。4 配位的介稳状态如图 11-8 所示，由数学知识可知：$AD=r_+ + r_- = (\sqrt{3}/2)a$，$AE=r_- = (\sqrt{2}/2)a$，得出 $r_+/r_- = 0.225$。因此，$r_+/r_- < 0.225$ 时，配位数为 3。

$r_+/r_- > 0.414$，即 r_+ 再大些，则负离子之间接触不良，如图 11-7(b) 所示，而正、负离子之间相切，致使二者相互接触的吸引力较强，这样的结构比较稳定，这时形成配位数为 6 的 NaCl 型晶体。当 r_+ 继续增大时，易使配位数继续增大至 8，8 配位的晶体中正负离子半径之比如图 11-9 所示，由图可知，$AC=\sqrt{3}BC$，即 $2(r_+ + r_-)=\sqrt{3}(2r_-)$，得出 $r_+/r_- = 0.732$。由此得出结论，当 $r_+/r_- > 0.732$ 时，配位数为 8，形成 CsCl 型晶体结构。由此，可归纳出表 11-3 的关系。

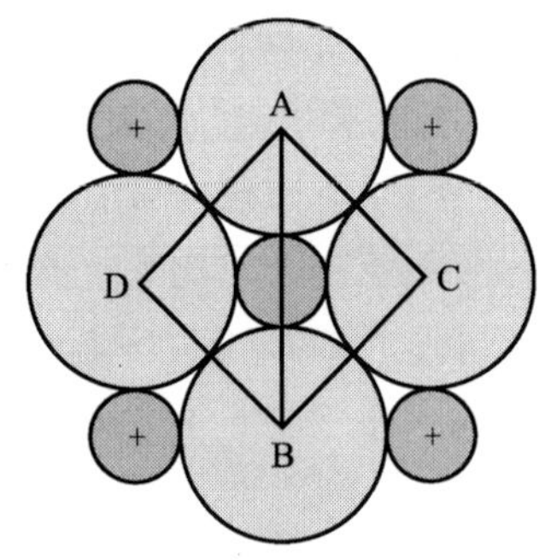

图 11-6　配位数为 6 的晶体中正负离子半径之比

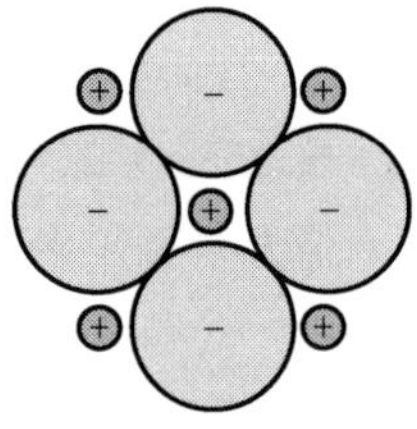

(a) $r_+/r_-<0.414$

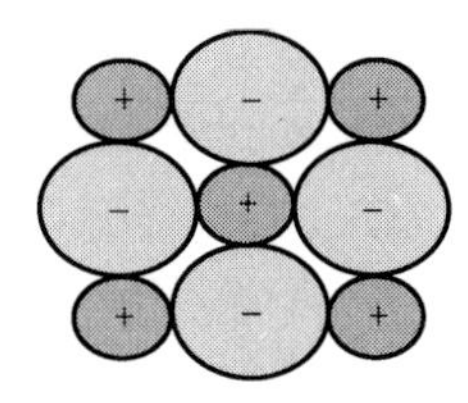

(b) $r_+/r_->0.414$

图 11-7　离子半径比与配位数的关系

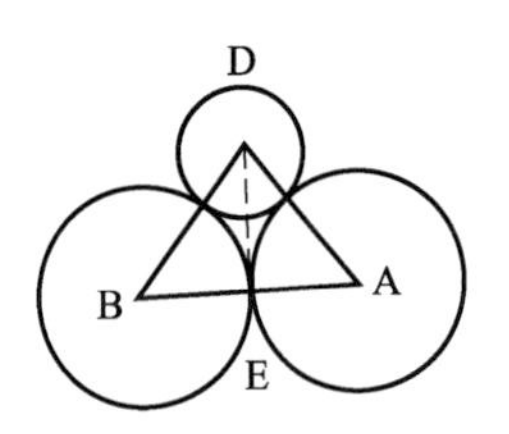

图 11-8　配位数为 4 的晶体中正负离子半径之比

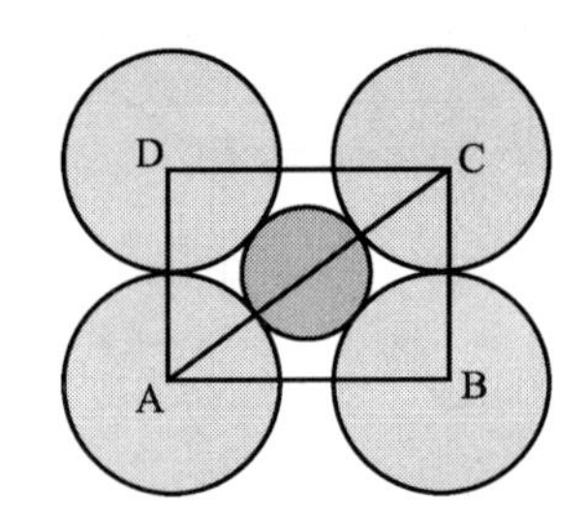

图 11-9　配位数为 8 的晶体中正负离子半径之比

表 11-3　AB 型化合物离子半径比与配位数和晶体类型的关系

r_+/r_-	配位数	晶体类型	实例
0.225～0.414	4	ZnS 型	ZnS, ZnO, BeS, BeO, CuCl, CuBr
0.414～0.732	6	NaCl 型	NaCl, KCl, NaBr, LiF, CaO, MgO, CaS, BaS
0.732～1	8	CsCl 型	CsCl, CsBr, CsI, NH_4Cl, TlCN

此外，还需注意几点：

(1) 对于离子化合物中离子的任一配位数来说，都有一相应的正负离子半径比值。如，NaCl 的半径比为 0.52，配位数为 6；CsCl 的半径比为 0.90，配位数为 8。而且对于任一配位数来说，都有一个最小和最大的半径比值(极限值)。低于极限值时，负离子将相互接触，而使它不能稳定存在；高于极限值时，正离子将相互接触，也不能稳定存在。但是也有例外，如，RbCl 正负离子半径比为 0.82，理论上配位数为 8，实际是配位数为 6 的氯化钠型。

(2) 当一个化合物的正负离子半径比接近极限值时，则该化合物可能同时具有两种构型的晶体。例如，GeO_2 的正负离子半径比为 0.38，该值与 ZnS 型变为 NaCl 型的转变值 0.414 很接近，因此实际上二氧化锗可能存在上述两种构型的晶体。

(3) 离子晶体的构型除了与正负离子的半径比有关外，还与离子的电子层构型、离子数目、外界条件等因素有关。因为正负离子并不是刚性的球体，在异号离子的作用下，其电子云要发生形变，使正离子进入负离子的电子云中，而使正负离子的半径比值下降，使配位数下降。在受热状态下，正负离子的振动加剧，离子变形能力增强，故低温下有高配位数，在高温下配位数有可能下降。例如，CsCl 晶体在常温下是 CsCl 型，配位数为 8；但在高温下离子可能离开其原来晶格的平衡位置进行重新排列，转变成配位数为 6 的 NaCl 型。

(4) 离子型化合物的正负离子半径比规则，只能应用于离子型晶体，而不能用它判断共价型化合物。

11.2.3 晶格能

离子键的强度常用晶格能表示。所谓晶格能，就是指 1 mol 气态阳离子和气态阴离子结合生成 1 mol 固态离子化合物所放出的能量，用符号 U 表示。如，NaCl 的晶格能 $U=786\ \text{kJ}\cdot\text{mol}^{-1}$，MgO 的晶格能 $U=3916\ \text{kJ}\cdot\text{mol}^{-1}$。严格地讲，晶格能的数据是指在 0 K 和 100 kPa 条件下上述过程的能量变化，如果上述过程是在 298 K 和 101325 Pa 条件下进行时，则释放的能量为该化合物的晶格焓。例如，NaCl 的晶格焓为 $-788\ \text{kJ}\cdot\text{mol}^{-1}$。晶格能和晶格焓通常只差几 $\text{kJ}\cdot\text{mol}^{-1}$，所以在近似计算时，可忽略不计。但习惯上通常使用晶格能这一概念，而且常用释放能量的绝对值表示晶格能。例如对于以下晶体生成反应，焓变 ΔH 的负值就是晶格能 U：

$$m\text{M}^{n+}(\text{g})+n\text{X}^{m-}(\text{g}) \rightleftharpoons \text{M}_m\text{X}_n(\text{s})$$

$$-\Delta H=U \tag{11-3}$$

晶格能可以根据热化学中的盖斯定律和化学反应热、气化热、解离能、电离能、电子亲和能等实测数据，通过波恩-哈勃(Born-Haber)循环求得。例如，MgO 晶体的生产过程可以通过下图的过程进行得到：

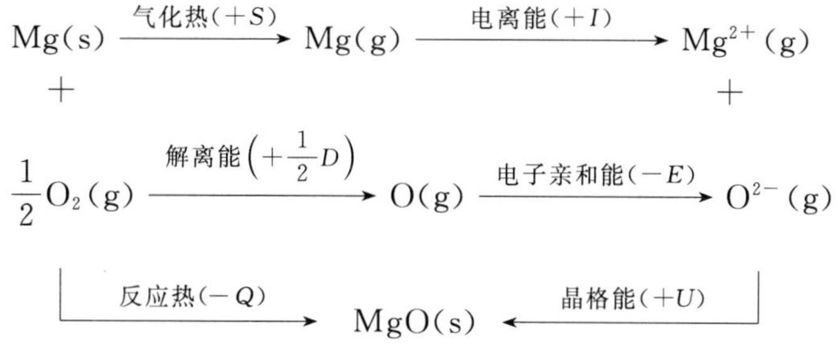

$$\begin{array}{ccccc}
\text{Mg(s)} & \xrightarrow{\text{气化热}(+S)} & \text{Mg(g)} & \xrightarrow{\text{电离能}(+I)} & \text{Mg}^{2+}(\text{g}) \\
+ & & & & + \\
\frac{1}{2}\text{O}_2(\text{g}) & \xrightarrow{\text{解离能}\left(+\frac{1}{2}D\right)} & \text{O(g)} & \xrightarrow{\text{电子亲和能}(-E)} & \text{O}^{2-}(\text{g})
\end{array}$$

$$\xrightarrow{\text{反应热}(-Q)} \text{MgO(s)} \xleftarrow{\text{晶格能}(+U)}$$

根据能量守恒定律，由固态金属镁和氧气直接生成固态氧化镁的反应热 $-Q$ 应该等于各部分的能量之和，即

$$-Q=S+I+\frac{1}{2}D-E-U \tag{11-4}$$

式中，Q 可通过热化学实验测定，S、D、I 和 E 一般有标准热化学数据可查，因此可以由热化学实验间接测定离子型晶体的晶格能 U，即

$$U=S+I+\frac{1}{2}D-E+Q \tag{11-5}$$

以 NaCl 为例，$U=(109+496+121-349+411)\ \text{kJ}\cdot\text{mol}^{-1}=788\ \text{kJ}\cdot\text{mol}^{-1}$。

这种按分过程能量变化来分析总过程能量变化的方法是波恩-哈勃首先提出来的,由于分过程的能量变化和总过程的能量变化构成了一个循环,所以这种方法叫做波恩-哈勃循环法。这是计算离子型晶体的晶格能的实验测定方法。晶格能的另一种计算方法是利用晶体的构型和离子电荷进行理论推算,二者的结果相当接近,说明离子键理论基本是正确的。

晶格能的意义在于,可根据其大小解释和预言离子型化合物的某些物理化学性质,可以作为衡量某种离子晶体稳定性的标志。对晶体构型相同的离子化合物,离子电荷数越多,核间距越短,晶格能越大,表明离子键越牢固,因此反映在晶体的物理性质上就是熔点越高,硬度越大,热膨胀系数越小。因此说,晶格能 U 越大,离子晶体越稳定,如表 11-4 所示。

表 11-4 晶格能与离子型化合物的物理性质

晶体	晶格能 /(kJ · mol^{-1})	沸点/℃	熔点/℃	热膨胀系数 ($\beta\times10^6$)	莫氏硬度	核间距/pm
NaF	891	1704	992	108	3.2	231
NaCl	786	1413	801	120	2.5	282
NaBr	732	1392	747	129		298
NaI	686	1304	662	145		323
MgO	3936		2800	40	6.5	210
CaO	3526	2850	2570	63	4.5	240
SrO	3312		2430		3.5	257
BaO	3128	约 2000	1923		3.3	276

11.2.4 离子极化

1. 离子极化概念

所有离子在外加电场的作用下,除了向带有相反电荷的极板移动外,在非常接近电极板的时候本身都会变形(图 11-10)。也就是说,孤立简单离子,离子的电荷分布是球形对称的,不存在偶极,但当把离子置于电场中,离子的核和电子云就发生相对位移,离子变形而出现诱导偶极,这个过程称为离子的极化。

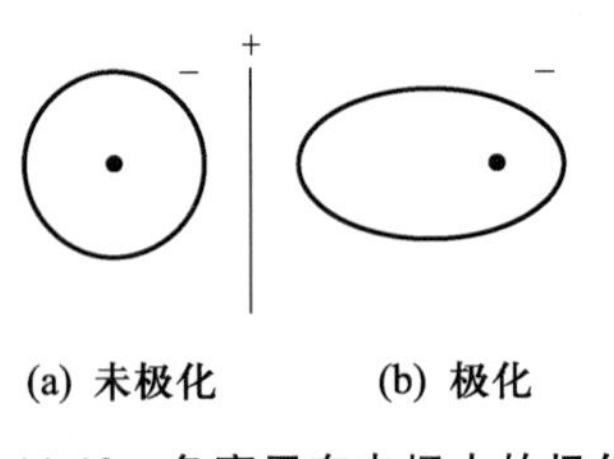

(a) 未极化 (b) 极化

图 11-10 负离子在电场中的极化

离子极化的强弱取决于两个因素:① 离子的极化力;② 离子的变形性。离子极化力与离子的电荷、半径及电子构型等因素有关,离子电荷越多、半径越小、电场强度越大,离子极化能力越强。而极化率(离子被极化的能力或变形能力)可以作为离子变形的一种量度,可通过实验测得。

离子中的电子被核吸引得愈不牢，则离子的极化率愈大，即离子的变形就越大。离子的极化率主要取决于离子半径的大小，离子半径愈大，则极化率愈大。

阴离子因得到电子而使外层电子云发生膨胀，故离子半径比原子半径要大很多，离子半径大，电荷密度低，极化能力弱，而变形能力就非常强，故阴离子的极化率一般比阳离子的极化率大，即阴离子表现为强的变形性。另外，阴离子的变形能力还与电荷数、半径等有关：① 负电荷越高，变形性越强；② 半径越大，变形性越强；③ 复杂的阴离子基团的变形能力通常很小，尤其是对称性高的阴离子基团。而阳离子变形能力表现为：① 正电荷越低，变形能力越强；② 外层 d 电子数越多，变形能力越强；③ 离子半径越大，变形性越强。这些规律都可以从原子核对核外电子吸引得牢或不牢，从而使得离子不容易或容易变形来理解。

2. 离子极化的规律

(1) 阴离子半径相同时，阳离子电荷越多，阴离子越易被极化，产生诱导偶极越大。

(2) 阳离子电荷相同时，阳离子越大，阴离子被极化强度越小，产生诱导偶极越小。

(3) 阳离子电荷相同，半径大小相近时，阴离子越大，越易被极化，产生诱导偶极越大。

3. 离子极化对物质结构、性质的影响

(1) 离子极化对化学键型的影响。当极化力强、变形性大的阳离子与变形性大的阴离子相互作用时，导致阳、阴离子外层轨道发生重叠，键长缩短，键的极性减弱，化学键从离子键向共价键过渡(图 11-11)，极化程度越大，共价成分越高。如 AgF 为离子键，AgCl、AgBr 为过渡键型，AgI 为共价键。

图 11-11 离子的极化

(2) 离子极化对晶体构型的影响。当离子离开其正常位置而稍偏向某异电荷离子时，该离子将产生诱导偶极。如果极化不强，离子又返回原位；若离子极化作用很强，阴离子变形性又大时，足够大的诱导偶极所产生的附加引力，会破坏离子固有的振动规律，使阳离子部分进入阴离子电子云(共价)，缩短了离子间的距离，降低阳阴离子半径之比，使晶体向配位数小的晶体构型转化。如 AgI 晶体从 NaCl 型向 ZnS 型转化，变为 ZnS 型。

(3) 离子极化对物质性质的影响。如极化使极性降低，水溶性下降，致使 CuCl(共价键)的溶解度小于 NaCl(离子键)的溶解度；AgF、AgCl、AgBr、AgI 的溶解度依次降低。离子极化使价层电子能级差降低，使光谱红移，颜色加深，如 ZnS(白)、CdS(黄)、HgS(红，黑)。

11.3 金属晶体

11.3.1 金属晶体的结构

金属晶体中，结点上排列的是金属原子、金属阳离子。对金属单质，晶体中原子在空间的排布可近似看成等径圆球的堆积。为形成稳定结构,采取尽可能紧密的堆积方式,因为金属键是无方向性也无饱和性的,所以金属原子总是与尽量多的其他金属原子结合,金属原子的配位数都很高,一般密度较大。所谓金属密堆积,是球状的刚性金属原子一个挨一个堆积在一起而组成的。金属晶体中离子有三种紧密堆积方式,如表 11-5 所示。

表 11-5 常温下某些金属元素的晶体结构

金属原子堆积方式		金属原子成键数	元素	原子空间利用率
六方密堆积(hcp)	ABABAB…	12	Mg、Ti、Co、Zn、Cd	74.05%
面心立方密堆积(ccp)	ABCABC…	12	Al、Pb、Cu、Ag、Au、Ni、Pd、Pt	74.05%
体心立方密堆积(bcc)	ABABAB …	8	碱金属元素、Cr、Mo、W	68.02%

从表 11-5 可看出,六方密堆积和面心立方密堆积的原子空间利用率与金属原子成键数相同,故稳定性相近,容易互相转化。如图 11-12 所示,在同一层中,每个球周围可排 6 个球构成密堆积,第二层密堆积层排在第一层上时,每个球放入第一层 3 个球所形成的空隙上,第一层球用 A 表示,第二层用 B 表示。在密堆积结构中,第三密堆积层的球加到已排好的两层上时,可能有两种情况:一是第三层球可以与第一层球对齐,产生 ABABAB…方式的排列,呈现六方密堆积;二是第三层球与第一层有一定错位,以 ABCABC…方式排列,得到的是面心立方密堆积。

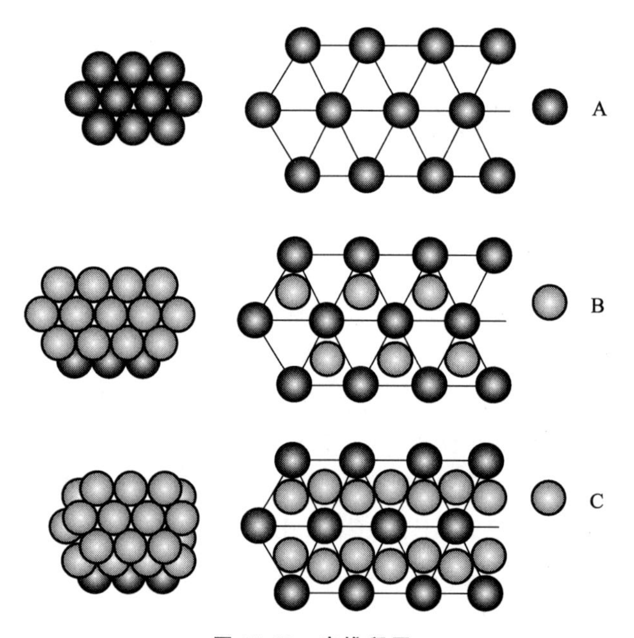

图 11-12 密堆积层

对于密堆积结构来说,每个球有 12 个近邻,在同一层中有 6 个以六角形排列,另外 6 个分布在上、下两层,3 个在上面,3 个在下面(图 11-13)。

在密堆积层间能形成两类空隙:四面体型和八面体型,在一层的 3 个球与上层和下层最紧密接触的第四个球间存在的空隙叫做四面体空隙[图 11-14(a,b)]。而在一层的 3 个球与交错排列的另一层的 3 个球之间形成较大的空隙，叫做八面体空隙[图 11-14(c)]。后者也可以这样来观察，即以 4 个球排列成正方形，只有两个球分别排在该正方形的上下，6 个球形成一个八面体，其中的空隙就是八面体型[图 11-14(d)]。这些空隙具有重要意义，许多合金结构、离子化合物结构等均可看做某些原子或离子占据金属原子或负离子的密堆积结构的空隙形成。

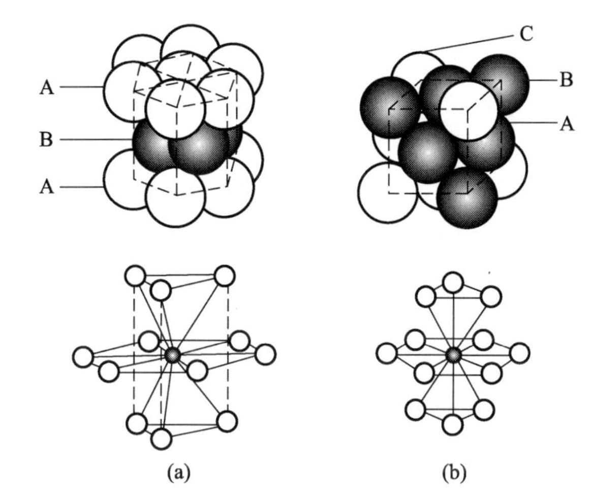

图 11-13　六方密堆积(a)和面心立方密堆积(b)

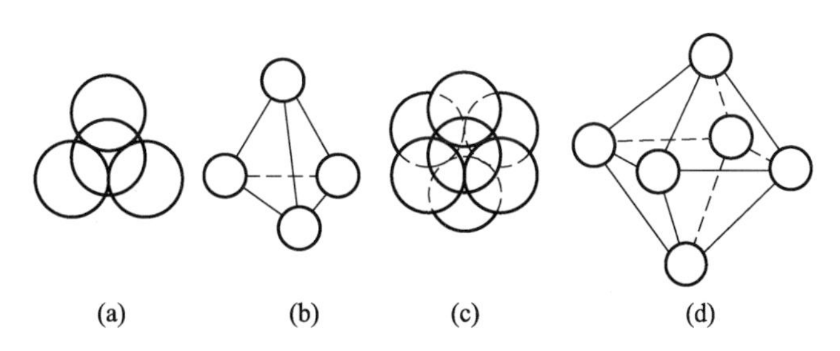

图 11-14　四面体空隙和八面体空隙图

而体心立方堆积方式只形成八面体空穴，因为体心立方体晶胞的中心和 8 个角上各有一个金属原子，粒子的配位数为 8(图 11-15)。

不少金属具有多种结构，这与温度和压力有关。如铁在室温下是体心立方堆积(称为 α-Fe)，在 906～1400 ℃时面心立方密堆积结构较稳定(称为 γ-Fe)，但在 1400～1530 ℃(熔点)，其体心立方密堆积结构的 α-Fe 又变得稳定，而 β-Fe 是在高压下形成的。这就是金属的多晶现象。

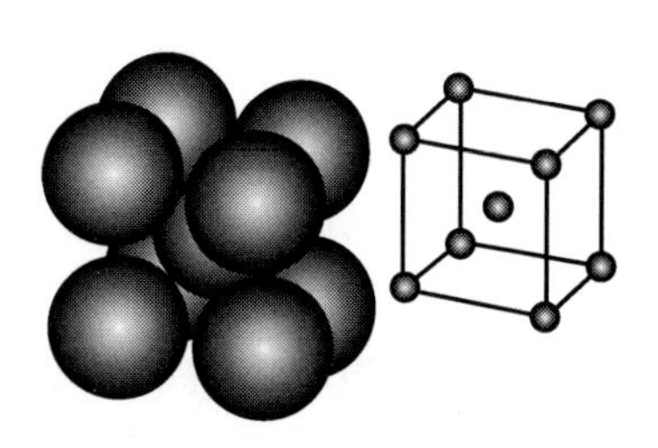

图 11-15　体心立方晶胞

注意：并非所有的单质金属都具有密堆积结构，如金属 Po(α-Po)是在 0 ℃下具有简单立方结构的唯一实例。

研究金属晶体的结构类型，有利于我们了解它们的性质并在实践中应用。例如，Fe、Co、Ni 等金属是常用的催化剂，其催化作用除与它们的 d 轨道有关外，也和它们的晶体结构有关。金属的堆积方式还影响本身的密度。又如,结构相同的两种金属容易互溶而形成合金。

11.3.2　金属键理论

非金属元素的原子都有足够多的价电子,彼此互相结合时可以共用电子,而大多数金属元素的价电子只有 1 个或 2 个,但在金属晶格中每个原子要被 8 个或 12 个相邻原子所包围,很难想象它是如何同相邻的 8 个或 12 个原子结合起来的,其实它们是靠金属键结合起来的。为了说明金属键的本质,目前已经发展起来两种主要的理论。

1. 电子海模型

在固态或液态金属中,价电子可以自由地从一个原子跑向另一个原子,就好像价电子为许多原子或离子所共用,这些共用电子和许多原子(或离子)靠静电库仑力的作用粘合在一起,就形成了所谓的金属键。这种键无饱和性和方向性,可以认为是改性的共价键,组成晶体时每个原子的最外层电子都不再属于某个原子,而为所有原子所共用,因此可以认为在结合成金属晶体时,失去了最外层电子的正离子"沉浸"在由价电子组成的电子的"海洋"中,如图 11-16 所示,因此称为金属键的电子海模型,也称为"电子气"理论或"自由电子"理论。例如 Ag 的金属键如图 11-17 所示。这也说明,金属结构一般总按最紧密的方式堆积起来,具有较大的密度。

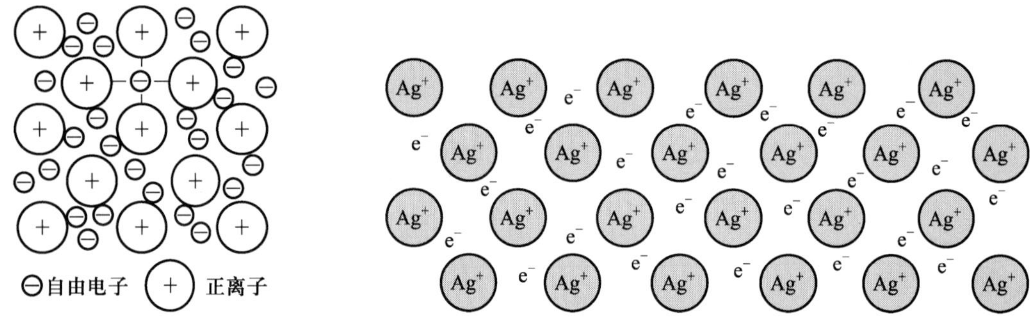

图 11-16　金属键的电子海模型　　　　图 11-17　Ag 的金属键示意图

电子海模型可以说明金属的特性。自由电子在外加电场的影响下可以定向流动而形成电流,使金属具有良好的导电性。金属受热时,金属离子振动加强,与其不断碰撞的自由电子可将热量交换并传递,使金属温度很快升高,呈现良好的导热性。当金属受到机械外力的冲击,由于自由电子的胶合作用,金属正离子间容易滑动,却不像离子晶体那样脆,可以加工成细丝和薄片,表现出良好的延展性。

2. 能带理论

金属键的量子力学模型叫做能带理论,是 20 世纪 30 年代形成的晶体量子理论,也称为金属键的量子力学模型。该理论把金属晶体看成一个大分子,这个分子由晶体中所有原子组合而成。

现在以 Li 为例,讨论金属晶体中的成键情况。1 个 Li 原子有 1s 和 2s 共 2 个轨道,2 个 Li 原子有 2 个 1s 轨道、2 个 2s 轨道。按照分子轨道理论,2 个原子相互作用时原子轨道要重叠,同时形成成键分子轨道和反键分子轨道,这样由原来的原子能量状态变成分子能量状态,其分子轨道能级图如图 11-18 所示。晶体中包含原子数愈多,分子状态也就愈多。若有 N 个 Li 原子,其 $2N$ 个原子轨道则可形成 $2N$ 个分子轨道。分子轨道如此之多,分子轨道之间的能级差很小,实际上这些能级很难分清(图 11-19),可以看做连成一片成为能带。能带可看做延伸到整个晶体中的分子轨道。

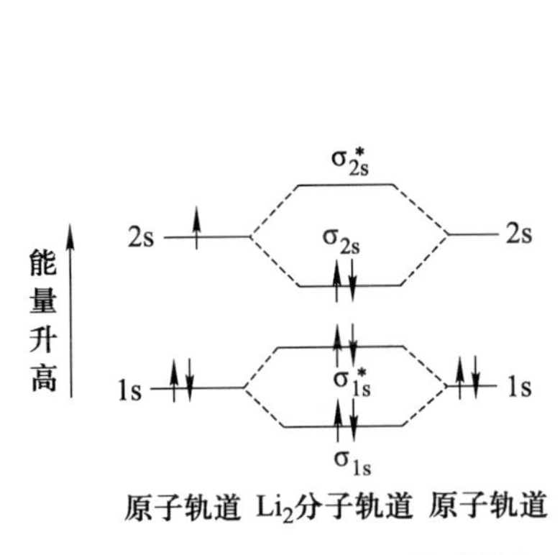

图 11-18 Li_2 分子的分子轨道能级

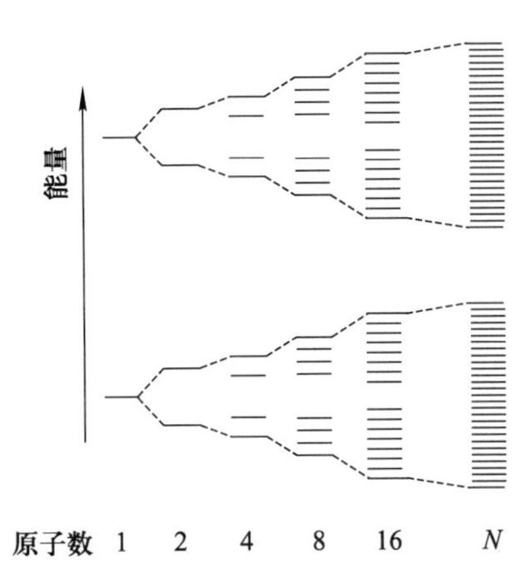

图 11-19 由原子紧密结合形成能带结构的形成示意图

金属锂的能带示意图如图 11-20 所示。由图可看出,图中最下面能带来源于 1s 原子轨道,这就相当于 Li_2 分子中 σ_{1s}与 σ_{1s}^*分子轨道,这个能带是由充满电子的原子轨道所形成的较低能量的能带,叫做满带。上面这个能带来源于 2s 原子轨道,相当于 Li_2 分子能量较高的 σ_{2s}与 σ_{2s}^*分子轨道,这个能带上电子是未充满(半充满)的,叫做导带。在满带与导带之间还有一段能量间隔,正如原子中电子不能停留在 1s 与 2s 能级之间一样,电子也不能进入这个能量间隔中,因此这段叫做禁带。

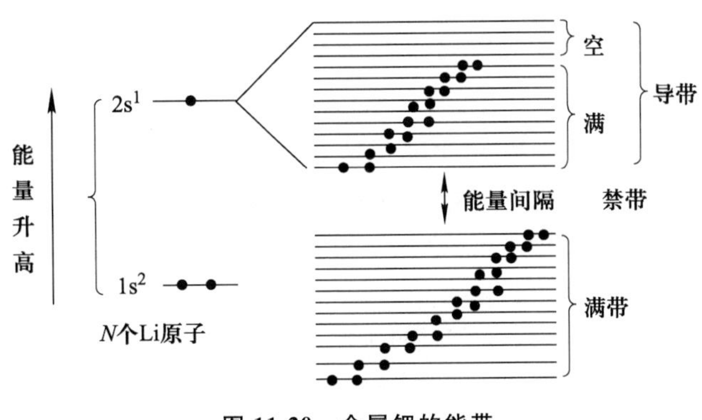

图 11-20 金属锂的能带

禁带很窄时,电子得到能量后就可由满带越过禁带进入导带;相反,如果禁带很宽,这种跃迁就十分困难。不同的金属,具体能带情况是不一样的。金属中相邻近的能带有时可以互相重叠。例如铍的电子层结构为 $1s^2 2s^2$,它的 2s 能带应该是满带,可是由于其 2s 能带和空的 2p 能带能量相近,在金属晶体中由于原子间的相互作用,使 2s 和 2p 能带发生分裂,而且原子越靠近,能带分裂程度越大(图 11-21),致使 2s 和 2p 能带有部分互相重叠,它们之间没有禁带;同时由于 2p 能带是空带,因而 2s 能带中的电子很容易跃迁到空的 2p 能带上去(图 11-22),相当于一个导体,故铍依然是一种具有良好导电性的金属,显示出一切金属的通性。

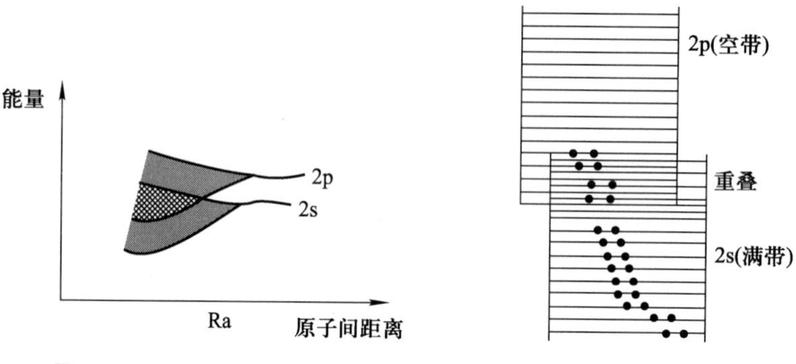

图 11-21　2s 和 2p 能级分裂　　图 11-22　金属铍的能带重叠

从能带理论的观点来考虑,一般固体内部都具有能带结构。根据能带结构中禁带宽度和能带中电子充填的状况,可以决定此固体是导体、半导体或绝缘体(图 11-23)。

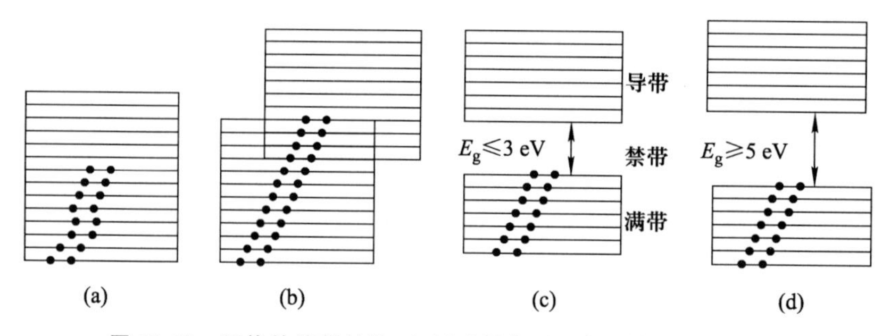

图 11-23　固体的能带结构:(a)(b)导体;(c)半导体;(d) 绝缘体

一般金属导体(如 Li、Na 等)的价电子能带是半满的[图 11-23(a)];或价电子能带虽全满,但有空的能带(如 Be、Mg 等),而且两能带能量间隔很小,彼此能发生部分重叠[图 11-23(b)]。当外电场存在时,(a)情况由于能带中未充满电子,很容易导电;而(b)情况,由于满带中的价电子可以部分进入空的能带,因而也能导电。

绝缘体(如金刚石等)不导电,因为它们的价电子都在满带,虽上面能带是空的,但禁带宽度特大,$E_g \geqslant 5$ eV[图 11-23(d)]。因此在外电场作用下,满带中的电子不能越过禁带跃迁到上面的能带,故不能导电。

半导体(如 Si、Ge 等)的能带结构如图 11-23(c)所示。满带被电子充满,上面能带是空的,但禁带很窄,$E_g \leqslant 3$ eV。在一般情况下,完整的(无杂质、无缺陷的)Si、Ge 晶体,尤其是在低温下是不导电的,因为满带的电子不能进入上面的能带;但当光照或在外电场作用下,由于 E_g 不大,可使满带上的电子很容易跃迁到上面的能带上去,故能导电。

过渡金属能带的特征是$(n-1)$d 能带部分充满,而且与 ns、np 能带有重叠,所以过渡金属中许多单质有优良的导电性。

总之,金属晶体的特点是熔沸点高,不溶于水,硬度大,导电性一般很好,延展性也一般很好。其作用力的大小由金属键的强弱来决定,主族同族从上到下金属键减弱,从左到右金属键增强;副族从上到下金属键增强(ⅡB族除外),从左到右视d电子成键情况先增强而后减弱。

11.4 分子晶体

由分子间力(有的可能有氢键)结合、结点是中性分子的晶体叫分子晶体,大多为非金属间形成的小分子,如干冰等。分子晶体的特点是:在晶体中组成晶格的质点是分子(包括极性的或非极性的),例如CO_2、HCl、I_2等;分子晶体中,质点间的作用力是分子与分子之间的作用力(即分子间力);每个分子内部的原子之间是以共价键结合的。由于分子间的作用力比共价键、离子键弱得多,所以分子晶体一般具有较低的熔点、沸点,硬度小、易挥发,熔融不导电;只有那些极性很强的分子晶体(如HCl等)溶解在极性溶剂(如水)中,由于发生电离而导电。无网状氢键时分子晶体一般性柔,有网状氢键时性脆。

11.4.1 分子的偶极矩和极化率

利用电学和光学等物理实验方法,可以测出分子的一种基本性质——偶极矩,这是衡量分子极性的根据,用符号μ表示,单位为库·米(C·m)。其定义为:分子中电荷中心的电荷量(q)与正、负电荷中心距离(d)的乘积。偶极矩是矢量,方向由正电中心指向负电中心,数学表达式如下:

$$\mu = qd \tag{11-6}$$

式中,q为正电中心(或负电中心)上的电荷量,单位C;d为偶极长度(正负两个中心之间的距离),单位m。表11-6列出了部分分子的偶极矩的实验数据。

表11-6 一些物质分子的偶极矩

分子	偶极矩 μ /(10^{-30} C·m)	分子	偶极矩 μ /(10^{-30} C·m)
H_2	0	SO_2	5.33
N_2	0	H_2O	6.17
CO_2	0	NH_3	4.90
CS_2	0	HCN	9.85
CH_4	0	HF	6.37
CO	0.40	HCl	3.57
$CHCl_3$	3.50	HBr	2.67
H_2S	3.67	HI	1.40

为了了解偶极矩的意义,先对分子中的电荷分布作一分析。如前所述,分子中有正电荷部分(各原子核)和负电荷部分(电子)。例如,H_2的正电荷部分就在两个核上,负电荷部分则在两个

电子(共用电子对)上。像对物体的质量取中心(重心)那样,可以在分子中取一个正电中心和一个负电中心。对于 H_2 来说,这两个中心都正好在两核之间,重合在一起。H_2 的正、负电中心之间的距离为零(二中心重合),所以偶极矩为零。像 H_2 这样的分子叫做非极性分子,表 11-6 中偶极矩为零的分子都是非极性分子,它们的正、负电中心都重合在一起。

与此相反,偶极矩不等于零的分子叫做极性分子,它们的正、负电中心不重合在一起,μ 越大,分子极性越强。以 H_2O 为例,前面讨论过它是键角等于 104.5°的非线性分子(图 11-24)。正电荷分布在 2 个 H 核和 1 个 O 核上,其中心应在三角形平面中的某一点(示意图中的＋号);由于 O—H 共用电子对偏向 O 原子,负电荷中心也在三角形平面中,但更靠近 O 原子核(示意图中的一号),因此正、负电中心不重合,都在∠HOH 的等分线上。

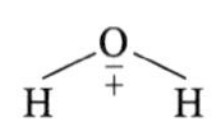

图 11-24　H_2O 的极性示意图

通常用下列符号表示非极性分子和极性分子:

通常是根据实验测出的偶极矩推断分子构型的。例如,实验测得 CO_2 的偶极矩为零,为非极性分子,可以断言 CO_2 分子中的正、负电中心是重合的,由此推测 CO_2 分子应呈直线形。因为只有这样,才能得到正、负电中心重合的结果(正、负电中心都在 C 原子核上)。CS_2 也是如此。又如,实验测知 NH_3 的偶极矩不等于零,是极性分子。显然,可以推断 N 原子和 3 个 H 原子不会在同一平面上成为三角形构型,否则正、负电中心将重合在 N 原子核上,成为非极性分子。前面讨论 NH_3 时得出它的构型像一个扁的三角锥,底上是 3 个 H 原子,锥顶是 N 原子。这种构型就是考虑了 NH_3 的极性而推测出来的。同理,可根据 SO_2 的 $\mu=5.33$ 推出其为 V 形结构。所以,利用实验测得的偶极矩是推测和验证分子构型的一种有效方法。

双原子极性分子的正负端,如果是以单键形成的双原子分子,可由电负性来判断,即电负性大的一方为负端,电负性小的一方为正端。如果是以多重键形成的双原子分子,则要加以分析。例如,CO 为具有多重键的极性双原子分子,根据分子轨道理论的研究,对分子偶极矩贡献最大的 5σ 轨道中,电子密度较大的偏向 C 的一方,因此 CO 分子的负端在 C,正端在 O。

极化率是分子的另一种基本性质,用它表征分子的变形性,用符号 α 表示。分子以原子核为骨架,电子受着骨架的吸引。但是,不论是原子核还是电子,无时无刻不在运动,每个电子都可能离开它的平衡位置,尤其是那些离核稍远的电子因被吸引得并不太牢,更是这样。不过,离开平衡位置的电子很快又被拉了回来,轻易不能摆脱核骨架的束缚。但平衡是相对的,所谓分子构型其实只表现了在一段时间内的大体情况,每一瞬间都是不平衡的。分子的变形性与分子的大小有关。分子愈大,包含的电子愈多,就会有较多电子被吸引得较松,分子的变形性也愈大。通过实验,在外加电场的作用下,电子同性相斥,异性相吸,非极性分子原来重合的正、负电中心被分开,极性分子原来不重合的正、负电中心也被进一步分开。这种正、负两“极”(即电中心)分开的过程叫做极化(图 11-25)。极化率由实验测出,它反映物质在外电场作用下变形的性质(表

11-7)。而由于非极性分子在外加电场作用下使电子云与核发生相对位移，导致分子变形，并出现的偶极称为诱导偶极。

$$\mu(\text{诱导})=\alpha E \tag{11-7}$$

式中，E 为电场强度，α 为极化率。

由式(11-7)可知，E 一定时，α 越大，分子变形性越大。分子的偶极是固有偶极和诱导偶极之和。由于极性分子本身是个微电场，因而极性分子与极性分子之间、极性分子与非极性分子之间也会发生极化作用。

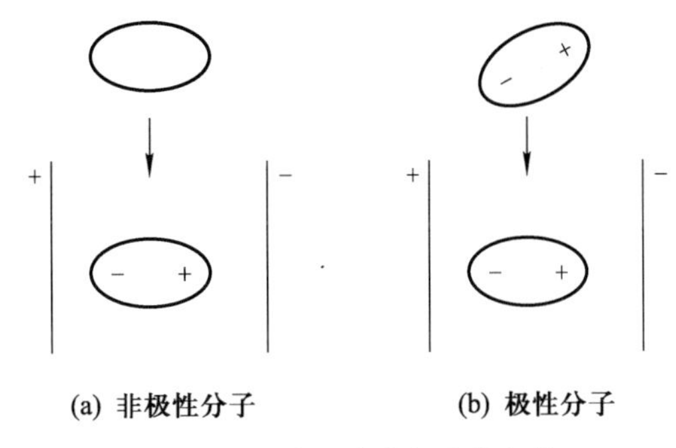

(a) 非极性分子　　(b) 极性分子

图 11-25　分子在电场中的极化

表 11-7　一些物质分子的极化率

分子	$\alpha/(10^{-40}\ C\cdot m^2\cdot V^{-1})$	分子	$\alpha/(10^{-40}\ C\cdot m^2\cdot V^{-1})$
He	0.227	HCl	2.85
Ne	0.437	HBr	3.86
Ar	1.81	HI	5.78
Kr	2.73	H_2O	1.61
Xe	4.45	H_2S	4.05
H_2	0.892	CO	2.14
O_2	1.74	CO_2	2.87
N_2	1.93	NH_3	2.39
Cl_2	5.01	CH_4	3.00
Br_2	7.15	C_2H_6	4.81

11.4.2　分子间作用力

除了离子键、金属键和共价键这三大类强的化学键(键能约为 100～800 kJ·mol^{-1})，分子间还存在着一种较弱的相互作用，能量大约为几个或几十个 kJ·mol^{-1}，比化学键小 1～2 个数量级。气体分子能凝聚成液体和固体，主要靠这种分子间作用。因为是范德华于 1873 年首先提出，又称为范德华力。它是决定物质的沸点、熔点、溶解度等物理性质的重要因素。范德华力一般包括三类：色散力、诱导力和取向力。

1. 非极性分子与非极性分子之间

非极性分子正负电荷中心重合,分子没有极性。但是,实验指出,N_2、O_2、H_2 等气体,只要充分降温,都可以转变成液态和固态。这就说明,这些分子间也存在着吸引力。那么这种力是如何产生的呢?原因是,组成分子的正、负微粒总是在不断地运动着,也就是说电子在运动,原子核也在不停地振动,在某一瞬间,对多个分子而言总可能有分子出现正、负电荷中心发生瞬时的相对位移而使二者不重合,因此成为偶极子,这种偶极叫瞬时偶极。这种瞬时偶极尽管存在时间极短,但电子和原子核总在不停地运动,瞬时偶极不断地出现。这种靠瞬时偶极产生的作用力叫色散力(图 11-26)。不难理解,只要分子可变形,不论其原先是否有偶极,分子间都会产生瞬时偶极。因此,色散力是普遍存在的,而且极化率越大,分子越大,越易变形,也即相对分子质量越大,色散力就越大。此外,由于瞬时偶极的方向处在瞬息万变之中,故色散力的方向是多变的(没有方向性)。

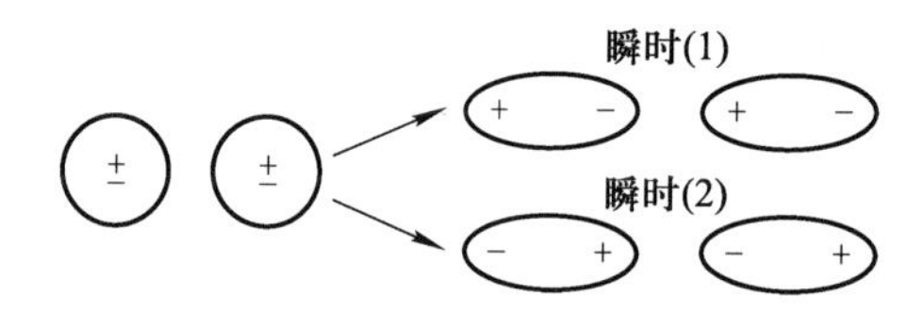

图 11-26 非极性分子间的色散力

2. 非极性分子与极性分子之间

当极性分子和非极性分子靠近时,由于每种分子都有变形性,如上所述,在这两种分子之间显然会有色散作用,因此也存在色散力。

但除此之外,在这两种分子之间还有一种诱导作用。由于极性分子本身具有不重合的正、负电中心,当非极性分子与它靠近到几百皮米(pm)时,在极性分子的电场影响(诱导)下,非极性分子中原来重合着的正、负电中心被拉开(极化)(图 11-27)而发生变形,产生诱导偶极,此时两个分子保持着异极相邻的状态,由此而产生吸引作用。这种诱导偶极与极性分子的固有偶极之间的作用力称为诱导力。诱导力的强弱除与距离有关外,还与两个因素有关:一是极性分子的偶极矩,偶极矩愈大,则诱导作用愈强;二是非极性分子的极化率,极化率愈大,则被诱导而"两极分化"愈显著,产生的诱导作用愈强。当然,非极性分子诱导出的偶极对极性分子也会产生诱导作用;极性分子与极性分子之间也互相诱导,因而也有这种力。

3. 极性分子与极性分子之间

当极性分子和极性分子相互接近时,分子间依然有色散力。此外,它们的固有偶极的同极相斥而异极相吸,就使得极性分子按一定方向排列,成为异极相邻的状态(图 11-28)。由于极性分子的取向产生的分子之间的吸引而产生的作用力叫取向力。显然,取向力的强弱除了与分子间距离有关外,还取决于极性分子的偶极矩。极性分子的偶极矩越大,取向力越大。这种力只存在于极性分子与极性分子之间。

取向力使两个极性分子更加接近,两个分子相互诱导,使每个分子的正、负电中心分得更开,所以它们之间也还有诱导力。

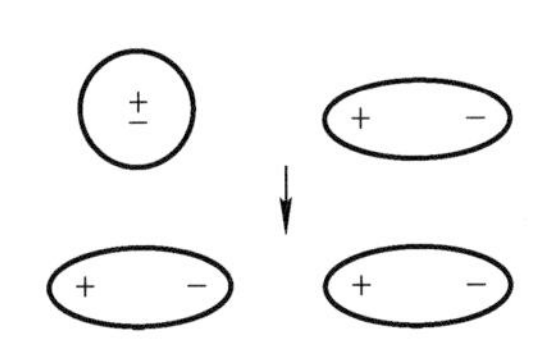

图 11-27 非极性分子与极性分子之间的诱导力

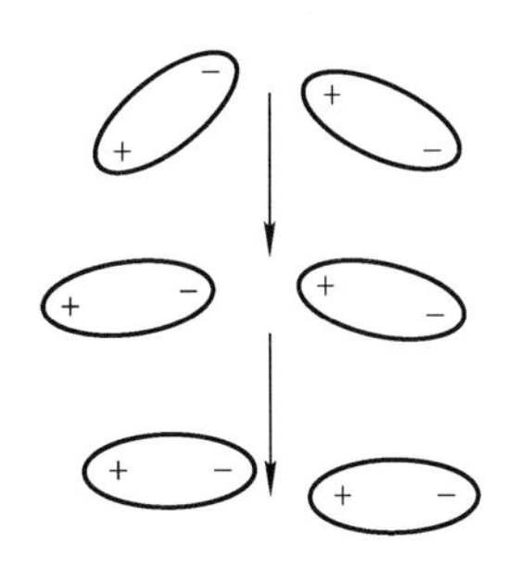

图 11-28 极性分子与极性分子之间的取向力

总之，在非极性分子之间，只有色散力；在极性分子和非极性分子之间，有诱导力和色散力；在极性分子之间，则有取向力、诱导力和色散力。这三种力都是吸引作用，分子间力就是这三种吸引力的总称，表 11-8 给出了部分分子中三种分子间力的分配。分子间力的特点有：① 它是一种永远存在的电性作用力；② 作用距离短，作用范围仅为几百皮米(pm)；③ 作用能小，一般为几到几十千焦每摩尔，比键能小 1～2 个数量级；④ 无饱和性和方向性；⑤ 对大多数分子来说，以色散力为主(除极性很大且存在氢键的分子，如 H_2O 外)。分子间力对物质性质有重要的影响，一般来说，结构相似的同系列物质，相对分子质量越大，分子变形性越大，分子间力越强，熔、沸点越高。溶质或溶剂分子的变形性越大，分子间力越大，溶解度越大。

表 11-8 分子间作用能的分配

分子	取向力/($kJ \cdot mol^{-1}$)	诱导力/($kJ \cdot mol^{-1}$)	色散力/($kJ \cdot mol^{-1}$)	总和/($kJ \cdot mol^{-1}$)
Ar	0	0	8.49	8.49
CO	0.0029	0.0084	8.74	8.75
HI	0.025	0.1130	25.86	25.98
HBr	0.686	0.502	21.92	23.09
HCl	3.305	1.004	16.82	21.13
NH_3	13.31	1.548	14.94	29.58
H_2O	36.38	1.929	8.996	47.28

11.4.3 氢键

卤化氢的熔、沸点随着相对分子质量的加大而依次增加，HF 相对分子质量最小，按说其沸点应最小，但实际上却高于同族其他的氢化物，水也是这样，见表 11-9。

表 11-9　第六、七主族元素的氢化物沸点

氢化物	沸点/K	氢化物	沸点/K
HF	293	H_2O	373
HCl	189	H_2S	212.25
HBr	206	H_2Se	231.5
HI	238	H_2Te	271.2

这是为什么呢？进一步研究发现，HF、H_2O 和 NH_3 等的熔、沸点反常地升高，是因为它们分子间除了分子间力外，还存在一种作用力，这就是氢键。

1. 氢键的形成本质与特点

以 HF 分子为例来说明，氟原子最外层电子构型是 $2s^2 2p^5$，它的一个未成对的 2p 电子与氢原子 1s 电子配对成键，形成 HF 分子。由于氟的电负性(3.98)比氢的(2.2)大得多，分子中共用电子对强烈地偏向于氟原子一边，使氢原子几乎变为"裸露"的氢核。在 HF 分子中，氢上带部分正电荷并且半径很小($\approx 10^{-3}$ pm)，而氟原子不仅强烈地吸引成键电子对，而且还有孤电子对，负电荷很集中。这样，当一个 HF 分子接近另一个 HF 分子时，分子中的氢核不会被另一分子的氟原子的电子云所排斥，相反地可与氟上的孤电子对发生较强烈的静电吸引，从而缔合起来。这种由半径很小又带正电性的氢原子，与另一个有孤电子对且电负性较大、半径较小的原子充分靠近时所产生的吸引力就叫做氢键，通常用虚线 X—H…Y 表示。X 代表与氢原子成键(构成分子)的非金属原子，Y 为与氢原子形成氢键的另一分子中或本分子中的非金属原子。X 与 Y 可以相同，如 F—H…F，O—H…O；也可以不一样，如 N—H…O。氟化氢的氢键如图 11-29 所示。

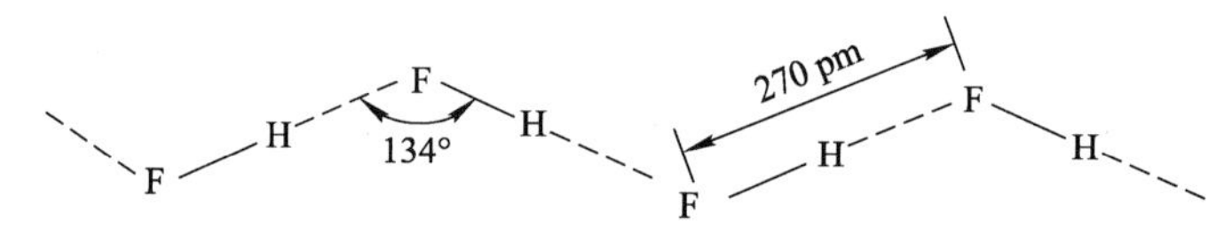

图 11-29　HF 分子间的氢键

因此，形成氢键 X—H…Y 的条件是：① 有一个与电负性很大的元素 X 相结合的 H 原子；② 有一个电负性很大、半径较小并有孤电子对的 Y 原子。通常能符合上述条件的，主要是 F、O 和 N。这是由氢键的本质所决定的。

对于氢键的本质可以这样理解：由于氢与电负性很大的元素原子成键后，还有明显的正电性，因而还可以与其他分子或本分子中电负性大且半径小的含有孤电子对的原子靠静电引力而结合，所以氢键的本质基本上还是静电作用。

氢键的强弱可用氢键键能表示，即每拆开 1 mol H…Y 键所需的能量。氢键的键能一般在 42 kJ·mol^{-1}以下，远小于正常共价键键能，与范德华力数量级相同。氢键的强弱与 X、Y 原子的电负性及半径有关。X、Y 原子的电负性越大，半径越小，形成的氢键越强。顺序如下：

$$F—H\cdots F > O—H\cdots O > O—H\cdots N > N—H\cdots N > O—H\cdots Cl > O—H\cdots S$$

如：氟、氧、氮与氢所形成的氢键键能分别为 25～40 kJ·mol^{-1}、13～29 kJ·mol^{-1} 和 5～

21 kJ·mol^{-1}。

氢键的最大特点是：与范德华力不同，氢键有饱和性和方向性。所谓饱和性，是指H原子在形成一个共价键后，通常只能再形成一个氢键。因为氢原子的半径比X和Y的原子半径小得多，当X—H与一个Y原子形成氢键X—H…Y后，如果再有一个极性分子的Y原子靠近它们，则这个原子的电子云受X—H…Y上的X和Y原子电子云的排斥力，比受带正电性的H的吸引力大，因此，X—H…Y上的这个氢原子不可能与第二个Y原子再形成第二个氢键。所谓方向性，是指在氢键中以H原子为中心的三个原子尽可能在一条直线上，即H原子要尽量和Y原子上孤电子对的方向一致，这样H原子和Y原子的轨道重叠程度较大，而且X原子与Y原子距离愈远，斥力愈小，形成的氢键愈强，体系愈稳定。

2. 氢键的类型

氢键可分为分子间氢键和分子内氢键两种类型。如H_2O中的O—H…O键、HF中的F—H…F键、NH_3-H_2O中的N—H…N和N—H…O键等，前三种为相同分子间的氢键，后一种为不同分子间的氢键。图11-29给出了HF的分子间氢键，图11-30给出了H_2O和NH_3的分子间氢键。

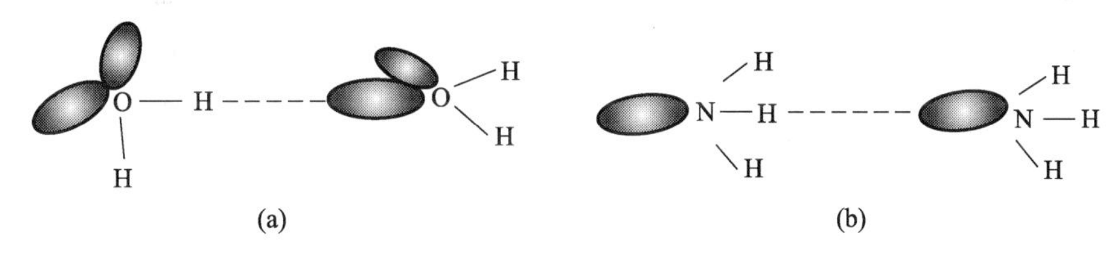

图11-30 H_2O(a)和NH_3(b)的分子间氢键

同一分子内形成的氢键称为分子内氢键。如在HNO_3中存在着分子内氢键，其他如在苯酚的邻位上有—NO_2、—CHO、—COOH等基团时，也可形成分子内氢键，分子内氢键由于受环状结构的限制，X—H…Y往往不在同一直线上。例如，硝酸分子内有图11-31所示的氢键。

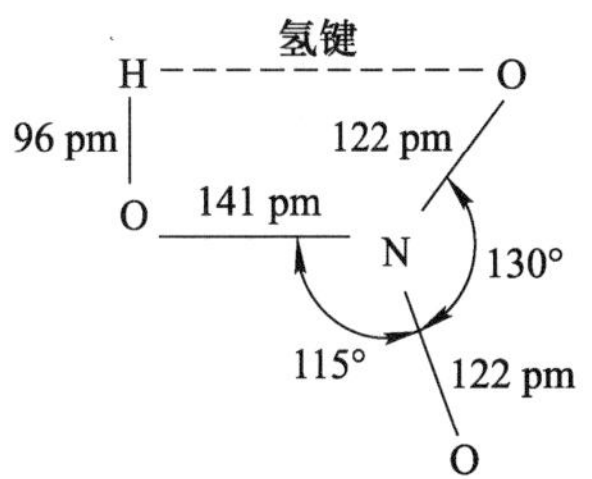

图11-31 硝酸的分子内氢键

3. 氢键对物质性质的影响

氢键的强度虽不大，但由于它也使分子间产生一定的结合力，因而也影响物质的一些性质。

(1) 对熔、沸点的影响。前文谈过HF和H_2O的熔、沸点在同族氢化物中反常地高，就是由于它们的分子间有氢键。这样，要使它们的固体熔化或液体气化，不仅要破坏分子间的范德华力，还必须提供额外的能量去破坏分子间的氢键，因而熔、沸点就高了。因此，在同类化合物中，形成分子间氢键时使其熔、沸点升高，如HF、H_2O、NH_3；如果化合物形成分子内氢键，则其熔、沸点降低。

(2)对溶解度的影响。在极性溶剂中，如果溶质和溶剂间形成分子间氢键，可加大溶质的溶解度。如HF、NH_3在H_2O中的溶解度较大。又如酒精能与水完全互溶，主要是由于酒精分子和水分子间形成氢键，彼此相互缔合，而加大溶解。如果溶质分子形成分子内氢键，则在极性溶剂中的溶解度减小，在非极性溶剂中溶解度增大。

(3) 对密度和黏度的影响。溶质分子和溶剂分子形成分子间氢键,使分子发生缔合现象,从而使溶液的密度和黏度增大,如甘油、磷酸、浓硫酸均因分子间氢键的存在,为黏稠状液体。溶质形成分子内氢键,则不增加溶液的密度和黏度。

(4) 对硬度的影响。分子晶体中若有氢键,则硬度增大,如冰的硬度较一般分子晶体的大,就是冰中有氢键结构。

氢键的形成对物质的各种物理化学性质都会发生深刻的影响,甚至在人类和动植物的生理生化过程中也起着十分重要的作用。如生物体内存在着各种氢键缔合,蛋白质、核酸等的性质和结构在很多地方受氢键的支配,因而在很多实际问题中都会遇到氢键的存在。但是对氢键本质的认识,却还有许多问题尚不清楚,还需进一步研究。

习　题

11-1 试用离子键理论说明由金属钾和单质氯反应,形成氯化钾的过程。如何理解离子键没有方向性和饱和性?

11-2 根据离子半径比推测下列物质的晶体各属何种类型。

(1) KBr;　(2) CsI;　(3) NaI;　(4) BeO;　(5) MgO。

11-3 试证明配位数为6的离子晶体中,最小的正负离子半径比为0.414。

11-4 Al^{3+} 和 O^{2-} 的离子半径分别为0.051 nm、0.132 nm,试求 Al_2O_3 的配位数。

11-5 利用波恩-哈勃循环计算NaCl的晶格能。

11-6 列出下列两组物质熔点由高到低的次序。

(1) NaF,NaCl,NaBr,NaI;

(2) BaO,SrO,CaO,MgO。

11-7 指出下列离子的外层电子构型属于哪种类型。

(1) Ba^{2+};　(2) Cr^{3+};　(3) Pb^{2+};　(4) Cd^{2+}。

11-8 试用离子极化的观点,解释下列现象。

(1) AgF易溶于水,AgCl、AgBr和AgI难溶于水,溶解度也依次减小;

(2) AgCl、AgBr和AgI的颜色依次加深。

11-9 能否说"金属键实际就是多个原子间的共价键"?

11-10 试用能带理论说明铜和镁为什么是导体。

11-11 H_2O_2 分子的偶极矩为 7.10×10^{-30} C·m,其中原子的连接方式为H—O—O—H,判断这种分子是否可能是直线形。

11-12 比较下列物质中键的极性的大小。

$$NaF, HF, HCl, HI, I_2$$

11-13 说明下列每组分子之间存在着什么形式的力(取向力、诱导力、色散力、氢键)。

(1) 苯和四氯化碳;　(2) 甲醇和水;　(3) 溴化氢气体;　(4) 氨和水;　(5) 氯化钠和水。

11-14 为什么氢气、氦气具有最低的沸点?

11-15 下列化合物中是否存在氢键?若存在氢键,属何种类型?

(1) NH_3;　(2) HO—C_6H_4—COOH(对羟基苯甲酸);　(3) 邻羟基苯甲酸(OH 与 COOH 处于相邻位置);　(4) H_3BO_3;

(5) CF_3H;　(6) C_6H_6;　(7) C_2H_6;　(8) CH_3CONH_2。

第12章　配位化合物

配位化合物是一类广泛存在、组成较为复杂、在理论和应用上都十分重要的化合物。1704年，历史上有记载的最早发现的第一个配合物是普鲁士人发现的亚铁氰化铁 $Fe_4[Fe(CN)_6]_3$。在化学的早期阶段，配位化合物似乎很不寻常（因此，有“复杂”离子之称），而且它们似乎不服从通常的化学价键规律。到了1893年，26岁的瑞士化学家维尔纳（A. Werner）根据大量的实验事实，发表了一系列论文，提出了现代的配位键、配位数和配位化合物结构的基本概念，并用立体化学观点成功地阐明了配合物的空间构型和异构现象，奠定了配位化学的基础。1923年英国化学家西奇维克（N. V. Sidgwick）提出有效原子序数（EAN）规则，揭示了中心原子电子数与配位数之间的关系。1930年，美国化学家鲍林（L. C. Pauling）用X射线衍射方法测定了配合物结构，并提出价键理论。

现代物质结构、化学键理论和实验方法的发展为深入地研究配合物化学提供了极其有利的条件，同时配合物的研究也促进了物质结构和化学键理论的发展。例如，许多新的类型的配合物发现以后，就引起人们对其键的本质的研究。随着配合物化学的发展，需要了解配合物在结构与化学性能之间的关系，这又促使各种现代物理方法在配合物化学中的应用。由此可见，配合物化学无论在生产实际中还是在理论研究上都具有非常重要的作用。

12.1　配位化合物的基本概念、命名和结构

12.1.1　配合物的基本概念

国际纯粹与应用化学联合会（IUPAC）无机化合物命名法广义定义：凡是由原子B或原子团C与原子A结合形成的，在某一条件下有确定组成和区别于原来组分（A、B或C）的物理和化学特性的物种均可称为配合物。

中国化学会1980年《无机化学命名原则》狭义定义：具有接受电子的空位原子或离子（中心体）与可以给出孤电子对或多个不定域电子的一定数目的离子或分子（配体），按一定的组成和空间构型所形成的物种称为配位个体，含有配位个体的化合物称为配合物。

配合物在组成上一般可以分为内界和外界两部分。以配合物 $[Co(NH_3)_6]Cl_3$ 为例：

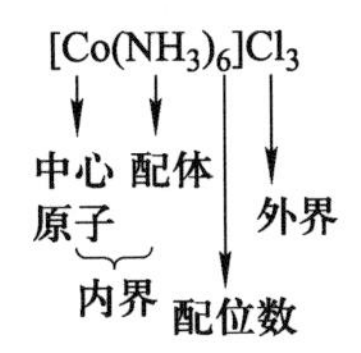

配合物方括号中的复杂离子或分子都相当稳定，称为配合物的内界。配合物的内界是由一个中心原子和一定数目的中性分子（例如 NH_3 等）或阴阳离子（例如 CN^- 和 OH^- 等）结合而成。

如果内界为电中性分子,称为配分子,例如$[Pt(NH_3)_2Cl_2]$、$[Ni(CO)_4]$、$[Fe(CO)_5]$。如果内界为阳离子或阴离子,称为配离子,其中,带正电荷的配离子称为配阳离子,如$[Cu(NH_3)_4]^{2+}$、$[Ag(NH_3)_2]^+$等;带负电荷的配离子称为配阴离子,如$[Fe(CN)_6]^{3-}$、$[HgI_4]^{2-}$等。无论是含电中性的配分子,还是含配离子的化合物均统称配合物。

配离子的电荷数等于中心原子和配体所带电荷的代数和。由于配合物是电中性的,也可根据外界离子的电荷来确定配离子的电荷。

含有配离子的化合物中,内界之外的部分(如K^+、SO_4^{2-})称为外界。内界和外界之间以离子键结合,在水溶液中可以电离;中心原子与配体之间以配位键结合,很难电离,故不能显示其组分的特性。利用这一性质的差异可以区分外界和内界。

配合物中,内界的中心原子位于配合物中心,是配离子的核心部分。中心原子一般是带正电荷的阳离子,尤其以过渡金属的阳离子最为常见,如Cu^{2+}、Fe^{3+}、Hg^{2+}等;此外,某些副族元素的原子和高氧化数的非金属元素的原子也是比较常见的中心原子,如Fe、Ni、Si等。

在配合物中,与中心原子以配位键相结合的阴阳离子或中性分子称为配体。在配体中,提供孤电子对直接与中心原子相连的原子称为配位原子。例如$[Co(NH_3)_5(H_2O)]^{3+}$配离子中,NH_3和H_2O是配体,而NH_3中的N原子、H_2O中的O原子则是配位原子。配位原子的最外电子层中一般含有孤电子对,常见的配位原子是电负性较大的非金属原子,如N、O、S、C、F、Cl、Br、I等。

在配分子或配离子中,能直接与中心原子以配位键结合的配位原子的数目称为中心原子的配位数。如果配体均为单齿配体,则配体的数目与中心原子的配位数相等。例如配离子$[Co(NH_3)_5(H_2O)]^{3+}$中,中心原子Co^{3+}的配位数为6;而配离子$[Cu(NH_3)_4]^{2+}$中,中心原子Cu^{2+}的配位数为4。如果配体中有多齿配体,则中心原子的配位数与配体的数目不相等,为各配体的配位原子数与配体个数乘积之和。例如配离子$[Cu(en)_2]^{2+}$中,中心原子Cu^{2+}的配位数是4而不是2;配离子$[Co(en)_2(NH_3)Cl]^{2+}$中,中心原子Co^{3+}的配位数是6而不是4。配合物中,中心原子常见的配位数是2、4、6三种。

影响中心原子配位数的因素有很多。一般而言,中心原子电荷越高,吸引配位的数目越多;中心原子的半径越大,则配位数越高,但若半径太大,则影响其与配体结合,有时配位数反而降低,例如$CuCl_6^{4-}$、$HgCl_4^{2-}$。另一方面,配体对配位数也有影响。配体负电荷增加导致中心阳离子对配体的吸引力增加,但同时也增加了配体间的斥力,总的结果为中心原子的配位数减小,例如SiF_6^{2-}、SiO_3^{2-}、$[Zn(NH_3)_6]^{2+}$、$[Zn(CN)_4]^{2-}$。配体体积越大,则中心原子周围可容纳的配体数越少,中心原子的配位数减小,例如$[AlF_6]^{3-}$、$[AlCl_4]^-$。此外,温度、配体浓度、空间位阻对配位数均有影响。一般而言,增加配体的浓度,有利于形成高配位数的配合物;温度越高,配位数越小;位阻越大,配位数越小。综上所述,影响配位数的因素是复杂的,但一般地讲,在一定范围的条件下,某中心原子有一个特征的配位数。

12.1.2 配合物的命名

1. 配合物的化学式书写原则

根据IUPAC的规定,配合物的化学式书写原则如下:

(1) 配合物中既有无机配体又有有机配体时,则无机配体排列在前,有机配体排列在后。例如[$Pt(CO_3)(en)$]，而[$Pt(Ph_3P)_2Cl_2$]、[$Cr(en)_2Cl_2$]Cl、[$Co(en)_2(NO_2)(Cl)$]SCN 等都不符合原则。

(2) 无机配体和有机配体中，先列出阴离子，后列出阳离子和中性分子。例如[$CoCl(NH_3)_5$]Cl_2、K[$PtCl_3NH_3$]，而[$Co(NH_3)_5(N_3)$]SO_4、[$Pt(NH_3)_2Cl_2$]、[$Co(NH_3)_5(CO_3)$]$^+$、[$Co(NH_3)_3(OH_2)Cl_2$]$^+$、[$Co(en)_2(NO_2)(Cl)$]$^+$、[$Pt(en)(NH_3)(CO_3)$]等都不符合原则。

(3) 同类配体的名称，按配位原子元素符号的英文字母顺序排列。例如[$Co(NH_3)_5(H_2O)$]$^{3+}$，而不能是[$Co(H_2O)(NH_3)_5$]$^{3+}$。

(4) 同类配体中若配位原子相同，则将含较少原子数的配体排在前面，较多原子数的配体列后。例如[$PtNO_2NH_3NH_2OH(Py)$]Cl，而[$Co(NH_3)_3(NO_2)_3$]不符合原则。

根据中国化学会《无机化学命名原则》(1980 年)，将配合物命名方法作简单介绍。配合物的命名，与一般无机化合物的命名原则相同。

2. 配合物的命名原则

(1) 配离子和配位分子的命名

配体的数目用一、二、三、四等数字表示，不同配体间以中圆点"·"分开，在最后一种配体名称后面缀以"合"字，在中心原子名称后面以加括号的罗马数字表示其氧化数。

① 先无机配体，后有机配体。

K[$SbCl_5(C_6H_5)$]　　五氯·一苯基合锑(Ⅴ)酸钾

cis-[$PtCl_2(Ph_3P)_2$]　　顺-二氯二·(三苯基磷)合铂(Ⅱ)

② 阴离子在前，阳离子、中性分子在后。

[$Pt(NH_3)_4(NO_2)_2$]CO_3　碳酸二硝基·四氨合铂(Ⅳ)

③ 同类配体(同为阴离子配体或同为中性分子配体)按配位原子元素符号的英文字母顺序排列。

[$Co(NH_3)_5(H_2O)$]Cl_3　　三氯化五氨·一水合钴(Ⅲ)

④ 同类配体同一配位原子时，将含较少原子数的配体排在前面。

[$Pt(NO_2)(NH_3)(NH_2OH)(Py)$]Cl　　氯化硝基·氨·羟氨·吡啶合铂(Ⅱ)

⑤ 配位原子相同，配体中所含的原子数目也相同时，按结构式中与配原子相连的原子的元素符号的英文顺序排列。

[$Pt(NH_2)(NO_2)(NH_3)_2$]　　氨基·硝基·二氨合铂(Ⅱ)

⑥ 配体化学式相同但配位原子不同(—SCN、—NCS)时，则按配位原子元素符号的字母顺序排列。

NH_4[$Cr(NCS)_4(NH_3)_2$]　　四(异硫氰酸根)·二氨合铬(Ⅲ)酸铵

⑦ 带倍数词头复杂配体、无机含氧酸阴离子要用括号括起，以免与其他配体混淆。

K_3[$Ag(S_2O_3)_2$]　　二(硫代硫酸根)合银(Ⅰ)酸钾

[$Fe(en)_3$]Cl_3　　三氯化三(乙二胺)合铁(Ⅲ)

⑧ 一些具有两个配位原子的单齿配体，应将配位原子列在左侧。例如配体 NO_2^-，标做 NO_2 时，表示配位原子为 N，该配体以"硝基"命名；标做 ONO 时，表示配位原子为 O，配体以"亚硝酸根"命名。再比如—SCN(硫氰酸根)、—NCS(异硫氰酸根)，前者配位原子为 S，后者配位原子为 N。

[$Co(ONO)(NH_3)_5$]SO_4　　硫酸亚硝酸根·五氨合钴(Ⅲ)

NH_4[$Co(NO_2)_4(NH_3)_2$]　　四硝基·二氨合钴(Ⅲ)酸铵

⑨ 若一个配体上有几种可能的配位原子,为了标明哪个原子配位,须把配位原子的元素符号放在配体名称之后。例如,二硫代草酸根的氧和硫均可能是配位原子,若 S 为配位原子,则用(-S、S′)表示。

```
     ┌ O—C═S       S—C═O ┐
     │      \     /      │
K₂   │        Ni         │   二(二硫代草酸根-S、S′)合镍(Ⅱ)酸钾
     │      /     \      │
     └ O—C═S       S—C═O ┘
```

(2) 简单配合物的命名

① 外界为简单阴离子,命名为“某化某”。

$[Co(NH_3)_6]Br_3$ 三溴化六氨合钴(Ⅲ)

② 外界阴离子为含氧酸根,命名为“某酸某”。

$K[PtCl_3NH_3]$ 三氯・氨合铂(Ⅱ)酸钾

$H_2[PtCl_6]$ 六氯合铂(Ⅳ)酸

③ 外界阴离子为氢氧根,命名为“氢氧化某”。

$[Ag(NH_3)_2]OH$ 氢氧化二氨合银(Ⅰ)

12.1.3 配合物的立体构型与空间异构

配合物的立体结构以及由此产生的各种异构现象是研究和了解配合物性质和反应的重要基础。

1. 配合物的立体构型

配位原子在中心原子周围的分布具有某种特定空间几何形状,称为中心原子的配位几何构型,或简称配位构型。实验表明,中心原子的配位数与配合物的立体结构有密切关系:配位数不同,立体结构也不同;即使配位数相同,由于中心原子和配体种类以及相互作用不同,配合物的立体结构也可能不同。通常的立体构型规律是中心原子在中间,配体围绕中心原子排布;配体之间倾向于尽可能远离,以获得低能量,促使配合物稳定。

2. 配合物的空间异构

配合物的异构现象不仅影响其物理和化学性质,而且与配合物的稳定性和化学键的性质也有密切关系。

所谓配合物的异构现象,是指化学组成完全相同的一些配合物,由于配体原子围绕中心体的排列不同而引起结构和性质不同的一些现象。互为异构体的分子或离子,在化学和物理性质(如颜色、溶解度、化学反应速率、光谱、旋光性)上存在程度不同的差别。一般而言,只有那些反应速率很慢的配合物,才能表现出异构现象。快速反应的配合物往往易于重排,仅能以最稳定的异构体存在。

配合物的异构有构造异构和立体异构两种类型。构造异构是指两种和多种化合物的化学式相同,但原子和原子间的键合顺序不同。立体异构是指两种和多种化合物的化学式相同,原子和原子间的键合顺序也相同,但原子在空间的分布情况有所不同。本节主要讨论配合物的立体异构现象。

立体异构的研究曾在配位化学的发展史上起着决定性的作用,一般分为非对映异构体(或几何异构)和对映异构体(或旋光异构)两类。

(1) 几何异构

配合物内界中两种或两种以上配体(或配位原子)在空间排布的方式或构型不同造成的异构现象称为几何异构,包括多形异构和顺反异构。

① 多形异构

分子式相同而立体结构不同的异构体。例如[$Ni(P)_2Cl_2$](P=二苯基苄基膦)存在着图 12-1 所示的两种异构体。

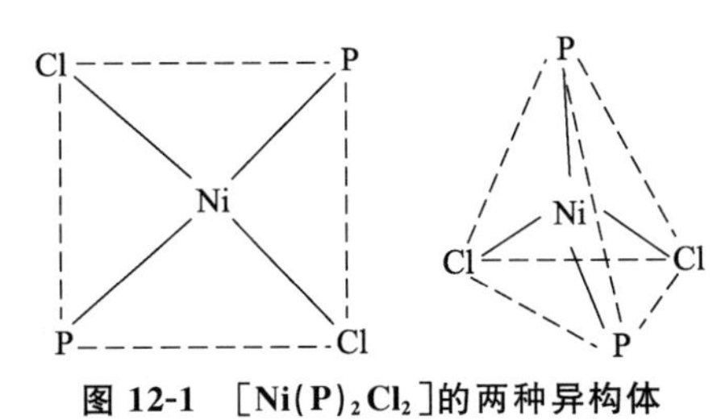

图 12-1　[$Ni(P)_2Cl_2$]的两种异构体

② 顺反异构

相同的配体可以配置在相邻位置上(顺式,*cis*-),也可以配置在相对位置上(反式,*trans*-),故这种异构现象又叫做顺反异构。很显然,配位数为 2 的配合物,配体只有相对的位置,没有顺式结构;配位数为 3 和配位数为 4 的四面体结构的配合物中,所有的配位位置都是相邻的,结构上无区别,因而不存在反式异构体;然而,在配位数为 4 的平面正方形结构和配位数为 6 的八面体结构的配合物中,顺反异构是很常见的。

(2) 光学异构

配合物分子与其镜像虽然相似,但它们对偏振光的旋转方向不同。由于这两种异构体分别具有对偏振光平面向右旋或向左旋的性质,故称为光学异构体,也称为手性异构体、旋光异构体或对映异构体。这样的分子也叫手性分子。

右旋异构体使偏振光平面向右旋转一个角度,用符号 d 或(+)表示;左旋异构体使偏振光平面向左旋转相同角度,用符号 l 或(-)表示。两种异构体对偏振光的旋转方向不同,但旋转程度是恰恰相等的,所以如果两种异构体浓度相等,则旋转彼此抵消,这样的右旋与左旋混合物称为外消旋混合物,用符号 dl 或(±)表示。

对于配合物,光学异构体主要限于八面体形的螯合物,很少为四面体形的螯合物。

对称双齿配体的八面体配合物[$M(AA)_3$]具有光学异构体,例如[$Cr(ox)_3$]$^{3-}$,如图 12-2 所示。其他金属离子如 Co(Ⅲ)、Rh(Ⅲ)、Ir(Ⅲ)、Ru(Ⅲ)、Pt(Ⅳ)都有这一类型的旋光异构体。

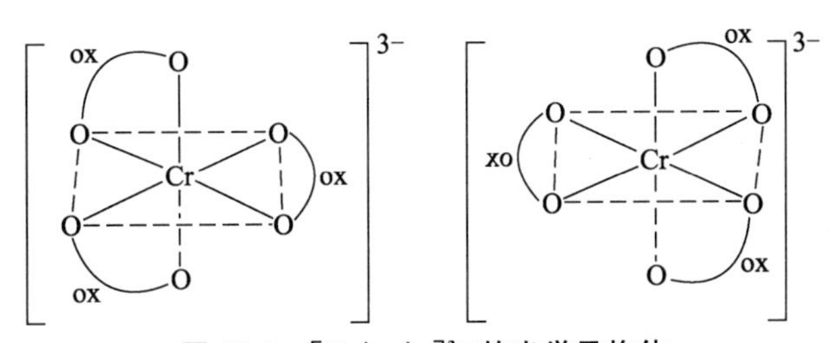

图 12-2　[$Cr(ox)_3$]$^{3-}$的光学异构体

12.2 配合物的价键理论

12.2.1 价键理论的要点

配合物的价键理论主要研究中心原子和配体之间结合力的本性,并用来说明配合物的物理和化学性质。配位化合物价键理论的基本要点如下:

(1) 配合物是通过给予体和接受体的反应而生成的。在配合物中,中心原子与配体中的配位原子间是以配位键结合的,即配位原子提供孤电子对(或 π 键电子对),填入中心原子的价电子层空轨道形成配位键。

(2) 为了增强成键能力,形成结构匀称的配合物,中心原子所提供的空轨道首先进行杂化,形成一组新的数目相等、能量相同、具有一定方向性和对称性的杂化轨道;中心原子的杂化轨道与配位原子孤电子对(或 π 键电子对)所在的轨道在一定方向上彼此接近,发生最大的重叠而形成配位键,这样就形成了具有各种不同配位数和不同构型的配合物。如果中心原子还有合适的孤电子对,而配体又有合适的空轨道,这时中心原子上的孤电子对将进入配体空轨道,从而形成反馈的 π 配键。中心原子的空轨道杂化类型不同,成键后所生成的配合物的空间构型也就各不相同。

当中心原子为过渡金属离子时,价轨道为 $(n-1)$d、ns 和 np 等几个轨道,其中 $(n-1)$d 被价电子部分占据,ns 和 np 为空轨道。按照杂化轨道理论,部分空的 d 轨道可以和 s、p 轨道组成杂化轨道,常见的杂化轨道为 d^2sp^3 和 dsp^2 杂化。此外,还有 dsp^3、d^4sp^3 杂化。s 和 p 轨道还可以组成 sp、sp^2、sp^3 等杂化轨道。过渡金属离子杂化轨道类型和配合物几何构型的对应关系总结于表 12-1 中。

表 12-1 杂化轨道与空间构型的关系

配位数	杂化轨道类型	空间构型(配位多面体)	实例
2	sp	直线形	$[Ag(NH_3)_2]^+$、$[Cu(CN)_2]^-$
3	sp^2	三角形	$[CuCl_3]^{2-}$、$[HgI_3]^-$
4	sp^3	四面体	$Ni(CO)_4$、$[Zn(CN)_4]^{2-}$
4	dsp^2(sp^2d)	平面正方形	$[Cu(NH_3)_4]^{2+}$、$[PdCl_4]^{2-}$(sp^2d)
5	dsp^3(d^3sp)	三角双锥	$Fe(CO)_5$、$[CuCl_5]^{3-}$
5	d^2sp^2(d^4s)	四方锥	$VO(acac)_2$、$[TiF_5]^{2-}$(d^4s)
6	d^2sp^3(sp^3d^2)	八面体	$[Fe(CN)_6]^{4-}$、$Mo(CO)_6$
6	d^4sp	三方棱柱	$[V(H_2O)_6]^{3+}$、$[Re(S_2C_2Ph_2)_3]$
7	d^3sp^3	五角双锥	$[ZrF_7]^{3-}$
8	d^4sp^3	十二面体	$[Co(NO_3)_4]^{2-}$、$[Mo(CN)_8]^{4-}$

(3) 中心原子全部用最外层的空轨道(如 ns、np、nd)进行杂化成键,所形成的配合物称为外轨型配合物。中心原子采用 sp、sp^3、sp^3d^2 杂化轨道成键所形成的配位数为 2、4、6 的配合物都是外轨型配合物。中心原子用次外层 d 轨道,即 $(n-1)d$ 轨道和最外层的 ns、np 轨道进行杂化成键,所形成的配合物称为内轨型配合物。中心原子采取 dsp^2、d^2sp^3 杂化轨道成键所形成的配位数为 4、6 的配合物是内轨型配合物。内轨型配合物的配位键更具有共价键性质,所以叫共价配键;外轨型配合物的配位键更具有离子键性质,所以叫电价配键,但本质上两者均属共价键范畴。

如何判断一种化合物是内轨型配合物还是外轨型配合物呢?通常可利用配合物的中心原子的未成对电子数进行判断。配合物磁矩与未成对电子数的关系为

$$\mu=\sqrt{n(n+2)}$$

其中 n 为配合物中的成单电子数,μ 为配合物的磁矩。

中心原子利用哪种方式成键,既与中心原子的电子层结构有关,又与配体中配位原子的电负性有关。若配位原子的电负性很大,如卤素、氧等,不易给出孤电子对,对中心原子的结构影响很小,中心原子的电子层结构不发生变化,这时使用外层空轨道 ns、np 和 nd 杂化成键,形成外轨型配合物。例如,$[FeF_6]^{3-}$ 中 Fe 原子和 Fe^{3+} 的价电子层结构分别是 $3d^64s^2$ 和 $3d^5$。

3d　4s　4p　4d

Fe ⇅ ↑ ↑ ↑ ↑　⇅　— — —　— — — — —

3d　4s　4p　4d

Fe^{3+} ↑ ↑ ↑ ↑ ↑　—　— — —　— — — — —

当 Fe^{3+} 和 6 个 F^- 形成$[FeF_6]^{3-}$配离子时,磁矩未变,说明配离子中仍保留有 5 个未成对电子。价键理论认为:Fe^{3+} 利用外层的 1 个 4s 轨道、3 个 4p 轨道和 2 个 4d 轨道与 6 个配位体 F^- 成键,故所形成的$[FeF_6]^{3-}$配离子属外轨型,它的外层电子结构为

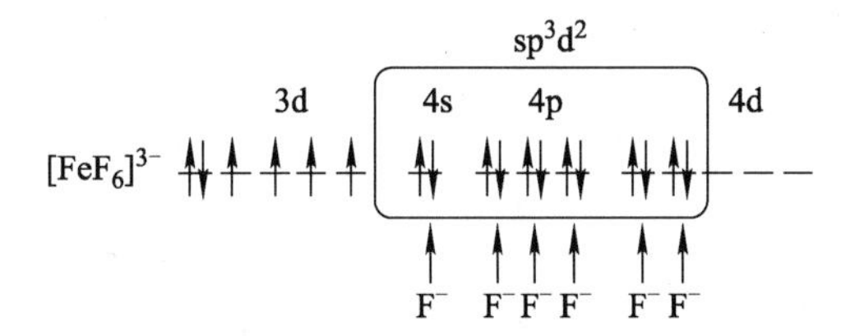

若配位原子的电负性很小,如 C、N 等较易给出孤电子对,对中心原子的影响较大,而使其结构发生变化,$(n-1)d$ 轨道上的单电子被迫成对,留出内层能量较低的空 d 轨道以杂化成键,形成内轨型配合物。例如,$[Fe(CN)_6]^{3-}$ 中 Fe 原子和 Fe^{3+} 的价电子层结构分别是 $3d^64s^2$ 和 $3d^5$。$[Fe(CN)_6]^{3-}$ 配离子中的 Fe^{3+} 在配位体 CN^- 的影响下,把原来分布在 5 个 3d 轨道上的 5 个未成对电子挤到 3 个 3d 轨道上,空出 2 个 3d 轨道与外层的 1 个 4s 轨道和 3 个 4p 轨道杂化成 6 个等价的 d^2sp^3 杂化轨道,并与 6 个配位体 CN^- 成键,形成的$[Fe(CN)_6]^{3-}$配离子属内轨型。在此离子中只有 1 个未成对电子,故它的磁性比 Fe^{3+} 的磁性小,它的外层电子结构为

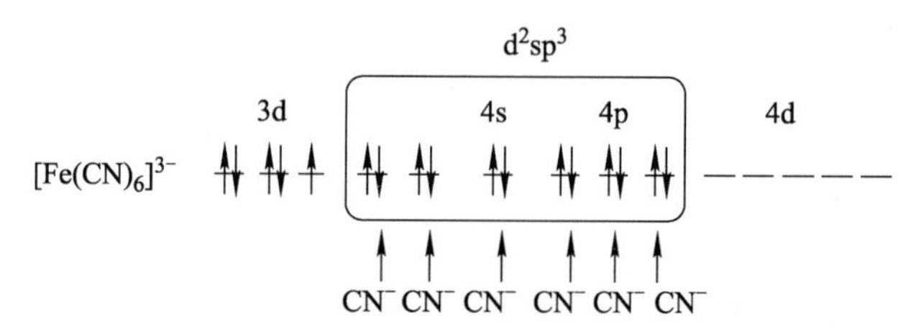

对于存在多种电子排布的离子($d^{4\sim7}$),内轨型配合物是低自旋配合物,外轨型配合物是高自旋配合物。由于 nd 轨道的能量比 ns、np 高得多,ns、np、nd 杂化不如($n-1$)d、ns、np 杂化有效,因此一般外轨型配合物较不稳定,具有动力学反应性。

12.2.2 羰基配合物中的反馈 π 键

一氧化碳并不是一个很强的路易斯碱,但它却能够跟金属形成很强的化学键。第一过渡系中的钒到镍,第二过渡系中的钼到铑,第三过渡系中的钨到铱等元素都能和 CO 形成配合物,称为羰基化合物。在这些配合物中,金属的氧化态为零,中心原子的金属为低氧化态(0、−1、+1),C 是配位原子,且简单的羰基配合物的结构有一个普遍的特点:每个金属原子的价电子数和它周围 CO 提供的电子数(每个 CO 提供两个电子)加在一起满足 18 电子结构规则,是反磁性的。例如 $Fe(CO)_5$、$Ni(CO)_4$、$Cr(CO)_6$、$Mo(CO)_6$ 等。

羰基化合物中的成键情况与一般无机配合物中有些不同。在金属羰基配合物中,CO 的碳原子提供孤电子对,与金属原子形成 σ 配键。但是,如果只生成通常的 σ 配键,由配位体给予电子到金属的空轨道,则金属原子上的负电荷会积累过多而使羰基配合物稳定性降低,这与羰基配合物很稳定的事实不符合。现代化学键理论认为,当配位体 CO 给出电子对与中心原子形成 σ 键时,如果中心原子的某些 d 轨道(如 d_{xy}、d_{yz}、d_{xz})有孤电子对,而配位体 CO 有空的 π_{2p}^* 轨道,而两者的对称性又匹配时,CO 有空的 p^* 轨道,可以和金属原子或离子的 d 轨道重叠生成 π 键,这种 π 键是由金属原子单方面提供电子到配位体的空轨道上,称为反馈 π 配键(图 12-3)。

图 12-3 金属 M 与 CO 间化学键的形成

以四羰基镍 $Ni(CO)_4$ 为例,利用杂化轨道理论说明配合物的形成:

3d 4s 4p

Ni ⇅⇅⇅↑↑ ⇅ — — —

sp³

3d 4s 4p

$[Ni(CO)_4]$ ⇅⇅⇅⇅⇅ ⇅ ⇅⇅⇅

CO CO CO CO

CO 的分子轨道表达式：$(\sigma_{1s})^2(\sigma_{1s}^*)^2(\sigma_{2s})^2(\sigma_{2s}^*)^2(\pi_{2p})^4(\sigma_{2p})^2(\pi_{2p}^*)^0(\sigma_{2p}^*)^0$，其中，$(\sigma_{2p})^2$ 轨道给出电子对，$(\pi_{2p}^*)^0$ 轨道接受电子对，也就是当 CO 与金属原子键合时，其 σ_{2p} 上的电子对与中心原子的空的 sp^3 杂化轨道形成 σ 键；而空的 π_{2p}^* 又可以和金属原子充满电子的 d 轨道重叠形成 d-π^* 反馈 π 键，所以，在 $Ni(CO)_4$ 中化学键为 σ-π 配键。

这种反馈键的形成削弱了 CO 中的 C—O 键，同时加强了 M—O 键，并且减少了由于生成 σ 配键而引起的中心金属原子上过多的负电荷积累，从而促进 σ 配键的形成。它们互相促进，其结果比单独形成一种键时强得多，例如，$[Ni(CO)_4]$ 中 Ni—C 键长为 182 pm，而共价半径之和为 198 pm，从而增强了配合物的稳定性。

除 CO 外，N_2、O_2、C_2H_2 等小分子均能与过渡金属形成类似的 σ-π 授受键的配合物。PF_3、PCl_3、PR_3 等分子与过渡金属也形成 σ-π 授受键的配合物，在 PR_3 中 P 有一孤电子对，可提供电子对给中心金属原子；它还有空 d 轨道，可接受金属反馈的电子，例如 $Pd(PF_3)_4$、$Ni(PF_3)_4$ 等。

12.3　晶体场理论

随着新实验材料的积累、新型配合物的不断涌现，价键理论遇到了越来越多的困难。为了弥补价键理论的不足，以期能得到比较满意的解释，在此基础上逐渐发展出了晶体场理论。

12.3.1　晶体场理论的主要内容

1923—1935 年贝特(H. Bethe)和范弗莱克(J. H. van Vleck)提出晶体场理论。晶体场理论是研究过渡元素化学键的理论，它在静电理论的基础上，应用量子力学和对称性理论、群论的一些观点，重点研究配位体对中心原子 d 轨道或 f 轨道的影响，来解释过渡元素和镧系元素(d 轨道＜亚层＞或 f 轨道＜次亚层＞电子没有全充满)的物理和化学性质。

晶体场理论的几个要点：

(1) 过渡金属的离子是处于周围阴离子或偶极分子的晶体场中，前者称为中心原子，后者称为配位体。

(2) 中心原子与配位体之间的相互作用，主要来源于类似离子晶体中正负离子之间的静电作用，并把配位质点当做点电荷来处理，而不考虑配位体的轨道电子对中心原子的作用。这种场电作用将影响中心离子的电子层结构，特别是 d 轨道结构，对配体则不影响。

(3) 晶体场理论只能用于具有离子键的配合物，如硅酸盐、氧化物等，不适用于共价键配合物。

(4) 在负电荷的晶体场中，过渡金属中心阳离子 d 轨道的能级变化取决于晶体场的强度(即周围配位体的类型)和电场的对称性(即配位体的对称性)。

1. 晶体场中的 d 轨道

晶体场理论认为，配体的加入使得中心原子五重简并的 d 轨道失去简并性，分裂为两组或更多的能级组，因而对配合物的性质产生重要影响。

过渡金属的自由离子有 5 个简并的 d 轨道(d_{xy}、d_{xz}、d_{yz}、$d_{x^2-y^2}$、d_{z^2})，它们在空间的分布不同，如图 12-4 所示。

五种 3d 轨道，$n=3$，$l=2$，只是磁量子数 m 不同，在自由原子中能量简并。当原子处于电场中时，受到电场的作用，轨道的能量要升高。若电场是球形对称的，各轨道能量升高的幅度一致，如图 12-5 所示。

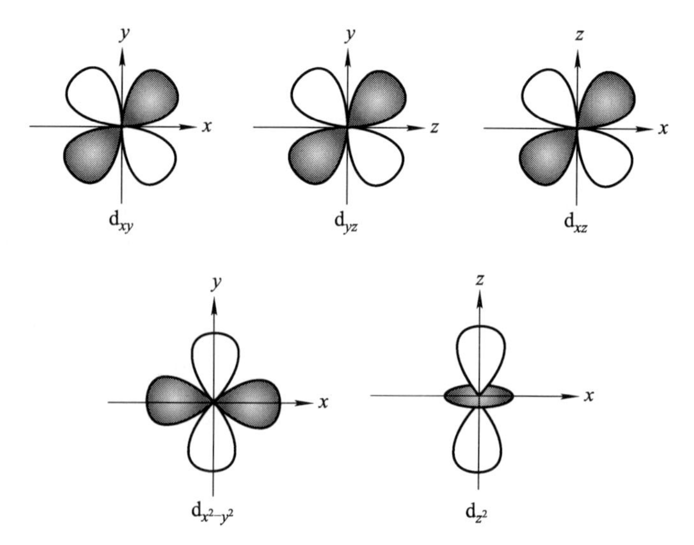

图 12-4　M 的 5 个 d 轨道(d_{xy}、d_{xz}、d_{yz}、$d_{x^2-y^2}$、d_{z^2})的空间分布图

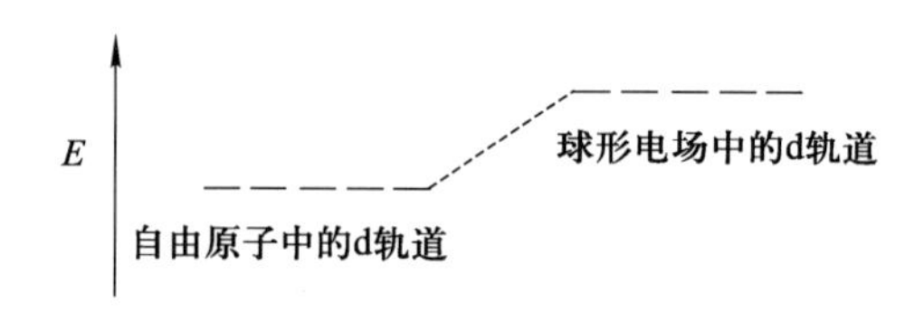

图 12-5　球形电场中 d 轨道的能量变化

若处于非球形电场中,则根据电场的对称性不同,各轨道能量升高的幅度可能不同,即原来的简并轨道将发生能级分裂。

晶体场理论认为,静电作用对中心离子电子层的影响主要体现在配位体所形成的负电场对中心 d 电子的作用上,从而使原来简并的 5 个 d 轨道变成能级并不相同的轨道,即所谓消除了 d 轨道的简并。这种现象为 d 轨道的能级在配位场中发生分裂。显然,对于不同的配位场,d 轨道分裂的情况是不同的。

六配位的配合物中,6 个配体形成正八面体的对称性电场,四配位时有正四面体电场、正方形电场。

(1) 八面体配位时 d 轨道的分裂

假设一个 d^1 构型的正离子处于一个球壳的中心,球壳表面上均匀分布着 $6q$ 的负电荷,由于负电荷的分布是球形对称的,不管电子处在哪个 d 轨道上,它所受到的负电荷的排斥作用是相同的。即 d 轨道能量虽然升高,但仍然保持五重简并。改变负电荷在球壳上的分布,把它们集中在球的内接正八面体的 6 个顶点上,每个顶点的电量为 q。由于球壳上的总电量仍为 $6q$,不会改变对 d 电子的总排斥力,因而不会改变 d 轨道的总能量(图 12-6)。

但是,单电子处在不同 d 轨道上时所受到的排斥作用不再完全相同。其中 $d_{x^2-y^2}$ 和 d_{z^2} 轨道的极大值正好指向八面体的顶点,处于迎头相接的状态,因而单电子在这类轨道上所受到的排斥较球形场大,轨道能量有所升高,这组轨道称为 e_g 轨道。相反,d_{xy}、d_{xz} 和 d_{yz} 轨道的极大值指向八面体顶点的间隙，单电子所受到的排斥较小，与球形对称场相比，d_{xy}、d_{xz}、d_{yz} 轨道的能量有所降低，这组轨道称为 t_{2g} 轨道。见图 12-7。

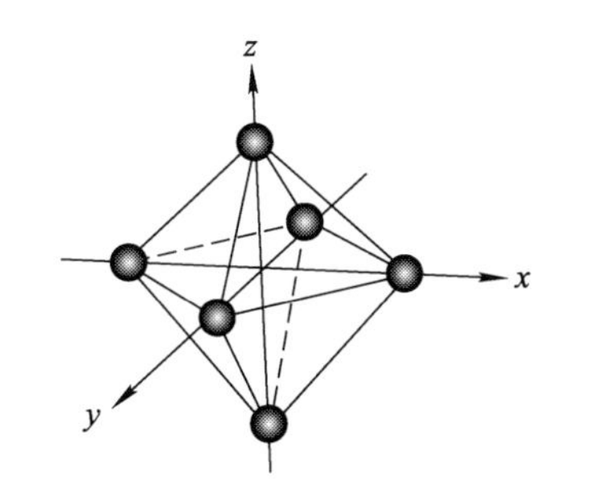

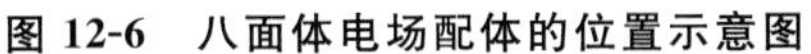

图 12-6 八面体电场配体的位置示意图

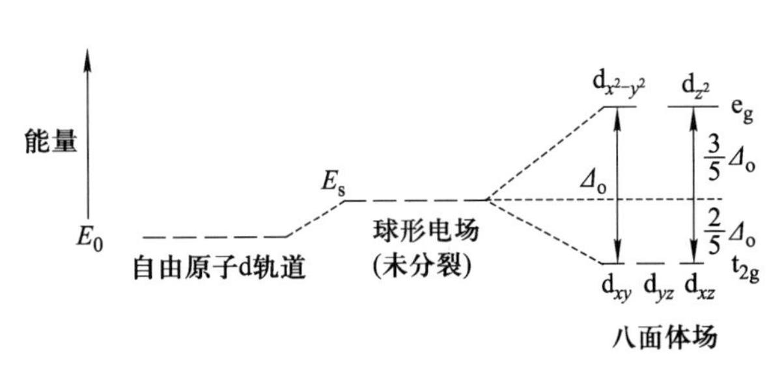

图 12-7 d 轨道在八面体电场中轨道能级的分裂图

当过渡金属离子处在晶体结构中时，由于晶体场的非球形对称特征，使 d 轨道的能级产生了差异，高能级轨道电子的能级与低能级轨道电子的能级间的能量差，称为晶体场分裂能，用 Δ 表示。八面体场中，分裂能的大小用 10 Dq 或 Δ_o 表示。在八面体场中，d 轨道分裂的结果是：与 E_s 相比，e_g 轨道能量上升了 0.6Δ_o，而 t_{2g} 轨道能量下降了 0.4Δ_o。八面体场越强，分裂越严重，分裂后两组轨道能量差别越大。

(2) 正四面体配位时 d 轨道的分裂

坐标原点为正四面体的中心，三轴沿三边方向伸展，4 个配体的位置如图 12-8 所示，形成电场。

在正四面体场中，d_{xy}、d_{xz}、d_{yz} 三个轨道的极大值分别指向立方体棱边的中点，距配体较近，受到的排斥作用较强，相对于球形对称场能级升高，这组轨道称为 t_2 轨道；而 $d_{x^2-y^2}$ 和 d_{z^2} 轨道的极大值分别指向立方体的面心，距配体较远，受到的排斥作用较弱，相对于球形对称场能级下降，这组轨道称为 e 轨道(图 12-9)。相对于八面体而言，四面体场中分裂能较小，只有八面体场的 4/9，分裂能的大小为 4.45 Dq 或(4/9)Δ_o，用 Δ_t 表示。

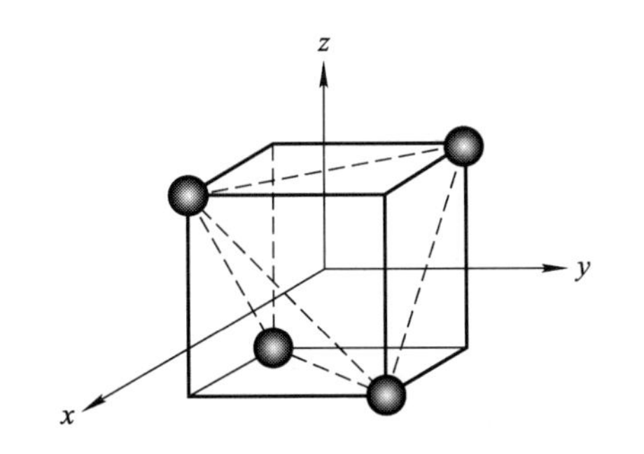

图 12-8 正四面体电场配体的位置示意图

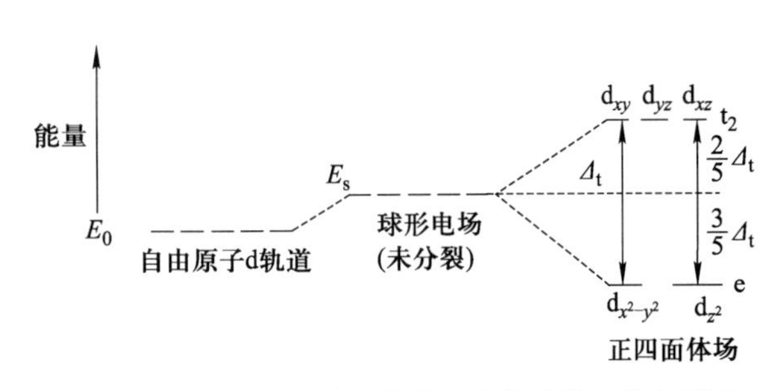

图 12-9 d 轨道在正四面体电场中轨道能级的分裂图

在四面体场中，d 轨道分裂结果是：相对 E_s 而言，t_2 轨道能量上升了 0.4Δ_t，而 e 轨道下降了 0.6Δ_t。

(3) 正方形配位时 d 轨道的分裂

坐标原点位于正方形中心，坐标轴沿正方形对角线伸展，4 个配体的位置见图 12-10，形成电场。

设四个配体分别沿 x 和 y 轴正、负方向趋近中心原子，因而 $d_{x^2-y^2}$ 轨道极大值正好处于与配体迎头相接的位置，受排斥作用最强，能级升高最多。其次是 xy 平面上的 d_{xy} 轨道。而 d_{z^2} 轨道的环形部分在 xy 平面上，受配体排斥作用较小，能量较低。简并的 d_{xz}、d_{yz} 的极大值与 xy 平面成 45°角，受配体排斥作用最弱，能量最低。见图 12-11。

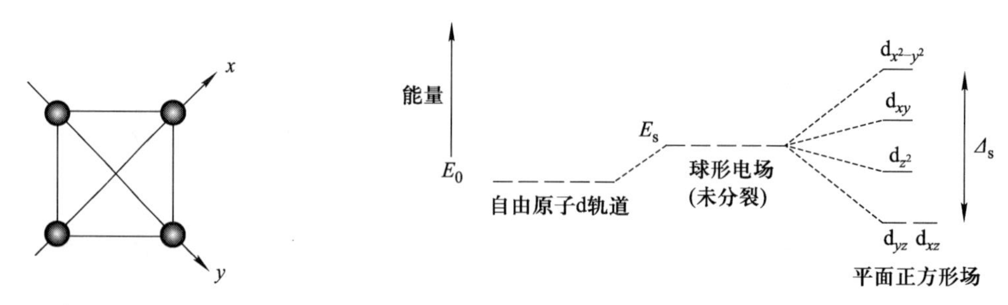

图 12-10　正方形电场配体的位置示意图

图 12-11　d 轨道在正方形电场中轨道能级的分裂图

平面正方形场中，分裂能相对于八面体场更大，用 Δ_s 表示，$\Delta_s = 17.42\ Dq$。

2. 高自旋态和低自旋态

d 轨道分裂前，在中心自由原子中，5 个 d 轨道是简并的，电子的排布按洪德规则分占不同轨道且自旋平行，有唯一的一种排布方式。d 轨道分裂后，在配合物中，中心原子的 d 电子排布与分裂能和成对能的大小有关。迫使原来平行分占两个轨道的电子挤到同一轨道所需的能量叫成对能，用 P 表示。

当中心原子处于弱电场中时，晶体场分裂 Δ 值较小(小于成对能)，在每一个低能级轨道都已充填了一个电子后，新增加的电子优先占据高能级轨道，使电子的自旋方向尽可能保持一致，称为电子的高自旋状态；当中心原子处于强电场中时，晶体场分裂 Δ 值较大(大于成对能)，在每一个低能级轨道都已充填了一个电子后，新增加的电子仍优先占据低能级轨道，使成对电子数增加，因成对电子的自旋方向相反，故称为电子的低自旋状态。

八面体配合物中，当 $\Delta_o > P$ 时，即强场的情况下，电子尽可能占据低能级的 t_{2g} 轨道。

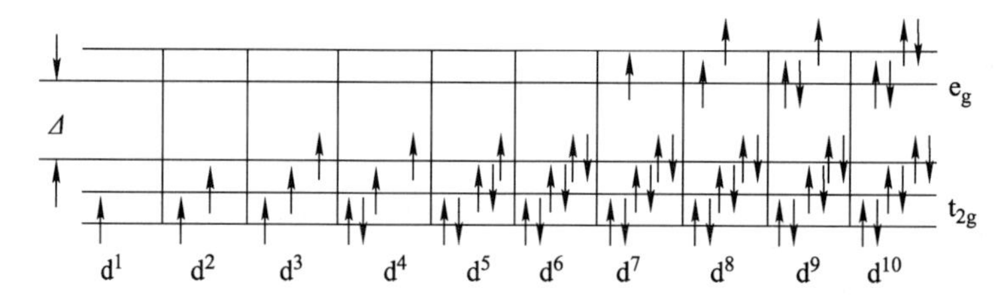

但当 $\Delta_o < P$ 时，即弱场的情况下，电子尽可能分占 5 个轨道。

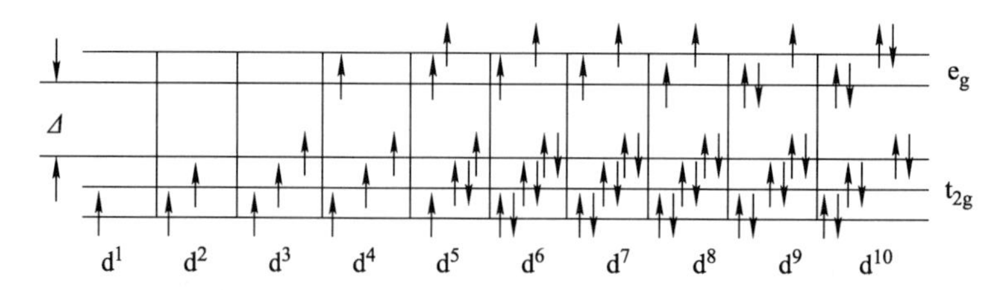

可见：八面体配合物中，只有 d^4、d^5、d^6、d^7 四种离子才有高、低自旋两种可能的排布。高自旋态（$P>\Delta_o$）即是较小的弱场排列，成单电子多，不够稳定；低自旋态（$P<\Delta_o$）即是较大的强场排列，成单电子少，较稳定。

由于 $P(d^5)>P(d^4)>P(d^7)>P(d^6)$，故在八面体场中 d^6 离子常为低自旋的，但 $Fe(H_2O)_6^{2+}$ 和 CoF_6^{3-} 例外；而 d^5 离子常为高自旋的，CN^- 的配合物例外。

四面体配合物中，在相同的条件下，d 轨道在四面体场作用下的分裂能只是八面体作用下的 4/9，这样分裂能是小于成对能的。因而四面体配合物大多是高自旋配合物。d 电子的具体排布情况如下：

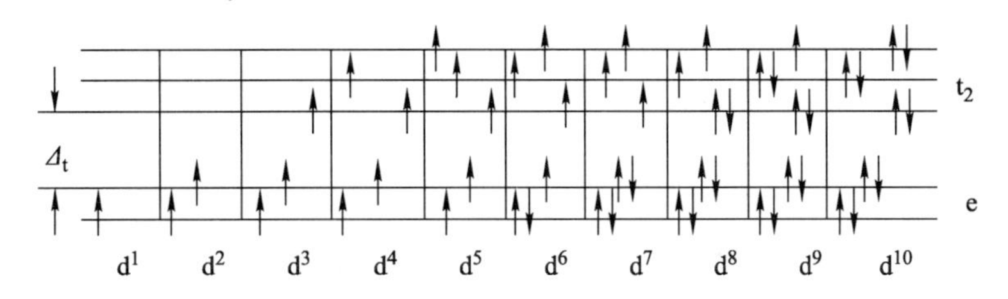

当轨道分裂能与电子成对能接近相等时，就可能出现高自旋配合物与低自旋配合物能量相近的情况，这时的外界条件（温度改变、溶剂变化）就可能造成高自旋与低自旋的相互转变。d^5、d^6、d^7 体系都有这样的情况，例如 $d^5\{Fe[R_2(NCS)_2]_3\}^{3+}$ 和 $d^6[Fe(phen)(NCS)_2]$等。

3. 晶体场稳定化能

中心原子 d 轨道电子从未分裂的 d 轨道进入分裂的 d 轨道所产生的总能量下降，即轨道分裂给配合物带来了额外的稳定化作用，相当于一个附加的成键效应，这样的能量就称为晶体场稳定化能，以 CFSE 表示。CFSE 越大，配合物也就越稳定。

CFSE 的大小与配合物的几何构型、中心原子的 d 电子数目、配体场的强弱及电子成对能的大小等有关。

在正八面体配合物中，中心原子 d 轨道分裂成 e_g 和 t_{2g}两组。若从电子成对能考虑，d 电子应按洪德规则尽可能占据不同的轨道，减小电子成对能，使体系能量降低；若从分裂能考虑，d 电子应尽可能填充在能量较低的 t_{2g}轨道，以符合电子排布的能量最低原理。由此可见，d 轨道上的电子排布，应由电子成对能和分裂能的相对大小决定。

正八面体配合物的稳定化能可按下式计算：

$$CFSE=xE(e_g)+yE(t_{2g})+(n_1-n_2)P$$

式中，x 为 e_g 能级上的电子数，y 为 t_{2g}能级上的电子数，n_1 为中心原子 d 轨道各能级上的电子对总数，n_2 为球形场中 d 轨道上的电子对总数。

【例 12-1】 计算八面体场中，d^5 两种排列方式的晶体场稳定化能。

解 (1) 高自旋配离子

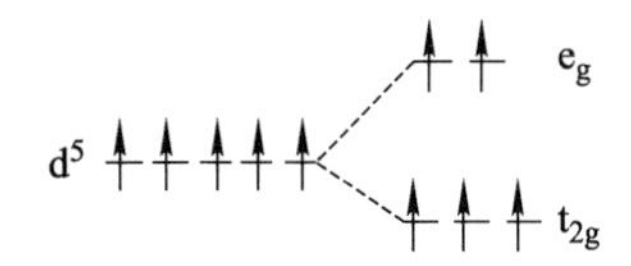

$x=2$， $E(e_g)=6$ Dq， $n_1=0$

$y=3$， $E(t_{2g})=-4$ Dq， $n_2=0$

得 $CFSE=xE(e_g)+yE(t_{2g})+(n_1-n_2)P=2\times6\ Dq+3\times(-4\ Dq)+(0-0)P=0$

(2) 低自旋配离子

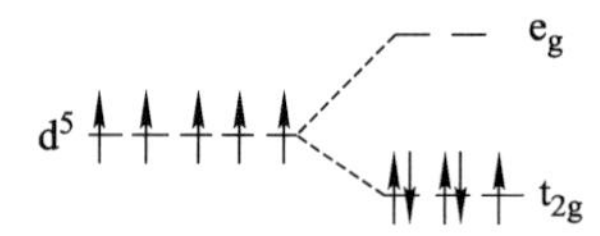

$x=0$， $E(e_g)=6$ Dq， $n_1=2$

$y=5$， $E(t_{2g})=-4$ Dq， $n_2=0$

得 $CFSE=xE(e_g)+yE(t_{2g})+(n_1-n_2)P=0\times6\ Dq+5\times(-4\ Dq)+(2-0)P=-20\ Dq+2P$

由计算可知，在弱场中，体系能量相对于球形场无变化；在强场中，轨道分裂可降低 20 Dq 的能量，但由于有两对电子成对，又要升高 $2P$ 的能量。故实际采取哪种方式，应取决于 10 Dq(轨道分裂能)与 P(电子成对能)的相对大小。把晶体场足够强以致使得 10 Dq$>P$ 的配体称为强场配体；反之，则称为弱场配体。

【例 12-2】 计算正四面体弱场 d^6 组态的 CFSE。

$$CFSE=xE(t_2)+yE(e)+(n_1-n_2)P$$
$$=3\times(0.4\times4.45\ Dq)+3\times(-0.6\times4.45\ Dq)+(0-1)P$$
$$=-2.67\ Dq-P$$

表 12-2 列出正八面体场、正四面体场、平面正方形场的晶体场稳定化能。

表 12-2 列出几种配位场下的晶体场稳定化能

d^n	正八面体场		正四面体场		平面正方形场	
	弱场	强场	弱场	强场	弱场	强场
d^0	0	0	0 Dq	0	0	0 Dq
d^1	−4 Dq	−4 Dq	−2.67 Dq	−2.67 Dq	−5.14 Dq	−5.14 Dq
d^2	−8 Dq	−8 Dq	−5.34 Dq	−5.34 Dq	−10.28 Dq	−10.28 Dq
d^3	−12 Dq	−12 Dq	−3.56 Dq	−8.01 Dq+P	−14.56 Dq	−14.56 Dq
d^4	−6 Dq	−16 Dq+P	−1.78 Dq	−10.68 Dq+$2P$	−12.28 Dq	−19.70 Dq+P
d^5	0 Dq	−20 Dq+$2P$	0 Dq	−8.9 Dq+$2P$	0 Dq	−24.82 Dq+$2P$

续表

d^n	正八面体场		正四面体场		平面正方形场	
	弱场	强场	弱场	强场	弱场	强场
d^6	−4 Dq	−24 Dq+2P	−2.67 Dq	−7.12 Dq+P	−5.14 Dq	−29.12 Dq+2P
d^7	−8 Dq	−18 Dq+P	−5.34 Dq	−5.34 Dq	−10.28 Dq	−26.84 Dq+P
d^8	−12 Dq	−12 Dq	−3.56 Dq	−3.56 Dq	−14.56 Dq	−24.56 Dq+P
d^9	−6 Dq	−6 Dq	−1.78 Dq	−1.78 Dq	−12.28 Dq	−12.28 Dq
d^{10}	0 Dq	0 Dq	0 Dq	0 Dq	0 Dq	0 Dq

注：表中计算的稳定化能均未扣除成对能 P，而且是以 Δ 为基准比较所得的相对值。

从表 12-2 可以发现以下几点规律：

(1) 在弱场中，d^0、d^5、d^{10} 构型的离子的 CFSE 均为 0。

(2) 除 d^0、d^5、d^{10} 外，无论是弱场还是强场，CFSE 的次序都是正方形＞八面体＞四面体。

(3) 在弱场中，正方形与正八面体稳定化能的差值以 d^3、d^8 为最大；而在强场中则以 d^6 为最大。

(4) 在弱场中，相差 5 个 d 电子的各对组态的稳定化能相等，如 d^1 与 d^6、d^3 与 d^8。这是因为弱场中无论何种几何构型的场，多出的 5 个电子，根据重心守恒原理，对稳定化能都没有贡献。

4. 姜-泰勒效应

实验证明，配位数为 6 的配合物并非都是正八面体。1937 年，姜(Jahn)和泰勒(Teller)指出，在对称的非线性分子中，如果一个体系的状态有几个简并能级，则是不稳定的。电子在简并轨道中的不对称占据会导致分子的几何构型发生畸变，从而降低分子的对称性和轨道的简并度，使体系的能量进一步下降，这种效应称为姜-泰勒效应。

d^{10} 结构的配合物应是理想的正八面体构型，而 d_9 ($t_{2g}^6 e_g^3$) 则不是正八面体，这里有可能出现两种排布情况：$(t_{2g})^6(d_{x^2-y^2})^2(d_{z^2})^1$ 和 $(t_{2g})^6(d_{x^2-y^2})^1(d_{z^2})^2$。

由 $d_{10}\rightarrow d_9$ 时，若去掉的是 $d_{x^2-y^2}$ 电子，则 d_9 的结构为 $(t_{2g})^6(d_{x^2-y^2})^1(d_{z^2})^2$。由于 $d_{x^2-y^2}$ 轨道上的电子比 d_{z^2} 轨道上的电子少一个，这样就减少了对 x、y 轴配位体的推斥力；中心原子对 xy 平面上的四个配体的吸引就大于对 z 轴上的两个配体的吸引，从而使 xy 平面上的四个配体内移，z 轴方向上的两个键伸长，形成四个短键、两个长键，成为拉长的八面体。因为四个短键上的配体对 $d_{x^2-y^2}$ 斥力大，故 $d_{x^2-y^2}$ 能级上升，d_{z^2} 能级下降。这就使得原简并的 e_g 一个上升，一个下降。若去掉的是 d_{z^2} 电子，则 d_9 的结构为 $(t_{2g})^6(d_{x^2-y^2})^2(d_{z^2})^1$，由于 d_{z^2} 轨道上缺少一个电子，在 z 轴上 d 电子对中心原子的核电荷的屏蔽效应比在 xy 平面上的小，中心原子对 z 轴方向上的两个配体的吸引就大于对 xy 平面上的四个配体的吸引，从而使 z 轴方向上两个键缩短，xy 面上的四条键伸长，成为压扁的八面体。结果 d_{z^2} 轨道能级上升，$d_{x^2-y^2}$ 轨道能级下降，消除了简并性。

无论采用哪一种几何畸变，都会引起能级的进一步分裂，消除简并(图 12-12)。

此时，由于能级最高的轨道中只有一个电子，因而与在正八面体场中的情况相比，中心原子将额外得到 $\frac{1}{2}\beta$ 的稳定化能，从而得以在此畸变了的尖四方双锥形配位位置中稳定下来。这是配合物变形的推动因素。如果上述所缺少的一个 e_g 电子不是 $d_{x^2-y^2}$ 轨道而是 d_{z^2} 轨道中的电子，则畸变的结果将形成由四个长键和两个短键所构成的扁四方双锥形配位体。其他形式的畸变，它们的具体情况虽然各不相同，但机理都是一样的。

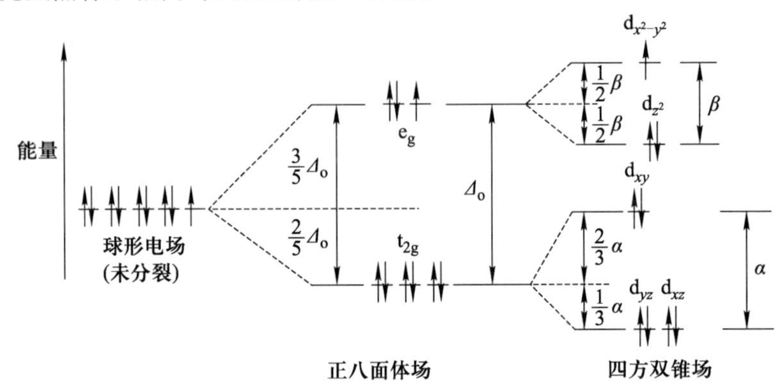

图 12-12　正八面体配体位置发生四方畸变时，Cu^{2+} ($3d^9$) d 轨道能级进一步分裂图

姜-泰勒效应不能指出究竟应该发生哪种几何畸变，但实验证明，Cu^{2+} ($3d^9$) 的六配位配合物，几乎都是拉长的八面体。这是因为在无其他能量因素影响时，形成两条长键、四条短键比形成两条短键、四条长键的总键能要大。

12.3.2　晶体场理论的应用

晶体场理论在配位化学中有广泛的应用，它能解释一些价键理论不能解释的实验现象。用晶体场理论能说明过渡金属配离子的吸收光谱和配合物呈现颜色的原因；根据配位场强弱、成对能 P 与分裂能 Δ 的相对大小，决定 d 电子的排布，了解配合物的自旋状态是高自旋还是低自旋，可以解释配合物的磁性等。

1. 解释配合物的磁性和稳定性

高自旋态即是 Δ 较小的弱场排列，不够稳定，成单电子多而磁矩高，具有顺磁性；低自旋态即是 Δ 较大的强场排列，较稳定，成单电子少而磁矩低。对比稳定性时，高自旋与外轨型，低自旋与内轨型似有对应关系，但二者是有区别的。高、低自旋是从稳定化能出发，而内、外轨型是从内外层轨道的能量不同出发。

例如，由于配体 F^- 和 CN^- 的场强不同，使得 $[FeF_6]^{3-}$ 中的 Fe^{3+} 与 $[Fe(CN)_6]^{3-}$ 中的 Fe^{3+} 电子排布不同，所以两者的磁性和稳定性不同。已知 Fe^{3+} 的价电子层为 $3d^5$，在 $[FeF_6]^{3-}$ 中 F^- 是弱场配体，6 个 F^- 自然是八面体场，$\Delta_o < P$，所以 $[FeF_6]^{3-}$ 中 Fe^{3+} 的电子排布为

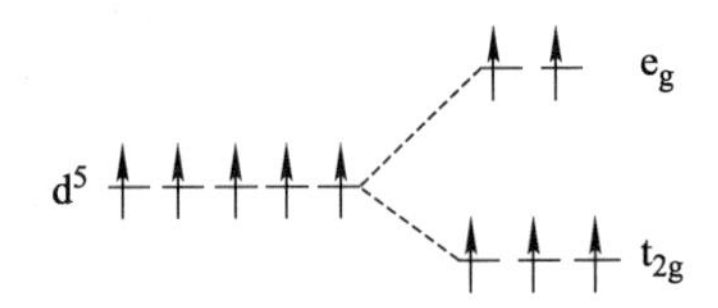

$$\text{CFSE} = xE(e_g) + yE(t_{2g}) + (n_1 - n_2)P = 2\times 6\ \text{Dq} + 3\times(-4\ \text{Dq}) + 0\times P = 0\ \text{Dq}$$

在$[Fe(CN)_6]^{3-}$中CN^-是强场配体，6个CN^-自然是八面体场，$\Delta_o > P$，所以$[Fe(CN)_6]^{3-}$中Fe^{3+}的电子排布为

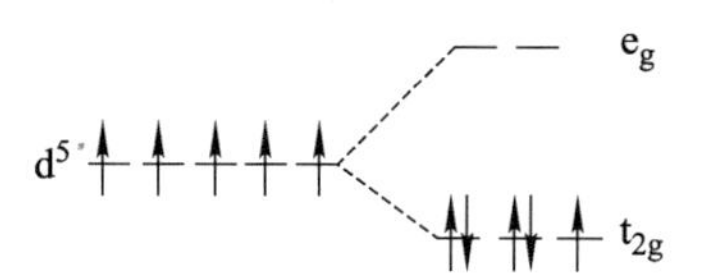

$$CFSE = xE(e_g) + yE(t_{2g}) + (n_1 - n_2)P = 5 \times (-4\ Dq) + 2P = -20\ Dq + 2P$$

根据$[FeF_6]^{3-}$小于$[Fe(CN)_6]^{3-}$的CFSE，可以判断$[Fe(CN)_6]^{3-}$稳定性大于$[FeF_6]^{3-}$。

根据理论磁矩公式$\mu = \sqrt{n(n+2)}$和离子的成单电子数，可以判断配合物的磁性：$[FeF_6]^{3-} > [Fe(CN)_6]^{3-}$。

2. 解释配合物的颜色

含有$d^1 \sim d^9$电子的过渡金属配合物一般是有颜色的。这是因为在配位场的作用下许多过渡金属离子d轨道能级分裂，分裂后的轨道没有被电子充满，电子可以在分裂后的不同轨道间跃迁，即通常所谓的d-d跃迁。其相应的能量间隔一般在10000～40000 cm^{-1}，相当于可见光及近紫外光区的波长范围，所以导致过渡金属配合物一般都具有颜色，颜色的深浅与跃迁电子数目有关。

当d轨道能级分裂为两组时，分裂能所对应的频率即吸收峰对应的频率，从分裂能的数量级就可以估计d-d跃迁的频率。Δ值的大小取决于配体场的强度、中心原子的氧化态、中心原子所在的周期及其d电子数。任一配合物的分裂能均可以看成中心原子及配体两个变数的函数，用数学式表达为

$$\Delta = f \cdot g$$

其中，f表示配体函数，g表示中心原子函数。分裂能可由实验测定，假定配体H_2O的$f=1$，测定一系列金属离子的水合物的分裂能，可得到金属离子的g值，于是可求得其他配体的f值。对于固定的金属离子，各配体f值大小顺序——光谱化学序列如下：

$$I^- < Br^- < S^{2-} < Cl^- < SCN^- < F^- < (NH_2)_2CO < OH^- \approx NO_2^- < HCOO^-$$
$$< C_2O_4^{2-} < H_2O < CH_2(COO)_2^{2-} < NCS^- < NH_2CH_2COO^-$$
$$< EDTA < Py \approx NH_3 < en < SO_3^{2-} < o\text{-phen} < CO \approx CN^-$$

若以配位原子排序，光谱化学序列可简化为

	I<	Br<	Cl<	S<	F<	O<	N
离子半径/pm	216	195	181	184	136	132	170

从离子半径可见，离子半径越小，库仑力越大，d轨道分裂能越大，故光谱化学序列场强与配位离子的半径大小顺序相反。

如果f固定，例如配体都是$H_2O(f=1)$，则当金属离子改变时，g的变化与金属离子所含的d电子数、金属离子的氧化态、金属离子所属的周期数等因素有关。

例如，水溶液中的Ti^{3+}以正八面体配离子$[Ti(H_2O)_6]^{3+}$形式存在，显紫红色。根据晶体场理论，Ti^{3+}只有一个3d电子，它在八面体场中的电子排布为$(e_g)^1$，当可见光照射到该配离子溶液时，处于e_g轨道上的电子吸收了可见光中波长为492.7 nm附近的光而跃迁到t_{2g}轨道。这一波长光子的能量恰好等于配离子的分裂能，10 Dq=20400 cm^{-1}，这时可见光中蓝绿色光被吸收，

剩下红色和紫色的光,故溶液显紫红色。

根据晶体场理论,配合物的颜色与 Δ 值有关,分裂能越大,要实现 d-d 跃迁就需要吸收更高能量的光子(即波长短的光子),就使配合物吸收光谱向短波方向移动。例如,$[Cu(H_2O)_4]^{2+}$ 主要吸收橙红光,吸收峰约在 12600 cm^{-1},配离子显蓝色;而$[Cu(NH_3)_4]^{2+}$ 主要吸收橙黄色光为主,吸收峰约在 15100 cm^{-1},配离子显深蓝色,这就是因为 NH_3 比 H_2O 的分裂能大。

电子构型为 d^{10} 的中心原子(如 Zn^{2+}、Ag^+),因 d 轨道上电子全充满,它们的配合物不可能产生 d-d 跃迁,因而没有颜色。

3. 解释配合物的空间结构

晶体场理论可以帮助人们推测配离子的空间结构。因为晶体场稳定化能既与分裂能有关,又与 d 电子数及其在高能量与低能量轨道中的分布有关。由表 12-3 可见,对于 d^0(全空)、d^{10}(全满)及弱场中的 d^5(半满)型过渡金属的配离子,其稳定化能均为零。除此以外,其余 d 电子数的过渡金属配离子的稳定化能,无论何种空间结构时均不为零,而且稳定化能愈大(即 CFSE 的负值愈大),则配离子愈稳定。按此比较,除 d^0、d^{10} 及 d^5(弱场)没有稳定化能的额外增益外,相同金属离子和相同配体的配离子的稳定性似应有如下顺序:

平面正方形>正八面体>正四面体

但实际情况却是正八面体配离子更稳定。这主要是由于正八面体配离子可以形成 6 个配位键,而平面正方形配离子只形成 4 个配位键,总键能前者大于后者,而且稳定化能的这些差别与总键能相比是很小一部分,因而正八面体更常见。只有两者的稳定化能的差值最大时,才有可能形成正方形配离子。而弱场中的 d^4、d^9 型离子以及强场下的 d^8 型离子,才是差值最大的情况,例如弱场中 Cu^{2+}(d^9)离子形成接近正方形的$[Cu(H_2O)_4]^{2+}$和$[Cu(NH_3)_4]^{2+}$,强场中的 Ni^{2+}(d^8)离子形成正方形的$[Ni(CN)_4]^{2-}$。比较正八面体和正四面体稳定化能可以看出,只有 d^0、d^{10} 及 d^5(弱场)时二者才相等,因此这三种组态的配离子在适合的条件下才能形成四面体。例如 d^0 型的$[TiCl_4]^-$、$[CrO_4]^{2-}$,d^{10} 型的$[Zn(NH_3)_4]^{2+}$、$[Cd(CN)_4]^{2-}$ 及弱场 d^5 型的$[FeCl_4]^-$ 等都是四面体构型。

4. 金属离子的水合热双峰曲线

离子的水合热的定义为,1 mol 最低能态的气态离子,在无限稀释的溶液中生成水合离子时放出的能量,用 $\Delta_h H^\ominus$ 表示,单位 $kJ \cdot mol^{-1}$。

$$M^{2+}(g) + H_2O \xlongequal[320]{\Delta_h H^\ominus} [M(H_2O)]^{2+}(aq)$$

若不考虑配位体的影响,根据热力学对水合热的计算,从 Ca^{2+} 到 Zn^{2+} 随着原子序数的增加,d 电子数增多,核电荷数增加,核对外层电子的吸引力增大,半径减小,水合热 $\Delta_h H^\ominus$ 依次增大,得一平缓上升的直线。但实际上,依实验数据作图,从 Ca^{2+} 到 Zn^{2+} 水合热却是一个双峰曲线(图 12-13)。

由表 12-3 可见 M^{2+} 水合离子 $d^0 \sim d^{10}$ 的 CFSE,水是弱场配体,无成对能 P 的问题。在 $\Delta_h H^\ominus$ 的值上,分别加上 CFSE 的值加以修正:d^0、d^5、d^{10} 仍在线上,d^3、d^8 为两峰值,得双峰曲线。这一事实也说明了 CFSE 的存在。

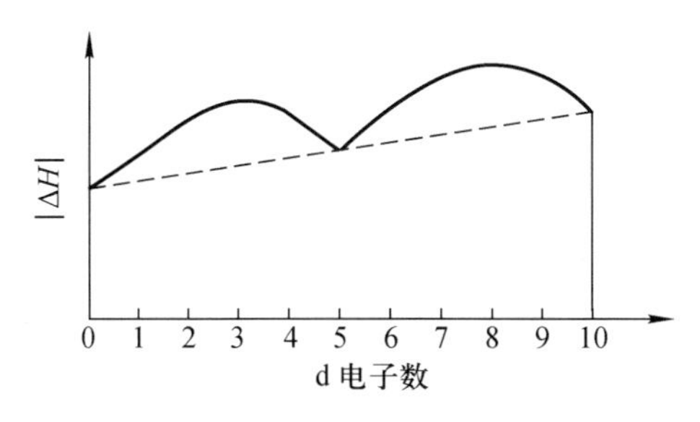

图 12-13　第四周期过渡金属离子的水合热双峰曲线

表 12-3　M^{2+} 水合离子 $d^0 \sim d^{10}$ 的 CFSE

d 电子数	0	1	2	3	4	5	6	7	8	9	10
CFSE/Dq	0	−4	−8	−12	−6	0	−4	−8	−12	−6	0

必须指出的是，晶体场稳定化能在数值上远远小于配位键的键能，因此运用晶体场稳定化能解释问题是很有限的。配位键的键能，才是配位化合物中占据主导地位的能量(表 12-4)。这是具有 CFSE 最大值的两个组态 d^3 和 d^8，CFSE 的值也只有 175 kJ · mol^{-1}和 122 kJ · mol^{-1}。与 $\Delta_h H^\ominus$的值相比，CFSE 是个很小的数，或者说是对键能的一种修正。将 CFSE 的作用夸大，与化学键的能量相提并论，用 CFSE 解释一切，是片面的、不可取的。

表 12-4　V^{2+} 和 Ni^{2+} 的双峰线数值和虚线数值比较

	双峰线数值/(kJ · mol^{-1})	虚线数值/(kJ · mol^{-1})
V^{2+}	1935	1760
Ni^{2+}	2113	1991

晶体场理论在配位化学中有广泛的应用，它能解释一些价键理论不能解释的实验现象。但是，晶体场理论也有它的局限性，它只考虑了中心原子与配体之间的静电作用，而没有考虑它们之间有一定程度的共价结合，因此它不能解释像 $Ni(CO)_4$、$Fe(CO)_5$ 等以共价键为主的配合物；它也不能解释光化学顺序的本质，例如中性 H_2O 分子为什么比带负电的卤素离子分裂能更大，而 CO 和 CN^- 等配位体的分裂能特别大，这些问题无法单纯用静电场解释。核磁共振等近代实验方法证明，金属离子的轨道与配位体分子轨道仍有重叠，也就是说，金属离子与配位体之间的化学键具有一定程度的共价成分。从 1952 年开始，人们把晶体场(或静电场)理论与分子轨道理论结合起来，提出了配位场理论。配位场理论更为合理地说明了配合物结构与其性质的关系，将在物质结构课程中进一步学习。

12.4　配合物的稳定性

影响配合物在溶液中的稳定性的因素很多，主要是中心原子、配位体的性质以及它们之间的相互作用。另外，温度、压力及溶液的酸度、浓度对配合物的稳定性也有一定影响。

12.4.1 中心与配体的关系

1963 年,皮尔生(R. G. Pearson)提出软硬酸碱原则,他把路易斯酸碱分为硬酸、硬碱,软酸、软碱,以及交界酸、交界碱。

软硬酸碱理论中,正电荷高、半径小、极化率小、变形性低的接受电子对的中心原子(离子)称为硬酸,例如 H^+、Li^+、Be^{2+}、Mg^{2+}、Al^{3+} 及高电荷、半径小的副族阳离子等;正电荷低或电荷为零、半径大、易变形的接受电子对的中心原子(离子)称为软酸,例如 Cu^+、Ag^+、Au^+、Hg^{2+}、Hg_2^{2+}、Pt^{2+} 等;介于硬酸和软酸两者之间的酸称为交界酸,例如 Fe^{2+}、Cu^{2+}、Co^{2+}、Zn^{2+}、Pb^{2+} 等;电负性大、变形性低的给出电子对的中心原子(离子)称为硬碱,例如 F^-、Cl^-、OH^-、H_2O、O^{2-}、NH_3、SO_4^{2-} 等;电负性小、变形性强的给出电子对的中心原子(离子)称为软碱,例如 I^-、S^{2-}、CN^-、SCN^-、CO、$S_2O_3^{2-}$ 等;介于两者之间的碱称为交界碱,例如 Br^-、SO_3^{2-}、NO_2^- 等。值得注意的是:在同一类硬酸(碱)中,软硬度也有差异,如 Cd、Hg 同属软酸,但其软度为 Cd<Hg;同一种元素,因氧化态不同,而属于不同类酸,如 Fe^{3+} 为硬酸,Fe^{2+} 为交界酸,Fe 为软酸。在分子或原子团中,取代基的电负性越大,电子对给予体或接受体原子的电子密度越小,有效核电荷增大,对价电子拉得更紧,酸或碱的硬度也越大;反之,则硬度越小。

软硬酸碱(SHAB)理论:硬亲硬,软亲软,软硬交界就不管。其意义是:硬酸倾向于与硬碱结合,软酸倾向于与软碱结合;而交界酸与软硬碱结合的倾向差不多,交界碱与软硬酸结合的倾向差不多。

配位化学中,作为中心原子(离子)的硬酸与配位原子各不相同的配体形成配合物的稳定性顺序为

$$F > O \gg N > Cl > Br > I > S > Se > Te$$

$$N \gg P > As > Sb$$

一般来说,属于硬酸的金属离子倾向于与其他原子以静电引力结合,因而作为配合物的中心原子的硬酸与配位原子电负性较大的硬碱较易结合,如 Fe^{3+} 硬酸类离子,其卤素配合物的稳定性随卤素原子序数增加而降低。

软酸金属离子形成的配合物的稳定性顺序与硬酸相反。这是因为软酸金属离子与配位原子间主要以共价键结合,倾向于与配位原子电负性较小的软碱结合,如 Ag^+、Hg^{2+} 软酸类金属离子,其卤素配合物的稳定性随卤素原子序数增加而增强。

高价金属离子多为硬酸,它们与硬碱 F^-、O^{2-}、OH^-、H_2O 等能形成最稳定的配合物。零价或低价的金属离子多为软酸,它们与软碱 CN^-、CO、R_3P、R_3As 等也形成最稳定配合物。

利用软硬酸碱理论可预测配合物之间稳定性的相对大小。例如,由软酸类金属离子 Cd^{2+} 分别与硬碱 NH_3 和软碱 CN^- 形成的配离子 $[Cd(NH_3)_4]^{2+}$ 及 $[Cd(CN)_4]^{2-}$,根据软硬酸碱理论中软亲软更稳定的原则,$[Cd(CN)_4]^{2-}$ 比 $[Cd(NH_3)_4]^{2+}$ 稳定。由稳定常数 $\lg\beta([Cd(CN)_4]^{2-})=18.24$ 大于 $\lg\beta([Cd(NH_3)_4]^{2+})=6.60$,说明预测是正确的。

12.4.2 螯合效应

螯合物是配合物的一种,"螯"指螃蟹的大钳,此名称比喻多齿配体像螃蟹一样用两只大钳紧紧夹住中心体。可形成螯合物的配体叫螯合剂。

螯合物的形成要求配体必须有两个或两个以上都能给出孤电子对的原子(主要是 N、O、S 等原子),这样才能与中心离子配位形成环状结构;配体能给出电子对的原子应间隔两个或三个其他原子,否则不能与中心离子形成稳定螯合物。常见的螯合剂如下:乙二胺(en,二齿)、2,2′-联吡啶(bipy,二齿)、1,10-二氮菲(phen,二齿)、草酸根(ox,二齿)、乙二胺四乙酸(EDTA,六齿)。

由多齿配位体与同一个中心原子作用形成环,这种伴随有螯合环形成的配位体与金属离子之间的相互作用称为螯合作用。螯合物有更高的稳定性,而且同一个金属离子周围的螯合环越多,其螯合作用程度越高,则该螯合物就越稳定,这种现象称为螯合效应。

值得一提的是,在分析化学中广泛应用的六齿配位体乙二胺四乙酸及其二钠盐(通常称为 EDTA),能提供 2 个氮原子和 4 个羧基氧原子与金属配位,可以用 1 个分子把需要六配位的金属离子紧紧包裹起来,形成具有 5 个螯合环的极稳定的产物,甚至能和形成配位化合物能力很差的碱土金属离子(如 Ca^{2+} 、Mg^{2+} 等)形成较稳定的 1∶1 型螯合物,其化学结构如图 12-14 所示。

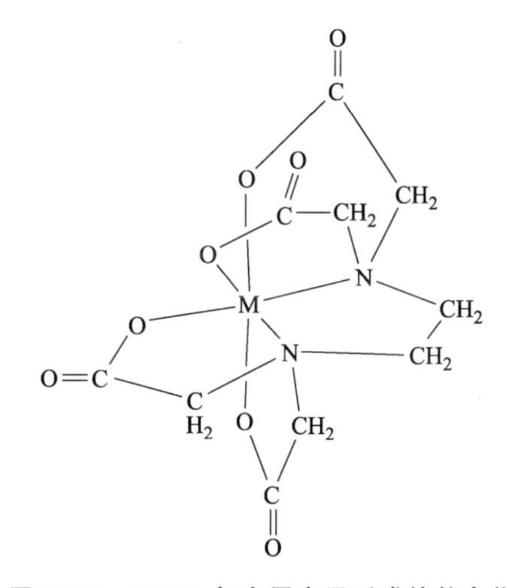

图 12-14 EDTA 与金属离子形成的螯合物

EDTA 与金属离子的螯合作用,可用于水的软化、锅炉中水垢的去除,在医学上可用于有毒金属离子中毒症的治疗。

对于同一种配位原子,多齿配体与金属离子形成螯合物时,由于形成螯环,比单齿配体形成的配合物稳定性高。这种由于螯环的形成而使螯合物比非螯合物具有特殊的稳定性的作用叫做螯合效应。例如:

$$Ni^{2+} + 6NH_3 \rightleftharpoons [Ni(NH_3)_6]^{2+} \qquad \lg K_s^\ominus = 8.61$$

$$Ni^{2+} + 3en \rightleftharpoons [Ni(en)_3]^{2+} \qquad \lg K_s^\ominus = 18.28$$

含有三个螯环的$[Ni(en)_3]^{2+}$比非螯合的相应的配合物$[Ni(NH_3)_6]^{2+}$稳定了近 10^{10} 倍。虽然并不是所有螯合效应都这样显著,但大量的事实证明,螯合物的特殊稳定性是普遍现象而非个别情况。一般来说,若配体与中心原子形成螯合物,螯合物与组成相似但未螯合的类似配合物相比有更高的稳定性,而且同一个金属离子周围的螯合环越多,其螯合作用程度越高,则该螯合物就越稳定。如果有反常现象,则可能是由于螯环张力太大,或根本没有形成螯环。

螯合物比相应的非螯合物稳定的主要原因是,单齿配体取代水合配离子中的水分子时,每个螯合剂分子可取代出两个或多个水分子，取代后增加了溶液中稳定存在的基本单元的数目，使体系的混乱度增加，而使体系的熵增加。例如：

$$[Cd(H_2O)_4]^{2+} + 4CH_3NH_2 \rightleftharpoons [Cd(CH_3NH_2)_4]^{2+} + 4H_2O \quad (a)$$

$$[Cd(H_2O)_4]^{2+} + 2en \rightleftharpoons [Cd(en)_2]^{2+} + 4H_2O \quad (b)$$

式(a)中，反应前后的溶液中稳定存在的基本单元的数目均为 5；而式(b)中，溶液中稳定存在的基本单元的数目由反应前的 3 个增加为反应后的 5 个。从 $\Delta G^{\ominus} = \Delta H^{\ominus} - T\Delta S^{\ominus} = -RT\ln K_s^{\ominus}$ 的关系式可知，若配体的改变对 $\Delta H^{\ominus}$ 影响不大，则 $\Delta S^{\ominus}$ 向正值方向变化时，将会造成 $K_s^{\ominus}$ 的增大。

在形成螯合物时，螯合环的大小及环的数目对螯合物的稳定性也有影响。一般说来，通常具有的五元或六元环的螯合结构更具稳定性。表 12-5 列出了 Ca^{2+} 与四元羧酸配合物的 $\lg K_s^{\ominus}$ 与环的大小的关系。

表 12-5　Ca^{2+} 与 $(^-OOCH_2)_2N(CH_2COO^-)$ 配合物的 $\lg K_s^{\ominus}$ 与环的大小的关系

n	成环原子数	$\lg K_s^{\ominus}$
2	5	10.7
3	6	7.1
4	7	5.1
5	8	4.6

由表 12-5 可知，五元环具有最大的稳定性，因为此时环的空间张力最小。如果螯环中存在共轭体系，则六元环的螯合物一般也很稳定。例如，水杨醛以及 β-二酮类与金属离子形成的螯合物(图 12-15)都很稳定。

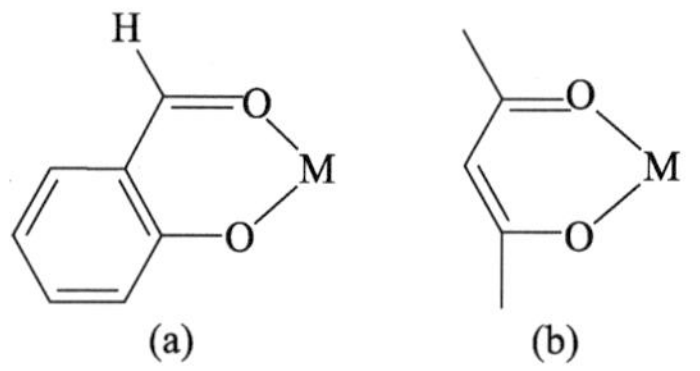

图 12-15　水杨醛(a)以及 β-二酮类(b)与金属离子形成的螯合物

正因为螯合物的稳定常数都非常高，许多螯合反应都是定量进行的，可以用于滴定分析。使用螯合物还可以掩蔽金属离子。

由于螯合物的特殊稳定性，已很少能反映金属离子在未螯合前的性质。金属离子在形成螯合物后，在颜色、氧化还原稳定性、溶解度及晶形等性质上发生了巨大的变化。很多金属螯合物具有特征性的颜色，而且这些螯合物可以溶解于有机溶剂中。利用这些特点，可以进行沉淀、溶剂萃取分离、比色定量等分析分离工作。

12.4.3　中心的影响

中心原子作为配合物形成体能力的主要因素有金属离子的电荷、半径及电子构型。

1. 中心原子的半径和电荷

一般来说，同一元素或同周期元素作为中心原子，当配位体一定时，这些配离子的稳定性取决于中心原子的电荷和半径。中心原子的半径相近时，电荷愈高，形成的配离子越稳定。例如：

$$[Co(NH_3)_6]^{2+} \qquad K_s^\ominus = 1.29 \times 10^5$$

$$[Co(NH_3)_6]^{3+} \qquad K_s^\ominus = 1.58 \times 10^{35}$$

一般来说，电荷相同的同族元素作为中心原子，中心原子的半径愈小，配位化合物越稳定。例如：

$$[Ca(EDTA)]^{2-} \qquad K_s^\ominus = 9.90 \times 10^{10}$$

$$[Ba(EDTA)]^{2-} \qquad K_s^\ominus = 7.24 \times 10^7$$

金属离子电荷与半径对配合物的稳定性的综合影响可用金属离子的离子势 Z^2/r 来表示，该值的大小常与所生成的配合物的稳定常数大小一致，但这仅限于较简单的离子型配合物。

2. 金属离子的电子构型

(1) 8e 构型的惰性气体型金属离子(d^0)

一般而言，这一类型的金属离子形成配合物的能力较差，它们与配体的结合力主要是静电引力，因此，配合物的稳定性主要取决于中心原子的电荷和半径，而且电荷的影响明显大于半径的影响，综合考虑用 Z^2/r。这样的典型金属离子为碱金属、碱土金属离子，以及 B^{3+}、Al^{3+}、Si^{4+}、Sc^{3+}、Y^{3+}、RE^{3+}、Ti^{4+}、Zr^{4+}、Hf^{4+} 等离子。一般而言，Z^2/r 值愈大，配离子愈稳定。但也有特例：Mg^{2+} 与 EDTA 的螯合比 Ca^{2+} 稳定性小，主要为空间位阻所致。即可能由于离子半径较小，在它周围容纳不下多齿配体的所有配位原子，产生空间位阻，因而造成配体不能“正常”地与其配合。

8e 构型的惰性气体型金属离子与 O、F 做配位原子的配体所形成的配合物的稳定性大于 N、S、C 作为配位原子的配合物。例如，碱金属通常只形成氧作为配位原子的配合物；又如，稀土元素与乙二胺乙二酸(EDDA)所形成的配合物就不如氨三乙酸(NTA)的稳定。这也可认为是，EDDA 与稀土离子配合时利用两个羧氧和两个胺氮，而 NTA 利用三个羧氧和一个胺氮，故 NTA 比 EDDA 与稀土配合的能力强。

(2) 18e 构型的金属离子(d^{10})

由于 18e 构型的离子与电荷相同、半径相近的 8e 构型的金属离子相比，往往有程度不同的共价键性质，而且多数共价键占优势，因此总的说来它们的配位能力要比相应的 8e 构型的配离子强，并且与某些配体形成的配离子的稳定性递变规律也不同于惰性气体型的金属离子。这样的典型金属离子有 Cu^+、Ag^+、Au^+、Zn^{2+}、Cd^{2+}、Hg^{2+}、Ga^{3+}、In^{3+}、Tl^{3+}、Ge^{4+}、Sn^{4+}、Pb^{4+} 等离子。18e 构型的金属离子与 F^- 及氧原子作为配位原子的配体配位能力较差，而与 N、S、C 原子作为配位原子的配体的配位能力强。稳定性顺序如下：

$$S \approx C > I > Br > Cl > N > O > F$$

(3) (18+2)e 构型的金属离子($d^{10}s^2$)

(18+2)e 构型的金属离子比电荷相同、半径相近的惰性气体型金属离子的配位能力稍强，但比 18e 构型金属离子的配位能力弱得多。这类金属离子的配离子中，目前除 Tl^+、Sn^{2+}、Pb^{2+} 外，已知的稳定常数数据很少，因此，尚难以总结出这一类金属离子生成配离子的稳定性规律。

(4) (9～17)e 构型的金属离子($d^{1\sim9}$)

这类金属离子的配离子研究得最多的是第四周期的 $Mn^{2+}(d^5)$、$Fe^{2+}(d^6)$、$Co^{2+}(d^7)$、$Ni^{2+}(d^8)$和 $Cu^{2+}(d^9)$等的配离子,结果表明,+2 氧化态的这些离子(以及第四周期的 Zn^{2+})与几十种配体形成的配离子,其稳定性顺序基本上都是

$$Mn^{2+} < Fe^{2+} < Co^{2+} < Ni^{2+} < Cu^{2+} < Zn^{2+}$$

这个顺序叫做欧文-威廉斯(Irving-Williams)顺序,可用 CFSE 解释。对于稳定性 $Ni^{2+} < Cu^{2+}$,可用姜-泰勒效应解释。

12.4.4 配体的影响

配体的性质直接影响配合物的稳定性,如酸碱性、空间位阻等因素都影响配合物的稳定性。

1. 配体的碱性

配体的碱性: $H^+ + L^- \rightleftharpoons HL \quad K_{HL} = \dfrac{c(HL)}{c(H^+)c(L^-)}$

配合物的稳定性: $M + L \rightleftharpoons ML \quad K_{ML} = \dfrac{c(M^+)c(L^-)}{c(ML)}$

一般而言,当配位原子相同时,结构类似的配体与同种金属离子形成配合物时,K_{HL}与 K_{ML}大小顺序一致,也就是配体的碱性越强(即对 H^+ 和 M^{n+} 离子的结合力越强),相应配合物的稳定性也越高。例如,Cu^{2+} 的配合物:

配体	$\lg K_H$	$\lg K_1$
$BrCH_2CO_2H$	2.86	1.59
ICH_2CO_2H	4.05	1.91
$PhCH_2CO_2H$	4.31	1.98

但当配位原子不同时,往往得不到"配体碱性越强,配合物稳定性越高"的结论。

2. 配体的空间位阻效应

如果在多齿配体的配位原子附近结合着体积较大的基团,则有可能妨碍配合物的顺利形成,从而导致配合物稳定性降低。在某些情况下,甚至不能形成配合物,这种现象称为空间位阻。例如,菲咯啉(结构见图 12-16)是 Fe^{2+} 的灵敏试剂,同 Fe^{2+} 生成鲜红色的配合物,其稳定常数 $K_s^\ominus = 3.16 \times 10^{21}$;但若在 C2,C9 位置上引入甲基或苯基后,就不与 Fe^{2+} 发生反应,因为甲基或苯基在配位原子 N 的邻位,对配合物的生成起了阻碍作用。

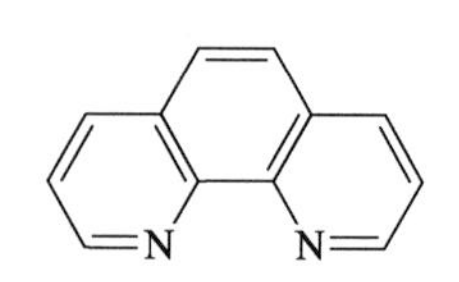

图 12-16 菲咯啉的结构示意图

再如,8-羟基喹啉及 2(或 4)-甲基-8-羟基喹啉(结构见图 12-17):虽然三种配体的碱性相近,但 2-甲基-8-羟基喹啉与某些金属离子形成的配合物比相应的 8-羟基喹啉或 4-甲基-8-羟基喹啉的配合物稳定性低。这是由于 C2 位上的甲基靠近配位原子氮,产生空间位阻;而 C4 位上的甲基距配位原子较远,所以 4-甲基-8-羟基喹啉生成的配合物与相应的 8-羟基喹啉的配合物的稳定性相差不大。

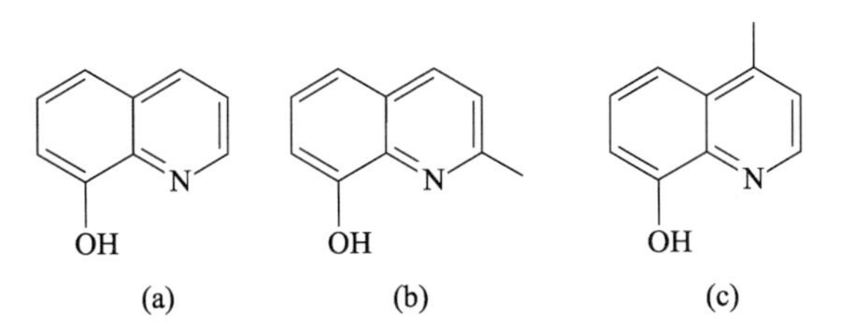

图 12-17　8-羟基喹啉(a)及 2(或 4)-甲基-8-羟基喹啉(b)(c)的结构示意图

12.4.5　反位效应

在混合配合物中，某些不同的配体容易聚集在一起，同中心原子形成稳定的配合物。一般说来，软碱极化率大，易于变形，当与酸结合后，由于被极化，电子对偏向于酸，使酸的软度增加，因而更倾向于与其他软碱结合；而硬碱与酸结合后，使酸的硬度增加，因而更倾向于与其他硬碱结合，这种软-软或硬-硬相聚的趋势称为共生效应或类聚效应。例如，对$[Co(NH_3)X]^{2+}$及$[Co(CN)X]^{2+}$(X 为卤素)，在前者中稳定性顺序是$F^- > Cl^- > Br^- > I^-$，而在后者中其稳定性顺序却恰好相反。在$[Co(NH_3)X]^{2+}$配合物中NH_3属硬碱，$[Co(CN)X]^{2+}$配合物中CN^-属软碱，同类的配体容易聚在一起同中心原子形成稳定的配合物，故$[Co(NH_3)X]^{2+}$与F^-的配位能力最强，而$[Co(CN)X]^{2+}$与I^-的配位能力最强。

另外，在配合物的配体取代反应中，在平面四边形配合物中，一个已配位的配体对于反位上的配体的取代速率的影响，也就是对于其反位配体的活化作用称为反位效应或反类聚效应。反位效应顺序如下：

$$CO \approx CN^- \approx C_2H_2 > PR_3$$

$$H^- > CH_3^-$$

$$SCN^- > Br^- > Cl^- > Py$$

$$NH_3 > OH^- > H_2O$$

例如，$[PtCl_4]^{2-}$与NH_3或NO_2^-发生二次取代反应过程见图 12-18。

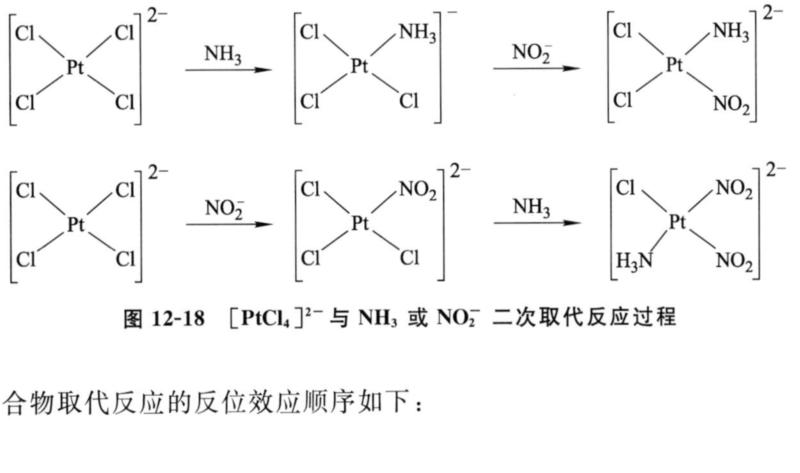

$[Pt(Cl)(Cl)(Cl)(Cl)]^{2-}$ —NH_3→ $[Pt(Cl)(NH_3)(Cl)(Cl)]^-$ —NO_2^-→ $[Pt(Cl)(NH_3)(Cl)(NO_2)]^{2-}$

$[Pt(Cl)(Cl)(Cl)(Cl)]^{2-}$ —NO_2^-→ $[Pt(Cl)(NO_2)(Cl)(Cl)]^{2-}$ —NH_3→ $[Pt(Cl)(NO_2)(H_3N)(NO_2)]^{2-}$

图 12-18　$[PtCl_4]^{2-}$与 NH_3 或 NO_2^- 二次取代反应过程

Pt(Ⅱ)配合物取代反应的反位效应顺序如下：

$$CO \approx CN^- \approx C_2H_4 > H^- \approx PR_3 > NO_2^- \approx I^- \approx SCN^- > Br^- > Cl^- > Py$$
$$\approx RNH_2 \approx NH_3 > OH^- > H_2O$$

排在前面的取代基,活化作用强,对位上的配体易离去。反位效应是平面四边形配合物进行取代反应的一个重要特征,可应用于说明已知合成方法的原理和制备各种配合物。

反位效应可以抵消类聚效应。例如:在 Pd^{2+} 的配合物中,$(CH_3)_2N(CH_2)_2PPh_3$ 为软的配体,在反位更容易与硬的配体 NCS 优先结合;而在 Ir^+ 的配合物中,软的 CO 反位是硬的 N,而不是 S,这种匹配才能使配合物更加稳定(图 12-19)。

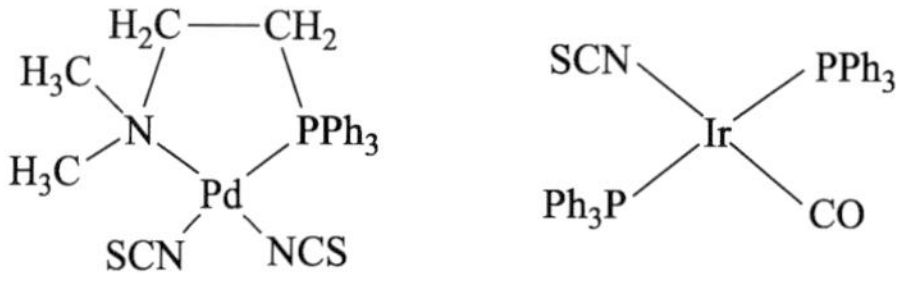

图 12-19 Ir^+ 和 Pd^{2+} 的配合物

反位效应的次序只是一个经验次序,它是在研究大量的 Pt(Ⅱ)配合物的基础上得到的。至今尚未找到一个对一切金属配合物都适用的反位效应次序,即使对 Pt(Ⅱ)配合物也常有例外。

12.4.6 18 电子规则

非过渡金属(s 区、p 区)形成的有机金属化合物遵守八隅体规则,即金属的价电子数与配体提供成键的电子数总和等于 8 的分子是稳定的。对于过渡金属(d 区)来说,它们形成的配合物应遵守 18 电子规则,即有效原子序数规则(EAN 规则)。

18 电子规则是西奇维克(N. V. Sidgwick)在路易斯(G. N. Lewis)的 8 电子规则基础上提出的,适用于 8 电子规则不适用的过渡金属配合物部分。18 电子规则是过渡金属簇合物化学中比较重要的一个概念,常用来预测金属配合物的结构和稳定性。

18 电子规则是指,具有 9 个价轨道[5 个 $(n-1)$d、1 个 ns 和 3 个 np 轨道]组态的过渡金属配合物,当接受配体提供的价电子和容纳金属原子或离子本身的价电子总数为 18 或 16 时,则形成具有惰性气体的稳定电子组态。这种配合物一般都是很稳定的。18 电子规则不考虑中心原子内层电子,只考虑外层和次外层的电子(即价电子)。填满中心原子价电子层的过程常由金属原子与配体间共享电子完成。

从分子轨道上看,金属配合物的原子轨道重组成 9 个成键与非键分子轨道。尽管还有一些能级更高的反键轨道,但 18 电子规则的实质是这 9 个能量最低的分子轨道都被电子填充的过程。18 电子规则主要用于羰基及其他非经典配合物结构中。

所谓金属中心价电子的数目(NVE),对于电中性的配合物是金属本身的价电子和由配体所提供的电子数之和。对配体来说,形成一个共价配键提供一个电子,孤电子对配体提供两个电子,每个不饱和 η^n-配体提供 n 个电子。对于带电荷的配合物,金属中心价电子的数目是未配位时金属价电子层中的电子数加上或减去配位离子的电荷数和配体形式上贡献给金属的电子数之和。例如:

$[Cr(CO)_6]^{3+}$　Cr：$3d^5 4s^1$　6e　$(CO)_6$：(2×6)e=12e　NVE=18e

$[Fe(CO)_5]^{3+}$　Fe：$3d^6 4s^2$　8e　$(CO)_5$：(2×5)e=10e　NVE=18e

$[Co(NH_3)_6]^{3+}$　Co：$3d^7 4s^2$　(9−3)e=6e　$(NH_3)_6$：(2×6)e=12e　NVE=18e

在过渡金属配合物中，金属的氧化态是指配体从金属外层轨道[包括$(n-1)$d，ns 和 np 轨道]取走电子后剩余的形式电荷数。金属氧化态的确定与配体的形式电荷有关。关于配体形式电荷的确定有以下经验规则：

(1) 氢和卤素的形式电荷都为−1，如$(PPh_3)_2PtCl_2$ 中 Pt 的氧化态为+2。

(2) NH_3、PR_3、AsR_3、SR_2、CO 等中性配体的形式电荷为 0，如 $CH_3Mn(CO)_3$ 中 Mn 的氧化态为+1。

(3) 含碳配体的形式电荷根据与金属键合的碳原子数来决定。键合碳原子数为奇数时，形式电荷为−1；键合碳原子数为偶数时，形式电荷为 0。如 $Fe(CO)_3(C_4H_4)$中 Fe 的氧化态为 0。

常见配体提供电子数的计算如下：

(1) 一氧化氮为三电子给予体。NO 分子虽不是有机配体，但与 CO 十分类似，可理解成 NO^+，与 CO 为等电子体。NO 参加配体是以三电子成键，因而许多有亚硝酰做配体的配合物能符合 EAN 规则。如：

$[Co(CO)_3NO]$　NVE=(9+6+3)e=18e

$[Mn(CO)(NO)_3]$　NVE=(7+2+9)e=18e

$[Cr(NO)_4]$　NVE=(6+12)e=18e

(2) CO、PPh_3、H^-、X^-、烷基和芳基为二电子给予体。

(3) 中性有机分子每个双键或叁键为二电子给予体；但丁二烯(C_4H_6)、环丁烯(C_4H_4)则为四电子给予体；环戊二烯基和羰基的混合配合物中，环戊二烯基作为 5 个电子。例如：

$[Mn(CO)_3(C_5H_5)]$　NVE=(7+6+5)e=18e

$[Co(CO)_2(C_5H_5)]$　NVE=(9+4+5)e=18e

$[V(CO)_4(C_5H_5)]$　NVE=(5+8+5)e=18e

(4) 对不饱和的碳氢分子或离子可按参加配位双键的 π 电子数目计算。含有 3 个或 3 个以上双键的烯烃，提供的 π 电子数是可变的(即配位的 C 原子数可变)。例如：

$[Mn(CO)_5(C_2H_4)]^+$　NVE=(7+2+10−1)e=18e

$[Cr(C_6H_4)_2]$　NVE=(6+2×6)e=18e

$[Fe(C_4H_6)(CO)_3]$　NVE=(8+4+6)e=18e

各类配体在计算 NVE 时所提供的电子数列于表 12-6 中。

需要指出的是，在计算金属 NVE 时要注意配合物实际存在的形式，如是否是多核及配体桥式配合物，多齿配体是几齿配位，在溶液中还要考虑溶剂是否也参与配位等等复杂情况。

此外，也有少数二者之和为 16e 的配合物也稳定。位于周期表右下角的过渡金属 Ir^+、Pt^{2+} 都能形成外层总电子数为 16 的配合物。例如：

$[Ir(PPh_3)_2COCl]$　Ir^+：d^8　8e　$(PPh_3)_2$：(2×2)e=4e　CO：2e　Cl^-：2e　NVE=16e

表 12-6　各类配体在计算 NVE 时所提供的电子数

配体	EAN 规则所提供的电子数	配体	EAN 规则所提供的电子数
H	1	烯烃(每个双键)	2
烷基、酰基	1	烯丙基(CH_2═CH—CH_2—)	3
羰基	2	环戊二烯基(C_5H_5—)	5
亚硝酰	3	环庚三烯基(C_7H_7—)	7
单齿配体 Cl^-,PR_3 等	2	苯基	6

满足 18 电子规则的配合物通常较稳定,不容易发生氧化还原反应,也不容易发生分解。例如$[Fe(C_5H_5)_2]$、$[Ni(CO)_4]$、$[Fe(CO)_5]$、$[Fe_2(CO)_9]$、$[Co_2(CO)_8]$、$[Cr(C_6H_6)_2]$和$[Mo(CO)_3(C_6H_6)]$等满足 18 电子规则的配合物都较稳定。不满足 18 电子规则的配合物容易氧化、还原或聚合成多核配合物,以符合该规则。例如不满足 18 电子规则的 $Co(C_5H_5)_2$ 和 $Ni(C_5H_5)_2$ 易被氧化;$V(CO)_6$ 易转化为$[V(CO)_6]^-$;$Mn(CO)_5$ 和 $Co(CO)_5$ 不存在,但已合成出相应满足 18 电子规则的 $HMn(CO)_5$ 和 $HCo(CO)_4$。但需要注意的是,并不是所有低氧化态金属的 π 酸配合物都符合 18 电子规则,也不是所有高价金属的非 π 酸配合物都不符合。因此,需要针对配合物自身的情况,具体问题具体分析。

12.5　配位平衡

12.5.1　配位平衡及其平衡常数

1. 配合物的标准稳定常数和标准不稳定常数

在 $CuSO_4$ 溶液中加入过量氨水,有深蓝色的$[Cu(NH_3)_4]^{2+}$配离子生成,反应式为

$$Cu^{2+} + 4NH_3 = [Cu(NH_3)_4]^{2+}$$

此反应称为配位反应(也叫络合反应)。

在配合物中,配合物的内界与外界之间是以离子键结合的,与强电解质类似,水溶液中几乎完全离解:

$$[Cu(NH_3)_4]SO_4 = [Cu(NH_3)_4]^{2+} + SO_4^{2-}$$

配合物的内界部分,由于配离子是由中心原子和配位体以配位键结合起来的,因此在水溶液中比较稳定。但也并不是完全不能离解成简单离子,实质上和弱电解质类似,也有微弱的离解现象。例如,在水溶液中,$[Cu(NH_3)_4]^{2+}$有极少部分发生离解:

$$[Cu(NH_3)_4]^{2+} \rightleftharpoons Cu^{2+} + 4NH_3$$

该离解过程是可逆的,在一定温度下可达到平衡。根据化学平衡原理,其标准平衡常数表达式为

$$K_s^\ominus([Cu(NH_3)_4]^{2+}) = \frac{c_{eq}([Cu(NH_3)_4]^{2+})/c^\ominus}{[c_{eq}(Cu^{2+})/c^\ominus]\cdot[c_{eq}(NH_3)/c^\ominus]^4}$$

这就是$[Cu(NH_3)_4]^{2+}$的离解平衡常数。对于配体个数相同的配离子,$K_s^\ominus$ 越大,表示形成配离

子的倾向越大，此配合物越稳定。所以，配离子的生成常数又称为稳定常数。

配离子的稳定性除了用标准稳定常数表示以外，也可以用标准不稳定常数 $K_{is}^{\ominus}$表示：

$$K_{is}^{\ominus}([Cu(NH_3)_4]^{2+})=\frac{[c_{eq}(Cu^{2+})/c^{\ominus}]\cdot[c_{eq}(NH_3)/c^{\ominus}]^4}{c_{eq}([Cu(NH_3)_4]^{2+})/c^{\ominus}}$$

$K_{is}^{\ominus}$越大，平衡时中心原子和配体的浓度越大，配离子越易离解，其稳定性就越低。同一配合物的标准平衡常数与标准不稳定常数之间的关系是

$$K_s^{\ominus}=\frac{1}{K_{is}^{\ominus}}$$

我们更经常使用配合物生成反应的平衡常数 $K_s^{\ominus}$ 来表示配合物的稳定性。

【例 12-3】 在含有 Zn^{2+} 的稀氨水溶液中，达配位平衡时，有一半 Zn^{2+} 已经形成 $[Zn(NH_3)_4]^{2+}$，自由氨的浓度为 $6.7\times10^{-3}\,mol\cdot L^{-1}$。计算$[Zn(NH_3)_4]^{2+}$的标准稳定常数和标准不稳定常数。

解

$$[Zn(NH_3)_4]^{2+}\rightleftharpoons Zn^{2+}+4NH_3$$

$[Zn(NH_3)_4]^{2+}$的标准稳定常数为

$$K_s^{\ominus}([Zn(NH_3)_4]^{2+})=\frac{c_{eq}([Zn(NH_3)_4]^{2+})/c^{\ominus}}{[c_{eq}(Zn^{2+})/c^{\ominus}]\cdot[c_{eq}(NH_3)/c^{\ominus}]^4}=\frac{1}{(6.7\times10^{-3})^4}=5.0\times10^8$$

$[Zn(NH_3)_4]^{2+}$的标准不稳定常数为

$$K_{is}^{\ominus}([Zn(NH_3)_4]^{2+})=\frac{1}{5.0\times10^8}=2.0\times10^{-9}$$

2. 标准稳定常数的应用

(1) 判断配位反应进行的方向

在一种配合物的溶液中，加入另一种配位原子或中心原子，它也能与原配合物中的中心原子或配体形成新的配合物，这类反应也称配位反应。配位反应总是向形成更稳定配离子的方向进行，两种配离子的稳定常数相差越大，反应就越彻底，转化也越完全。利用标准平衡常数就可以判断反应进行的方向。

【例 12-4】 判断下列配位反应进行的方向：

$$[Ag(NH_3)_2]^++2CN^-\rightleftharpoons[Ag(CN)_2]^-+2NH_3$$

解　查得：$K_s^{\ominus}([Ag(NH_3)_2]^+)=1.67\times10^7$，$K_s^{\ominus}([Ag(CN)_2]^-)=2.48\times10^{20}$

上述配位反应的标准平衡常数为

$$K^{\ominus}=\frac{\frac{c_{eq}([Ag(CN)_2]^-)}{c^{\ominus}}\cdot\left[\frac{c_{eq}(NH_3)}{c^{\ominus}}\right]^2}{\frac{c_{eq}([Ag(NH_3)_2]^+)}{c^{\ominus}}\cdot\left[\frac{c_{eq}(CN^-)}{c^{\ominus}}\right]^2}=\frac{K_s^{\ominus}([Ag(CN)_2]^-)}{K_s^{\ominus}([Ag(NH_3)_2]^+)}=\frac{2.48\times10^{20}}{1.67\times10^7}$$

$$=1.49\times10^{13}$$

据此判定，配位反应向生成$[Ag(CN)_2]^-$的正反应方向进行。若加入足量的 CN^-，$[Ag(NH_3)_2]^+$可全部转化成$[Ag(CN)_2]^-$。

(2) 计算中心原子和配体的平衡浓度

溶液中的金属离子与配体形成配离子时,游离金属离子的浓度降低,其降低的程度由配离子的稳定常数及配体的浓度所决定。因此,可以用稳定常数对溶液中配体和中心原子的平衡浓度进行计算。

【例 12-5】 计算 0.10 $mol \cdot L^{-1}$ $[Ag(NH_3)_2]^+$ 溶液中 Ag^+ 和 NH_3 的浓度。

解 设溶液中 Ag^+ 的平衡浓度为 x $mol \cdot L^{-1}$,则有

	$[Ag(NH_3)_2]^+$	$\rightleftharpoons$ Ag^+	+ $2NH_3$
$c_0/(mol \cdot L^{-1})$	0.10	0	0
$\Delta c/(mol \cdot L^{-1})$	$-x$	$+x$	$+2x$
$c_{eq}/(mol \cdot L^{-1})$	$0.10-x$	x	$2x$

标准平衡常数表达式为

$$\frac{[c_{eq}(Ag^+)/c^\ominus] \cdot [c_{eq}(NH_3)/c^\ominus]^2}{c_{eq}([Ag(NH_3)_2]^+)/c^\ominus}=\frac{1}{K_s^\ominus([Ag(NH_3)_2]^+)}$$

代入数据:

$$\frac{x(2x)^2}{0.1-x}=\frac{1}{1.67\times10^7}$$

由于 $K_s^\ominus$ 很大,因此 x 很小,可近似认为 $0.10-x=0.10$。

由上式得

$$\frac{x(2x)^2}{0.1}=\frac{1}{1.67\times10^7}$$

解得

$$x=1.1\times10^{-3}$$

因此,溶液中 Ag^+ 和 NH_3 的平衡浓度分别为

$$c_{eq}(Ag^+)=x\ mol \cdot L^{-1}=1.1\times10^{-3}\ mol \cdot L^{-1}$$

$$c_{eq}(NH_3)=2x\ mol \cdot L^{-1}=2\times1.1\times10^{-3}\ mol \cdot L^{-1}=2.2\times10^{-3}\ mol \cdot L^{-1}$$

【例 12-6】 在 10.0 mL 0.040 $mol \cdot L^{-1}$ $AgNO_3$ 溶液中加入 10.0 mL 2.0 $mol \cdot L^{-1}$ NH_3 溶液,计算平衡溶液中配体、中心原子和配合物的浓度。

解 两种溶液混合后,Ag^+ 和 NH_3 的起始浓度为

$$c_0(Ag^+)=\frac{0.0100\ L\times0.040\ mol \cdot L^{-1}}{0.0100\ L+0.0100\ L}=0.020\ mol \cdot L^{-1}$$

$$c_0(NH_3)=\frac{0.0100\ L\times2.0\ mol \cdot L^{-1}}{0.0100\ L+0.0100\ L}=1.0\ mol \cdot L^{-1}$$

由于 NH_3 过量,且 $K_s^\ominus([Ag(NH_3)_2]^+)$很大,可假定 Ag^+ 全部生成$[Ag(NH_3)_2]^+$。再设平衡时$[Ag(NH_3)_2]^+$解离出的 Ag^+浓度为 x $mol \cdot L^{-1}$,则

	$[Ag(NH_3)_2]^+$	$\rightleftharpoons$ Ag^+	+ $2NH_3$
$c_{eq}/(mol \cdot L^{-1})$	$0.020-x$	x	$1.0-2\times(0.020-x)$

标准平衡常数表达式为

$$\frac{[c_{eq}(Ag^+)/c^\ominus] \cdot [c_{eq}(NH_3)/c^\ominus]^2}{c_{eq}([Ag(NH_3)_2]^+)/c^\ominus}=\frac{1}{K_s^\ominus([Ag(NH_3)_2]^+)}$$

代入数据，得

$$\frac{x(1.0-2\times0.20+2x)^2}{0.020-x}=\frac{1}{1.67\times10^7}$$

解得

$$x=1.4\times10^{-9}$$

因此，Ag^+、NH_3、$[Ag(NH_3)_2]^+$ 的平衡浓度分别为

$$c_{eq}(Ag^+)=x\ mol\cdot L^{-1}=1.4\times10^{-9}\ mol\cdot L^{-1}$$

$$c_{eq}(NH_3)=(1.0-2\times0.020+2\times1.4\times10^{-9})\ mol\cdot L^{-1}=0.96\ mol\cdot L^{-1}$$

$$c_{eq}([Ag(NH_3)_2]^+)=(0.020-1.4\times10^{-9})\ mol\cdot L^{-1}=0.020\ mol\cdot L^{-1}$$

(3) 判断难溶强电解质的沉淀和溶解

若往一定的配合物溶液中加入某沉淀剂，是否会有沉淀生成？或在一定量的沉淀中加入一种配位剂，看此沉淀是否会因生成配合物而溶解。这是配离子与沉淀之间的转化，是沉淀溶解平衡与配位平衡的竞争。两种平衡互相影响和制约，这就要利用配离子的稳定常数($K_s^\ominus$)和沉淀的溶度积常数(K_{sp})的大小来判断。

【例12-7】 若在含有 2.0 $mol\cdot L^{-1}$ NH_3 的 0.10 $mol\cdot L^{-1}$ $[Ag(NH_3)_2]^+$ 溶液中加入 NaCl 固体，使 NaCl 浓度达到 0.0010 $mol\cdot L^{-1}$ 时，有无 AgCl 沉淀生成？

解 生成 AgCl 沉淀的反应为

$$[Ag(NH_3)_2]^+(aq)+Cl^-(aq)\rightleftharpoons AgCl(s)+2NH_3(aq)$$

反应的标准平衡常数为

$$K^\ominus=\frac{\left[\frac{c_{eq}(NH_3)}{c^\ominus}\right]^2}{\frac{c_{eq}([Ag(NH_3)_2]^+)}{c^\ominus}\cdot\frac{c_{eq}(Cl^-)}{c^\ominus}}=\frac{1}{K_s^\ominus([Ag(NH_3)_2]^+)\cdot K_{sp}^\ominus(AgCl)}$$

$$=\frac{1}{1.67\times10^7\times1.8\times10^{-10}}=3.3\times10^2$$

该反应的反应商 Q 为

$$Q=\frac{\left[\frac{c(NH_3)}{c^\ominus}\right]^2}{\frac{c([Ag(NH_3)_2]^+)}{c^\ominus}\cdot\frac{c(Cl^-)}{c^\ominus}}=\frac{(2.0)^2}{0.10\times0.0010}=4.0\times10^4$$

由于 $Q>K^\ominus$，上述反应不能正向进行，因此没有 AgCl 沉淀生成。

【例12-8】 计算 298.15 K 时，AgCl 在 6.0 $mol\cdot L^{-1}NH_3$ 溶液中的溶解度。

解 AgCl 在 NH_3 溶液中的反应为

$$AgCl(s)+2NH_3(aq)\rightleftharpoons[Ag(NH_3)_2]^+(aq)+Cl^-(aq)$$

反应的标准平衡常数为

$$K^\ominus=\frac{\frac{c_{eq}([Ag(NH_3)_2]^+)}{c^\ominus}\cdot\frac{c_{eq}(Cl^-)}{c^\ominus}}{\left[\frac{c_{eq}(NH_3)}{c^\ominus}\right]^2}=\frac{\frac{c_{eq}([Ag(NH_3)_2]^+)}{c^\ominus}\cdot\frac{c_{eq}(Cl^-)}{c^\ominus}\cdot\frac{c_{eq}(Ag^+)}{c^\ominus}}{\left[\frac{c_{eq}(NH_3)}{c^\ominus}\right]^2\cdot\frac{c_{eq}(Ag^+)}{c^\ominus}}$$

$$=K_s^\ominus([Ag(NH_3)_2]^+)\cdot K_{sp}^\ominus(AgCl)$$
$$=1.67\times10^7\times1.8\times10^{-10}$$
$$=3.0\times10^{-3}$$

设 AgCl 在 6.0 $mol\cdot L^{-1}$ NH_3 溶液中的溶解度为 s,由反应式可知

$$c_{eq}([Ag(NH_3)_2]^+)=c_{eq}(Cl^-)=s,\quad c_{eq}(NH_3)=6.0\ mol\cdot L^{-1}-2s$$

将平衡浓度代入标准平衡常数表达式:

$$\frac{(s/c^\ominus)^2}{[(6.0\ mol\cdot L^{-1}-2s)/c^\ominus]^2}=3.0\times10^{-3}$$

得

$$s=0.30\ mol\cdot L^{-1}$$

因此,298.15 K 时,AgCl 在 6.0 $mol\cdot L^{-1}$ NH_3 溶液中的溶解度为 0.30 $mol\cdot L^{-1}$。

(4) 计算金属离子和配体所组成的电对的标准电极电势

电极电势是元素从某一氧化态转变为另一氧化态难易程度的量度。不同氧化态之间的电极电势随配合物的形成而发生改变,其对应物质的氧化还原性也有所不同。当金属离子与配体形成配合物后,电对的电极电势减小。金属和金属离子所形成的配合物组成的电对的标准电极电势,可以利用金属离子所形成的配合物的标准稳定常数进行计算。

【例 12-9】 已知 298.15 K 时,$E^\ominus(Ag^+/Ag)=0.7991$ V,$K_s^\ominus([Ag(NH_3)_2])=1.67\times10^7$。计算电对$[Ag(NH_3)_2]^+/Ag$的标准电极电势。

解 电对$[Ag(NH_3)_2]^+/Ag$的电极反应式为

$$[Ag(NH_3)_2]^+(aq)+e^- \rightleftharpoons Ag(s)+2NH_3(aq)$$

根据能斯特方程,298.15 K 时电对$[Ag(NH_3)_2]^+/Ag$的电极电势为

$$E([Ag(NH_3)_2]^+/Ag)$$
$$=E^\ominus(Ag^+/Ag)+0.05916\times\lg\frac{c_{eq}([Ag(NH_3)_2]^+)/c^\ominus}{[c_{eq}(NH_3)/c^\ominus]^2\cdot K_s^\ominus([Ag(NH_3)_2]^+)}$$

在标准状态下: $c_{eq}(NH_3)=c_{eq}([Ag(NH_3)_2]^+)=1.0\ mol\cdot L^{-1}$

$$E([Ag(NH_3)_2]^+/Ag)=E^\ominus([Ag(NH_3)_2]^+/Ag)$$

代入上式得

$$E^\ominus([Ag(NH_3)_2]^+/Ag)=E^\ominus(Ag^+/Ag)-0.05916\times\lg K_s^\ominus([Ag(NH_3)_2]^+)$$
$$=[0.7991-0.05916\times\lg(1.67\times10^7)]\ V=0.372\ V$$

因此,298.15 K 时,电对$[Ag(NH_3)_2]^+/Ag$的标准电极电势为 0.372 V。

简单离子形成配离子以后,由于溶液中自由金属离子的浓度大大减小,使电极电势减小。离子得电子能力减弱,不易被还原为金属,增强了金属离子的稳定性。而且配离子越稳定($K_s^\ominus$ 越大),其标准电极电势越负(越小),从而金属离子越难得到电子,单质金属越难被还原。

$$[HgCl_4]^{2-}+2e^- \rightleftharpoons Hg+4Cl^- \qquad \lg K_s^\ominus=15.1 \quad E^\ominus=+0.38\ V$$
$$[Hg(CN)_4]^{2-}+2e^- \rightleftharpoons Hg+4CN^- \qquad \lg K_s^\ominus=41.4 \quad E^\ominus=-0.37\ V$$

配位平衡也是一种相对平衡状态,存在着平衡移动的问题,与溶液的酸度、浓度、沉淀的生

成、氧化还原反应等有着密切关系。利用这些关系，可实现配离子的生成和破坏，以达到某种科学实验或生产实践的目的。

12.5.2　配位平衡的移动

金属离子 M^{n+} 和配体 A^- 生成配离子 $ML_x^{(n-x)+}$，在水溶液中存在如下平衡：

$$M^{n+} + xL^- \rightleftharpoons ML_x^{(n-x)+}$$

根据平衡移动原理，改变 M^{n+} 或 L^- 的浓度，会使上述平衡发生移动。若在上述溶液中加入某种试剂使 M^{n+} 生成难溶化合物，或者改变 M^{n+} 的氧化状态，都会使平衡向左移动。若改变溶液的酸度使 L^- 生成难离解的弱酸，也可使平衡向左移动。

配位平衡同样是一种相对的平衡状态，它与溶液的 pH、沉淀反应、氧化还原反应等都有密切的关系。

1. 酸度的影响

根据酸碱质子理论，所有的配体都可以看做一种碱。

$$M^{n+} + xL^-(\text{碱}) \rightleftharpoons ML_x^{(n-x)+}$$

因此，如果 L^- 为弱酸根(如 F^-、CO_3^{2-}、$C_2O_4^{2-}$、CN^-、Y^{4-} 等)，在增加溶液中的 H^+ 浓度时，配体同 H^+ 结合成弱酸。另有一些配体本身是弱碱(如 NH_3、en 等)，它们能与溶液中 H^+ 发生中和反应。因此溶液酸度提高，将导致 L^- 浓度降低，使配位平衡向左移动，配合物稳定性随之下降，其离解的程度增加，配离子平衡遭到破坏，这种现象称为酸效应。配合物的碱性愈强，溶液的 pH 愈小，配离子愈易被破坏。例如：

$$[FeF_6]^{3-} \rightleftharpoons Fe^{3+} + 6F^- \qquad K_1 = 1/K_s^\ominus$$

$$6F^- + 6H^+ \rightleftharpoons 6HF \qquad K_2 = 1/(K_a^\ominus)^6$$

$$\downarrow H^+$$

$$\text{竞争平衡：}[FeF_6]^{3-} + 6H^+ \rightleftharpoons Fe^{3+} + 6HF$$

$$K_j = \frac{c(Fe^{3+}) \cdot c(HF)^6}{c([FeF_6]^{3-}) \cdot c(H^+)^6} = K_1 K_2 = \frac{1}{K_s^\ominus \cdot (K_a^\ominus)^6}$$

由此可知，$K_s^\ominus$、$K_a^\ominus$ 越小，则 K_j 越大。由于 HF 为弱酸，H^+ 浓度增加会导致 F^- 浓度降低，使配位平衡向左移动。

【例 12-10】 50 mL 0.2 $mol \cdot L^{-1}$的$[Ag(NH_3)_2]^+$溶液与 50 mL 0.6 $mol \cdot L^{-1}$ HNO_3 等体积混合，求平衡后体系中$[Ag(NH_3)_2]^+$的剩余浓度。

已知：$K_s^\ominus(Ag(NH_3)_2^+) = 1.67 \times 10^7$，$K_b^\ominus(NH_3) = 1.8 \times 10^{-5}$。

解　反应后：$c(H^+) = (0.03 - 0.01 \times 2)\ mol \cdot L^{-1} = 0.01\ mol \cdot L^{-1}$

	$[Ag(NH_3)_2]^+$	+	$2H^+$	$\rightleftharpoons$	Ag^+	+	$2NH_4^+$
反应后：			0.01 mol		0.01 mol		0.02 mol
平衡时：	x		$0.01+2x \approx 0.01$ mol		$0.01-x \approx 0.01$ mol		$0.02-2x \approx 0.02$ mol

$$K_j = \frac{c(Ag^+) \cdot c(NH_4^+)^2}{c(Ag(NH_3)_2^+) \cdot c(H^+)^2} = \frac{1}{K_s^\ominus} \cdot \left(\frac{K_b^\ominus}{K_w^\ominus}\right)^2 = 1.9 \times 10^{11}$$

代入有关数据得 $x=2.1\times10^{-13}$

此外,金属离子在水中都会有不同程度的水解作用,使配离子稳定性降低,使平衡向着配离子离解的方向移动的现象,称为金属离子的碱效应。溶液的 pH 愈大,愈有利于水解的进行。例如,Fe^{3+} 在碱性介质中容易发生水解反应,溶液的碱性愈强,水解愈彻底。

$$[FeF_6]^{3-} \rightleftharpoons Fe^{3+} + 6F^-$$
$$\downarrow OH^-$$
$$Fe^{3+} + 3OH^- \rightleftharpoons Fe(OH)_3\downarrow$$

竞争平衡:$[FeF_6]^{3-} + 3OH^- \rightleftharpoons Fe(OH)_3 + 6F^- \quad K_j = 1/(K_s^\ominus \cdot K_{sp}^\ominus)$

在碱性介质中,由于 Fe^{3+} 水解成难溶的 $Fe(OH)_3$ 沉淀而使平衡向右移动,因而$[FeF_6]^{3-}$ 遭到破坏。所以,配离子只能存在于一定的 pH 范围内。

2. 沉淀溶解平衡对配位平衡的影响

一些沉淀会因形成配离子而溶解,同时有些配离子会因加入沉淀剂而生成沉淀,这一过程实质是配位剂和沉淀剂争夺金属离子的过程。这之间的转化主要取决于 K_{sp} 和 $K_s^\ominus$ 的相对大小,同时与沉淀剂及配位剂的浓度有关。例如:

$$[Ag(NH_3)_2]^+ + Br^- \rightleftharpoons AgBr\downarrow + 2NH_3$$

$$K^\ominus = \frac{c(NH_3)^2}{c(Ag(NH_3)_2^+)c(Br^-)} = \frac{c(Ag^+)c(NH_3)^2}{c(Ag(NH_3)_2^+)c(Ag^+)c(Br^-)}$$

$$= \frac{1}{K_s^\ominus \cdot c(Ag(NH_3)_2^+) \cdot K_{sp}(AgBr)}$$

若 $K_s^\ominus$ 和 $K_{sp}^\ominus$ 愈小,则配位平衡愈容易转化为沉淀平衡;若 $K_s^\ominus$ 和 $K_{sp}^\ominus$ 愈大,则沉淀平衡愈容易转化为配位平衡。

【例 12-11】 在含有 2.5 mol·L^{-1} $AgNO_3$ 和 0.41 mol·L^{-1} NaCl 溶液里,如果不使 AgCl 沉淀生成,溶液中最低的自由 CN^- 离子浓度应是多少?

已知 $K_s^\ominus([Ag(CN)_2]^-)=2.48\times10^{20}$,$K_{sp}(AgCl)=1.8\times10^{-10}$。

解

$$AgCl + 2CN^- \rightleftharpoons Ag(CN)_2^- + Cl^-$$

$c_{eq}/(mol\cdot L^{-1})$	x	2.5	0.41

$$K = \frac{c([Ag(CN)_2]^-)c(Cl^-)}{c(CN^-)^2} = K_f \cdot K_{sp}$$

代入数据得

$$\frac{2.5\times0.41}{x^2} = 2.48\times10^{20}\times1.8\times10^{-10}$$

$$x = 4.79\times10^4$$

沉淀生成能使配位平衡发生移动,配合物生成也能使沉淀溶解平衡发生移动。

【例 12-12】 (1) 0.1 mol AgCl 溶解于 1 L 浓氨水中,求浓氨水的最低浓度;

(2) 0.1 mol AgI 溶解于 1 L 浓氨水中,求浓氨水的最低浓度。

已知 $K_s^\ominus([Ag(NH_3)_2]^+)=1.67\times10^7$,$K_{sp}(AgCl)=1.8\times10^{-10}$。

解　(1)　$AgCl(s)+2NH_3 \rightleftharpoons [Ag(NH_3)_2]^+ + Cl^-$

平衡时　x　0.1　0.1

$$K=\frac{c(Ag(NH_3)_2^+)c(Cl^-)}{c(NH_3)^2}=K_s^\ominus(Ag(NH_3)_2^+)\cdot K_{sp}(AgCl)=\frac{0.1\times0.1}{x^2}$$

得 $x=1.82$,则

$$c(NH_3)_{总}=(1.82+0.20)\ mol\cdot L^{-1}=2.02\ mol\cdot L^{-1}$$

(2) 计算结果

$$c(NH_3)_{总}=3.24\times10^3\ mol\cdot L^{-1}$$

实际不可能达到此浓度,故 AgI 不溶于浓氨水。

3. 配离子之间的平衡

若一种金属离子 M 能与溶液中两种配体试剂 L 和 L′发生配位反应,则溶液中存在如下平衡:

$$ML_n \rightleftharpoons M^{n+}+nL^-$$

$$M^{n+}+mL'^- \rightleftharpoons ML'^{(n-m)+}_m$$

两式相加得

$$ML_n+mL'^- \rightleftharpoons ML'^{(n-m)+}_m+nL^-$$

强的配位剂能使稳定性较小的配离子转化为稳定性较大的配离子,且 $K_s^\ominus$ 相差愈大,转化愈彻底。转化趋势应根据两种配离子 $K_s^\ominus$ 的大小来判断。

$$[Ag(NH_3)_2]^+ + 2CN^- \rightleftharpoons [Ag(CN)_2]^- + 2NH_3$$

$$K^\ominus=\frac{c(Ag(CN)_2^-)c(NH_3)^2}{c(Ag(NH_3)_2^+)c(CN^-)^2}\cdot\frac{c(Ag^+)}{c(Ag^+)}=\frac{K_s^\ominus(Ag(CN)_2^-)}{K_s^\ominus(Ag(NH_3)_2^+)}=\frac{2.48\times10^{20}}{1.67\times10^7}=1.48\times10^{14}$$

可见平衡常数很大,说明正向进行趋势大,这是由不够稳定的配合物向稳定配合物的转化。若转化平衡常数很小(如小于 10^{-8}),说明正向反应不能发生,而逆向自发发生。若平衡常数介于约 10^8 与约 10^{-8}之间,则转化的方向由反应的浓度条件而定。

4. 氧化还原平衡对配位平衡的影响

配位反应的发生可以改变金属离子的氧化能力。氧化还原反应改变了金属离子的氧化数,降低了配离子的稳定性,导致配位平衡发生移动。如:

$$2[Fe(SCN)_6]^{3-} + Sn^{2+} \rightleftharpoons 2Fe^{2+} + 12SCN^- + Sn^{4+}$$

金属离子形成配合物后,改变了电对的氧化或还原能力,使氧化还原平衡发生移动。如 Fe^{3+} 可以把 I^- 氧化成 I_2:

$$2Fe^{3+} + 2I^- \rightleftharpoons 2Fe^{2+} + I_2$$

$$E^\ominus=E^\ominus(Fe^{3+}/Fe^{2+})-E^\ominus(I_2/I^-)=(0.77-0.54)V=0.23V>0.20V$$

故反应正向自发进行。

若向上述体系中加入足量 KCN 溶液,由于 CN^- 与 Fe^{2+} 和 Fe^{3+} 都能生成稳定配合物 $[Fe(CN)_6]^{4-}$ 和 $[Fe(CN)_6]^{3-}$,后者的稳定性更大[稳定常数 $K_s^\ominus([Fe(CN)_6]^{4-})=1.0\times10^{35}$,$K_s^\ominus([Fe(CN)_6]^{3-})=1.0\times10^{42}$],使 Fe^{3+} 离子浓度降低更多,于是上述反应逆向进行。即

$$2[Fe(CN)_6]^{3-} + 2I^- \rightleftharpoons 2[Fe(CN)_6]^{4-} + I_2\downarrow$$

这可用 Fe^{3+}/Fe^{2+} 电对的电极电势说明：

$$E(Fe^{3+}/Fe^{2+})=E^{\ominus}(Fe^{3+}/Fe^{2+})+0.0592\times\lg\frac{c(Fe^{3+})}{c(Fe^{2+})}$$

对于$[Fe(CN)_6]^{3-}$：
$$c(Fe^{3+})=\frac{c([Fe(CN)_6]^{3-})}{c(CN^-)^6\cdot K_s^{\ominus}([Fe(CN)_6]^{3-})}$$

对于$[Fe(CN)_6]^{4-}$：
$$c(Fe^{2+})=\frac{c([Fe(CN)_6]^{4-})}{c(CN^-)^6\cdot K_s^{\ominus}([Fe(CN)_6]^{4-})}$$

当 $c([Fe(CN)_6]^{4-})=c([Fe(CN)_6]^{3-})=c(CN^-)=1\ mol\cdot L^{-1}$(即标准态)时，代入 Fe^{3+}/Fe^{+} 电对的能斯特方程，有

$$E([Fe(CN)_6]^{3-}/[Fe(CN)_6]^{4-})=E^{\ominus}(Fe^{3+}/Fe^{2+})+\frac{0.0592}{1}\times\lg\frac{K_s^{\ominus}([Fe(CN)_6]^{3-})}{K_s^{\ominus}([Fe(CN)_6]^{4-})}$$
$$=\left(0.77+0.0592\times\lg\frac{1.0\times10^{35}}{1.0\times10^{42}}\right)V=0.36\ V$$

此即电对$[Fe(CN)_6]^{3-}/[Fe(CN)_6]^{4-}$的标准电极电势，常列入标准电极电势表中以备直接查用。由于 $E^{\ominus}([Fe(CN)_6]^{3-}/[Fe(CN)_6]^{4-})=0.54\ V$，所以上述反应逆向进行。

反过来，若设计一个含有配位平衡的半电池，并使它与饱和甘汞电极(参比电极)相连接组成电池，测定这个电池电动势，然后利用能斯特方程即可求得 $K_s^{\ominus}$。

习 题

12-1 给出下列配合物的名称和中心原子的氧化态。

$[PtCl_2(NH_3)_2]$　$[Co(C_2O_4)_3]^{3-}$　$K_2[Co(NCS)_4]$　$[CoCl_3(NH_3)_3]$

$Na_3[Ag(S_2O_3)_2]$　$[CrCl(NH_3)_5]^{2+}$　$Na_2[SiF_6]$　$K_2[Zn(OH)_4]$

$[Zn(NH_3)_4](OH)_2$　$[PtCl_4(NH_3)_2]$　$H_2[PtCl_6]$　$[Cu(CN)_4]^{3-}$

12-2 写出下列配合物的化学式。

(1) 氯化二氯一水三氨合钴(Ⅲ)；(2) 六氯合铂(Ⅳ)酸钾；(3) 二氯四硫氰合铬(Ⅲ)酸铵；(4) 二(草酸根)二氨合钴(Ⅲ)酸钙；(5) 氢氧化六氨合钴(Ⅲ)；(6) 氯化二氨合银(Ⅰ)；(7) 六氟合硅(Ⅳ)酸钠；(8) 四氰合镍(Ⅱ)酸钠；(9) 四羰基合镍(0)；(10) 三硝基三氨合钴(Ⅲ)。

12-3 画出下列配离子的几何异构体。

(1) $[CoCl_2(NH_3)_2(H_2O)_2]^+$；　(2) $[Pt(NH_3)_2(OH)_2Cl_2]$。

12-4 瑞士苏黎世大学的 Werner 对配位化学有重大贡献，因此荣获第 13 届诺贝尔化学奖。他在化学键理论发展之前，提出了利用配合物的几何异构体来确定配合物的空间构型。现有$[Cr(H_2O)_4Br_2]Br$ 和 $[Co(NH_3)_3(NO_2)_3]$两种配合物，其内界分别表示为 MA_4B_2 和 MA_3B_3，其中 M 代表中心原子，A、B 分别代表不同的单齿配位体。为了获得稳定的配合物，中心原子周围的配体相互之间的距离尽可能远，形成规则的平面或立体的几何构型。

(1) MA_4B_2 和 MA_3B_3 可能存在哪几种几何构型(用构型名称表示)?

(2) 每种几何构型中，分别存在多少种异构体?

(3) 实际上，MA_4B_2 和 MA_3B_3 巨型配合物(或配离子)都只存在两种几何异构体。根据上面分析，判断它们分别是什么几何构型? 试写出它们各自的几何异构体。

12-5 运用配合物的价键理论解释$[Fe(CN)_6]^{3-}$为内轨型配合物，$[FeF_6]^{3-}$为外轨型配合物的原因。

12-6 根据下列配离子的磁矩推断中心原子的杂化轨道类型和配离子的空间构型。

	$[Co(H_2O)_6]^{2+}$	$[Mn(CN)_6]^{4-}$	$[Ni(NH_3)_6]^{2+}$
μ/B. M.	4.3	1.8	3.1

12-7　试给出$[Cr(NH_3)_6]^{3+}$的杂化轨道类型，并判断中心原子Cr^{3+}是高自旋型还是低自旋型。

12-8　运用晶体场理论解释下列现象：

(1) 配位化合物$[Cr(H_2O)_6]Cl_3$为紫色，而$[Cr(NH_3)_6]Cl_3$却是黄色；

(2) $CuSO_4$是白色，$Cu(H_2O)_4^{2+}$呈蓝色，而$Cu(NH_3)_4^{2+}$则呈深蓝色；

(3) $Ag(NH_3)_2^+$、$Zn(NH_3)_4^{2+}$、$Ti(H_2O)_6^{4+}$为无色。

12-9　用晶体场理论说明，为什么八面体配离子$[CoF_6]^{3-}$是高自旋的，而$[Co(NH_3)_6]^{3+}$是低自旋的？并判断它们稳定性的大小。

12-10　运用软硬酸碱理论判断配离子$[HgF_4]^{2-}$、$[HgCl_4]^{2-}$、$[HgBr_4]^{2-}$、$[HgI_4]^{2-}$的稳定性次序。

12-11　写出下列配合物可能存在的异构体（包括手性异构体）。

(1)八面体$[RuCl_2(en)_2]^+$；　(2) 平面四方形$[PtCl_2(en)]$；　(3) $[Co(EDTA)]$，其中en为乙二胺，EDTA为乙二胺四乙酸根。

12-12　已知反应$Au^+ + e^- \longrightarrow Au$的$E^\ominus = +1.68$ V，试计算下列电对的标准电极电势：

(1) $[Au(CN)_2]^- + e^- \longrightarrow Au + 2CN^-$

(2) $[Au(SCN)_2]^- + e^- \longrightarrow Au + 2SCN^-$

已知：$K_s^\ominus([Au(CN)_2]^-) = 2.0\times10^{38}$，$K_s^\ominus([Au(SCN)_2]^-) = 1.0\times10^{13}$。

12-13　在0.10 mol·L^{-1} $[Ag(CN)_2]^-$溶液中加入KCl固体，使Cl^-浓度为0.10 mol·L^{-1}，会有何现象发生？已知：$K_s^\ominus([Ag(CN)_2]^-) = 2.48\times10^{20}$，$K_{sp}(AgCl) = 1.8\times10^{-10}$。

12-14　若在1 L水中溶解0.10 mol $Zn(OH)_2$，需要加入多少克固体NaOH？

已知：$K_s^\ominus([Zn(OH)_4]^{2-}) = 4.6\times10^{17}$，$K_{sp}(Zn(OH)_2) = 1.2\times10^{-7}$。

12-15　已知$[Cu(NH_3)_4]^{2+}$的不稳定常数为$K_{is}^\ominus([Cu(NH_3)_4]^{2+}) = 4.79\times10^{-14}$；若在1.0 L 6.0 mol·L^{-1}氨水溶液中溶解0.10 mol $CuSO_4$，求溶液中各组分的浓度（假设溶解$CuSO_4$后溶液的体积不变）。

12-16　如果溶液中同时有NH_3、$S_2O_3^{2-}$、CN^-存在，则Ag^+将发生怎样的反应？

已知：$K_s^\ominus([Ag(CN)_2]^-) = 2.48\times10^{20}$，$K_s^\ominus([Ag(NH_3)_2]^+) = 1.67\times10^7$，$K_s^\ominus([Ag(S_2O_3)_2]^{3-}) = 1.41\times10^{14}$。

12-17　市售水合氯化铬的组成为$CrCl_3\cdot6H_2O$，该固体溶于沸水后变为紫色，所得溶液的摩尔电导率与$[Co(NH_3)_6]Cl_3$溶液的摩尔电导率相似。而$CrCl_3\cdot5H_2O$是绿色固体，其溶液的摩尔电导率比较低，将绿色配合物的稀溶液酸化后静置几小时变紫。请写出紫色配合物、绿色配合物的结构式以及它们之间的转换反应。

12-18　某配合物的摩尔质量为260.6 g·mol^{-1}，按质量分数计，其中Cr占20.0%，NH_3占39.2%，Cl占40.8%。取25.0 mL浓度为0.052 mol·L^{-1}的该配合物的水溶液用0.121 mol·L^{-1}的$AgNO_3$滴定，达到终点时耗去$AgNO_3$ 32.5 mL，用NaOH使该化合物的溶液呈强碱性，未检出NH_3的逸出。请推测该配合物的结构。

12-19　A、B、C为三种不同的配合物，它们的化学式都是$CrCl_3\cdot6H_2O$，但颜色不同：A呈亮绿色，跟$AgNO_3$溶液反应，有2/3的氯元素沉淀析出；B呈暗绿色，能沉淀1/3的氯；而C呈紫色，可沉淀出全部氯元素。分别写出A、B、C的结构简式并判断这三种配离子的空间构型；其中某配离子中的两个Cl可能有两种排列方式，称为顺式和反式，画出其结构图。

12-20　用氨水处理$K_2[PtCl_4]$得到二氯二氨合铂$Pt(NH_3)_2Cl_2$，该化合物易溶于极性溶剂，其水溶液加碱后转化为$Pt(NH_3)_2(OH)_2$，后者跟草酸根离子反应生成草酸二氨合铂$Pt(NH_3)_2C_2O_4$。请分析配合物$Pt(NH_3)_2Cl_2$的结构。

附　　录

附录 1　常用物理化学常数

物理常数	符　号	单　位	数　值
真空中光速	c_0	$m \cdot s^{-1}$	3.00×10^{8}
引力常数	G	$N \cdot m^2 \cdot kg^{-2}$	6.67×10^{-11}
阿伏加德罗常数	N_A, L	mol^{-1}	6.02×10^{23}
摩尔气体常数	R	$J \cdot mol^{-1} \cdot K^{-1}$	8.31
玻尔兹曼常数	k	$J \cdot K^{-1}$	1.38×10^{-23}
理想气体摩尔体积	V_m	$m^3 \cdot mol^{-1}$	22.4×10^{-3}
基本电荷(元电荷)	e	C	1.602×10^{-19}
原子质量单位	u	kg	1.66×10^{-27}
电子静止质量	m_e	kg	9.11×10^{-31}
电子荷质比	e/m_e	$C \cdot kg^{-2}$	1.76×10^{-11}
质子静止质量	m_p	kg	1.673×10^{-27}
中子静止质量	m_n	kg	1.675×10^{-27}
法拉第常数	F	$C \cdot mol^{-1}$	96500
真空电容率	ε_0	$F \cdot m^{-2}$	8.85×10^{-12}
真空磁导率	μ_0	$H \cdot m^{-1}$	4π
电子磁矩	μ_e	$J \cdot T^{-1}$	9.28×10^{-24}
质子磁矩	μ_p	$J \cdot T^{-1}$	1.41×10^{-23}
玻尔半径	α_0	m	5.29×10^{-11}
玻尔磁子	μ_B	$J \cdot T^{-1}$	9.27×10^{-24}
核磁子	μ_N	$J \cdot T^{-1}$	5.05×10^{-27}
普朗克常数	h	$J \cdot s$	6.63×10^{-34}

附录 2　常用换算关系

物理量	换算关系
长度	1 Å$=1\times10^{-10}$ m=100 pm=0.1 nm 1 in=2.54 cm
能量	1 cal=4.184 J 1 eV$=1.602\times10^{-19}$ J
温度	F/℉=(9/5)t/℃+32
压力	1 Pa=1 N·m^{-2} 1 atm=760 mmHg=101.325 kPa 1 mmHg=1 torr=133.3 Pa 1 bar=10^5 Pa
质量	1 lb=0.454 kg 1 oz=28.3 g
电量	1 esu$=3.335\times10^{-10}$ C
偶极矩	1 D(Debye)$=3.33564\times10^{-30}$ C·m
其他	1 cm^{-1}相当于1.986×10^{-23} J=0.124 meV 1 eV 相当于 96.485 kJ·mol^{-1},8065.5 cm^{-1} R=1.986 cal·mol^{-1}·K^{-1}=0.08206 dm^3·atm·mol^{-1}·K^{-1} =8.314 J·mol^{-1}·K^{-1}=8.314 kPa·dm^3·mol^{-1}·K^{-1}

附录3 国际相对原子质量表(2014年)

原子序数	中文名称	英文名称	符号	相对原子质量
1	氢	hydrogen	H	1.00794(7)
2	氦	helium	He	4.002602(2)
3	锂	lithium	Li	6.941(2)
4	铍	beryllium	Be	9.012182(3)
5	硼	boron	B	10.811(7)
6	碳	carbon	C	12.0107(8)
7	氮	nitrogen	N	14.0067(7)
8	氧	oxygen	O	15.9994(3)
9	氟	fluorine	F	18.998403(5)
10	氖	neon	Ne	20.1797(6)
11	钠	sodium	Na	22.98976(2)
12	镁	magnesium	Mg	24.3050(6)
13	铝	aluminium	Al	26.98153(2)
14	硅	silicon	Si	28.0855(3)
15	磷	phosphorus	P	30.97696(4)
16	硫	sulphur	S	32.065(6)
17	氯	chlorine	Cl	35.453(9)
18	氩	argon	Ar	39.948(1)
19	钾	potassium	K	39.0983(1)
20	钙	calcium	Ca	40.078(4)
21	钪	scandium	Sc	44.95591(8)
22	钛	titanium	Ti	47.867(1)
23	钒	vanadium	V	50.9415(1)
24	铬	chromium	Cr	51.9962(6)
25	锰	manganese	Mn	54.93804(9)
26	铁	iron	Fe	55.845(2)
27	钴	cobalt	Co	58.93319(9)
28	镍	nickel	Ni	58.6934(2)
29	铜	copper	Cu	63.546(3)
30	锌	zinc	Zn	65.38(2)
31	镓	gallium	Ga	69.723(1)
32	锗	germanium	Ge	72.64(2)
33	砷	arsenic	As	74.9216(2)
34	硒	selenium	Se	78.96(3)
35	溴	bromine	Br	79.904(1)
36	氪	krypton	Kr	83.798(1)
37	铷	rubidium	Rb	85.4678(3)
38	锶	strontium	Sr	87.62(1)

续表

原子序数	中文名称	英文名称	符　号	相对原子质量
39	钇	yttrium	Y	88.90585(2)
40	锆	zirconium	Zr	91.224(2)
41	铌	niobium	Nb	92.90638(2)
42	钼	molybdenum	Mo	95.96(1)
43	锝	technetium	Tc	[98]
44	钌	ruthenium	Ru	101.07(2)
45	铑	rhodium	Rh	102.9055(2)
46	钯	palladium	Pd	106.42(1)
47	银	silver	Ag	107.8682(2)
48	镉	cadmium	Cd	112.411(8)
49	铟	indium	In	114.818(3)
50	锡	tin	Sn	118.71(7)
51	锑	antimony	Sb	121.76(1)
52	碲	tellurium	Te	127.6(3)
53	碘	iodine	I	126.9044(3)
54	氙	xenon	Xe	131.293(2)
55	铯	caesium	Cs	132.9054(2)
56	钡	barium	Ba	137.327(7)
57	镧	lanthanum	La	138.9054(2)
58	铈	cerium	Ce	140.116(1)
59	镨	praseodymium	Pr	140.9076(2)
60	钕	neodymium	Nd	144.242(3)
61	钷	promethium	Pm	[145]
62	钐	samarium	Sm	150.36(3)
63	铕	europium	Eu	151.964(1)
64	钆	gadolinium	Gd	157.25(3)
65	铽	terbium	Tb	158.9253(2)
66	镝	dysprosium	Dy	162.5(3)
67	钬	holmium	Ho	164.9303(2)
68	铒	erbium	Er	167.259(3)
69	铥	thulium	Tm	168.9342(2)
70	镱	ytterbium	Yb	173.054(3)
71	镥	lutetium	Lu	174.9668(1)
72	铪	hafnium	Hf	178.49(2)
73	钽	tantalum	Ta	180.9478(1)
74	钨	tungsten	W	183.84(1)
75	铼	rhenium	Re	186.207(1)
76	锇	osmium	Os	190.23(3)
77	铱	iridium	Ir	192.217(3)
78	铂	platinum	Pt	195.084(2)
79	金	gold	Au	196.96655(2)

续表

原子序数	中文名称	英文名称	符　号	相对原子质量
80	汞	mercury	Hg	200.59(2)
81	铊	thallium	Tl	204.3833(2)
82	铅	lead	Pb	207.2(1)
83	铋	bismuth	Bi	208.9804(2)
84	钋	polonium	Po	[210]
85	砹	astatine	At	[210]
86	氡	radon	Rn	[220]
87	钫	francium	Fr	[223]
88	镭	radium	Ra	[226]
89	锕	actinium	Ac	[227]
90	钍	thorium	Th	232.0380(1)
91	镤	protactinium	Pa	231.0358(2)
92	铀	uranium	U	238.0289(1)
93	镎	neptunium	Np	[237]
94	钚	plutonium	Pu	[244]
95	镅	americium	Am	[243]
96	锔	curium	Cm	[247]
97	锫	berkelium	Bk	[247]
98	锎	californium	Cf	[251]
99	锿	einsteinium	Es	[252]
100	镄	fermium	Fm	[257]
101	钔	mendelevium	Md	[258]
102	锘	nobelium	No	[259]
103	铹	lawrencium	Lr	[262]
104	𬬻	rutherfordium	Rf	[261]
105	𬭊	dubnium	Db	[262]
106	𬭳	seaborgium	Sg	[266]
107	𬭛	bohrium	Bh	[264]
108	𬭶	hassium	Hs	[277]
109	鿏	meitnerium	Mt	[268]
110	𫟼	darmstadtium	Ds	[271]
111	𬬭	roentgenium	Rg	[272]
112	鿔	copernicium	Cn	[285]
113		nipponium	Nh	[284]
114	𫓧	flerovium	Fl	[289]
115		moscovium	Mc	[298]
116	𫟷	livermorium	Lv	[293]
117		tennessine	Ts	[294]
118		oganesson	Og	[294]

附录 4　一些物质的热力学性质

（常见的无机物和 C_1,C_2 有机物）

物质化学式和说明	状态	$\Delta_f H_m^\ominus$/(kJ·mol^{-1})	$\Delta_f G_m^\ominus$/(kJ·mol^{-1}) 298.15 K，100 kPa	$S_m^\ominus$/(J·mol^{-1}·K^{-1})
Ag	cr	0	0	42.55
Ag^+	ao	105.579	77.107	72.68
Ag_2O	cr	−31.05	−11.20	121.3
AgF	cr	−204.6	—	—
$AgCl$	cr	−127.068	−109.789	96.2
$AgBr$	cr	−100.37	−96.9	107.1
AgI	cr	−61.84	−66.19	115.5
Ag_2S(α 斜方晶体)	cr	−32.59	−40.67	144.01
Ag_2S(β 斜方晶体)	cr	29.41	−39.46	150.6
$AgNO_3$	cr	−124.39	−33.41	140.92
$Ag(NH_3)^+$	ao	—	31.68	—
$Ag(NH_3)_2^+$	ao	−111.29	−17.12	245.2
Ag_3PO_4	cr	—	−879	—
Ag_2CO_3	cr	−505.8	−436.8	167.4
$Ag_2C_2O_4$	cr	−673.2	−584.0	209
Al	cr	0	0	28.83
Al^{3+}	ao	−531	−485	−321.7
Al_2O_3(α-刚玉，金刚砂)	cr	−1675.7	−1582.3	50.92
Al_2O_3	am	−1632	—	—
$Al_2O_3 \cdot 3H_2O$(三水铝矿，拜耳石)	cr	−2586.67	−2310.21	136.90
$Al(OH)_3$	am	−1276	—	—
$Al(OH)_4^-$	ao	−1502.5	−1305.3	102.9
AlF_3	cr	−1504.1	−1425.0	66.44
$AlCl_3$	cr	−704.2	−628.8	110.67
$AlCl_3 \cdot 6H_2O$	cr	−2691.6	−2261.1	318.0
Al_2Cl_6	g	−1290.8	−1220.4	490.0
$Al_2(SO_4)_3$	cr	−3440.84	−3099.94	239.3
$Al_2(SO_4)_3 \cdot 18H_2O$	cr	−8878.9	—	—
AlN	cr	−318.0	—	—
Ar	g	0	0	154.843
As	cr	0	0	35.1
AsO_4^{3-}	ao	−888.14	−648.41	−162.8
As_2O_5	cr	−924.87	−782.3	105.4
AsH_3	g	66.44	68.93	222.78
$HAsO_4^{2-}$	ao	−906.34	−714.60	−1.7
$H_2AsO_3^-$	ao	−714.79	−587.13	110.5
$H_2AsO_4^-$	ao	−909.56	−753.17	117.0

续表

物质化学式和说明	状态	$\Delta_f H_m^\ominus$/(kJ·mol⁻¹)	$\Delta_f G_m^\ominus$/(kJ·mol⁻¹) 298.15 K, 100 kPa	$S_m^\ominus$/(J·mol⁻¹·K⁻¹)
H_3AsO_3	ao	−742.2	−639.80	195.0
H_3AsO_4	ao	−902.5	−766.0	184.0
$AsCl_3$	l	−305.0	−259.4	216.3
As_2S_3	cr	−169.0	−168.6	163.6
Au	cr	0	0	47.40
AuCl	cr	−34.7	—	—
$AuCl_2^-$	ao	—	−151.12	—
$AuCl_3$	cr	−117.6	—	—
$AuCl_4^-$	ao	−322.2	−235.14	266.9
B	g	562.7	518.8	153.45
B	cr	0	0	5.86
B_2O_3	cr	−1272.77	−1193.65	53.97
B_2O_3	am	−1254.53	−1182.3	77.8
BH_3	g	100	—	—
BH_4^-	ao	48.16	114.35	110.5
B_2H_6	g	35.6	86.7	22.11
H_3BO_3	cr	−1094.33	−968.92	88.83
H_3BO_3	ao	−1072.32	−968.75	162.3
$B(OH)_4^-$	ao	−1344.03	−1153.17	102.5
BF_3	g	−1137.00	−1120.33	254.12
BF_4^-	ao	−1574.9	−1486.9	180.0
BCl_3	l	−427.2	−387.4	206.3
BCl_3	g	−403.76	−388.72	290.10
BBr_3	l	−239.7	−238.5	229.7
BBr_3	g	−205.64	−232.50	324.24
BI_3	g	71.13	20.72	349.18
BN	cr	−254.4	−228.4	14.81
BN	g	647.47	614.49	212.28
B_4C_3	cr	−71	−71	27.11
Ba	cr	0	0	62.8
Ba	g	180	146	170.234
Ba^{2+}	g	1660.38	—	—
Ba^{2+}	ao	−537.64	−560.77	9.6
BaO	cr	−553.5	−525.1	70.42
BaO_2	cr	−634.3	—	—
BaH_2	cr	−178.7	—	—
$Ba(OH)_2$	cr	−944.7	—	—
$Ba(OH)_2 \cdot 8H_2O$	cr	−3342.2	−2792.8	427.0
$BaCl_2$	cr	−858.6	−810.4	123.68
$BaCl_2 \cdot 2H_2O$	cr	−1460.13	−1296.32	202.9
$BaSO_4$	cr	−1473.2	−1362.2	132.2

续表

物质化学式和说明	状态	$\Delta_f H_m^\ominus$/(kJ·mol^{-1})	$\Delta_f G_m^\ominus$/(kJ·mol^{-1}) 298.15 K，100 kPa	$S_m^\ominus$/(J·mol^{-1}·K^{-1})
$Ba(NO_3)_2$	cr	−992.07	−796.59	213.8
$BaCO_3$	cr	−1216.3	−1137.6	112.1
$BaCrO_4$	cr	−1446.0	−1345.22	158.6
Be	cr	0	0	9.5
Be	g	324.3	286.6	136.269
Be^{2+}	g	2993.23	—	—
Be^{2+}	ao	−382.8	−379.73	−129.7
BeO	cr	−609.6	−580.3	14.14
BeO_2^{2-}	ao	−790.8	−640.1	−159.0
$Be(OH)_2$(新鲜沉淀)	am	−897.9	—	—
$BeCO_3$	cr	−1025	—	—
Bi	cr	0	0	56.74
Bi^{3+}	ao	—	82.8	—
BiO^+	ao	—	−146.4	—
Bi_2O_3	cr	−573.88	−493.7	151.5
$Bi(OH)_3$	cr	−711.3	—	—
$BiCl_3$	cr	−379.1	−315.0	177.0
$BiCl_4^-$	ao	—	−481.5	—
BiOCl	cr	−366.9	−322.1	120.5
$BiONO_3$	cr	—	−280.2	—
Br	g	111.884	82.396	175.022
Br^-	o	−121.55	−103.96	82.4
Br_2	l	0	0	152.231
Br_2	g	30.907	3.110	245.463
BrO^-	ao	−94.1	−33.4	42.0
BrO_3^-	ao	−67.07	18.60	161.71
BrO_4^-	ao	13.0	118.1	199.6
HBr	g	−36.40	−53.45	198.695
HBrO	ao	−113.0	−82.4	142.0
C(石墨)	cr	0	0	5.740
C(金刚石)	cr	1.895	2.900	2.377
CO	g	−110.525	−137.168	197.674
CO_2	g	−393.509	−394.359	213.74
CO_2	ao	−413.80	−385.98	117.6
CO_3^{2-}	ao	−677.14	−527.81	−56.9
CH_4	g	−74.81	−50.72	186.264
HCO_2^-(甲酸根离子)	ao	−425.55	−351.0	92.0
HCO_3^-	ao	−691.99	−586.77	91.2
HCO_2H(甲酸)	ao	−425.43	−372.3	63.0
CH_3OH(甲醇)	l	−238.66	−166.27	126.8
CH_3OH(甲醇)	g	−200.66	−161.9	239.81

续表

物质化学式和说明	状态	$\Delta_f H_m^\ominus$/(kJ・mol^{-1})	$\Delta_f G_m^\ominus$/(kJ・mol^{-1}) 298.15 K, 100 kPa	$S_m^\ominus$/(J・mol^{-1}・K^{-1})
CN^-	ao	150.6	172.4	94.1
HCN	ao	107.1	119.7	124.7
SCN^-	ao	76.44	92.71	144.3
HSCN	ao	—	97.56	—
$C_2O_4^{2-}$(草酸根离子)	ao	−825.1	−673.9	45.6
C_2H_2	g	226.733	209.20	200.94
C_2H_4	g	52.26	68.15	219.56
C_2H_6	g	−84.68	−32.82	229.60
$HC_2O_4^{2-}$	ao	−818.4	−698.34	149.4
CH_3COO^-	ao	−486.01	−869.31	86.6
CH_3CHO(乙醛)	g	−166.19	−128.86	250.3
CH_3COOH	ao	−485.76	−396.46	178.7
C_2H_5OH	g	−235.10	−168.49	282.70
C_2H_5OH	ao	−288.3	−181.64	148.5
$(CH_3)_2O$(二甲醚)	g	−184.05	−112.59	266.38
Ca	cr	0	0	41.42
Ca	g	178.2	144.3	154.884
Ca^{2+}	g	1925.90	—	—
Ca^{2+}	ao	−542.83	−553.58	−53.1
CaO	cr	−635.09	−604.03	39.75
CaH_2	cr	−186.2	−147.2	42.0
$Ca(OH)_2$	cr	−986.09	−898.49	83.39
CaF_2	cr	−1219.6	−1167.3	68.87
$CaCl_2$	cr	−795.8	−748.1	104.6
$CaCl_2 \cdot 6H_2O$	cr	−2607.9	—	—
$CaSO_4 \cdot 2H_2O$(透石膏)	cr	−2022.63	−1797.28	194.1
Ca_3N_2	cr	−431.0	—	—
$Ca_3(PO_4)_2$(β低温型)	cr	−4120.8	−3884.7	236.0
$Ca_3(PO_4)_2$(α高温型)	cr	−4109.9	−3875.5	240.91
$CaHPO_4$	cr	−1814.39	−1681.18	111.38
$CaHPO_4 \cdot 2H_2O$	cr	−2403.58	−2154.58	189.45
$Ca_3(H_2PO_4)_2$	cr	3104.70	—	—
$Ca_3(H_2PO_4)_2 \cdot H_2O$	cr	−3409.67	−3058.18	259.8
CaC_2	cr	−59.8	−64.9	69.96
$CaCO_3$	cr	−1206.92	−1128.79	92.9
CaC_2O_4	cr	−1360.6	—	—
$CaC_2O_4 \cdot H_2O$	cr	−1674.86	−1513.87	156.5
Cd	cr	0	0	51.76
Cd^{2+}	ao	−75.90	−77.612	−73.2
CdO	cr	−258.2	−228.4	54.8
$Cd(OH)_2$(沉淀)	cr	−560.7	−473.6	96

续表

物质化学式和说明	状态	$\Delta_f H_m^\ominus$/(kJ·mol^{-1})	$\Delta_f G_m^\ominus$/(kJ·mol^{-1}) 298.15 K, 100 kPa	$S_m^\ominus$/(J·mol^{-1}·K^{-1})
CdS	cr	−161.9	−156.5	64.9
$Cd(NH_3)_4^{2+}$	ao	−450.2	−226.1	336.4
$CdCO_3$	cr	−750.6	−669.4	92.5
Ce	cr	0	0	72.0
Ce^{3+}	ao	−696.2	−672.0	−205
Ce^{4+}	ao	−537.2	−503.8	−301
CeO_2	cr	−1088.7	−1024.6	62.30
$CeCl_3$	cr	−1053.5	−977.8	151
Cl^-	ao	−167.159	−131.228	56.5
Cl_2	g	0	0	223.066
Cl	g	121.679	105.680	165.198
Cl^-	g	−233.13	—	—
ClO^-	ao	−107.1	−36.8	42
ClO_2^-	ao	−66.5	17.2	101.3
ClO_3^-	ao	−103.97	−7.95	162.3
ClO_4^-	ao	−129.33	−8.52	182.0
HCl	g	−92.307	−95.299	186.908
HClO	ao	−120.9	−79.9	142.0
$HClO_2$	ao	−51.9	5.9	188.3
Co(α,六方晶)	cr	0	0	30.04
Co^{2+}	ao	−58.2	−54.4	−113
Co^{3+}	ao	92	134	−305
$HCoO_2^-$	ao	—	−407.5	—
$Co(OH)_2$(蓝色沉淀)	cr	—	−450.1	—
$Co(OH)_2$(桃红色沉淀)	cr	−539.7	−454.3	79
$Co(OH)_2$(桃红色沉淀,陈化)	cr	—	−458.1	—
$Co(OH)_3$	cr	−716.7	—	—
$CoCl_2$	cr	−312.5	−269.8	109.16
$CoCl_2 \cdot 6H_2O$	cr	−2115.4	−1725.2	343.0
$Co(NH_3)_6^{2+}$	ao	−584.9	−157.0	146
Cr	cr	0	0	23.77
Cr^{2+}	ao	−143.5	—	—
CrO_3	cr	−589.5	—	—
CrO_4^{2-}	ao	−881.15	−727.75	50.21
Cr_2O_3	cr	−1139.7	−1058.1	81.2
$Cr_2O_7^{2-}$	ao	−1490.3	−1301.1	261.9
$HCrO_4^-$	ao	−878.2	−764.7	184.1
$(NH_4)_2Cr_2O_7$	cr	−1806.7	—	—
Ag_2CrO_4	cr	−731.74	−641.76	217.6
Cs	cr	0	0	85.23
Cs	g	76.065	49.121	175.595

续表

物质化学式和说明	状态	$\Delta_f H_m^\ominus$/(kJ·mol^{-1})	$\Delta_f G_m^\ominus$/(kJ·mol^{-1}) 298.15 K, 100 kPa	$S_m^\ominus$/(J·mol^{-1}·K^{-1})
Cs^+	g	457.964	—	—
Cs^+	ao	−258.28	−292.02	133.05
CsH	cr	−54.18	—	—
CsCl	cr	−443.04	−141.53	101.17
Cu	cr	0	0	33.150
Cu^+	ao	71.67	49.98	40.6
Cu^{2+}	ao	64.77	65.49	−99.6
CuO	cr	−157.3	−129.7	42.63
Cu_2O	cr	−168.6	−146.0	93.14
$Cu(OH)_2$	cr	−449.8	—	—
CuCl	cr	−137.2	−119.86	86.2
$CuCl_2$	cr	−220.1	−175.7	108.07
CuBr	cr	−104.6	−100.8	96.11
CuI	cr	−67.8	−69.5	96.7
CuS	cr	−53.1	−53.6	66.5
$CuSO_4$	cr	−771.36	−661.8	109
$CuSO_4 \cdot 5H_2O$	cr	−2279.65	−1879.745	300.4
$Cu(NH_3)_4^{2+}$	ao	−348.5	−111.07	273.6
$CuCO_3 \cdot Cu(OH)_2$(孔雀石)	cr	−1051.4	−893.6	186.2
CuCN	cr	96.2	111.3	84.5
F	g	78.99	61.91	158.754
F^-	g	−255.39	—	—
F	ao	−332.63	−278.79	−13.8
F_2	g	0	0	202.78
HF	g	−271.1	−273.1	173.779
HF	ao	−320.08	−296.82	88.7
HF_2^-	ao	−649.94	−578.08	92.5
Fe	cr	0	0	27.28
Fe^{2+}	ao	−89.1	−78.90	−137.7
Fe^{3+}	ao	−48.5	−4.7	−315.9
Fe_2O_3	cr	−824.2	−742.2	87.40
Fe_3O_4	cr	−1118.4	−1015.4	146.4
$Fe(OH)_2$	cr	−569.0	−486.5	88
$Fe(OH)_3$	cr	−823.0	−696.5	106.7
$FeCl_3$	cr	−399.49	−334.00	142.3
FeS_2	cr	−178.2	−166.9	52.93
$FeSO_4 \cdot 7H_2O$	cr	−3014.57	−2509.87	409.2
$FeCO_3$	cr	−740.57	−666.67	92.9
$FeC_2O_4 \cdot 2H_2O$	cr	−1482.4	—	—
H	g	217.965	203.247	114.713
H^+	g	1536.202	—	—

续表

物质化学式和说明	状态	$\Delta_f H_m^\ominus$/(kJ·mol^{-1})	$\Delta_f G_m^\ominus$/(kJ·mol^{-1}) 298.15 K，100 kPa	$S_m^\ominus$/(J·mol^{-1}·K^{-1})
H^-	g	138.99	—	—
H^+	ao	0	0	0
H_2	g	0	0	130.684
OH^-	ao	−229.994	−157.244	−10.75
H_2O	l	−285.830	−237.129	69.91
H_2O	g	−241.818	−228.572	188.825
H_2O_2	l	−187.78	−120.35	109.6
H_2O_2	ao	−191.17	−134.03	143.9
He	g	0	0	126.150
Hg	l	0	0	76.02
Hg	g	61.317	31.820	174.96
Hg^{2+}	ao	171.1	164.40	−32.2
Hg_2^{2+}	ao	172.4	153.52	84.5
HgO(红色,斜方晶)	cr	−90.83	−58.539	70.29
HgO(黄色)	cr	−90.46	−58.409	71.1
$HgCl_2$	cr	−224.3	−178.6	146.0
$HgCl_2$	ao	−216.3	−173.2	155
$HgCl_3^-$	ao	−388.7	−309.1	209
$HgCl_4^{2-}$	ao	−554.0	−446.8	293
Hg_2Cl_2	cr	−265.22	−210.745	192.5
$HgBr_4^{2-}$	ao	−431.0	−371.1	310.0
HgI_2(红色)	cr	−105.4	−101.7	180.0
HgI_2(黄色)	cr	−102.9	—	—
HgI_4^{2-}	ao	−235.1	−211.7	360.0
Hg_2I_2	cr	−121.34	−111.00	233.5
HgS(红色)	cr	−58.2	−50.6	82.4
HgS(黑色)	cr	−53.6	−47.7	88.3
$Hg(NH_3)_4^{2+}$	ao	−282.8	−51.7	335.0
I	g	106.838	73.250	180.791
I^-	ao	−55.19	−51.57	111.3
I_2	cr	0	0	116.135
I_2	g	62.438	19.327	260.69
I_2	ao	22.6	16.40	137.2
I_3^-	ao	−51.5	−51.4	239.3
IO^-	ao	−107.5	−38.5	−5.4
IO_3^-	ao	−221.3	−128.0	118.4
IO_4^-	ao	−151.5	−58.5	222
HI	g	26.48	1.70	206.594
HIO	ao	−138.1	−99.1	95.4
HIO_3	ao	−211.3	−132.6	166.9
H_5IO_6	ao	−759.4	—	—

续表

物质化学式和说明	状态	$\Delta_f H_m^\ominus$/(kJ·mol^{-1})	$\Delta_f G_m^\ominus$/(kJ·mol^{-1})	$S_m^\ominus$/(J·mol^{-1}·K^{-1})
		298.15 K，100 kPa		
In^+	ao	—	−12.1	—
In^{2+}	ao	—	−50.7	—
In^{3+}	ao	0	0	64.18
K	g	89.24	60.59	160.336
K^+	g	514.26	—	—
K^+	ao	−252.38	−283.27	102.5
KO_2	cr	−284.93	−239.4	116.7
KO_3	cr	−260.2	—	—
K_2O	cr	−361.5	—	—
K_2O_2	cr	−494.0	−425.1	102.1
KH	cr	−57.74	—	—
KOH	cr	−424.764	−379.08	78.9
KF	cr	−567.27	−537.75	66.57
KCl	cr	−436.747	−409.14	82.59
$KClO_3$	cr	−397.73	−296.25	143.1
$KClO_4$	cr	−432.75	−303.09	151.0
KBr	cr	−393.798	−380.66	95.90
KI	cr	−327.900	−324.892	106.32
K_2SO_4	cr	−1437.79	−1321.37	175.56
$K_2S_2O_3$	cr	−1916.1	−1697.3	278.7
$K_2S_2O_8$	cr	−1916.1	−1697.3	278.7
KNO_2(正交晶)	cr	−369.82	−306.55	152.09
KNO_3	cr	−494.63	−394.86	133.05
K_2CO_3	cr	−1151.02	−1063.5	155.52
$KHCO_3$	cr	−963.2	−863.5	115.5
KCN	cr	−113.0	−101.86	128.49
$KAl(SO_4)_2 \cdot 12H_2O$	cr	−6061.8	−5141.0	687.4
$KMnO_4$	cr	−837.2	−737.6	171.71
K_2CrO_4	cr	−1403.7	−1295.7	200.12
$K_2Cr_2O_7$	cr	−2061.5	−1881.8	291.2
Kr	g	0	0	164.082
La^{3+}	ao	−707.1	−683.7	−217.6
$La(OH)_3$	cr	−1410.0	—	—
$LaCl_3$	cr	−1071.1	—	—
Li	cr	0	0	29.12
Li	g	159.37	126.66	138.77
Li^+	g	685.783	—	—
Li^+	ao	−278.49	−293.31	13.4
Li_2O	cr	−597.94	−561.18	37.57
LiH	cr	−90.54	−68.35	20.008
LiOH	cr	−484.93	−438.95	42.80

续表

物质化学式和说明	状态	$\Delta_f H_m^\ominus$/(kJ·mol^{-1})	$\Delta_f G_m^\ominus$/(kJ·mol^{-1}) 298.15 K, 100 kPa	$S_m^\ominus$/(J·mol^{-1}·K^{-1})
LiF	cr	−615.97	−587.71	35.65
LiCl	cr	−408.61	−384.37	59.33
Li_2CO_3	cr	−1215.9	−1132.06	90.37
Mg	cr	0	0	32.68
Mg	g	147.70	113.10	148.65
Mg^+	g	891.635	—	—
Mg^{2+}	g	2348.504	—	—
Mg^{2+}	ao	−466.85	−454.8	−138.1
MgO(粗晶，方镁石)	cr	−601.70	−569.43	26.94
MgO(细晶)	cr	−597.98	−565.95	27.91
MgH_2	cr	−75.3	−35.09	31.09
$Mg(OH)_2$	cr	−924.54	−833.51	63.18
$Mg(OH)_2$(沉淀)	am	−920.5	—	—
MgF_2	cr	−1123.4	−1070.2	57.24
$MgCl_2$	cr	−641.32	−591.79	89.62
$MgSO_4\cdot 7H_2O$	cr	−3388.71	−2871.5	372
$MgCO_3$	cr	−1095.8	−1012.1	65.7
Mn(α)	cr	0	0	32.01
Mn^{2+}	ao	−220.75	−228.1	−73.6
MnO_2	cr	−520.03	−465.14	53.05
MnO_2(沉淀)	am	−502.5	—	—
MnO_4^-	ao	−653	−500.7	59
$Mn(OH)_2$(沉淀)	am	−695.4	−615.0	99.2
MnS(沉淀，桃红色)	am	−213.8	—	—
$MnCl_2$	cr	−481.29	−440.50	118.24
$MnCl_2\cdot 4H_2O$	cr	−1687.4	−1423.6	303.3
$MnSO_4$	cr	−1065.25	−957.36	112.1
$MnSO_4\cdot 7H_2O$	cr	−3139.3	—	—
Mo	cr	0	0	28.66
MoO_3	cr	−745.09	−667.97	77.74
MoO_4^{2-}	ao	−997.9	−836.3	27.2
$PbMoO_4$	cr	−1051.9	−951.4	166.1
Ag_2MoO_4	cr	−840.6	−748.0	213.0
N	g	472.704	455.563	153.298
N_2	g	0	0	191.61
NO	g	90.25	86.55	210.761
NO_2	g	33.18	51.31	240.06
N_2O	g	82.05	104.20	219.85
N_2O_3	g	83.72	139.46	312.28
N_2O_4	g	9.16	97.89	304.29
N_2O_4	l	−19.50	97.54	209.2

续表

物质化学式和说明	状态	$\Delta_f H_m^\ominus$/(kJ·mol^{-1})	$\Delta_f G_m^\ominus$/(kJ·mol^{-1}) 298.15 K, 100 kPa	$S_m^\ominus$/(J·mol^{-1}·K^{-1})
N_2O_5	g	11.3	115.1	355.7
NH_3	g	−46.11	−16.45	192.45
NH_3	ao	−80.29	−26.50	111.3
NO_2^-	ao	104.6	−32.2	123.0
NO_3^-	ao	−205.0	108.74	146.4
NH_4^+	ao	−132.51	−79.31	113.4
N_2H_4	l	50.63	149.34	121.21
N_2H_4	ao	34.31	128.1	138.0
HNO_3	ao	−119.2	−50.6	135.6
NH_4NO_3	cr	−365.56	−183.87	151.08
NH_4NO_2	cr	−256.5	—	—
NH_4F	cr	−463.96	−348.68	71.96
NOCl	g	51.71	66.08	261.69
NH_4Cl	cr	−314.43	−202.87	94.6
NH_4ClO_4	cr	−295.31	−88.75	186.2
NOBr	g	82.17	82.42	273.66
$(NH_4)_2SO_4$	cr	−1180.85	−901.67	220.1
$(NH_4)_2S_2O_8$	cr	−1648.1	—	—
Na	cr	0	0	51.21
Na	g	107.32	76.761	135.712
Na^+	g	609.358	—	—
Na^+	ao	−240.12	−261.905	59.0
NaO_2	cr	−260.2	−218.4	115.9
Na_2O	cr	−414.22	−375.46	75.06
Na_2O_2	cr	−510.87	−447.7	95.0
NaH	cr	−56.275	−33.46	40.016
NaOH	cr	−425.609	−379.494	64.455
NaF	cr	−573.647	−543.494	51.46
NaCl	cr	−411.153	−384.138	72.13
NaBr	cr	−361.062	−348.983	86.82
NaI	cr	−287.78	−286.06	98.53
$Na_2SO_4 \cdot 10H_2O$	cr	−4327.26	−3646.85	592.0
$Na_2S_2O_3 \cdot 5H_2O$	cr	−2607.93	−2229.8	372.0
$NaHSO_4 \cdot H_2O$	cr	−1421.7	−1231.6	155.0
$NaNO_3$	cr	−467.85	−367.00	116.52
$NaNO_2$	cr	−358.65	−284.55	103.8
Na_3PO_4	cr	−1917.40	−1788.80	173.80
$Na_4P_2O_7$	cr	−3188	−2969.3	270.29
$Na_5P_3O_{10} \cdot 6H_2O$	cr	−6194.8	−5540.8	611.3
$NaH_2PO_4 \cdot 2H_2O$	cr	−2128.4	—	—
Na_2HPO_4	cr	−1748.1	−1608.2	150.50

续表

物质化学式和说明	状态	$\Delta_f H_m^\ominus$/(kJ·mol^{-1})	$\Delta_f G_m^\ominus$/(kJ·mol^{-1}) 298.15 K, 100 kPa	$S_m^\ominus$/(J·mol^{-1}·K^{-1})
$Na_2HPO_4 \cdot 12H_2O$	cr	−5297.8	−4467.8	633.83
Na_2CO_3	cr	−1130.68	−1044.44	134.98
$Na_2CO_3 \cdot 10H_2O$	cr	−4081.32	−3427.66	562.7
HCOONa	cr	−666.5	−599.9	103.76
$NaHCO_3$	cr	−950.81	−851.0	101.7
$NaCH_3CO_2 \cdot 3H_2O$	cr	−1603.3	−1328.6	243
$Na_2B_4O_7 \cdot 10H_2O$	cr	−6288.6	−5516.0	586
Ne	g	0	0	146.328
Ni	cr	0	0	29.87
Ni^{2+}	ao	−54.0	−45.6	−128.9
$Ni(OH)_2$	cr	−529.7	−447.2	88
$NiCl_2 \cdot 6H_2O$	cr	−2103.17	−1713.10	344.3
NiS	cr	−82.0	−79.5	52.97
NiS(沉淀)	cr	−74.4	—	—
$NiSO_4 \cdot 7H_2O$	cr	−2976.33	−2461.83	378.94
$NiCO_3$	cr	—	−612.5	—
$Ni(CN)_4^{2-}$	ao	367.8	472.1	218
$Ni(CN)_6^{2+}$	ao	−630.1	−255.7	394.6
O	g	249.170	231.731	161.055
O_2	g	0	0	205.138
O_3	g	142.7	163.2	238.93
P(白色)	cr	0	0	41.09
P(红色,三斜晶)	cr	−17.6	−12.1	22.80
P(黑色)	cr	−39.3	—	—
P(红色)	am	−7.5	—	—
PO_4^{3-}	ao	−1277.4	−1018.7	−222.0
$P_2O_7^{4-}$	ao	−2271.1	−1919.0	−117.0
P_4O_6	cr	−1640.1	—	—
P_4O_{10}(六方晶)	cr	−2984.0	−2697.7	228.86
PH_3	g	5.4	13.4	210.23
HPO_4^{2-}	ao	−1292.14	−1089.15	−33.5
$H_2PO_4^-$	ao	−1296.29	−1130.28	90.4
H_3PO_4	cr	−1279.0	−1119.1	110.50
H_3PO_4	ao	−1288.34	−1142.54	158.2
$HP_2O_7^{3-}$	ao	−2274.8	−1972.2	46
$H_2P_2O_7^{2-}$	ao	−2278.6	−2010.2	163
$H_3P_2O_7^-$	ao	−2276.5	−2023.2	213
$H_4P_2O_7$	ao	−2268.6	−2032.0	268
PF_3	g	−918.8	−897.5	273.24
PF_5	g	−1595.8	—	—
PCl_3	l	−319.7	−272.3	217.1

续表

物质化学式和说明	状态	$\Delta_f H_m^\ominus$/(kJ·mol^{-1})	$\Delta_f G_m^\ominus$/(kJ·mol^{-1}) 298.15 K，100 kPa	$S_m^\ominus$/(J·mol^{-1}·K^{-1})
PCl_3	g	−287.0	−267.8	311.78
PCl_5	cr	−443.5	—	—
PCl_5	g	−374.9	−305.0	364.58
Pb	cr	0	0	54.81
Pb^{2+}	ao	−1.7	−24.43	10.5
PbO(黄色)	cr	−217.32	−187.89	68.70
PbO(红色)	cr	−218.9	−188.93	66.5
PbO_2	cr	−277.4	−217.33	68.6
Pb_3O_4	cr	−718.4	−601.2	211.3
$Pb(OH)_2$(沉淀)	cr	−515.9	—	—
$PbCl_2$	cr	−359.41	−314.10	136.0
$PbCl_2$	ao	—	−297.16	—
$PbCl_3^-$	ao	—	−426.3	—
$PbBr_2$	cr	−278.7	261.92	161.5
$PbBr_2$	ao	—	−240.6	—
PbI_2	cr	−175.48	−173.64	174.85
PbI_2	ao	—	143.5	—
PbI_4^{2-}	ao	—	−254.8	—
PbS	cr	−100.4	−98.7	91.2
$PbSO_4$	cr	−919.94	−813.14	148.57
$PbCO_3$	cr	−699.1	−625.5	131.0
$Pb(CH_3CO_2)^+$(乙酸铅离子)	ao	—	−406.2	—
$Pb(CH_3CO_2)_2$	ao	—	−779.7	—
Rb	cr	0	0	76.78
Rb	g	80.85	53.06	170.089
Rb^+	g	490.101	—	—
Rb^+	ao	−251.17	−283.98	121.50
RbO_2	cr	−278.7	—	—
Rb_2O	cr	−339	—	—
Rb_2O_2	cr	−472	—	—
RbCl	cr	−435.35	−407.80	95.90
S(正交晶)	cr	0	0	31.80
S(单斜晶)	cr	0.33	—	—
S	g	278.805	238.250	167.821
SO_2	g	−296.830	−300.194	248.22
SO_2	ao	−322.980	−300.676	161.9
SO_3	g	−395.72	−371.06	256.76
SO_3^{2-}	ao	−635.5	−486.5	−29
SO_4^{2-}	ao	−909.27	−744.53	20.1
H_2S	g	−20.63	−33.56	205.79
H_2S	ao	−39.7	−27.83	121.0

续表

物质化学式和说明	状态	$\Delta_f H_m^\ominus$/(kJ·mol⁻¹)	$\Delta_f G_m^\ominus$/(kJ·mol⁻¹) 298.15 K, 100 kPa	$S_m^\ominus$/(J·mol⁻¹·K⁻¹)
HSO_3^-	ao	−626.22	−527.73	139.7
HSO_4^-	ao	−887.34	−755.91	131.8
SF_4	g	−774.9	−731.3	292.03
SF_6	g	−1209	−1105.3	291.82
Sb	g	262.3	222.2	180.16
Sb_4	g	205.0	141.4	351
SbH_3	g	145.1	147.7	232.67
$SbCl_3$	g	313.8	−301.2	337.69
$SbBr_3$	g	−194.6	−223.8	372.75
$Sb(OH)_3$	cr	—	685.2	—
$SbCl_3$	cr	−382.17	−323.67	184.1
SbOCl	cr	−374.0	—	—
Sb_2S_3(橙色)	am	−147.3	—	—
Sc	cr	0	0	34.54
Sc	g	377.8	336.1	174.68
Sc^{3+}	g	4694.5	—	—
Sc^{3+}	ao	−614.2	−586.6	−255
$ScCl_3$	cr	−925.1	—	—
$Sc(OH)_3$	cr	−1363.6	−1233.3	100
Sc_2O_3	cr	−1908.82	−1819.36	77.0
Se(六方晶,黑色)	cr	0	0	42.442
Se(单斜晶,红色)	cr	6.7	—	—
Se	g	227.1	187.1	176.6
H_2Se	g	29.7	15.9	218.9
$SeCl_2$	g	−31.8	—	—
Se_2Cl_2	g	17	—	—
$SeBr_2$	g	21	—	—
Se_2Br_2	g	29	—	—
H_2Se	ao	19.2	22.2	163.6
$HSeO_3^-$	ao	−514.55	−411.46	135.1
H_2SeO_3	ao	−507.48	−426.14	207.9
H_2SeO_4	cr	−530.1	—	—
Si	cr	0	0	18.83
Si	g	455.6	411.3	167.86
Si_2	g	594	536	229.79
SiO	g	99.6	−126.4	211.50
SiO_2	g	−322	—	—
SiF_4	g	−1614.9	−1572.7	282.38
SiH_4	g	34.3	56.9	204.5
Si_2H_6	g	80.3	127.2	272.5
Si_3H_8	g	120.9	—	—

续表

物质化学式和说明	状态	$\Delta_f H_m^\ominus$/(kJ·mol^{-1})	$\Delta_f G_m^\ominus$/(kJ·mol^{-1}) 298.15 K，100 kPa	$S_m^\ominus$/(J·mol^{-1}·K^{-1})
$SiCl_4$	g	−657.0	−617.0	330.6
$SiBr_4$	g	−415.5	−431.8	377.8
$SiBr_4$	l	−457.3	−443.9	277.8
$SiCl_4$	l	−687.0	−619.84	239.7
SiO_2(α-石英)	cr	−910.94	−856.64	41.84
SiO_2	am	−903.49	−850.70	46.9
SiI_4	cr	−189.5	—	—
H_2SiO_3	ao	−1182.8	−1079.4	109
H_4SiO_4	cr	−1481.1	−1332.9	192
Si_3N_4	cr	−743.5	−642.6	101.3
SiC(β,立方晶)	cr	−65.3	−62.8	16.61
SiC(α,立方晶)	cr	−62.8	−60.2	16.48
Sm	cr	0	0	69.6
Sm	g	206.7	—	—
Sm^{3+}	aq	−691.1	−665	−212
Sm_2O_3	cr	−1828	—	—
$SmCl_2$	cr	−802.5	—	—
$SmCl_3$	cr	−1026.0	—	—
Sn(白色)	cr	0	0	51.55
Sn(灰色)	cr	−2.09	0.13	44.14
Sn	g	302.1	267.4	168.38
SnO	cr	−285.8	−256.9	56.5
SnO_2	cr	−580.7	−519.6	52.3
$Sn(OH)_2$(沉淀)	cr	−561.1	−491.6	155
$Sn(OH)_4$(沉淀)	cr	−1110.0	—	—
SnH_4	g	162.8	188.3	227.57
$SnCl_4$	g	−471.5	−432.2	365.7
$SnBr_4$	g	−314.6	−331.4	411.8
$Sn(CH_3)_4$	g	−18.8	—	—
$SnCl_4$	l	−511.3	−440.1	258.6
$SnBr_4$	cr	−377.4	−350.2	264.4
SnS	cr	−100	−98.3	77.0
Sr	cr	0	0	52.3
Sr	g	164.4	130.9	164.62
Sr^{2+}	g	1790.54	—	—
Sr^{2+}	ao	−545.80	−559.84	−32.6
SrO	cr	−592.0	−561.9	54.4
$Sr(OH)_2$	cr	−959.0	—	—
$SrCl_2$	cr	−828.9	−781.1	114.85
$SrSO_4$	cr	−1449.8	—	—
$SrCO_3$	cr	−1220.1	−1140.1	97.1

续表

物质化学式和说明	状态	$\Delta_f H_m^\ominus$/(kJ·mol^{-1})	$\Delta_f G_m^\ominus$/(kJ·mol^{-1}) 298.15 K，100 kPa	$S_m^\ominus$/(J·mol^{-1}·K^{-1})
$Sr(NO_3)_2$	cr	−978.2	−780.1	194.6
Th^{4+}	ao	−769.0	705.1	422.6
ThO_2	cr	−1226.4	−1168.71	65.23
$Th(NO_3)_4 \cdot 5H_2O$	cr	−3007.79	−2324.88	543.2
Ti	cr	0	0	30.63
TiO_2(锐钛矿)	cr	−939.7	−884.5	49.92
TiO_2(板钛矿)	cr	−941.8	—	—
TiO_2(金红石型)	cr	−944.7	−889.5	50.33
TiO_2	am	−879	—	—
$TiCl_3$	cr	−720.9	−653.5	139.7
$TiCl_4$	l	−804.2	−737.2	252.34
$TiCl_4$	g	−763.2	−726.7	354.9
Tl	cr	0	0	64.18
Tl	g	182.2	147.4	180.85
Tl^+	g	777.73	—	—
Tl^{2+}	g	2754.9	—	—
Tl^{3+}	g	5639.2	—	—
Tl^+	ao	5.36	−32.38	125.5
Tl^{2+}	ao	196.6	214.6	192
TlCl	cr	−204.14	−184.92	111.25
$TlCl_3$	cr	−315.1	—	—
$TlCl_3$	ao	−315.1	−274.4	134
$TlCl_4^-$	aq	−519.2	−421.7	243
Tm	cr	0	0	74.0
Tm	g	232.2	—	—
Tm^{3+}	aq	−705.2	−669	−243
Tm_2O_3	cr	−1889	—	—
$TmCl_2$	cr	−709	—	—
$TmCl_3$	cr	−991.0	—	—
UO_2	cr	−1084.9	−1031.7	77.03
UO_2^{2+}	ao	−1019.6	−953.5	−97.5
UF_4	cr	−1914.2	−1823.3	151.67
UF_6	cr	−2197.0	−2068.5	227.6
UF_6	g	−2147.4	−2063.7	377.9
V	cr	0	0	28.91
V	g	514.2	453.2	182.19
VCl_2	cr	−452	−406	97.1
VCl	cr	−580.7	−511.3	131.0
VO^{2+}	ao	−486.6	−446.4	−133.9
VO_2^+	ao	−649.8	−587.0	−42.3
VO_4^{3-}	ao	—	−899.0	—

续表

物质化学式和说明	状态	$\Delta_f H_m^\ominus$/(kJ·mol^{-1})	$\Delta_f G_m^\ominus$/(kJ·mol^{-1}) 298.15 K, 100 kPa	$S_m^\ominus$/(J·mol^{-1}·K^{-1})
V_2O_5	cr	−1550.6	−1419.5	131.0
W	cr	0	0	32.64
WO_3	cr	−842.87	−764.03	75.90
WO_4^{2-}	ao	−1075.7	—	—
Xe	g	0	0	169.683
XeF_2	g	−107.0	—	—
XeF_4	g	−206.2	—	—
XeF_6	g	−279.0	—	—
XeF_4	cr	−261.5	(−123)	—
XeF_6	cr	(−360)	—	—
Y	cr	0	0	44.4
Y	g	421.3	—	—
Y^{3+}	g	4214	—	—
Y^{3+}	aq	−715	−685	−251
Y_2O_3	cr	−1864	—	—
YCl_3	cr	−996	—	—
Yb	cr	0	0	59.9
Yb	g	155.6	—	—
Yb_2O_3	cr	−1815	—	—
YCl_2	cr	−799	—	—
YCl_3	cr	−960.0	—	—
Zn	cr	0	0	41.63
Zn^{2+}	ao	−153.89	−147.06	−112.1
ZnO	cr	−348.28	−318.30	43.64
ZnF_2	cr	−764.4	−713.5	73.68
$ZnCl_2$	cr	−415.05	−369.398	111.46
ZnS(纤锌矿)	cr	−192.63	—	—
ZnS(闪锌矿)	cr	−205.98	−201.29	57.7
$ZnSO_4 \cdot 7H_2O$	cr	−3077.75	−2562.67	388.7
$ZnCO_3$	cr	−812.78	−731.52	82.4
$Zn(NH_3)_4^{2+}$	ao	−533.5	−301.9	301
$Zn(OH)_4^{2-}$	ao	—	−858.52	—

说明:

结晶固体:cr;液体:l;气体:g;

非晶态固体:am;未指明组成的水溶液:aq;

标准状态下 b=1 mol·kg^{-1}非电离物质的水溶液:ao;

标准状态下 b=1 mol·kg^{-1}电离物质的水溶液:al。

附录 5　某些物质的标准摩尔燃烧热(298.15 K)

物　质	$\Delta_c H_m^\ominus/(kJ \cdot mol^{-1})$
H_2(g)	−285.83
C(s)　结晶	−393.51
CO(g)	−282.98
CH_4(g)　甲烷	−890.36
C_2H_2(g)　乙炔	−1299.58
C_2H_4(g)　乙烯	−1410.94
C_2H_6(g)　乙烷	−1559.83
C_3H_8(g)　丙烷	−2219.9
HCHO(g)　甲醛	−570.77
CH_3CHO(g)　乙醛	−1192.49
CH_3CHO(l)	−1166.38
CH_3OH(l)　甲醇	−726.64
C_2H_5OH(l)　乙醇	−1366.95
HCOOH(l)　甲酸	−254.62
CH_3COOH(l)　乙酸	−874.2
$H_2(COO)_2$(s)　草酸	−245.6
$(C_2H_5)_2O$(l)　乙醚	−2723.62
$(C_2H_5)_2O$(g)	−2751.06
$(CH_3)_2O$(g)　二甲醚	−1460.46
C_6H_6(l)　苯	−3267.54
C_7H_8(l)　甲苯	−3908.69
C_6H_5COOH(s)　苯甲酸	−3226.87
C_6H_5OH(s)　苯酚	−3053.48
$C_{12}H_{22}O_{11}$(s)　蔗糖	−5640.87

附录 6 原子半径及离子半径

元素名称	原子半径/pm	有效离子半径/pm				
		离子电荷	配位数			
			4	6	8	12
锕	187.8	3+		111		
铝	143.1	3+	39	53.5		
镅	173	2+			126	
		3+		97.5	109	
		4+		89	95	
		5+		86		
		6+		80		
锑	145	3−		245		
		1+		89		
		3+	76	76		
		5+		60		
砷	124.8	3−		222		
		3+		58		
		5+	33.5	46		
砹		1−		227		
		5+		57		
		7+		62		
钡	217.3	2+		136	142	160
锫		2+		118		
		3+		98		
		4+		87	93	
铍	111.3	1−	195			
		2+	27	45		
铋	154.7	3−		213		
		3+		103	111	
硼	86	5+		76		
		1+	35			
		3+	11	27		
溴		1−		196		
		3+	59			
		5+	31[a]	47		
		7+		25		
镉	148.9	2+	78	95	110	131
钙	197	2+				
锎	186(2)	2+		117		
		3+		95		
		4+		82.1		

续表

元素名称	原子半径/pm	有效离子半径/pm				
		离子电荷	配位数			
			4	6	8	12
碳		4－	260			
		4＋	15	16		
铈	181.8	3＋		102	114.3	134
		4＋		87	97	114
铯	265	1＋		167	174	188
氯		1－		181		
		5＋	34			
		7＋	8	27		
铬	128	1＋	81			
		2＋		73 LS		
				80 HS		
		3＋		61.5		
		4＋		55		
		5＋	34.5	49	57	
		6＋	26	44		
钴	125	2＋	38	65 LS	90	
				74.5 HS		
		3＋		54.5 LS		
				61 HS		
		4＋	40	53 HS		
铜	128	1＋	60	77		
		2＋	57	73		
		3＋		54 LS		
锔	174	3＋		97		
		4＋		85	95	
镝	178.1	2＋		107	119	
		3＋		91.2	102.7	
锿	186(2)	3＋		98		
铒	176.1	3＋		89.0	100.4	
铕	208.4	2＋		117	125	135
		3＋		94.7	106.6	
氟	71.7	1－	131	133		
		7＋		8		
钫	270	1＋		180		
钆	180.4	3＋		93.8	105.3	
镓	135	2＋		120		
		3＋	47	62.0		
锗	128	2＋		73		
		4＋	39.0	53.0		
金	144	1＋		137		

续表

元素名称	原子半径/pm	离子电荷	有效离子半径/pm 配位数 4	6	8	12
		3+	68	85		
铪	159	4+	58	71	83	
钬	176.2	3+		90.1	101.5[c]	112
氢		1−		154		
铟	167	1+		140		
		3+	62	80.0	92	
碘		1−		220		
		5+		95		
		7+	42	53		
铱	135.5	3+		68		
		4+		62.5		
		5+		57		
铁	126	2+		61 LS		
			63 HS	78 HS	92 HS	
		3+		55 LS		
			49 HS	64.5 HS	78 HS	
		4+		58.5		
		6+	25			
镧	183	3+		103.2	116.0	136
铅	175	2+	98	119	129	149
		4+		78	94	
锂	152	1+	59	76		
镥	173.8	3+		86.1	97.7	
镁	160	2+	57	72.0	89	
锰	127	2+	66 HS	67 LS	96	
				83 HS		
		3+		58 LS		
				64.5 HS		
		4+	39	53		
		5+	33			
		6+	25.5			
		7+	25	46		
汞	151	1+	111[a]	119		
		2+	96	102	114	
钼	139	3+		69		
		4+		65.0		
		5+	46	61		
		6+	41	59	73[b]	
钕	181.4	2+			129	
		3+		98.3	110.9	127

续表

元素名称	原子半径/pm	离子电荷	有效离子半径/pm			
			配位数			
			4	6	8	12
镎	155	2+		110		
		3+		101		
		4+		87	98	
		5+		75		
		6+		72		
		7+		71		
镍	124	2+	55	69.0		
		3+		56 LS		
				60 HS		
				48 LS		
铌	146	3+		72		
		4+		68	79	
		5+	48	64	74	
氮		3−	146			
		1+	25			
		3+		16		
		5+		13		
锘		2+		110		
锇	135	4+		63.0		
		5+		57.5		
		6+		54.5		
		7+		52.5		
		8+	39			
氧		2−	138	140	142	
钯	137	2+	64	86		
		3+		76		
		4+		61.5		
磷	108	3−		212		
		3+		44		
		5+	17	38		
铂	138.5	2+		80		
		4+		62.5		
		5+		57		
钚	159	3+		100		
		4+		86	96	
		5+		74		
		6+		71		
钋	164	2−		(230)		
		4+		94	108	
		6+		67		

续表

元素名称	原子半径/pm	有效离子半径/pm				
		离子电荷	配位数			
			4	6	8	12
钾	232	1+	137	138	151	164
镨	182.4	3+		99	112.6	
		4+				
钷	183.4	3+				
镤	163	3+		104		
		4+		90	101	
		5+		78	91	
镭	(220)	2+			148	170
铼	137	4+		63		
		5+		58		
		6+		55		
		7+	38	53		
铑	134	3+		66.5		
		4+		60		
		5+		55		
铷	248	1+		152	161	172
钌	134	3+		68		
		4+		62.0		
		5+		56.5		
		7+	38			
		8+	36			
钐	180.4	2+			127	
		3+		95.8	107.9	124
钪	162	3+		74.5	87.0	
硒	116	2−		198		
		4+		50		
		6+		42		
硅	118	4+	26	40.0		
银	114	1+	100	115	130	
		2+	79	94		
		3+	67	75		
钠	186	1+	99	102	118	139
锶	215	2+		118	126	144
硫	106	2−		184		
		4+		37		
		6+	12	29		
钽	146	3+		72		
		4+		68		
		5+		64	74	
锝	136	4+		64.5		

续表

元素名称	原子半径/pm	离子电荷	有效离子半径/pm			
			配位数			
			4	6	8	12
		5+		60		
		7+	37	56		
碲	142	2−		221		
		4+	66	97		
		6+	43	56		
铽	177.3	3+		92.3	104.0	
		4+		76	88	
铊	170	1+		150	159	170
		3+	75	88.5	98	
钍	179	4+		94	105	121
铥	175.9	2+		103		
		3+		88.0	99.4	105[d]
锡	151	2+		118		
		4+	55	69.0	81	
钛	147	2+		86		
		3+		67.0		
		4+	42	60.5	74	
钨	139	4+		66		
		5+		62		
		6+	42	60		
铀	156	3+		102.5		
		4+		89	100	117
		5+		76		
		6+	52	73	86	
钒	134	2+		79		
		3+		64.0		
		4+		58	72	
		5+	35.5	54		
氙		8+	40	48		
镱	193.3	2+		102	114	
		3+		86.8	98.5	104[d]
钇	180	3+		90.0	101.9	108[d]
锌	134	2+	60	74.0	90	
锆	160	4+	59	72	84	89[d]

注:本表数据摘自 James G. Speight"Lange's handbook of chemistry"table 1.31,16th,edition 2005。表中 HS 为高自旋(high spin),LS 为低自旋(low spin)。[a]CN=3,[b]CN=7,[c]CN=10,[d]CN=11,[CN 为配位数(coordination number)]。

附录7 一些弱酸和弱碱的解离常数

1. 一些弱酸的解离常数

名 称	分子式	温度/K	$K_a^\ominus$	$pK_a^\ominus$
砷酸*	H_3AsO_4	298	5.50×10^{-3}	2.26
		298	1.74×10^{-7}	6.76
		298	5.13×10^{-12}	11.29
硼酸	H_3BO_3	293	5.81×10^{-10}	9.236
碳酸	H_2CO_3	298	4.45×10^{-7}	6.352
		298	4.69×10^{-11}	10.329
亚氯酸	$HClO_2$	298	1.15×10^{-2}	1.94
氰酸	HCNO	298	3.47×10^{-4}	3.46
叠氮酸	HN_3	298	2.40×10^{-5}	4.62
氢氰酸	HCN	298	6.17×10^{-10}	9.21
氢氟酸	HF	298	6.31×10^{-4}	3.20
过氧化氢	H_2O_2	298	2.29×10^{-12}	11.46
次磷酸	H_3PO_2	298	5.89×10^{-2}	1.23
硒化氢	H_2Se	298	1.29×10^{-4}	3.89
		298	1.00×10^{-11}	11.0
硫化氢	H_2S	298	1.07×10^{-7}	6.97
		298	1.26×10^{-13}	12.90
碲化氢	H_2Te	291	2.29×10^{-3}	2.64
		291	$10^{-11}\sim10^{-12}$	11～12
次溴酸	HBrO	298	2.82×10^{-9}	8.55
次氯酸	HClO	298	2.90×10^{-8}	7.537
次碘酸	HIO	298	3.16×10^{-11}	10.5
碘酸	HIO_3	298	1.57×10^{-1}	0.804
亚硝酸	HNO_2	298	7.24×10^{-4}	3.14

续表

名　称	分子式	温度/K	$K_a^\ominus$	$pK_a^\ominus$
高碘酸	HIO_4	298	2.29×10^{-2}	1.64
磷酸	H_3PO_4	298	7.11×10^{-3}	2.148
		298	6.34×10^{-8}	7.198
		298	4.79×10^{-13}	12.32
亚磷酸	H_3PO_3	293	3.72×10^{-2}	1.43
		293	2.09×10^{-7}	6.68
焦磷酸	$H_4P_2O_7$	298	1.23×10^{-1}	0.91
		298	7.94×10^{-3}	2.10
		298	2.00×10^{-7}	6.70
		298	4.47×10^{-10}	9.35
硒酸	H_2SeO_4	298	2.19×10^{-2}	1.66
亚硒酸	H_2SeO_3	298	2.40×10^{-3}	2.62
		298	5.01×10^{-9}	8.30
硅酸	H_4SiO_4	303	2.51×10^{-10}	9.60
		303	1.58×10^{-12}	11.8
硫酸	H_2SO_4	298	1.02×10^{-2}	1.99
亚硫酸	H_2SO_3	298	1.29×10^{-2}	1.89
		298	6.24×10^{-8}	7.205
碲酸	H_6TeO_6	298	2.24×10^{-8}	7.65
		298	1.00×10^{-11}	11.00
亚碲酸	H_2TeO_3	293	5.37×10^{-7}	6.27
		293	3.72×10^{-9}	8.43
四氟硼酸	HBF_4	298	3.16×10^{-1}	0.5
乙酸	CH_3COOH	298	1.75×10^{-5}	4.756
柠檬酸	$C_6H_8O_7$	298	7.45×10^{-4}	3.128
		298	1.73×10^{-5}	4.761
		298	4.02×10^{-7}	6.396

续表

名　称	分子式	温度/K	$K_a^\ominus$	$pK_a^\ominus$
乙二胺四乙酸	EDTA	298	1.02×10^{-2}	1.99
		298	2.14×10^{-3}	2.67
		298	6.92×10^{-7}	6.16
		298	5.50×10^{-11}	10.26
甲酸	HCOOH	298	1.77×10^{-4}	3.751
乳酸	$C_3H_6O_3$	298	1.39×10^{-4}	3.858
草酸	$H_2C_2O_4$	298	5.36×10^{-2}	1.271
		298	5.35×10^{-5}	4.272
苯酚	C_6H_5OH	298	1.02×10^{-10}	9.99
α-酒石酸	$C_4H_6O_6$	298	9.20×10^{-4}	3.036
		298	4.31×10^{-5}	4.366

2. 一些弱碱的解离常数

名　称	分子式	温度/K	$K_b^\ominus$	$pK_b^\ominus$
氨	NH_3	298	1.76×10^{-5}	4.754
苯胺	$C_6H_5NH_2$	298	3.98×10^{-10}	9.40
1,4-丁二酸	$C_4H_{12}N_2$	298	6.61×10^{-4}	3.18
		298	2.24×10^{-5}	4.65
二甲胺	$(CH_3)_2NH$	298	5.89×10^{-4}	3.23
二乙胺	$(C_2H_5)_2NH$	298	6.31×10^{-4}	3.20
乙胺	$C_2H_5NH_2$	298	4.27×10^{-4}	3.37
1,6-己二胺	$C_6H_{16}N_2$	298	8.51×10^{-4}	3.070
		298	6.76×10^{-5}	4.170
肼	N_2H_4	298	8.71×10^{-7}	6.06
		298	1.86×10^{-14}	13.73
甲胺	CH_3NH_2	298	4.17×10^{-4}	3.38
吡啶	C_5H_5N	298	1.48×10^{-9}	8.83

注:本表数据摘自 James G. Speight“Lange's handbook of chemistry”table 1.74 和 table 2.59,16th,edition 2005。$pK_b^\ominus$ 数据根据表中相应的质子化了的化合物的 $pK_a^\ominus$ 数据计算出。

* 砷酸的数据摘自 David R. Lide“CRC Handbook of chemistry and Physics”8-40,86th,edition 2005—2006。

附录 8　常见难溶电解质的溶度积

化学式	$K_{sp}^{\ominus}$	$pK_{sp}^{\ominus}$
$Al(OH)_3$	1.3×10^{-33}	32.89
$AlPO_4$	9.84×10^{-21}	20.01
Al_2S_3	2×10^{-7}	6.7
As_2S_3	2.1×10^{-22}	21.68
$Ba_3(AsO_4)_2$	8.0×10^{-51}	50.11
$Ba_3(BrO_3)_2$	2.43×10^{-4}	5.50
$BaCO_3$	2.58×10^{-9}	8.59
$BaCrO_4$	1.17×10^{-10}	9.93
BaF_2	1.84×10^{-7}	6.74
$BaSiF_6$	1×10^{-6}	6
$Ba(OH)_2\cdot8H_2O$	2.55×10^{-4}	3.59
$Ba(IO_3)_2\cdot H_2O$	4.01×10^{-9}	8.40
$BaC_2O_4\cdot H_2O$	2.3×10^{-8}	7.64
$Ba_3(PO_4)_2$	3.4×10^{-23}	22.47
$Ba_2P_2O_7$	3.2×10^{-11}	10.5
$BaSO_4$	1.08×10^{-10}	9.97
$BaSO_3$	5.0×10^{-10}	9.30
BaS_2O_3	1.6×10^{-5}	4.79
$BeC_2O_4\cdot4H_2O$	1×10^{-3}	3
$Bi(OH)_2$	6.92×10^{-22}	21.16
$BeAsO_4$	4.43×10^{-10}	9.35
$Bi(OH)_3$	6.0×10^{-31}	30.4
BiI_3	7.71×10^{-19}	18.11
BiOBr	3.0×10^{-7}	6.52
BiOCl	1.8×10^{-31}	30.75
BiO(OH)	4×10^{-10}	9.4
$BiO(NO_3)$	2.82×10^{-3}	2.55
$BiO(NO_2)$	4.9×10^{-7}	6.31
$BiPO_4$	1.3×10^{-23}	22.89
Bi_2S_3	1×10^{-97}	97
$CdCO_3$	1.0×10^{-12}	12.0
$Cd(CN)_2$	1.0×10^{-8}	8.0
CdF_2	6.44×10^{-3}	2.19
$Cd(OH)_2$(新生成)	7.2×10^{-15}	14.14
$Cd(IO_3)_2$	2.5×10^{-8}	7.60
$Cd_3(PO_4)_2$	2.53×10^{-33}	32.60
CdS	8.0×10^{-27}	26.10
$Ca_3(AsO_4)_2$	6.8×10^{-19}	18.17
$CaCO_3$	2.8×10^{-9}	8.54
$Ca[Mg(CO_3)_2]$(白云石)	1×10^{-11}	11
$CaCrO_4$	7.1×10^{-4}	3.15
CaF_2	5.3×10^{-9}	8.28
$Ca[SiF_6]$	8.1×10^{-4}	3.09

续表

化学式	$K_{sp}^{\ominus}$	$pK_{sp}^{\ominus}$
$Ca(OH)_2$	5.5×10^{-6}	5.26
$Ca(IO_3)_2\cdot6H_2O$	7.10×10^{-7}	6.15
$CaC_2O_4\cdot H_2O$	2.32×10^{-9}	8.63
$Ca_3(PO_4)_2$	2.07×10^{-29}	28.68
$CaSiO_3$	2.5×10^{-8}	7.60
$CaSO_4$	4.93×10^{-5}	4.31
$CaSO_4\cdot2H_2O$	3.14×10^{-5}	4.50
$CaSO_4$	6.8×10^{-8}	7.17
CeF_3	8×10^{-16}	15.1
$Ce(OH)_3$	1.6×10^{-20}	19.8
$Ce(OH)_4$	2×10^{-48}	47.7
$CePO_4$	1×10^{-23}	23
Ce_2S_3	6.0×10^{-11}	10.22
$Cs_3[Co(NO_2)_6]$	5.7×10^{-16}	15.24
$Cs_2[PtCl_6]$	3.2×10^{-8}	7.50
$Cs_2[PtF_6]$	2.4×10^{-6}	5.62
$Cs_2[SiF_6]$	1.3×10^{-5}	4.90
$CsClO_4$	3.95×10^{-3}	2.40
$CsIO_4$	5.16×10^{-6}	5.29
$CsMnO_4$	8.2×10^{-5}	4.08
$CsReO_4$	4.0×10^{-4}	3.40
$Cs[BF_4]$	5×10^{-5}	4.7
$Cr(OH)_2$	2×10^{-16}	15.7
$CrAsO_4$	7.7×10^{-21}	20.11
CrF_3	6.6×10^{-11}	10.18
$Cr(OH)_3$	6.3×10^{-31}	30.20
$CrPO_4\cdot4H_2O$(绿色)	2.4×10^{-23}	22.62
$CrPO_4\cdot4H_2O$(紫罗兰色)	1.0×10^{-17}	17.00
$Co_3(AsO_4)_2$	6.80×10^{-29}	28.17
$CoCO_3$	1.4×10^{-13}	12.84
$Co(OH)_2$(新生成)	5.92×10^{-15}	14.23
$Co(OH)_3$	1.6×10^{-44}	43.80
$Co(PO_4)_2$	2.05×10^{-35}	34.69
α-CoS	4.0×10^{-21}	20.40
β-CoS	2.0×10^{-25}	24.70
CuN_3	4.9×10^{-9}	8.31
CuBr	6.27×10^{-9}	8.20
CuCl	1.72×10^{-7}	6.76
CuCN	3.47×10^{-20}	19.46
CuOH	1×10^{-14}	14
CuI	1.27×10^{-12}	11.90
Cu_2S	2.5×10^{-48}	47.60
CuSCN	1.77×10^{-13}	12.75
$Cu_3(AsO_4)_2$	7.95×10^{-36}	35.10
$Cu(N_3)_2$	6.3×10^{-10}	9.20
$CuCO_3$	1.4×10^{-10}	9.86
$CuCrO_4$	3.6×10^{-6}	5.44

续表

化学式	$K_{sp}^{\ominus}$	$pK_{sp}^{\ominus}$
$Cu(OH)_2$	2.2×10^{-20}	19.66
$Cu(IO_3)_2$	6.94×10^{-8}	7.16
CuC_2O_4	4.43×10^{-10}	9.35
$Cu_3(PO_4)_2$	1.40×10^{-37}	36.85
CuS	6.3×10^{-36}	35.20
$Ga(OH)_3$	7.28×10^{-36}	35.14
GeO_2	1.0×10^{-57}	57.0
$AuCl_3$	3.2×10^{-25}	24.50
$Au(OH)_3$	5.5×10^{-46}	45.26
AuI_3	1×10^{-46}	46
$Hf(OH)_3$	4.0×10^{-26}	25.40
$In(OH)_3$	6.3×10^{-34}	33.2
In_2S_3	5.7×10^{-74}	73.24
$FeCO_3$	3.13×10^{-11}	10.50
FeF_2	2.36×10^{-6}	5.63
$Fe(OH)_2$	4.87×10^{-17}	16.31
FeS	6.3×10^{-18}	17.20
$FeAsO_4$	5.7×10^{-21}	20.24
$Fe(OH)_3$	2.79×10^{-39}	38.55
$FePO_4\cdot2H_2O$	9.91×10^{-16}	15.00
$La(OH)_3$	2.0×10^{-19}	18.70
$LaPO_4$	3.7×10^{-23}	22.43
La_2S_3	2.0×10^{-13}	12.70
$Pb(OAC)_2$	1.8×10^{-3}	2.75
$Pb_3(AsO_4)_3$	4.0×10^{-36}	35.39
$Pb(N_3)_2$	2.5×10^{-9}	8.59
$PbCO_3$	7.4×10^{-14}	13.13
$PbCl_2$	1.70×10^{-5}	4.77
$PbCrO_4$	2.8×10^{-13}	12.55
PbF_2	3.3×10^{-8}	7.48
$Pb(OH)_2$	1.43×10^{-15}	14.84
$Pb(IO_3)_2$	3.69×10^{-13}	12.43
PbI_2	9.8×10^{-9}	8.01
PbC_2O_4	4.8×10^{-10}	9.32
$Pb_3(PO_4)_2$	8.0×10^{-43}	42.10
$PbSO_4$	2.53×10^{-8}	7.60
PbS	8.0×10^{-28}	27.10
Li_2CO_3	2.5×10^{-2}	1.60
LiF	1.84×10^{-3}	2.74
Li_3PO_4	2.37×10^{-11}	10.63
$MgNH_4PO_4$	2.5×10^{-13}	12.60
$MgCO_3$	6.82×10^{-6}	5.17
MgF_2	5.16×10^{-11}	10.29
$Mg(OH)_2$	5.61×10^{-12}	11.25
$Mg_3(PO_4)_2$	1.04×10^{-24}	23.98
$MnCO_3$	2.34×10^{-11}	10.63
$Mn(OH)_2$	1.9×10^{-13}	12.72

续表

化学式	$K_{sp}^{\ominus}$	$pK_{sp}^{\ominus}$
MnS(无定形)	2.5×10^{-10}	9.6
MnS(晶体)	2.5×10^{-13}	12.60
$Hg_2(N_3)_2$	7.1×10^{-10}	9.15
Hg_2Br_2	6.40×10^{-23}	22.19
Hg_2CO_3	3.6×10^{-17}	16.44
Hg_2Cl_2	1.43×10^{-18}	17.84
$Hg_2(CN)_2$	5×10^{-40}	39.3
Hg_2F_2	3.10×10^{-6}	5.51
$Hg_2(OH)_2$	2.0×10^{-24}	23.70
Hg_2I_2	5.2×10^{-29}	28.72
Hg_2SO_4	6.5×10^{-7}	6.19
Hg_2S	1.0×10^{-47}	47.0
$HgBr_2$	6.2×10^{-20}	19.21
$Hg(OH)_2$	3.2×10^{-26}	25.52
$Hg(IO_3)_2$	3.2×10^{-13}	12.49
HgI_2	2.9×10^{-29}	28.54
HgS(红)	4×10^{-53}	52.4
HgS(黑)	1.6×10^{-52}	51.80
$Nd(OH)_3$	3.2×10^{-22}	21.49
$Ni_3(AsO_4)_2$	3.1×10^{-26}	25.51
$NiCO_3$	1.42×10^{-7}	6.85
$Ni(OH)_2$(新生成)	5.48×10^{-16}	15.26
NiC_2O_4	4×10^{-10}	9.4
$Ni_3(PO_4)_2$	4.74×10^{-32}	31.32
β-NiS	1.0×10^{-24}	24.0
$Pd(OH)_2$	1.0×10^{-31}	31.0
$Pt(OH)_2$	1×10^{-35}	35
$K_2[PtBr_6]$	6.3×10^{-5}	4.20
$K_2[PdCl_6]$	6.0×10^{-6}	5.22
$K_2[PtCl_6]$	7.48×10^{-6}	5.13
$K_2[PtF_6]$	2.9×10^{-5}	4.54
$K_2[SiF_6]$	8.7×10^{-7}	6.06
KIO_4	3.74×10^{-4}	3.43
$KClO_4$	1.05×10^{-2}	1.98
$K_2Na[Co(NO_2)_6]\cdot H_2O$	2.2×10^{-11}	10.66
$Pr(OH)_3$	3.39×10^{-24}	23.45
$Rh(OH)_3$	1×10^{-23}	23
$Rb_3[Co(NO_2)_6]$	1.5×10^{-15}	14.83
$Rb_2[PtCl_6]$	6.3×10^{-8}	7.20
$Rb_2[PtF_6]$	7.7×10^{-7}	6.12
$Rb_2[SiF_6]$	5.0×10^{-7}	6.30
$RbClO_4$	3.0×10^{-3}	2.52
$RbIO_4$	5.5×10^{-4}	3.26
$Ru(OH)_3$	1×10^{-36}	36
Ag_3AsO_4	1.03×10^{-22}	21.99
AgN_3	2.8×10^{-9}	8.54
AgBr	5.35×10^{-13}	12.27

续表

化学式	$K_{sp}^{\ominus}$	$pK_{sp}^{\ominus}$
Ag_2CO_3	8.46×10^{-12}	11.07
$AgCl$	1.77×10^{-10}	9.75
Ag_2CrO_4	1.12×10^{-12}	11.95
$AgCN$	5.97×10^{-17}	16.22
$AgIO_3$	3.17×10^{-8}	7.50
AgI	8.52×10^{-17}	16.07
$AgNO_2$	6.0×10^{-4}	3.22
$Ag_2C_2O_4$	5.40×10^{-12}	11.27
Ag_3PO_4	8.89×10^{-17}	16.05
Ag_2SO_4	1.20×10^{-5}	4.92
Ag_2SO_3	1.50×10^{-14}	13.82
Ag_2S	6.3×10^{-50}	49.20
$Na[Sb(OH)_6]$	4×10^{-8}	7.4
$Na_2[AlF_6]$	4.0×10^{-10}	9.39
$SrCO_3$	5.60×10^{-10}	9.25
$SrCrO_4$	2.2×10^{-5}	4.65
SrF_2	4.33×10^{-9}	8.36
$Sr_3(PO_4)_2$	4.0×10^{-28}	27.39
$SrSO_4$	3.44×10^{-7}	6.46
$TlCl$	1.86×10^{-4}	3.73
Tl_2CrO_4	8.67×10^{-13}	12.06
$TlIO_3$	3.12×10^{-6}	5.51
TlI	5.54×10^{-8}	7.26
Tl_2S	5.0×10^{-21}	20.30
$Tl(OH)_3$	1.68×10^{-44}	43.77
$Sn(OH)_2$	5.45×10^{-28}	27.26
$Sn(OH)_4$	1×10^{-56}	56
SnS	1.0×10^{-25}	25.00
$Ti(OH)_3$	1×10^{-40}	40
$TiO(OH)_2$	1×10^{-29}	29
$VO(OH)_2$	5.9×10^{-23}	22.13
$(VO_2)_3PO_4$	8×10^{-25}	24.1
$Zn_3(AsO_4)_2$	2.8×10^{-28}	27.55
$ZnCO_3$	1.46×10^{-10}	9.94
ZnF_2	3.04×10^{-2}	1.52
$Zn(OH)_2$	3×10^{-17}	16.5
$Zn_3(PO_4)_2$	9.0×10^{-33}	32.04
α-ZnS	1.6×10^{-24}	23.80
β-ZnS	2.5×10^{-22}	21.60
$ZrO(OH)_2$	6.3×10^{-49}	48.20
$Zr_3(PO_4)_2$	1×10^{-132}	132

注:本表数据摘自 James G. Speight"Lange's handbook of chemistry"table 1.71,16th,edition 2005。

附录 9 标准电极电势表(298.15 K)

1. 在酸性溶液中

电　对	电极反应	$E^{\ominus}$/V
Li(Ⅰ)-(0)	$Li^+ + e^- \rightleftharpoons Li$	−3.0401
Cs(Ⅰ)-(0)	$Cs^+ + e^- \rightleftharpoons Cs$	−3.026
Rb(Ⅰ)-(0)	$Rb^+ + e^- \rightleftharpoons Rb$	−2.98
K(Ⅰ)-(0)	$K^+ + e^- \rightleftharpoons K$	−2.931
Ba(Ⅱ)-(0)	$Ba^{2+} + 2e^- \rightleftharpoons Ba$	−2.912
Sr(Ⅱ)-(0)	$Sr^{2+} + 2e^- \rightleftharpoons Sr$	−2.89
Ca(Ⅱ)-(0)	$Ca^{2+} + 2e^- \rightleftharpoons Ca$	−2.868
Na(Ⅰ)-(0)	$Na^+ + e^- \rightleftharpoons Na$	−2.71
La(Ⅲ)-(0)	$La^{3+} + 3e^- \rightleftharpoons La$	−2.379
Mg(Ⅱ)-(0)	$Mg^{2+} + 2e^- \rightleftharpoons Mg$	−2.372
Ce(Ⅲ)-(0)	$Ce^{3+} + 3e^- \rightleftharpoons Ce$	−2.336
H(0)-(−Ⅰ)	$H_2(g) + 2e^- \rightleftharpoons 2H^-$	−2.23
Al(Ⅲ)-(0)	$AlF_6^{3-} + 3e^- \rightleftharpoons Al + 6F^-$	−2.069
Th(Ⅳ)-(0)	$Th^{4+} + 4e^- \rightleftharpoons Th$	−1.899
Be(Ⅱ)-(0)	$Be^{2+} + 2e^- \rightleftharpoons Be$	−1.847
U(Ⅲ)-(0)	$U^{3+} + 3e^- \rightleftharpoons U$	−1.798
Hf(Ⅳ)-(0)	$HfO^{2+} + 2H^+ + 4e^- \rightleftharpoons Hf + H_2O$	−1.724
Al(Ⅲ)-(0)	$Al^{3+} + 3e^- \rightleftharpoons Al$	−1.662
Ti(Ⅱ)-(0)	$Ti^{2+} + 2e^- \rightleftharpoons Ti$	−1.630
Zr(Ⅳ)-(0)	$ZrO_2 + 4H^+ + 4e^- \rightleftharpoons Zr + 2H_2O$	−1.553
Si(Ⅳ)-(0)	$[SiF_6]^{2-} + 4e^- \rightleftharpoons Si + 6F^-$	−1.24
Mn(Ⅱ)-(0)	$Mn^{2+} + 2e^- \rightleftharpoons Mn$	−1.185
Cr(Ⅱ)-(0)	$Cr^{2+} + 2e^- \rightleftharpoons Cr$	−0.913
Ti(Ⅲ)-(Ⅱ)	$Ti^{3+} + e^- \rightleftharpoons Ti^{2+}$	−0.9
B(Ⅲ)-(0)	$H_3BO_3 + 3H^+ + 3e^- \rightleftharpoons B + 3H_2O$	−0.8698
*Ti(Ⅳ)-(0)	$TiO_2 + 4H^+ + 4e^- \rightleftharpoons Ti + 2H_2O$	−0.86
Te(0)-(−Ⅱ)	$Te + 2H^+ + 2e^- \rightleftharpoons H_2Te$	−0.793
Zn(Ⅱ)-(0)	$Zn^{2+} + 2e^- \rightleftharpoons Zn$	−0.7618
Ta(Ⅴ)-(0)	$Ta_2O_5 + 10H^+ + 10e^- \rightleftharpoons 2Ta + 5H_2O$	−0.750
Cr(Ⅲ)-(0)	$Cr^{3+} + 3e^- \rightleftharpoons Cr$	−0.744
Nb(Ⅴ)-(0)	$Nb_2O_5 + 10H^+ + 10e^- \rightleftharpoons 2Nb + 5H_2O$	−0.644
As(0)-(−Ⅲ)	$As + 3H^+ + 3e^- \rightleftharpoons AsH_3$	−0.608
U(Ⅳ)-(Ⅲ)	$U^{4+} + e^- \rightleftharpoons U^{3+}$	−0.607
Ga(Ⅲ)-(0)	$Ga^{3+} + 3e^- \rightleftharpoons Ga$	−0.549
P(Ⅰ)-(0)	$H_3PO_2 + H^+ + e^- \rightleftharpoons P + 2H_2O$	−0.508
P(Ⅲ)-(Ⅰ)	$H_3PO_3 + 2H^+ + 2e^- \rightleftharpoons H_3PO_2 + H_2O$	−0.499
*C(Ⅳ)-(Ⅲ)	$2CO_2 + 2H^+ + 2e^- \rightleftharpoons H_2C_2O_4$	−0.49
Fe(Ⅱ)-(0)	$Fe^{2+} + 2e^- \rightleftharpoons Fe$	−0.447
Cr(Ⅲ)-(Ⅱ)	$Cr^{3+} + e^- \rightleftharpoons Cr^{2+}$	−0.407

续表

电　对	电极反应	$E^{\ominus}$/V
Cd(Ⅱ)-(0)	$Cd^{2+}+2e^- = Cd$	−0.4030
Se(0)-(−Ⅱ)	$Se+2H^++2e^- = H_2Se(aq)$	−0.399
Pb(Ⅱ)-(0)	$PbI_2+2e^- = Pb+2I^-$	−0.365
Eu(Ⅲ)-(Ⅱ)	$Eu^{3+}+e^- = Eu^{2+}$	−0.36
Pb(Ⅱ)-(0)	$PbSO_4+2e^- = Pb+SO_4^{2-}$	−0.3588
In(Ⅲ)-(0)	$In^{3+}+3e^- = In$	−0.3382
Tl(Ⅰ)-(0)	$Tl^++e^- = Tl$	−0.336
Co(Ⅱ)-(0)	$Co^{2+}+2e^- = Co$	−0.28
P(Ⅴ)-(Ⅲ)	$H_3PO_4+2H^++2e^- = H_3PO_3+H_2O$	−0.276
Pb(Ⅱ)-(0)	$PbCl_2+2e^- = Pb+2Cl^-$	−0.2675
Ni(Ⅱ)-(0)	$Ni^{2+}+2e^- = Ni$	−0.257
V(Ⅲ)-(Ⅱ)	$V^{3+}+e^- = V^{2+}$	−0.255
Ge(Ⅳ)-(0)	$H_2GeO_3+4H^++4e^- = Ge+3H_2O$	−0.182
Ag(Ⅰ)-(0)	$AgI+e^- = Ag+I^-$	−0.15224
Sn(Ⅱ)-(0)	$Sn^{2+}+2e^- = Sn$	−0.1375
Pb(Ⅱ)-(0)	$Pb^{2+}+2e^- = Pb$	−0.1262
*C(Ⅳ)-(Ⅱ)	$CO_2(g)+2H^++2e^- = CO+H_2O$	−0.12
P(0)-(−Ⅲ)	P(白磷)$+3H^++3e^- = PH_3(g)$	−0.063
Hg(Ⅰ)-(0)	$Hg_2I_2+2e^- = 2Hg+2I^-$	−0.0405
Fe(Ⅲ)-(0)	$Fe^{3+}+3e^- = Fe$	−0.037
H(Ⅰ)-(0)	$2H^++2e^- = H_2$	0.0000
Ag(Ⅰ)-(0)	$AgBr+e^- = Ag+Br^-$	0.07133
S(Ⅱ.Ⅴ)-(Ⅱ)	$S_4O_6^{2-}+2e^- = 2S_2O_3^{2-}$	0.08
*Ti(Ⅳ)-(Ⅲ)	$TiO^{2+}+2H^++e^- = Ti^{3+}+H_2O$	0.1
S(0)-(−Ⅱ)	$S+2H^++2e^- = H_2S(aq)$	0.142
Sn(Ⅳ)-(Ⅱ)	$Sn^{4+}+2e^- = Sn^{2+}$	0.151
Sb(Ⅲ)-(0)	$Sb_2O_3+6H^++6e^- = 2Sb+3H_2O$	0.152
Cu(Ⅱ)-(Ⅰ)	$Cu^{2+}+e^- = Cu^+$	0.153
Bi(Ⅲ)-(0)	$BiOCl+2H^++3e^- = Bi+Cl^-+H_2O$	0.1583
S(Ⅵ)-(Ⅳ)	$SO_4^{2-}+4H^++2e^- = H_2SO_3+H_2O$	0.172
Sb(Ⅲ)-(0)	$SbO^++2H^++3e^- = Sb+H_2O$	0.212
Ag(Ⅰ)-(0)	$AgCl+e^- = Ag+Cl^-$	0.22233
As(Ⅲ)-(0)	$HAsO_2+3H^++3e^- = As+2H_2O$	0.248
Hg(Ⅰ)-(0)	$Hg_2Cl_2+2e^- = 2Hg+2Cl^-$(饱和 KCl)	0.26808
Bi(Ⅲ)-(0)	$BiO^++2H^++3e^- = Bi+H_2O$	0.320
U(Ⅵ)-(Ⅳ)	$UO_2^{2+}+4H^++2e^- = U^{4+}+2H_2O$	0.327
C(Ⅳ)-(Ⅲ)	$2HCNO+2H^++2e^- = (CN)_2+2H_2O$	0.330
V(Ⅳ)-(Ⅲ)	$VO^{2+}+2H^++e^- = V^{3+}+H_2O$	0.337
Cu(Ⅱ)-(0)	$Cu^{2+}+2e^- = Cu$	0.3419
Re(Ⅶ)-(0)	$ReO_4^-+8H^++7e^- = Re+4H_2O$	0.368
Ag(Ⅰ)-(0)	$Ag_2CrO_4+2e^- = 2Ag+CrO_4^{2-}$	0.4470
S(Ⅳ)-(0)	$H_2SO_3+4H^++4e^- = S+3H_2O$	0.449
Cu(Ⅰ)-(0)	$Cu^++e^- = Cu$	0.521

续表

电　　对	电极反应	$E^{\ominus}$/V
I(0)-(－Ⅰ)	$I_2+2e^- = 2I^-$	0.5355
I(0)-(－Ⅰ)	$I_3^-+2e^- = 3I^-$	0.536
As(Ⅴ)-(Ⅲ)	$H_3AsO_4+2H^++2e^- = HAsO_2+2H_2O$	0.560
Sb(Ⅴ)-(Ⅲ)	$Sb_2O_5+6H^++4e^- = 2SbO^++3H_2O$	0.581
Te(Ⅳ)-(0)	$TeO_2+4H^++4e^- = Te+2H_2O$	0.593
U(Ⅴ)-(Ⅳ)	$UO_2^++4H^++e^- = U^{4+}+2H_2O$	0.612
**Hg(Ⅱ)-(Ⅰ)	$2HgCl_2+2e^- = Hg_2Cl_2+2Cl^-$	0.63
Pt(Ⅳ)-(Ⅱ)	$[PtCl_6]^{2-}+2e^- = [PtCl_4]^{2-}+2Cl^-$	0.68
O(0)-(－Ⅰ)	$O_2+2H^++2e^- = H_2O_2$	0.695
Pt(Ⅱ)-(0)	$[PtCl_4]^{2-}+2e^- = Pt+4Cl^-$	0.755
*Se(Ⅳ)-(0)	$H_2SeO_3+4H^++4e^- = Se+3H_2O$	0.74
Fe(Ⅲ)-(Ⅱ)	$Fe^{3+}+e^- = Fe^{2+}$	0.771
Hg(Ⅰ)-(0)	$Hg_2^{2+}+2e^- = 2Hg$	0.7973
Ag(Ⅰ)-(0)	$Ag^++e^- = Ag$	0.7996
Os(Ⅷ)-(0)	$OsO_4+8H^++8e^- = Os+4H_2O$	0.8
N(Ⅴ)-(Ⅳ)	$2NO_3^-+4H^++2e^- = N_2O_4+2H_2O$	0.803
Hg(Ⅱ)-(0)	$Hg^{2+}+2e^- = Hg$	0.851
Si(Ⅳ)-(0)	SiO_2(石英)$+4H^++4e^- = Si+2H_2O$	0.857
Cu(Ⅱ)-(Ⅰ)	$Cu^{2+}+I^-+e^- = CuI$	0.86
N(Ⅲ)-(Ⅰ)	$2HNO_2+4H^++4e^- = H_2N_2O_2+2H_2O$	0.86
Hg(Ⅱ)-(Ⅰ)	$2Hg^{2+}+2e^- = Hg_2^{2+}$	0.920
N(Ⅴ)-(Ⅲ)	$NO_3^-+3H^++2e^- = HNO_2+H_2O$	0.934
Pd(Ⅱ)-(0)	$Pd^{2+}+2e^- = Pd$	0.951
N(Ⅴ)-(Ⅱ)	$NO_3^-+4H^++3e^- = NO+2H_2O$	0.957
N(Ⅲ)-(Ⅱ)	$HNO_2+H^++e^- = NO+H_2O$	0.983
I(Ⅰ)-(－Ⅰ)	$HIO+H^++2e^- = I^-+H_2O$	0.987
V(Ⅴ)-(Ⅳ)	$VO_2^++2H^++e^- = VO^{2+}+H_2O$	0.991
V(Ⅴ)-(Ⅳ)	$V(OH)_4^++2H^++e^- = VO^{2+}+3H_2O$	1.00
Au(Ⅲ)-(0)	$[AuCl_4]^-+3e^- = Au+4Cl^-$	1.002
Te(Ⅵ)-(Ⅳ)	$H_6TeO_6+2H^++2e^- = TeO_2+4H_2O$	1.02
N(Ⅳ)-(Ⅱ)	$N_2O_4+4H^++4e^- = 2NO+2H_2O$	1.035
N(Ⅳ)-(Ⅲ)	$N_2O_4+2H^++2e^- = 2HNO_2$	1.065
I(Ⅴ)-(－Ⅰ)	$IO_3^-+6H^++6e^- = I^-+3H_2O$	1.085
Br(0)-(－Ⅰ)	$Br_2(aq)+2e^- = 2Br^-$	1.0873
Se(Ⅵ)-(Ⅳ)	$SeO_4^{2-}+4H^++2e^- = H_2SeO_3+H_2O$	1.151
Cl(Ⅴ)-(Ⅳ)	$ClO_3^-+2H^++e^- = ClO_2+H_2O$	1.152
Pt(Ⅱ)-(0)	$Pt^{2+}+2e^- = Pt$	1.18
Cl(Ⅶ)-(Ⅴ)	$ClO_4^-+2H^++2e^- = ClO_3^-+H_2O$	1.189
I(Ⅴ)-(0)	$2IO_3^-+12H^++10e^- = I_2+6H_2O$	1.195
Cl(Ⅴ)-(Ⅲ)	$ClO_3^-+3H^++2e^- = HClO_2+H_2O$	1.214
Mn(Ⅳ)-(Ⅱ)	$MnO_2+4H^++2e^- = Mn^{2+}+2H_2O$	1.224
O(0)-(－Ⅱ)	$O_2+4H^++4e^- = 2H_2O$	1.229
Tl(Ⅲ)-(Ⅰ)	$Tl^{3+}+2e^- = Tl^+$	1.252

续表

电　对	电极反应	$E^{\ominus}/V$
Cl(Ⅳ)-(Ⅲ)	$ClO_2 + H^+ + e^- = HClO_2$	1.277
N(Ⅲ)-(Ⅰ)	$2HNO_2 + 4H^+ + 4e^- = N_2O + 3H_2O$	1.297
**Cr(Ⅵ)-(Ⅲ)	$Cr_2O_7^{2-} + 14H^+ + 6e^- = 2Cr^{3+} + 7H_2O$	1.33
Br(Ⅰ)-(－Ⅰ)	$HBrO + H^+ + 2e^- = Br^- + H_2O$	1.331
Cr(Ⅵ)-(Ⅲ)	$HCrO_4^- + 7H^+ + 3e^- = Cr^{3+} + 4H_2O$	1.350
Cl(0)-(－Ⅰ)	$Cl_2(g) + 2e^- = 2Cl^-$	1.35827
Cl(Ⅶ)-(－Ⅰ)	$ClO_4^- + 8H^+ + 8e^- = Cl^- + 4H_2O$	1.389
Cl(Ⅶ)-(0)	$ClO_4^- + 8H^+ + 7e^- = 1/2Cl_2 + 4H_2O$	1.39
Au(Ⅲ)-(Ⅰ)	$Au^{3+} + 2e^- = Au^+$	1.401
Br(Ⅴ)-(－Ⅰ)	$BrO_3^- + 6H^+ + 6e^- = Br^- + 3H_2O$	1.423
I(Ⅰ)-(0)	$2HIO + 2H^+ + 2e^- = I_2 + 2H_2O$	1.439
Cl(Ⅴ)-(－Ⅰ)	$ClO_3^- + 6H^+ + 6e^- = Cl^- + 3H_2O$	1.451
Pb(Ⅳ)-(Ⅱ)	$PbO_2 + 4H^+ + 2e^- = Pb^{2+} + 2H_2O$	1.455
Cl(Ⅴ)-(0)	$ClO_3^- + 6H^+ + 5e^- = 1/2Cl_2 + 3H_2O$	1.47
Cl(Ⅰ)-(－Ⅰ)	$HClO + H^+ + 2e^- = Cl^- + H_2O$	1.482
Br(Ⅴ)-(0)	$BrO_3^- + 6H^+ + 5e^- = 1/2Br_2 + 3H_2O$	1.482
Au(Ⅲ)-(0)	$Au^{3+} + 3e^- = Au$	1.498
Mn(Ⅶ)-(Ⅱ)	$MnO_4^- + 8H^+ + 5e^- = Mn^{2+} + 4H_2O$	1.507
Mn(Ⅲ)-(Ⅱ)	$Mn^{3+} + e^- = Mn^{2+}$	1.5415
Cl(Ⅲ)-(－Ⅰ)	$HClO_2 + 3H^+ + 4e^- = Cl^- + 2H_2O$	1.570
Br(Ⅰ)-(0)	$HBrO + H^+ + e^- = 1/2Br_2(aq) + H_2O$	1.574
N(Ⅱ)-(Ⅰ)	$2NO + 2H^+ + 2e^- = N_2O + H_2O$	1.591
I(Ⅶ)-(Ⅴ)	$H_5IO_6 + H^+ + 2e^- = IO_3^- + 3H_2O$	1.601
Cl(Ⅰ)-(0)	$HClO + H^+ + e^- = 1/2Cl_2 + H_2O$	1.611
Cl(Ⅲ)-(Ⅰ)	$HClO_2 + 2H^+ + 2e^- = HClO + H_2O$	1.645
Ni(Ⅳ)-(Ⅱ)	$NiO_2 + 4H^+ + 2e^- = Ni^{2+} + 2H_2O$	1.678
Mn(Ⅶ)-(Ⅳ)	$MnO_4^- + 4H^+ + 3e^- = MnO_2 + 2H_2O$	1.679
Pb(Ⅳ)-(Ⅱ)	$PbO_2 + SO_4^{2-} + 4H^+ + 2e^- = PbSO_4 + 2H_2O$	1.6913
Au(Ⅰ)-(0)	$Au^+ + e^- = Au$	1.692
Ce(Ⅳ)-(Ⅲ)	$Ce^{4+} + e^- = Ce^{3+}$	1.72
N(Ⅰ)-(0)	$N_2O + 2H^+ + 2e^- = N_2 + H_2O$	1.766
O(－Ⅰ)-(－Ⅱ)	$H_2O_2 + 2H^+ + 2e^- = 2H_2O$	1.776
Co(Ⅲ)-(Ⅱ)	$Co^{3+} + e^- = Co^{2+}$ (2 mol·L^{-1} H_2SO_4)	1.83
Ag(Ⅱ)-(Ⅰ)	$Ag^{2+} + e^- = Ag^+$	1.980
S(Ⅶ)-(Ⅵ)	$S_2O_8^{2-} + 2e^- = 2SO_4^{2-}$	2.010
O(0)-(－Ⅱ)	$O_3 + 2H^+ + 2e^- = O_2 + H_2O$	2.076
O(Ⅱ)-(－Ⅱ)	$F_2O + 2H^+ + 4e^- = H_2O + 2F^-$	2.153
Fe(Ⅵ)-(Ⅲ)	$FeO_4^{2-} + 8H^+ + 3e^- = Fe^{3+} + 4H_2O$	2.20
O(0)-(－Ⅱ)	$O(g) + 2H^+ + 2e^- = H_2O$	2.421
F(0)-(－Ⅰ)	$F_2 + 2e^- = 2F^-$	2.866
	$F_2 + 2H^+ + 2e^- = 2HF$	3.053

2. 在碱性溶液中

电　　对	电极反应	$E^\ominus/V$
Ca(Ⅱ)-(0)	$Ca(OH)_2+2e^- = Ca+2OH^-$	−3.02
Ba(Ⅱ)-(0)	$Ba(OH)_2+2e^- = Ba+2OH^-$	−2.99
La(Ⅲ)-(0)	$La(OH)_3+3e^- = La+3OH^-$	−2.90
Sr(Ⅱ)-(0)	$Sr(OH)_2 \cdot 8H_2O+2e^- = Sr+2OH^- +8H_2O$	−2.88
Mg(Ⅱ)-(0)	$Mg(OH)_2+2e^- = Mg+2OH^-$	−2.690
Be(Ⅱ)-(0)	$Be_2O_3^{2-}+3H_2O+4e^- = 2Be+6OH^-$	−2.63
Hf(Ⅳ)-(0)	$HfO(OH)_2+H_2O+4e^- = Hf+4OH^-$	−2.50
Zr(Ⅳ)-(0)	$H_2ZrO_3+H_2O+4e^- = Zr+4OH^-$	−2.36
Al(Ⅲ)-(0)	$H_2AlO_3^-+H_2O+3e^- = Al+OH^-$	−2.33
P(Ⅰ)-(0)	$H_2PO_2^-+e^- = P+2OH^-$	−1.82
B(Ⅲ)-(0)	$H_2BO_3^-+H_2O+3e^- = B+4OH^-$	−1.79
P(Ⅲ)-(0)	$HPO_3^{2-}+2H_2O+3e^- = P+5OH^-$	−1.71
Si(Ⅳ)-(0)	$SiO_3^{2-}+3H_2O+4e^- = Si+6OH^-$	−1.697
P(Ⅲ)-(Ⅰ)	$HPO_3^{2-}+2H_2O+2e^- = H_2PO_2^-+3OH^-$	−1.65
Mn(Ⅱ)-(0)	$Mn(OH)_2+2e^- = Mn+2OH^-$	−1.56
Cr(Ⅲ)-(0)	$Cr(OH)_3+3e^- = Cr+3OH^-$	−1.48
*Zn(Ⅱ)-(0)	$[Zn(CN)_4]^{2-}+2e^- = Zn+4CN^-$	−1.26
Zn(Ⅱ)-(0)	$Zn(OH)_2+2e^- = Zn+2OH^-$	−1.249
Ga(Ⅲ)-(0)	$H_2GaO_3^-+H_2O+2e^- = Ga+4OH^-$	−1.219
Zn(Ⅱ)-(0)	$ZnO_2^{2-}+2H_2O+2e^- = Zn+4OH^-$	−1.215
Cr(Ⅲ)-(0)	$CrO_2^-+2H_2O+3e^- = Cr+4OH^-$	−1.2
Te(0)-(−Ⅰ)	$Te+2e^- = Te^{2-}$	−1.143
P(Ⅴ)-(Ⅲ)	$PO_4^{3-}+2H_2O+2e^- = HPO_3^{2-}+3OH^-$	−1.05
*Zn(Ⅱ)-(0)	$[Zn(NH_3)_4]^{2+}+2e^- = Zn+4NH_3$	−1.04
*W(Ⅵ)-(0)	$WO_4^{2-}+4H_2O+6e^- = W+8OH^-$	−1.01
*Ge(Ⅳ)-(0)	$HGeO_3^-+2H_2O+4e^- = Ge+5OH^-$	−1.0
Sn(Ⅳ)-(Ⅱ)	$[Sn(OH)_6]^{2-}+2e^- = HSnO_2^-+H_2O+3OH^-$	−0.93
S(Ⅵ)-(Ⅳ)	$SO_4^{2-}+H_2O+2e^- = SO_3^{2-}+2OH^-$	−0.93
Se(0)-(−Ⅱ)	$Se+2e^- = Se^{2-}$	−0.924
Sn(Ⅱ)-(0)	$HSnO_2^-+H_2O+2e^- = Sn+3OH^-$	−0.909

续表

电对	电极反应	$E^{\ominus}$/V
P(0)-(-Ⅲ)	$P+3H_2O+3e^- = PH_3(g)+3OH^-$	−0.87
N(Ⅴ)-(Ⅳ)	$2NO_3^- +2H_2O+2e^- = N_2O_4+4OH^-$	−0.85
H(Ⅰ)-(0)	$2H_2O+2e^- = H_2+2OH^-$	−0.8277
Cd(Ⅱ)-(0)	$Cd(OH)_2+2e^- = Cd(Hg)+2OH^-$	−0.809
Co(Ⅱ)-(0)	$Co(OH)_2+2e^- = Co+2OH^-$	−0.73
Ni(Ⅱ)-(0)	$Ni(OH)_2+2e^- = Ni+2OH^-$	−0.72
As(Ⅴ)-(Ⅲ)	$AsO_4^{3-}+2H_2O+2e^- = AsO_2^- +4OH^-$	−0.71
Ag(Ⅰ)-(0)	$Ag_2S+2e^- = 2Ag+S^{2-}$	−0.691
As(Ⅲ)-(0)	$AsO_2^- +2H_2O+3e^- = As+4OH^-$	−0.68
Sb(Ⅲ)-(0)	$SbO_2^- +2H_2O+3e^- = Sb+4OH^-$	−0.66
*Re(Ⅶ)-(Ⅳ)	$ReO_4^- +2H_2O+3e^- = ReO_2+4OH^-$	−0.59
*Sb(Ⅴ)-(Ⅲ)	$SbO_3^- +H_2O+2e^- = SbO_2^- +2OH^-$	−0.59
Re(Ⅶ)-(0)	$ReO_4^- +4H_2O+7e^- = Re+8OH^-$	−0.584
*S(Ⅳ)-(Ⅱ)	$2SO_3^{2-}+3H_2O+4e^- = S_2O_3^{2-}+6OH^-$	−0.58
Te(Ⅳ)-(0)	$TeO_3^{2-}+3H_2O+4e^- = Te+6OH^-$	−0.57
Fe(Ⅲ)-(Ⅱ)	$Fe(OH)_3+e^- = Fe(OH)_2+OH^-$	−0.56
S(0)-(-Ⅱ)	$S+2e^- = S^{2-}$	−0.47627
Bi(Ⅲ)-(0)	$Bi_2O_3+3H_2O+6e^- = 2Bi+6OH^-$	−0.46
N(Ⅲ)-(Ⅱ)	$NO_2^- +H_2O+e^- = NO+2OH^-$	−0.46
*Co(Ⅱ)-C(0)	$[Co(NH_3)_6]^{2+}+2e^- = Co+6NH_3$	−0.422
Se(Ⅳ)-(0)	$SeO_3^{2-}+3H_2O+4e^- = Se+6OH^-$	−0.366
Cu(Ⅰ)-(0)	$Cu_2O+H_2O+2e^- = 2Cu+2OH^-$	−0.360
Tl(Ⅰ)-(0)	$Tl(OH)+e^- = Tl+OH^-$	−0.34
*Ag(Ⅰ)-(0)	$[Ag(CN)_2]^- +e^- = Ag+2CN^-$	−0.31
Cu(Ⅱ)-(0)	$Cu(OH)_2+2e^- = Cu+2OH^-$	−0.222
Cr(Ⅵ)-(Ⅲ)	$CrO_4^{2-}+4H_2O+3e^- = Cr(OH)_3+5OH^-$	−0.13
*Cu(Ⅰ)-(0)	$[Cu(NH_3)_2]^+ +e^- = Cu+2NH_3$	−0.12
O(0)-(-Ⅰ)	$O_2+H_2O+2e^- = HO_2^- +OH^-$	−0.076
Ag(Ⅰ)-(0)	$AgCN+e^- = Ag+CN^-$	−0.017
N(Ⅴ)-(Ⅲ)	$NO_3^- +H_2O+2e^- = NO_2^- +2OH^-$	0.01
Se(Ⅵ)-(Ⅳ)	$SeO_4^{2-}+H_2O+2e^- = SeO_3^{2-}+2OH^-$	0.05

续表

电　对	电极反应	$E^{\ominus}/V$
Pd(Ⅱ)-(0)	$Pd(OH)_2+2e^- \rightleftharpoons Pd+2OH^-$	0.07
S(Ⅱ.Ⅴ)-(Ⅱ)	$S_4O_6^{2-}+2e^- \rightleftharpoons 2S_2O_3^{2-}$	0.08
Hg(Ⅱ)-(0)	$HgO+H_2O+2e^- \rightleftharpoons Hg+2OH^-$	0.0977
Co(Ⅲ)-(Ⅱ)	$[Co(NH_3)_6]^{3+}+e^- \rightleftharpoons [Co(NH_3)_6]^{2+}$	0.108
Pt(Ⅱ)-(0)	$Pt(OH)_2+2e^- \rightleftharpoons Pt+2OH^-$	0.14
Co(Ⅲ)-(Ⅱ)	$Co(OH)_3+e^- \rightleftharpoons Co(OH)_2+OH^-$	0.17
Pb(Ⅳ)-(Ⅱ)	$PbO_2+H_2O+2e^- \rightleftharpoons PbO+2OH^-$	0.247
I(Ⅴ)-(－Ⅰ)	$IO_3^-+3H_2O+6e^- \rightleftharpoons I^-+6OH^-$	0.26
Cl(Ⅴ)-(Ⅲ)	$ClO_3^-+H_2O+2e^- \rightleftharpoons ClO_2^-+2OH^-$	0.33
Ag(Ⅰ)-(0)	$Ag_2O+H_2O+2e^- \rightleftharpoons 2Ag+2OH^-$	0.342
Fe(Ⅲ)-(Ⅱ)	$[Fe(CN)_6]^{3-}+e^- \rightleftharpoons [Fe(CN)_6]^{4-}$	0.358
Cl(Ⅶ)-(Ⅴ)	$ClO_4^-+H_2O+2e^- \rightleftharpoons ClO_3^-+2OH^-$	0.36
*Ag(Ⅰ)-(0)	$[Ag(NH_3)_2]^++e^- \rightleftharpoons Ag+2NH_3$	0.373
O(0)-(－Ⅱ)	$O_2+2H_2O+4e^- \rightleftharpoons 4OH^-$	0.401
I(Ⅰ)-(－Ⅰ)	$IO^-+H_2O+2e^- \rightleftharpoons I^-+2OH^-$	0.485
*Ni(Ⅳ)-(Ⅱ)	$NiO_2+2H_2O+2e^- \rightleftharpoons Ni(OH)_2+2OH^-$	0.490
Mn(Ⅶ)-(Ⅵ)	$MnO_4^-+e^- \rightleftharpoons MnO_4^{2-}$	0.558
Mn(Ⅶ)-(Ⅳ)	$MnO_4^-+2H_2O+3e^- \rightleftharpoons MnO_2+4OH^-$	0.595
Mn(Ⅵ)-(Ⅳ)	$MnO_4^{2-}+2H_2O+2e^- \rightleftharpoons MnO_2+4OH^-$	0.60
Ag(Ⅱ)-(Ⅰ)	$2AgO+H_2O+2e^- \rightleftharpoons Ag_2O+2OH^-$	0.607
Br(Ⅴ)-(－Ⅰ)	$BrO_3^-+3H_2O+6e^- \rightleftharpoons Br^-+6OH^-$	0.61
Cl(Ⅴ)-(－Ⅰ)	$ClO_3^-+3H_2O+6e^- \rightleftharpoons Cl^-+6OH^-$	0.62
Cl(Ⅲ)-(Ⅰ)	$ClO_2^-+H_2O+2e^- \rightleftharpoons ClO^-+2OH^-$	0.66
I(Ⅶ)-(Ⅴ)	$H_3IO_6^{2-}+2e^- \rightleftharpoons IO_3^-+3OH^-$	0.7
Cl(Ⅲ)-(－Ⅰ)	$ClO_2^-+2H_2O+4e^- \rightleftharpoons Cl^-+4OH^-$	0.76
Br(Ⅰ)-(－Ⅰ)	$BrO^-+H_2O+2e^- \rightleftharpoons Br^-+2OH^-$	0.761
Cl(Ⅰ)-(－Ⅰ)	$ClO^-+H_2O+2e^- \rightleftharpoons Cl^-+2OH^-$	0.81
*Cl(Ⅳ)-(Ⅲ)	$ClO_2(g)+e^- \rightleftharpoons ClO_2^-$	0.954
O(0)-(－Ⅱ)	$O_3+H_2O+2e^- \rightleftharpoons O_2+2OH^-$	1.24

注:本表数据摘自 David R. Lide“CRC Handbook of Chemistry and Physics”8-20～8-29,86th,edition 2005—2006。

* 数据摘自 James G,Speight“Lange's handbook of chemistry”table 1.77,16th,edition 2005。

** 数据摘自其他材料。

附录10　一些配位化合物的稳定常数

配离子	$K_{稳}$	$\lg K_{稳}$	配离子	$K_{稳}$	$\lg K_{稳}$
$[Ag(NH_3)_2]^+$	1.12×10^{7}	7.05	$[Fe(CN)_6]^{4-}$	1.00×10^{35}	35
$[Cd(NH_3)_6]^{2+}$	1.38×10^{5}	5.14	$[Fe(CN)_6]^{3-}$	1.00×10^{42}	42
$[Cd(NH_3)_4]^{2+}$	1.32×10^{7}	7.12	$[Hg(CN)_4]^{2-}$	2.51×10^{41}	41.4
$[Co(NH_3)_6]^{2+}$	1.29×10^{5}	5.11	$[Ni(CN)_4]^{2-}$	2.00×10^{31}	31.3
$[Co(NH_3)_6]^{3+}$	1.58×10^{35}	35.2	$[Zn(CN)_4]^{2-}$	5.01×10^{16}	16.7
$[Cu(NH_3)_2]^+$	7.24×10^{10}	10.86	$[AlF_6]^{3-}$	6.92×10^{19}	19.84
$[Cu(NH_3)_4]^{2+}$	2.09×10^{13}	13.32	$[FeF]^{2+}$	1.91×10^{5}	5.28
$[Fe(NH_3)_2]^{2+}$	1.58×10^{2}	2.2	$[FeF_2]^+$	2.00×10^{9}	9.30
$[Hg(NH_3)_4]^{2+}$	1.91×10^{19}	19.28	$[ScF_6]^{3-}$	2.00×10^{17}	17.3
$[Mg(NH_3)_2]^+$	2.00×10^{1}	1.3	$[Al(OH)_4]^-$	1.07×10^{33}	33.03
$[Ni(NH_3)_6]^{2+}$	5.50×10^{8}	8.74	$[Cd(OH)_4]^{2-}$	4.17×10^{8}	8.62
$[Ni(NH_3)_4]^{2+}$	9.12×10^{7}	7.96	$[Cr(OH)_4]^-$	7.94×10^{29}	29.9
$[Pt(NH_3)_6]^{2+}$	2.00×10^{35}	35.3	$[Cu(OH)_4]^{2-}$	3.16×10^{18}	18.5
$[Zn(NH_3)_4]^{2+}$	2.88×10^{9}	9.46	$[Fe(OH)_4]^{2-}$	3.80×10^{8}	8.58
$[AuCl_2]^+$	6.31×10^{9}	9.8	$[AgI_3]^{2-}$	4.79×10^{13}	13.68
$[CdCl_4]^{2-}$	6.31×10^{2}	2.80	$[AgI_2]^-$	5.50×10^{11}	11.74
$[CuCl_3]^{2-}$	5.01×10^{5}	5.7	$[CdI_4]^{2-}$	2.57×10^{5}	5.41
$[FeCl_4]^-$	1.02×10^{0}	0.01	$[CuI_2]^-$	7.08×10^{8}	8.85
$[HgCl_4]^{2-}$	1.17×10^{15}	15.07	$[PbI_4]^{2-}$	2.95×10^{4}	4.47
$[PtCl_4]^{2-}$	1.00×10^{16}	16.0	$[HgI_4]^{2-}$	6.76×10^{29}	29.83
$[SnCl_4]^{2-}$	3.02×10^{1}	1.48	$[Ag(SCN)_2]^-$	3.72×10^{7}	7.57
$[ZnCl_4]^{2-}$	1.58×10^{0}	0.20	$[Ag(SCN)_4]^{3-}$	1.20×10^{10}	10.08
$[Ag(CN)_2]^-$	1.26×10^{21}	21.1	$[Co(SCN)_4]^{2-}$	1.00×10^{3}	3.00
$[Ag(CN)_4]^{3-}$	3.98×10^{20}	20.6	$[Fe(SCN)]^{2+}$	8.91×10^{2}	2.95
$[Au(CN)_2]^-$	2.00×10^{38}	38.3	$[Fe(SCN)_2]^+$	2.29×10^{3}	3.36
$[Cd(CN)_4]^{3-}$	6.03×10^{18}	18.78	$[Cu(SCN)_2]^-$	1.51×10^{5}	5.18
$[Cu(CN)_2]^-$	1.00×10^{24}	24.0	$[Hg(SCN)_4]^{2-}$	1.70×10^{21}	21.23
$[Cu(CN)_4]^{3-}$	2.00×10^{30}	30.3	$[Ag(S_2O_3)_2]^{3-}$	2.88×10^{13}	13.46

续表

配离子	$K_{稳}$	$\lg K_{稳}$	配离子	$K_{稳}$	$\lg K_{稳}$
$[Cd(S_2O_3)_2]^{3-}$	2.75×10^{6}	6.44	$[CdEDTA]^{2-}$	2.51×10^{16}	16.4
$[Cu(S_2O_3)_2]^{3-}$	1.66×10^{12}	12.22	$[CoEDTA]^{2-}$	2.04×10^{16}	16.31
$[Pb(S_2O_3)_2]^{3-}$	1.35×10^{5}	5.13	$[CoEDTA]^{-}$	1.00×10^{36}	36
$[Hg(S_2O_3)_4]^{6-}$	1.74×10^{33}	33.24	$[CuEDTA]^{2-}$	5.01×10^{18}	18.7
$[Ag(en)_2]^{+}$	5.01×10^{7}	7.70	$[FeEDTA]^{2-}$	2.14×10^{14}	14.33
$[Cd(en)_3]^{2+}$	1.23×10^{12}	12.09	$[FeEDTA]^{-}$	1.70×10^{24}	24.23
$[Co(en)_3]^{2+}$	8.71×10^{13}	13.94	$[HgEDTA]^{2-}$	6.31×10^{21}	21.80
$[Co(en)_3]^{3+}$	4.90×10^{48}	48.69	$[MgEDTA]^{2-}$	4.37×10^{8}	8.64
$[Cr(en)_2]^{2+}$	1.55×10^{9}	9.19	$[MnEDTA]^{2-}$	6.31×10^{13}	13.8
$[Cu(en)_2]^{+}$	6.31×10^{10}	10.8	$[NiEDTA]^{2-}$	3.63×10^{18}	18.56
$[Cu(en)_3]^{2+}$	1.00×10^{21}	21.0	$[ZnEDTA]^{2-}$	2.51×10^{16}	16.4
$[Fe(en)_3]^{2+}$	5.01×10^{9}	9.70	$[Al(C_2O_4)_3]^{3-}$	2.00×10^{16}	16.3
$[Hg(en)_2]^{2+}$	2.00×10^{23}	23.3	$[Ce(C_2O_4)_3]^{3-}$	2.00×10^{11}	11.3
$[Mn(en)_3]^{2+}$	4.68×10^{5}	5.67	$[Co(C_2O_4)_3]^{4-}$	5.01×10^{9}	9.7
$[Ni(en)_3]^{2+}$	2.14×10^{18}	18.33	$[Co(C_2O_4)_3]^{3-}$	1×10^{20}	≈20
$[Zn(en)_3]^{2+}$	1.29×10^{14}	14.11	$[Cu(C_2O_4)_2]^{2-}$	3.16×10^{8}	8.5
$[AgEDTA]^{3-}$	2.09×10^{7}	7.32	$[Fe(C_2O_4)_3]^{4-}$	1.66×10^{5}	5.22
$[AlEDTA]^{-}$	1.29×10^{16}	16.11	$[Fe(C_2O_4)_3]^{3-}$	1.58×10^{20}	20.2
$[CaEDTA]^{2-}$	1.00×10^{11}	11.0			

注:本表数据摘自 James G,Speight“Lange’s handbook of chemistry”table 1.75～1.76,16th,edition 2005。

习题参考答案

第2章

2-1 2.99 kg　**2-2** 11.4 kg·m^{-3},175倍　**2-3** 1.55×10^{7} Pa;1.88×10^{7} Pa;9.6%

2-4 C_8H_8　**2-5** NO_2　**2-6** 4.16×10^{5} Pa,8.32×10^{5} Pa,12.48×10^{5} Pa

2-7 32.0 g·mol^{-1}　**2-8** 2.31×10^{-2} L　**2-9** 距氨气一端71.3 cm处

2-10 5.578 kPa·kg·mol^{-1};188 g·mol^{-1}　**2-11** $x_A=0.9964$,$p=2.330$ kPa

2-12 60　**2-13** 148 g·mol^{-1}　**2-14** 721 kPa　**2-15** Cl^-:4个,Na^+:4个

第3章

3-1 15×10^{2} J　**3-2** −100 kJ,−60 kJ　**3-3** −617.2 kJ·mol^{-1}

3-4 −100 J;−4489.6 J;−1149 kJ　**3-5** $\Delta U=\Delta H=0$,$Q=-W=5743.1$ J

3-6 565.3 K;9.4×10^{5} Pa;−5555.8 J　**3-7** $Q=\Delta H=67782$ J,$W=-5178.9$ J,$\Delta U=Q+W=62603.1$ J

3-8 0.3;0.6　**3-9** −3270.7 kJ　**3-10** 38.29 J·K^{-1}　**3-11** −88.1 kJ·mol^{-1};− 81.75 kJ·mol^{-1}

3-12 放热反应,反应热为−597.26 kJ·mol^{-1}　**3-13** −203.0 kJ·mol^{-1}

3-14 19.01 kJ·mol^{-1};−1169.54 kJ·mol^{-1}　**3-15** 12.9 kJ·mol^{-1};−136.03 kJ·mol^{-1}

3-16 −2816 kJ·mol^{-1}　**3-17** 由大到小的顺序为:(2)>(3)>(1)

3-18 208.2 J·K^{-1},208.2 J·K^{-1}　**3-19** −10.72 J·K^{-1};13.42 J·K^{-1};2.70 J·K^{-1}

3-20 107.7 J·K^{-1},−104.9 J·K^{-1}　**3-21** 反应不能自发进行　**3-22** 32.9 kJ·mol^{-1};463.97 K

3-23 778 K　**3-24** 能自发,314.3 K　**3-25** 不分解;400 K　**3-26** 6.77 kJ·mol^{-1},升温对反应不利

3-27 正向反应不自发;1469.6 K　**3-28** 76.8℃　**3-29** 40.4℃　**3-30** 不可行

3-31 122.0 kJ·mol^{-1};157.1 J·K^{-1}·mol^{-1},非自发;777 K

第4章

4-1 $\frac{v(H_2)}{2}=\frac{v(O_2)}{1}=\frac{v(H_2O)}{2}$　**4-2** 4.03×10^{-6} mol·L^{-1}·s^{-1};3.25×10^{-6} mol·L^{-1}·s^{-1}

4-3 n级反应:$v=kc^{n}$,速率常数单位:mol$^{-(n-1)}$·L$^{(n-1)}$·s^{-1}

4-4 反应级数是指在反应速率方程中,各物质浓度的指数之和。反应分子数指的是基元反应中,直接参与碰撞得到生成物分子的反应物分子的数目,只是针对于基元反应或复合反应中的基元步骤而言。

4-5 50%　**4-6** 对NO是二级,对Cl_2是一级;$v=k[c(NO)]^2c(Cl_2)$;$k=8$ mol^{-2}·L^{2}·s^{-1}

4-7 二级;$v=kc(O_2)[c(NO)]^2$;$v=1.1\times10^{-5}$ mol·L^{-1}·s^{-1}　**4-8** A;D;B;C;A

4-9 加快;减慢;加快;不变;减小;加快　**4-10** 100 kJ·mol^{-1},0.28 s^{-1}

4-11 307 K　**4-12** 8.4 kJ·mol^{-1}　**4-13** 图略;7.61×10^{12},156 kJ·mol^{-1};4.6×10^{-2} mol·L^{-1}·s^{-1}

4-14 124 kJ·mol^{-1};图见下页　**4-15** 205.31 kJ·mol^{-1}　**4-16** 5.7,4.5;3.2×10^{3};3.2×10^{3}

4-17 $2Ce^{4+}(aq)+Tl^{+}(aq) = 2Ce^{3+}(aq)+Tl^{3+}(aq)$;$v=kc(Ce^{4+})c(Mn^{2+})$,$v=kc(Ce^{4+})c(Mn^{3+})$;$v=kc(Mn^{4+})c(Tl^{+})$;① 是控制步骤,其反应分子数为2;$Mn^{3+}$,$Mn^{4+}$;均相催化

4-18 ×;√;×;×;×;×

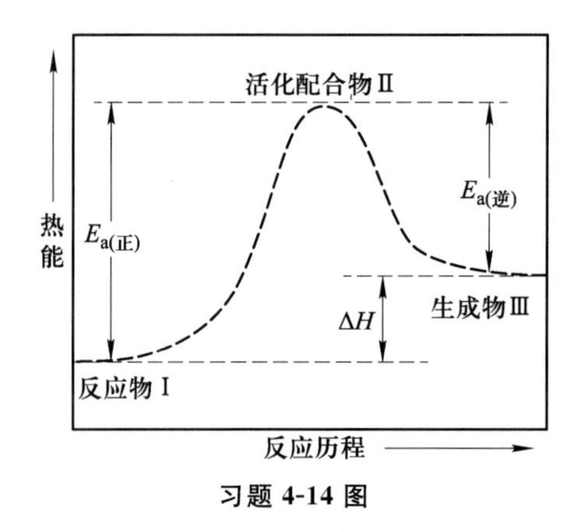

习题 4-14 图

第 5 章

5-1 化学平衡是可逆反应正、逆反应速率相等的状态。

化学平衡的特征主要有:① 一定条件下,可逆反应达到平衡状态时,平衡组成不再随时间发生变化;② 化学平衡是动态平衡,从微观上正、逆反应仍在进行,只是速率相等而已;③ 相同条件下,只要初始时各物质数目相同,平衡组成与达到平衡途径无关;④ 化学平衡是在一定条件下建立的,一旦条件改变,平衡将发生移动。

5-2 $K_p = \frac{c_Y^y c_Z^z}{c_A^a c_B^b} \cdot (RT)^{(y+z)-(a+b)} = K_c \cdot (RT)^{\sum \nu(g)}$

式中 $\sum \nu(g) = (y+z)-(a+b)$,表示反应前后气体分子数的变化值。

5-3 将实验平衡常数中的浓度或分压分别用相对浓度或相对分压取代,则得到标准平衡常数;标准平衡常数是量纲为 1 的量,通常不区分 $K_c^\ominus$ 或 $K_p^\ominus$。

5-4 (1) $K^\ominus = \frac{[p(NH_3)/p^\ominus][p(CO_2)/p^\ominus][p(H_2O)/p^\ominus]}{p(NH_4HCO_3)/p^\ominus}$ (2) $K^\ominus = p(SO_3)/p^\ominus$

(3) $K^\ominus = \frac{p(CO)/p^\ominus}{p(CO_2)/p^\ominus}$ (4) $K^\ominus = \frac{p(CO_2)/p^\ominus}{[p(CH_4)/p^\ominus][p(O_2)/p^\ominus]^2}$

(5) $K^\ominus = \frac{[c(H^+)/c^\ominus][c(Cl^-)/c^\ominus][c(HClO)/c^\ominus]}{p(Cl_2)/p^\ominus}$

(6) $K^\ominus = \frac{[c(Mn^{2+})/c^\ominus]^2[p(O_2)/p^\ominus]^5}{[c(MnO_4^-)/c^\ominus]^2[c(H_2O_2)/c^\ominus]^5[c(H^+)/c^\ominus]^6}$

5-5 (1) $K_1^\ominus = \sqrt{K^\ominus} = \sqrt{2.6\times10^{-4}} = 1.6\times10^{-2}$; (2) $K_2^\ominus = \frac{1}{K_1^\ominus} = \frac{1}{1.6\times10^{-2}} = 62$

5-6 2.1×10^{-10} **5-7** $3.47\times10^{-2}\,kPa^{-1}$, $2.88\times10^2\,mol^{-1}\cdot L$, 3.47 **5-8** $6.03\,mol\cdot L^{-1}$

5-9 两个概念不相同。平衡常数和平衡转化率都能表示反应进行的程度,它们既有联系又有区别。通常平衡转化率需通过平衡常数表达式进行计算而得出。但平衡常数 $K^\ominus$ 只是温度的函数,不随浓度改变而改变。而平衡转化率 α 则随反应物浓度改变而改变。所以平衡转化率只能表示在指定浓度条件下的反应进行程度;平衡常数则更能从本质上反映出反应进行的程度。

5-10 $6.5\times10^{-3}\,m^3$, 27.2%

5-11 8.0×10^{-9}; 6.3×10^{-3}%, 8.9×10^{-3}%,此反应是气体分子数增加的反应,减小体系压强,平衡将右移,增大 $COCl_2$ 的解离度。

5-12 6.9×10^{24},2.0×10^3 **5-13** 有利于 NO 生成;9.02×10^{-3} mol·L^{-1} **5-14** 能

5-15 平衡左移,$p(H_2O)=p(CO)=(2.53\times10^{-2}\times8.314\times298)$ kPa=62.7 kPa

$p(H_2)=p(CO_2)=(4.7\times10^{-3}\times8.314\times298)$ kPa=11.6 kPa

5-16 不变;增加;增加,减少;减少;增加;不变 **5-17** 361 K **5-18** 3.56×10^4 Pa

5-19 1.29,1.66;吸热;31.3 kJ·mol^{-1}

5-20

条件改变	反应速率 v	速率常数 k	活化能 $E^\ominus$	平衡常数 $K^\ominus$	平衡移动方向
恒温恒容下增加 $Cl_2(g)$	增大	不变	不变	不变	向右
恒温下压缩体积	增大	不变	不变	不变	向左
恒容下升高温度	增大	增大	基本不变	降低	向左
恒温恒压下加催化剂	增大	增大	降低	不变	不移动

5-21 ×;√;×;√;×

第6章

6-1 酸:$[Fe(H_2O)_6]^{3+}$ $[Cr(H_2O)_5(OH)]^{2+}$ HSO_4^- H_2S

碱:NO^{2-} CO_3^{2-} $H_2PO_4^-$ HPO_4^{2-} NH_4^+ NH_3 Ac^- OH^- S^{2-} HS^-

6-2 1200 mL **6-3** 9.22 **6-4** 5.61×10^{-11} mol·L^{-1},3.91 **6-5** 0.31%

6-6 2.1×10^{21} mol·L^{-1} **6-7** 6.8×10^{-22} mol·L^{-1}

6-8 $c(SO_4^{2-})$=4.52×10^{-3} mol·L^{-1}, $c(H^+)$=1.45×10^{-2} mol·L^{-1},$c(HSO_4^-)$=5.48×10^{-3} mol·L^{-1}

6-9 $c(H^+)\approx c(F^-)$=0.026 mol·L^{-1},$c(Ac^-)$=7.0×10^{-5} mol·L^{-1},$c(HF)$=0.97 mol·L^{-1},$c(HAc)$=0.1 mol·L^{-1}

6-10 36 g **6-11** 4.74 **6-12** 0.022 L,26.75 g **6-13** 4.66

第7章

7-1 8.59×10^{-9};1.32×10^{-10} **7-2** 有沉淀析出 **7-3** $AgIO_3$;$AgIO_3$ **7-4** 55.7 kJ·mol^{-1}

7-5 有 CuS 沉淀析出 **7-6** 2.81≤ pH ≤ 9.37

7-7 4.47×10^{-2} mol·L^{-1},8.73,图略;0.08 mol HNO_3 **7-8** 3.1×10^{-4} mol·L^{-1}

7-9 9.06,6.72 **7-10** 2.8 g **7-11** 0.910 g **7-12** 8.94×10^{-11} mol·L^{-1}

7-13 0.065 g **7-14** AgI 不能转化为 Ag_2CO_3,AgI 能转化为 Ag_2S

7-15 3.6×10^{-5} mol·L^{-1},0.018 mL

7-16 1.65×10^{-4};$c(Mg^{2+})$=1.65×10^{-4} mol·L^{-1},$c(OH^-)$=3.3×10^{-4} mol·L^{-1};1.8×10^{-7} mol·L^{-1};6.7×10^{-6} mol·L^{-1}

7-17 HgS **7-18** 0.47 mol·L^{-1} **7-19** $[Cd(NH_3)_4]^{2+}$ **7-20** 1.99

第8章

8-1

(1) $3H_2O_2+2Cr^{3+}+10OH^- = 2CrO_4^{2-}+8H_2O$

(2) $4CuS+17CN^{-}+2OH^{-}=4[Cu(CN)_4]^{3-}+NCO^{-}+3S^{2-}+S+H_2O$

(3) $P_4+2H_2O+4OH^{-}=2PH_3+2HPO_3^{2-}$

(4) $2KMnO_4+10FeSO_4+H_2SO_4=2\,MnSO_4+5\,Fe_2(SO_4)_3+K_2SO_4+H_2O$

(5) $3I_2(s)+6OH^{-}=5I^{-}+IO_3^{-}+3H_2O$

(6) $2Cr(OH)_3(s)+3Br_2(l)+10KOH=2K_2CrO_4+6KBr+8H_2O$

(7) $Cr_2O_7^{2-}+14H^{+}+6e^{-}=2Cr^{3+}+H_2O$

(8) $2MnO_4^{-}+5H_2SO_3=2Mn^{2+}+5SO_4^{2-}+4H^{+}+3H_2O$

8-2

(1) $10HClO_3+3P_4+18H_2O=10HCl+12H_3PO_4$

(2) $2KMnO_4+5K_2SO_3+3H_2SO_4=2MnSO_4+6K_2SO_4+3H_2O$

(3) $2MnO_4^{-}+5H_2O_2+6H^{+}=2Mn^{2+}+5O_2+8H_2O$

(4) $8Al+3NO_3^{-}+5OH^{-}+18H_2O=8Al(OH)_4^{-}+3NH_3$

(5) $2Ni(OH)_2+Br_2+2NaOH=2NiO(OH)+2NaBr+2H_2O$

(6) $Cr_2O_7^{2-}+3H_2O_2+8H^{+}=2Cr^{3+}+3O_2+7H_2O$

(7) $2MnO_4^{-}+10Cl^{-}+16H^{+}=2Mn^{2+}+5Cl_2+8H_2O$

(8) $2MnO_4^{-}+SO_3^{2-}+2OH^{-}=2MnO_4^{2-}+SO_4^{2-}+H_2O$

(9) $6Hg+2NO_3^{-}+8H^{+}=3Hg_2^{2+}+2NO+4H_2O$

(10) $3Cl_2+6KOH=KClO_3+5KCl+3H_2O$

(11) $3Cu+8HNO_3=3Cu(NO_3)_2+2NO+4H_2O$

(12) $FeS+6HNO_3=3NO+H_2SO_4+Fe(NO_3)_3+2H_2O$

8-3

(1) $2H_2O_2=2H_2O+O_2$

(+) $H_2O_2+2e^{-}=2OH^{-}$

(−) $2OH^{-}-2e^{-}=H_2O+1/2O_2$

(2) $Cl_2+H_2O=H^{+}+Cl^{-}+HClO$

(+) $1/2Cl_2+e^{-}=Cl^{-}$

(−) $1/2Cl_2+H_2O-e^{-}=H^{+}+HClO$

(3) $3Cl_2+6OH^{-}=ClO_3^{-}+5Cl^{-}+3H_2O$

(+) $1/2Cl_2+e^{-}=Cl^{-}$

(−) $1/2Cl_2+12OH^{-}-10e^{-}=2ClO_3^{-}+6H_2O$

(4) $MnO_4^{-}+5Fe^{2+}+8H^{+}=5Fe^{3+}+5Mn^{2+}+4H_2O$

(+) $MnO_4^{-}+8H^{+}+5e^{-}=Mn^{2+}+4H_2O$

(−) $Fe^{2+}-e^{-}=Fe^{3+}$

(5) $Cr_2O_7^{2-}+3H_2O_2+8H^{+}=2Cr^{3+}+3O_2+7H_2O$

(+) $Cr_2O_7^{2-}+14H^{+}+6e^{-}=2Cr^{3+}+7H_2O$

(−) $3H_2O_2-6e^{-}=3O_2+6H^{+}$

8-4 (−) $Pt\,|\,Fe^{2+}(1.0\ mol\cdot L^{-1}),Fe^{3+}(0.1\ mol\cdot L^{-1})\,\|\,Cl^{-}(2.0\ mol\cdot L^{-1})\,|\,Cl_2(101325\ Pa)\,|\,Pt$(+)

8-5 (−) $Sn^{2+}-2e^{-}=Sn^{4+}$ 氧化反应

(+) $Fe^{3+}+e^{-}=Fe^{2+}$ 还原反应

(−) $Pt\,|\,Sn^{4+}(c_1),Sn^{2+}(c_2)\,\|\,Fe^{3+}(c_3),Fe^{2+}(c_4)\,|\,Pt$ (+)

8-6

(1) (−)Pt | H_2 | H^+ ‖ Ag^+ | Ag(+)

(2) (−)Pt | Cl_2 | Cl^- ‖ H^+, Mn^{2+} | MnO_2 | Pt(+)

(3) (−) Pt | $Sn^{2+}(c_1)$, $Sn^{4+}(c_2)$ ‖ $Fe^{2+}(c_3)$, $Fe^{3+}(c_4)$ | Pt (+)

8-7 (1) 正极 $MnO_4^-(c_1)$, $Mn^{2+}(c_2)$, $H^+(c_3)$ | Pt (s); 负极 $H^+(c_4)$, $H_2O_2(c_5)$ | $O_2(p)$ | Pt (s)

(−) Pt | $O_2(p)$ | $H_2O_2(c_5)$, $H^+(c_4)$ ‖ $MnO_4^-(c_1)$, $Mn^{2+}(c_2)$, $H^+(c_3)$ | Pt (+)

(2) 正极 $MnO_4^-(c_1)$, $Mn^{2+}(c_2)$, $H^+(c_3)$ | Pt (s); 负极 $Cl^-(c)$ | $Cl_2(p)$ | Pt (s)

(−) Pt | $Cl_2(p)$ | $Cl^-(c)$ ‖ $MnO_4^-(c_1)$, $Mn^{2+}(c_2)$, $H^+(c_3)$ | Pt (+)

8-8 正极 $PbCl_2(s)+2e^- = Pb+2Cl^-$ （金属-金属难溶盐电极）

负极 $Pb+SO_4^{2-}-2e^- = PbSO_4(s)$（金属-金属难溶盐电极）

$PbCl_2(s)+SO_4^{2-} = PbSO_4(s)+2Cl^-$

8-9 (−) Cu | CuS | S^{2-} ‖ H^+ | H_2 | Pt(+), 0.69 V

8-10 能; $Cl_2+2OH^- = ClO^-+Cl^-+H_2O$; (−)Pt | Cl_2 | ClO^-, OH^-(pH=8) ‖ Cl^- | Cl_2 | Pt (+)

8-11 +0.340 V; 0.76 V

8-12 (1) 0.534 V, 0.771 V, 0.237 V;

(2) 正极 $I_2+2e^- = 2I^-$, 负极 $Fe^{2+}-e^- = Fe^{3+}$, $I_2+2Fe^{2+} = 2Fe^{3+}+2I^-$

(3) $-45.7\ kJ\cdot mol^{-1}$

8-13 0.169 V, 正极 $NO_3^-+3H^++2e^- = HNO_2+H_2O$, 负极 $Fe^{2+}-e^- = Fe^{3+}$

$NO_3^-+3H^++2Fe^{2+} = HNO_2+H_2O+2Fe^{3+}$

8-14 正向自发;正向非自发 **8-15** 能 **8-16** 1.72×10^{-10} **8-17** 0.0714 V

8-18 不能 **8-19** 4.93×10^{-10}

8-20 Ag, AgI(s) | $I^-(0.10\ mol\cdot L^{-1})$ ‖ $Cu^{2+}(0.010\ mol\cdot L^{-1})$ | Cu(s)

$2Ag+Cu^{2+}+2I^- = 2AgI+Cu$, 2.2×10^{20}

8-21 −0.822 V **8-22** 0.343 V **8-23** −0.148 V **8-24** −0.14 V **8-25** 4.8×10^{13}

8-26 反应逆向进行 **8-27** 反应逆向进行 **8-28** 能

8-29 (1)

$$
\begin{array}{rl}
 & 3\times(N_2H_4 = N_2+4H^++4e^-) \\
+) & 2\times(6H^++BrO_3^-+6e^- = Br^-+3H_2O) \\
\hline
 & 3N_2H_4+2BrO_3^- = 3N_2+2Br^-+6H_2O
\end{array}
$$

(2)

$$
\begin{array}{rl}
 & 2\times(CrI_3+26OH^- = CrO_4^{2-}+3IO_3^-+13H_2O+21e^-) \\
+) & 21\times(Cl_2+2e^- = 2Cl^-) \\
\hline
 & 2CrI_3+21Cl_2+52OH^- = 2CrO_4^{2-}+6IO_3^-+42Cl^-+26H_2O
\end{array}
$$

8-30 (−)Pb | $PbSO_4$ | $H_2SO_4(0.606\ mol\cdot L^{-1})$ ‖ PbO_2 | $PbSO_4$ | Pb(+)

$PbSO_4+2H_2O-2e^- = PbO_2+SO_4^{2-}+4H^+$

8-31 0.748 V **8-32** 有碘析出

8-33 DH $Cr_2O_7^{2-}+8H^++6e^- = 2Cr(OH)_3+H_2O$

EF $Cr(OH)_3+e^- = Cr^{2+}+3OH^-$

FJ $Cr(OH)_3+3e^- = Cr+3OH^-$

IK $CrO_4^{2-}+2H_2O+3e^- = CrO_2^-+4OH^-$

CF $Cr^{2+}+2e^- = Cr$

DE $Cr^{3+}+3OH^- = Cr(OH)_3$

IJ $Cr(OH)_3+OH^- = CrO_2^-+2H_2O$

第9章

9-1 能级，$4.57\times10^{14}\ s^{-1}$，$6.17\times10^{14}\ s^{-1}$，$6.91\times10^{14}\ s^{-1}$，$7.31\times10^{14}\ s^{-1}$ **9-2** 略

9-3 略 **9-4** 略 **9-5** $2p_z$；是错误的，l 只能小于 n；4s；$3d_{z^2}$

9-6 1、4、9 和 16，2、8、18、32，自旋方式相反的两个电子 **9-7** 不对

9-8 对 **9-9** 原子轨道：n，l 和 m，核外电子的运动状态：n，l，m 和 m_s **9-10** 略

9-11 能量最低原理，泡利不相容原理和洪德规则。

(1) 违反了洪德规则；(2) 违反了能量最低原理；(3) 违反了泡利不相容原理。

9-12 $[Ar]4s^1$；$[Ar]3d^5 4s^1$；$3d^{10} 4s^2 4p^3$；$[Kr]4d^{10} 5s^1$；$[Xe]4f^{14} 5d^{10} 6s^2 6p^2$

9-13 氯 Cl；钴 Co；碲 Te；铂 Pt **9-14** 略 **9-15** 未成对电子数最多的是 Al，最少的是 Li

9-16 (1) $1s^2 2s^1 2p^1$ 属于激发态 **9-17** (3) Br^- **9-18** In，49，第五周期，ⅢA 族，主族元素

9-19 (1) 钙(Ca)和锌(Zn)，位于周期表中的第四周期。Ca 是ⅡA 主族，Zn 是ⅡB 副族

(2) Ca：$[Ar]\ 4s^2$；Zn：$[Ar]\ 3d^{10} 4s^2$

9-20 略 **9-21** (1) Mg>Si>S>Cl；(2) Bi>Sb>As>P>N；(3) $Br^- > K^+ > Ni^{2+} > Sc^{3+} > V^{5+}$ **9-22** 略

9-23 Be、N 和 Ne。Be 原子的 2s 亚层全满，N 原子的 2p 亚层半满，Ne 原子为最外层全满的八电子稳定结构

9-24 F>Cl>Al>Na>K **9-25** 略

第10章

10-1 :N≡N:；

```
 ..      ..                :O:               H     H          [  ..   ..   ..  ]-
:F — S — F:;               ||       ;        |     |      ;   [ :O — Cl — O:   ]
 ..  / \  ..        ..     ..    ..      H — C — O — C — H    [  ..   |    ..  ]
   :F:  :F:      H — O  —  S  —  O — H       |  ..  |         [      :O:       ]
    ..   ..         ..     ||    ..          H      H         [       ..       ]
                           :O:
```

10-2 略 **10-3** s-s；s-p；p-p；s-p **10-4** 略

10-5 H_2O，NH_3，CH_4 的分子结构可表示如下：

```
                                H
    ..          ..              |
H — O:      H — N — H       H — C — H
    |           |               |
    H           H               H
```

由此可见，在 O 原子和 N 原子上都有孤电子对，它们可与 H^+ 形成配位键，因此 H_2O 和 NH_3 都能与 H^+ 结合而分别形成 H_3O^+ 和 NH_4^+；而 C 原子上没有孤电子对，所以不能与 H^+ 结合形成 CH_5^+。

10-6 NI_3： N 原子采取不等性 sp^3 杂化，除一对孤电子对外的三个杂化轨道分别与三个 I 原子的各一个含单电子的 5p 轨道重叠形成三条$(sp^3\text{-}p)\sigma$ 键。

CH_3Cl： C 原子以 sp^3 杂化形成四个杂化轨道，其中三条与三个 H 原子的 1s 轨道重叠形成三条$(sp^3\text{-}s)\sigma$ 键，另一条杂化轨道与 Cl 原子的一个含单电子的 5p 轨道重叠形成$(sp^3\text{-}p)\sigma$ 键。

CO_2： C 原子采取 sp 杂化轨道分别与两个 O 原子中各一个含单电子的 2p 轨道重叠，形成$(sp\text{-}p)\sigma$ 键。C 原子中未参与杂化且各含一个单电子的两个 p 轨道分别与两个 O 原子各含一个单电子的 2p 轨道重叠形成$(sp\text{-}p)\pi$ 键。因此每一对碳-氧组合中都含有一条 σ 键和一条 π 键，为双键结构 C═O。

BrF_3： Br 原子采取 sp^3d 杂化，其中两条杂化轨道中分别含有一对孤电子对，另三条各含有一个单电子的杂化轨道分别与 F 原子的一条含单电子的 2p 轨道重叠形成三条$(sp^3d\text{-}p)\sigma$ 键。

OF_2： O 原子采取 sp^3 杂化，其中两条杂化轨道被孤电子对占据，另两条杂化轨道各填充一个单电子，与 F 原子的一个含单电子的 2p 轨道重叠形成$(sp^3\text{-}p)\sigma$ 键。

10-7 (1) 中心 N 原子采取 sp^2 等性杂化，每条杂化轨道各填充一个单电子，与三个 O 原子的 $2p_x$ 轨道分别形成 σ 键，从而确定平面三角形的分子构型。中心 N 原子中还有一条未参与杂化且垂直分子平面的 $2p_z$ 轨道，

里面填充一对孤电子对，三个 O 原子也各含一条垂直分子平面的 $2p_z$ 轨道，各填充一个单电子，此外 NO_3^- 离子的一个电子也在这 4 个 $2p_z$ 轨道中运动，共同构成了共轭大 π 键 Π_4^6。

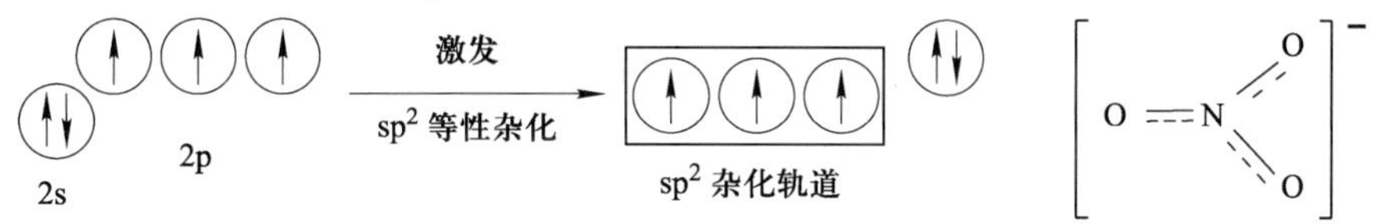

(2) 中心 O 原子采取 sp^2 不等性杂化，其中一条杂化轨道填充一对孤电子对，另两个杂化轨道填充一个单电子，与两个配体 O 原子的 $2p_x$ 轨道分别形成 σ 键，确定了平面三角形分子构型。中心 O 原子中还有一条垂直分子平面的 $2p_z$ 轨道，里面填充一孤电子对，两个配位 O 原子也各含一条垂直分子平面的 $2p_z$ 轨道，填充一个单电子，共同构成共轭大 π 键 Π_3^4。

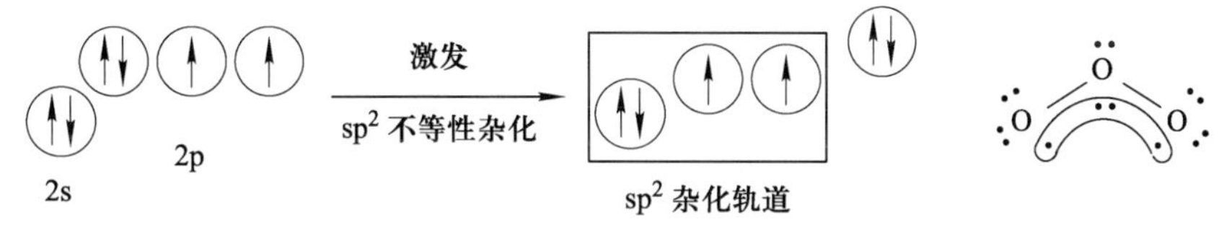

10-8 (1) BCl_3：中心 B 原子电子构型为[He]$2s^2 2p^1$，2s 轨道的电子先激发到 2p 轨道后，采取 sp^2 杂化方式，形成三个 sp^2 杂化轨道，分别与三个 Cl 原子的 $2p_x$ 轨道形成 σ 键，因此形成的分子构型是平面三角形。

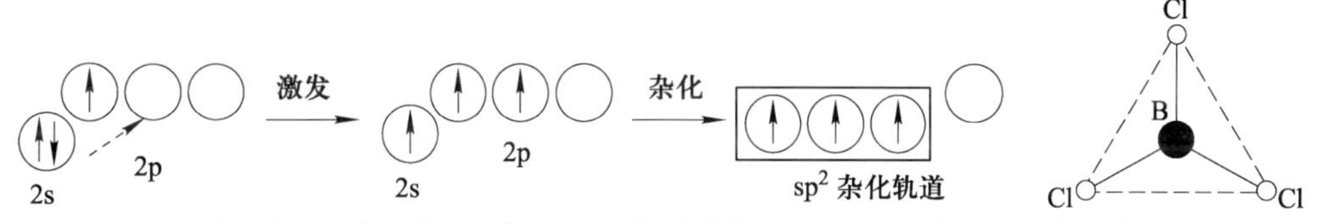

NCl_3：中心 N 原子电子构型为[He]$2s^2 2p^3$，采取 sp^3 不等性杂化方式，其中三个 sp^3 杂化轨道各填充一个单电子，分别与三个 Cl 原子的 $2p_x$ 轨道形成 σ 键，另一个 sp^3 杂化轨道填充一孤电子对，因此形成的分子构型是三角锥形。

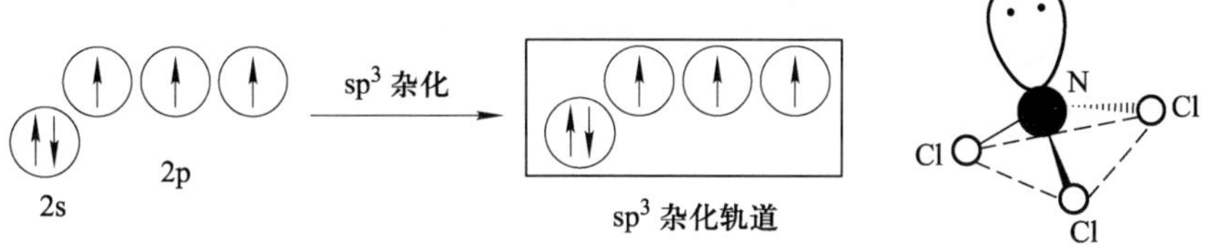

(2) CO_2：中心 C 原子电子构型为[He]$2s^2 2p^2$，2s 电子激发后，采取 sp 杂化，4 个价电子分别填充在两个 sp 轨道和两个 2p 轨道中。C 原子中仍有两个未参与杂化的 p 轨道，与 sp 杂化轨道的轴相互垂直。当 O 原子与 C 原子靠近成键时，两个 O 原子的 $2p_x$ 轨道分别沿轴向与 C 原子的 sp 轨道重叠形成 σ 键，与此同时，两个 O 原子的 $2p_y$ 轨道与 C 原子的一个 2p 轨道平行，两个 O 原子的 $2p_z$ 轨道与 C 原子的另一个 2p 轨道平行，分别形成共轭大 π 键 Π_3^4。最终形成 CO_2 直线形分子构型。

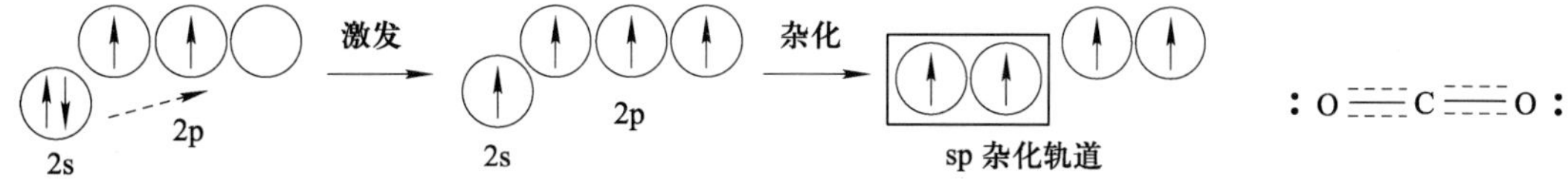

SO_2：中心 S 原子电子构型为[Ne]$3s^2 3p^4$，采取 sp^2 不等性杂化方式，其中两条 sp^2 杂化轨道各填充一个单电子，分别与 O 原子的 $2p_x$ 轨道形成 σ 键，另一个 sp^2 杂化轨道填充一孤电子对，因此形成的分子构型是 V 形。S 原子还有一个未参与杂化的 3p 轨道中填充一孤电子对，与两个 O 原子 2p 轨道中的单电子形成共轭大 π 键 Π_3^4。由于 S 原子半径较大，两个 O 原子间斥力不大，两个 O 原子间的斥力与 S 原子上的孤电子对成键电子的斥力相当，因而 SO_2 分子中键角恰好是 120°。

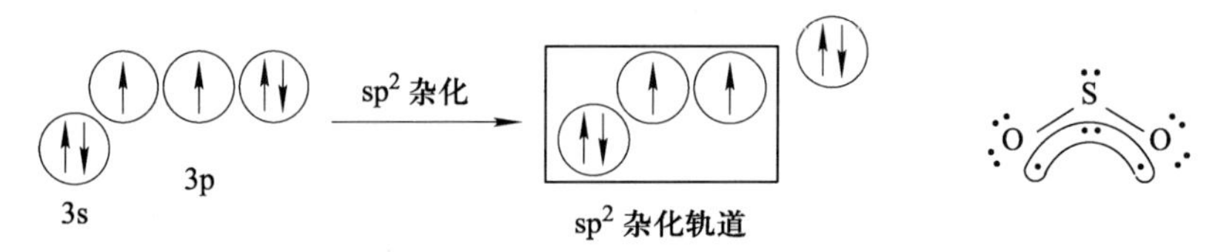

10-9 V 形;三角锥形;四面体形;T 形;直线形;三角锥形;四面体形;三角形;四方锥形;V 形

10-10 (1) $CO_2 > BF_3 > CH_4 > NH_3 > H_2O$; (2) $NH_3 > PH_3 > AsH_3$

10-11

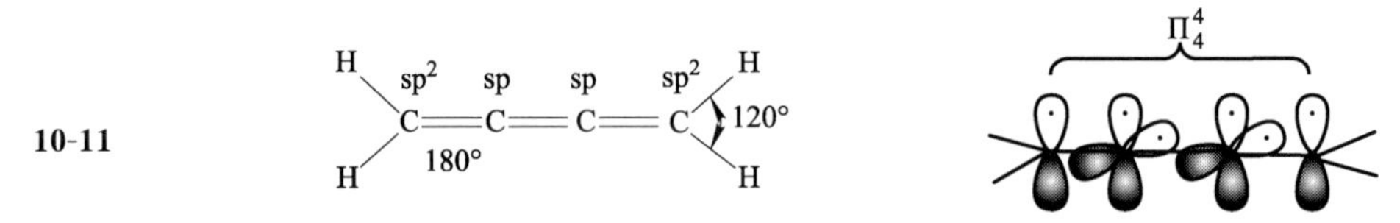

10-12 略

10-13 H_2:[$(\sigma_{1s})^2$],He_2:[$(\sigma_{1s})^2(\sigma_{1s}^*)^2$], Li_2:[$(\sigma_{1s})^2(\sigma_{1s}^*)^2(\sigma_{2s})^2$],

Ne_2:[$(\sigma_{1s})^2(\sigma_{1s}^*)^2(\sigma_{2s})^2(\sigma_{2s}^*)^2(\sigma_{2p_x})^2(\pi_{2p_y})^2(\pi_{2p_z})^2(\pi_{2p_y}^*)^2(\pi_{2p_z}^*)^2(\sigma_{2p_x}^*)^2$], 1,0,1,0

10-14 N_2:[$(\sigma_{1s})^2(\sigma_{1s}^*)^2(\sigma_{2s})^2(\sigma_{2s}^*)^2(\pi_{2p_y})^2(\pi_{2p_z})^2(\sigma_{2p_x})^2$]

O_2:[$(\sigma_{1s})^2(\sigma_{1s}^*)^2(\sigma_{2s})^2(\sigma_{2s}^*)^2(\sigma_{2p_x})^2(\pi_{2p_y})^2(\pi_{2p_z})^2(\pi_{2p_y}^*)^1(\pi_{2p_z}^*)^1$]

N_2 分子排布式中$(\pi_{2p_y})^2$、$(\pi_{2p_z})^2$ 和$(\sigma_{2p_x})^2$ 三条轨道的电子都是自旋相反的成对电子,故具有反磁性。而 O_2 分子的最后两个电子进入轨道,它们分占能量相等的两个反键轨道,每个轨道里有一个电子,它们的自旋方式相同。这样 O_2 分子中存在两个未成对电子,故 O_2 分子具有顺磁性。

10-15 NO^+: [$(\sigma_{1s})^2(\sigma_{1s}^*)^2(\sigma_{2s})^2(\sigma_{2s}^*)^2(\pi_{2p_y})^2(\pi_{2p_z})^2(\sigma_{2p_x})^2$]

NO^-: [$(\sigma_{1s})^2(\sigma_{1s}^*)^2(\sigma_{2s})^2(\sigma_{2s}^*)^2(\sigma_{2p_x})^2(\pi_{2p_y})^2(\pi_{2p_z})^2(\pi_{2p_y}^*)^1(\pi_{2p_z}^*)^1$]

NO^+ 的键级为 3,具有反磁性;而 NO^- 的键级为 2,具有顺磁性。

10-16 不对 **10-17** 不对

10-18 一般键长越长,原子核间距离越大,键的强度越弱,键能越小。H—F、H—Cl、H—Br、H—I 键的键长分别是 92、127、141 和 161 pm,键能分别为 570、432、366 和 298 kJ · mol^{-1},随着键长增加,键能依次递减,因此分子的热稳定性依次降低。

10-19 -3110 kJ · mol^{-1} **10-20** 因为键级为零

第 11 章

11-1 略 **11-2** NaCl 型,CsCl 型,NaCl 型,ZnS 型,NaCl 型 **11-3** 略

11-4 4 **11-5** 786.7 kJ · mol^{-1} **11-6** 熔点依次降低;熔点依次升高

11-7 8 电子构型,不规则 9～17 电子构型,18+2 电子构型,18 电子构型 **11-8** 略 **11-9** 可以

11-10 略 **11-11** 不是 **11-12** NaF,HF,HCl,HI,I_2 极性依次减小,I_2 为非极性物质

11-13 色散力;取向、诱导和色散力;取向、诱导和色散力;诱导力和色散力;取向、诱导和色散力

11-14 相对分子质量越小,沸点越低

11-15 分子间氢键;分子间氢键;分子内氢键;分子内氢键;分子间氢键;无氢键;无氢键;分子内氢键

第 12 章

12-1

配合物	名称	中心原子及氧化态
$[PtCl_2(NH_3)_2]$	二氯二氨合铂(Ⅳ)	Pt^{2+}
$[Co(C_2O_4)_3]^{3-}$	三草酸根合钴(Ⅲ)离子	Co^{3+}
$K_2[Co(NCS)_4]$	四异硫氰酸根合钴(Ⅱ)酸钾	Co^{2+}
$[CoCl_3(NH_3)_3]$	三氯三氨合钴(Ⅲ)	Co^{3+}
$Na_3[Ag(S_2O_3)_2]$	二硫代硫酸根合银(Ⅰ)酸钠	Ag^{+}
$[CrCl(NH_3)_5]^{2+}$	一氯五氨合铬(Ⅲ)离子	Cr^{3+}
$Na_2[SiF_6]$	六氟合硅(Ⅳ)酸钠	Si^{4+}
$K_2[Zn(OH)_4]$	四羟基合锌(Ⅱ)酸钾	Zn^{2+}
$[Zn(NH_3)_4](OH)_2$	氢氧化四氨合锌(Ⅱ)	Zn^{2+}
$[PtCl_4(NH_3)_2]$	四氯二氨合铂(Ⅳ)	Pt^{4+}
$H_2[PtCl_6]$	六氯合铂(Ⅳ)酸	Pt^{4+}
$[Cu(CN)_4]^{3-}$	四氰合铜(Ⅰ)离子	Cu^{+}

12-2 $[CoCl_2(H_2O)(NH_3)_3]Cl$；$K_2[PtCl_6]$；$(NH_4)_3[CrCl_2(SCN)_4]$；$Ca[Co(C_2O_4)_2(NH_3)_2]_2$；$[Co(NH_3)_6](OH)_3$；$[Ag(NH_3)_2]Cl$；$Na_2[SiF_6]$；$Na_2[Ni(CN)_4]$；$[Ni(CO)_4]$；$[Co(NO_2)_3(NH_3)_3]$

12-3 (1)

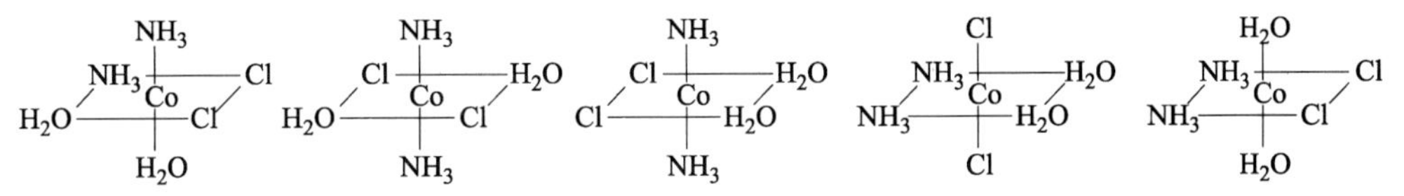

(2)

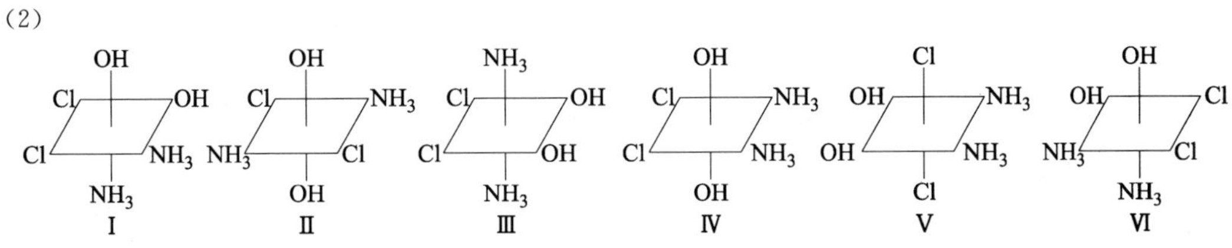

12-4 (1) 平面六方、三棱柱、正八面体； (2) 异构体：MA_4B_2：3，3，2；MA_3B_3：3，3，2

(3) MA_4B_2 和 MA_3B_3 都为正八面体构型，各自的几何异构体为

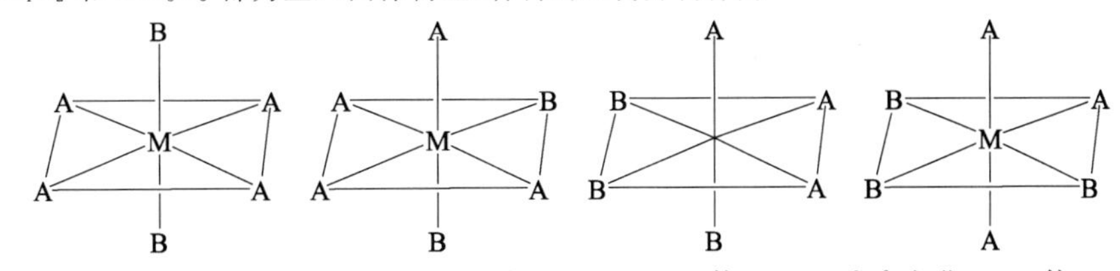

12-5 略 **12-6** (1) sp^3d^2 杂化，八面体；(2) d^2sp^3 杂化，八面体；(3) sp^3d^2 杂化，八面体

12-7　d^2sp^3 杂化,无高自旋与低自旋之分　　**12-8**　略　　**12-9**　$[Co(NH_3)_6]^{3+}$ 比 $[CoF_6]^{3-}$ 稳定

12-10　$[HgF_4]^{2-} < [HgCl_4]^{2-} < [HgBr_4]^{2-} < [HgI_4]^{2-}$

12-11　(1)

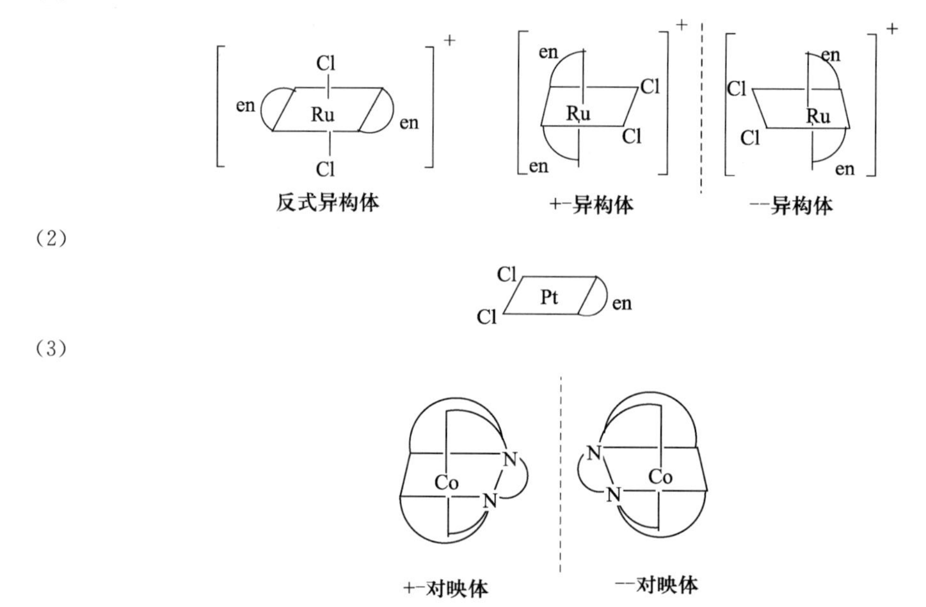

12-12　−0.58 V;+0.91 V　　**12-13**　有 AgCl 沉淀析出　　**12-14**　13.44 g

12-15　$c(Cu^{2+})=4.9\times10^{-18}\ mol\cdot L^{-1}$,$c(NH_3)=(6.0+0.10\times4)\ mol\cdot L^{-1}=5.6\ mol\cdot L^{-1}$,$c(SO_4^{2-})=0.10\ mol\cdot L^{-1}$(原始 $CuSO_4$ 浓度),$c(Cu(NH_3)_4^{2+})=0.10\ mol\cdot L^{-1}$

12-16　Ag 首先生成 $[Ag(CN)_2]^-$;若有足够量 Ag^+ 时,最后能生成 $[Ag(NH_3)_2]^+$

12-17　紫色配合物 $[Cr(H_2O)_6]Cl_3$,绿色配合物 $[Cr(H_2O)_5Cl]Cl_2$,

$[Cr(H_2O)_5Cl]Cl_2 + H_2O = [Cr(H_2O)_6]Cl_3$

12-18　$[Cr(NH_3)_6]Cl_3$

12-19　A: $[Cr(H_2O)_5Cl]Cl_2\cdot H_2O$　B: $[Cr(H_2O)_4Cl_2]Cl\cdot 2H_2O$　C: $[Cr(H_2O)_6]Cl_3$

三种配离子的空间构型均为八面体;$[Cr(H_2O)_4Cl_2]^+$ 顺反异构体为

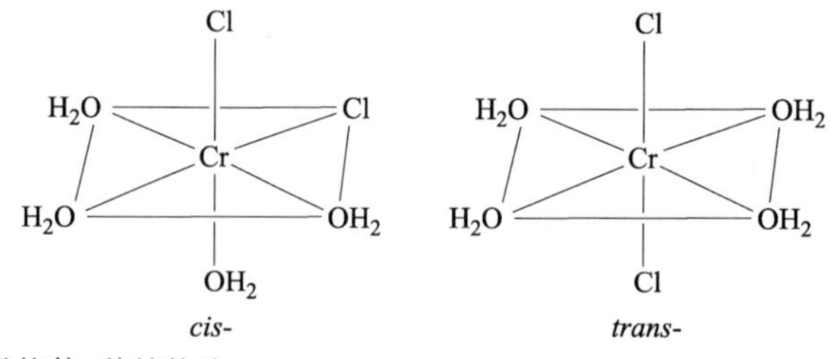

12-20　$Pt(NH_3)_2Cl_2$ 为顺式异构体,其结构为

H_3N　　　Cl

　　Pt

H_3N　　　Cl

cis-

主要参考书目

[1] 大连理工大学无机化学教研室. 无机化学. 第五版. 北京：高等教育出版社，2006.

[2] 武汉大学，吉林大学等校. 无机化学. 第三版. 北京：高等教育出版社，1994.

[3] 宋天佑，徐家宁，史苏华. 无机化学习题解答. 北京：高等教育出版社，2006.

[4] 牟文生，于永鲜，周硼. 无机化学基础教程. 大连:大连理工大学出版社，2007.

[5] 张祖德. 无机化学. 第二版. 合肥:中国科学技术大学出版社，2014.

[6] 北京师范大学，华中师范大学，南京师范大学无机化学教研室. 无机化学. 第四版. 北京：高等教育出版社，2002.

[7] 呼世斌，翟彤宇，主编. 无机及分析化学. 第三版. 北京：高等教育出版社，2010.

[8] Öström H，Öberg H，Xin H，etc. Probing the transition state region in catalytic CO oxidation on Ru. Science，2015，347(6225)：978～982.

[9] 吉林大学，武汉大学，南开大学，宋天佑，程鹏，王杏乔，徐家宁. 无机化学. 第二版. 北京：高等教育出版社，2009.

[10] 孟庆珍，胡鼎文，程泉寿，孔繁荣. 无机化学. 北京：北京师范大学出版社，1987.

[11] 大连理工大学无机化学教研室. 无机化学. 第三版. 北京：高等教育出版社，2009.

[12] 徐家宁，等. 无机化学例题与习题. 北京：高等教育出版社，2000.

[13] Miessler G L，Tarr D A. Inorganic Chemistry. Scientific Publications，1998.

[14] 史启祯. 无机化学与化学分析. 第三版. 北京：高等教育出版社，2011.

[15] 古国榜，李朴. 无机化学. 第二版. 北京：化学工业出版社，2007.

[16] 章伟光. 无机化学. 第二版. 北京：科学出版社，2011.